網頁設計必學技術

HTML5+CSS3+JavaScript+ jQuery+jQuery Mobile+Bootstrap5

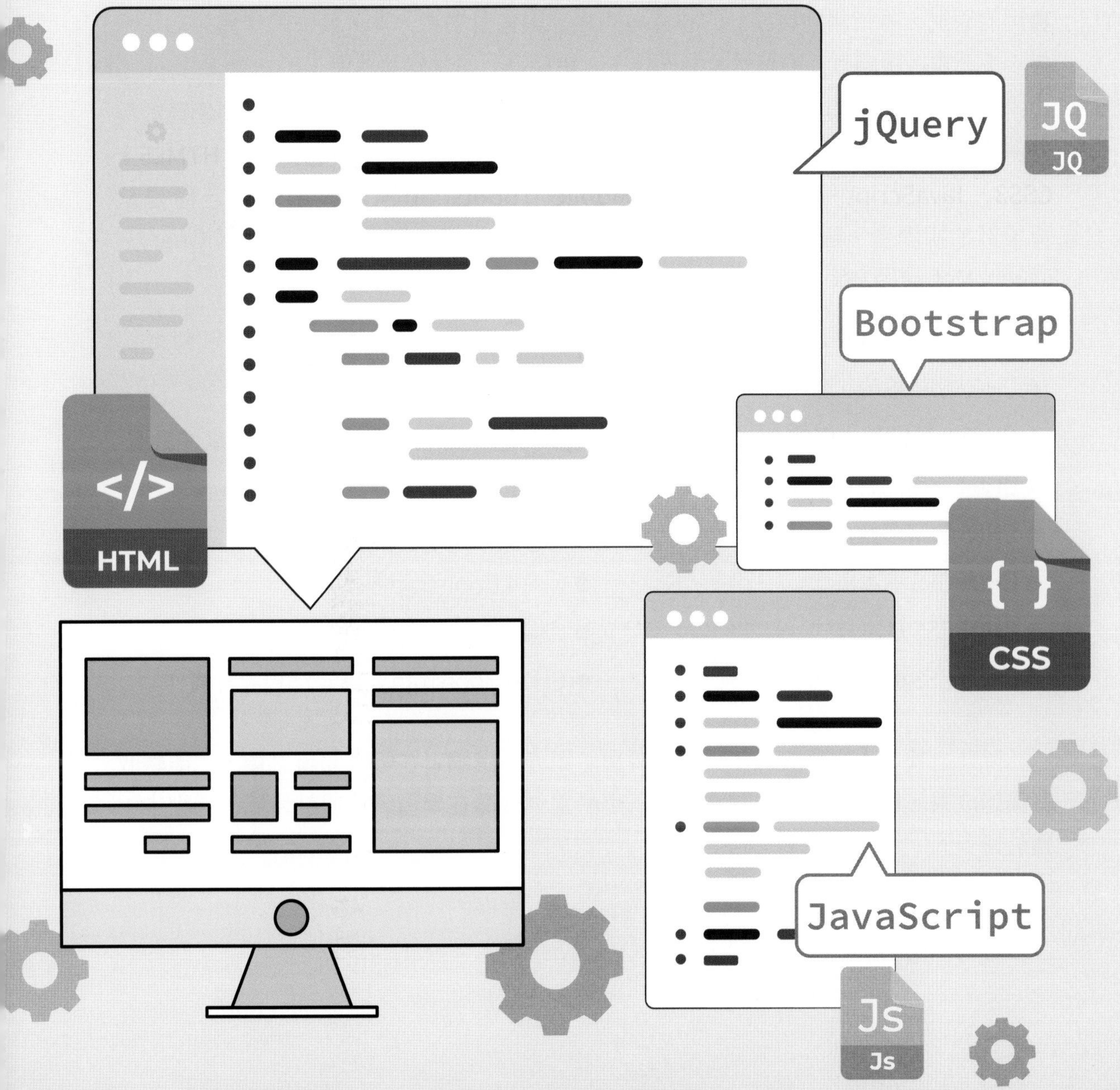

jQuery

JQ
JQ

Bootstrap

HTML
</>

CSS
{ }

JavaScript

Js
Js

我們常常在學習中，得到想要的知識，並讓自己成長；學習應該是快樂的，學習應該是分享的。本書要將學習的快樂分享給你，讓你能在書中得到成長。

儘管「網頁設計」所涵蓋的知識領域十分廣泛，筆者仍希望以簡單易懂，追求實用的原則，將有關網頁設計的心得與知識，與各位讀者分享，使你的學習可以更容易、更充實，讓讀者在輕鬆學習的過程中，更能充分享受學習所帶來的快樂。

本書精選了網頁設計必學的技術，讓讀者可以一次掌握 PC 網頁與行動網頁的製作與應用，還提供了大量範例，讓你徹底深入了解使用方法。一書共分為 **HTML5**、**CSS3**、**JavaScript**、**jQuery**、**jQuery Mobile** 及 **Bootstrap** 等六大部分，若你是網頁設計的初學者，建議你從 HTML 與 CSS 開始學習，再進階到 JavaScript、jQuery、jQuery Mobile 及 Bootstrap。

- CH01 網頁設計基本概念
- CH02 網頁編輯工具
- CH03 HTML 基本概念
- CH04 常用的 HTML 元素
- CH05 影音多媒體、表格及表單元素
- CH06 CSS 基本概念
- CH07 CSS 基本樣式
- CH08 CSS 進階樣式

- CH09 HTML+CSS 網頁設計實作
- CH10 JavaScript 基本概念
- CH11 JavaScript 物件、DOM 與事件處理
- CH12 jQuery
- CH13 jQuery Mobile
- CH14 Bootstrap 基本概念
- CH15 Bootstrap 元件
- CH16 Bootstrap 響應式網頁設計實作

除此之外，本書還設計了「自我評量」單元，讓讀者在吸收知識之後，也能驗收閱讀的成果。最後，感謝你閱讀本書，也希望你後續在學習網頁設計領域的過程中，獲益良多。

範 例 說 明

範例說明

　　本書提供了完整的範例程式檔案，請你自行下載 (範例檔案解壓縮密碼：06503)。我們將範例檔案依照各章分類，例如：第4章的範例檔案，儲存於「ch04」資料夾內，請依照書中的指示說明，開啟這些範例檔案使用。

本書範例檔案下載方式

- 方法1：掃描QR Code

- 方法2：下載檔案 (解壓縮密碼：06503)
  網址：https://tinyurl.com/3ft33mpb

- 方法3：
  請至全華圖書OpenTech網路書店(https://www.open-tech.com.tw)，在搜尋欄位中搜尋本書，進入書籍頁面後點選「課本程式碼範例」，即可下載範例檔案。

商標聲明

- 書中所引用的商標或商品名稱之版權分屬各該公司所有。
- 書中所引用的網站畫面之版權分屬各該公司、團體或個人所有。
- 書中所引用之圖形，其版權分屬各該公司所有。
- 書中所使用的商標名稱，因為編輯原因，沒有特別加上註冊商標符號，並沒有任何冒犯商標的意圖，在此聲明尊重該商標擁有者的所有權利。

▶ contents

► contents

CH09 HTML+CSS網頁設計實作

CH10 JavaScript基本概念

▶ contents

▶ contents

CH16
Bootstrap響應式網頁設計實作

CHAPTER 01

網頁設計基本概念

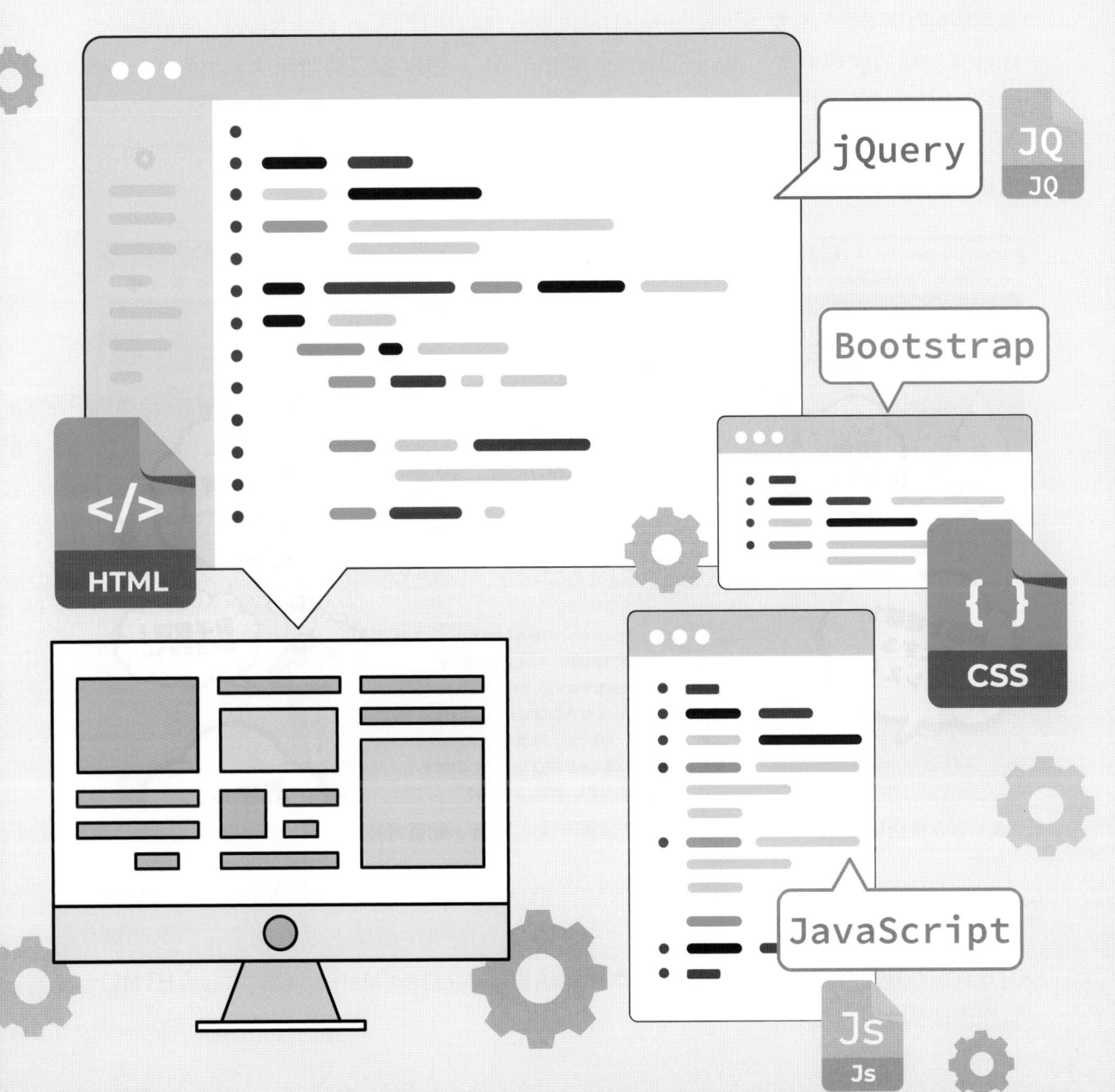

1-1 網站基本概念

　　Internet的盛行帶動了網站架設的熱潮，要架構一個專屬的個人網站已經不是難事，但在架設前還有一些網頁設計的基本概念要先了解。

1-1-1 認識全球資訊網

　　全球資訊網(World Wide Web, **WWW**)與網際網路讓全世界各地的人們得以相互交流，大幅改變了人類的溝通方式，位於不同國家的人們，可以透過WWW分享各類資訊，使得各種資訊的交流與傳遞達到前所未有的規模且影響深遠，而其應用也為人們的生活型態帶來許多改變。

　　WWW運用了**超文本**(Hypertext)的技術，整合HTTP、FTP、News、Gopher、Mail等相關的通訊協定，讓伺服器主機在Internet上提供多媒體整合之系統服務。只要經由瀏覽器，就可以欣賞它所提供的圖文影音並茂的資訊，所以WWW可以算是一套Internet上的多媒體整合系統，而瀏覽器向伺服器取得資料的通訊協定就稱為**超文本傳送協定**(HyperText Transfer Protocol, **HTTP**)。

▲ WWW整合Internet上的龐大資料，並透過圖、文、影音、動畫等技術，讓WWW變得多采多姿

　　WWW的文件整合方式是透過超連結互相參考，所以，一般將此類文件稱為**超文本**。這些分散到各地的資料經過整合之後，就可以同時在使用者的電腦上，以多媒體的方式呈現出來。超文本是使用**超文本標記語言**(HyperText Markup Language, **HTML**)製作而成的文件。

1-1-2　網站的規劃

網站是指多個網頁的集合，由單一頁面進行存取，形成一個資訊平台，可以讓團隊或個人透過它來展示各種資訊。

瀏覽網站時，進入網站所看到的第一個網頁畫面，稱為**首頁**(Homepage)，倘若將網站比喻成一棟大樓，那麼「首頁」就如同是大樓的大門。進入大門後，想必一定會選擇去某一樓某一個房間，而這些可提供瀏覽的地方，就稱為**網頁**(Web Page)，頁面間以超連結連接。

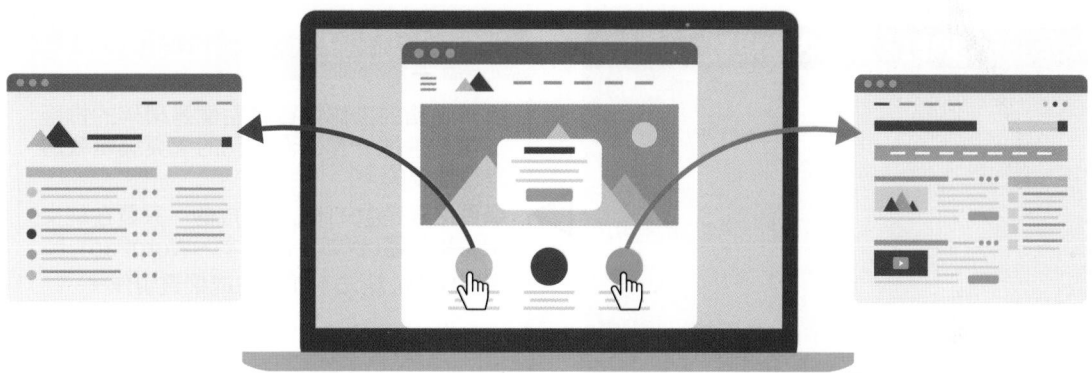

▲ 首頁可說是一個網站的入口，只要按下首頁上的超連結，就可以連結至想要瀏覽的網頁

網站可以是由單一的、或是許多的「網頁」所構成，「網頁」可以說是網站的基本單位，而網站也是許多網頁的集合。

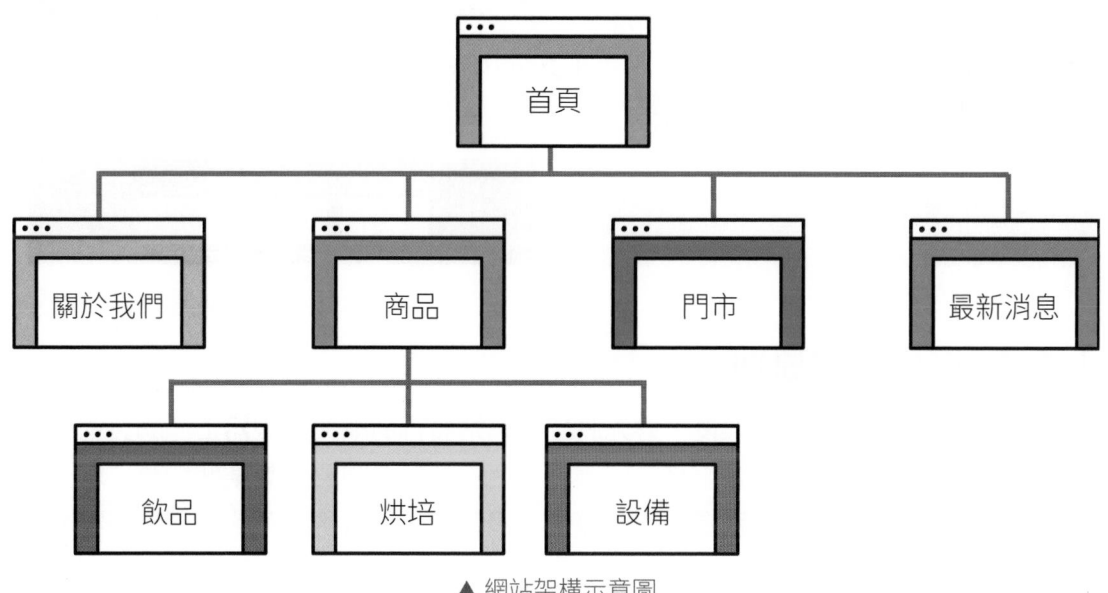

▲ 網站架構示意圖

1-1-3　網站設計流程

要架設網站時，第一個會遇到的問題就是：「要怎麼樣來建置一個網站呢？」，在規劃網站架構時，必須考慮到操作的便利性及瀏覽的流暢度，而現今網頁的目的，除了展示資訊之外，更強調瀏覽者與網頁間的互動，如何讓瀏覽者在網頁上操作自如，能夠自由選擇想要瀏覽的資訊，已經成為網頁設計的主要考量之一。

不過，如何建立一個網站並沒有一定的規則或是定律，而一般來說，可以把架設網站分成四大步驟。

步驟1：網站內容規劃

有完整的網站架構是架設網站的基礎，就好比蓋房子必須先打好地基一樣。

不同類型的網站，規劃的方式也會有所不同，所以必須先確定網站的類型或用途，才能決定網頁所要呈現的方式，蒐集相關資料可以讓網站內容更加豐富。

步驟2：網站設計與製作

網頁編輯的工作性質有點像是瑣碎的排版工作。選擇一套適合自己的網頁編輯軟體是很重要的。

網頁主要是由HTML 構成的，只要在純文字編輯軟體(例如：記事本、WordPad)上撰寫HTML語法，即可完成網頁製作。

步驟3：網站測試與發行

網站製作完成後，要測試網站是否可以正常瀏覽，像是連結是否正確，圖片能否正常顯示等，測試完後即可將網站上傳到伺服器或是租用的虛擬主機中。

當然，最後的網站管理與維護也很重要，時常更新內容才會吸引更多人前來瀏覽你的網站。

步驟4：網站流量分析

當網站上線後，可以透過網站分析工具(例如：Google Analytics)，了解網友都在首頁停留多久、喜歡到哪個文章頁面看內容等，這些分析結果可以做為如何調整及優化網站的依據。

1-1-4　網頁運作原則

當製作好網頁及相關檔案後，會先將整個網站發行到網頁伺服器上。網頁伺服器是用來存放網頁，並提供瀏覽服務的伺服器。而當瀏覽者想要瀏覽某個網頁，就會經由瀏覽器軟體，向網頁伺服器提出瀏覽要求，網頁伺服器再將對應的網頁傳回至瀏覽者的瀏覽器上。

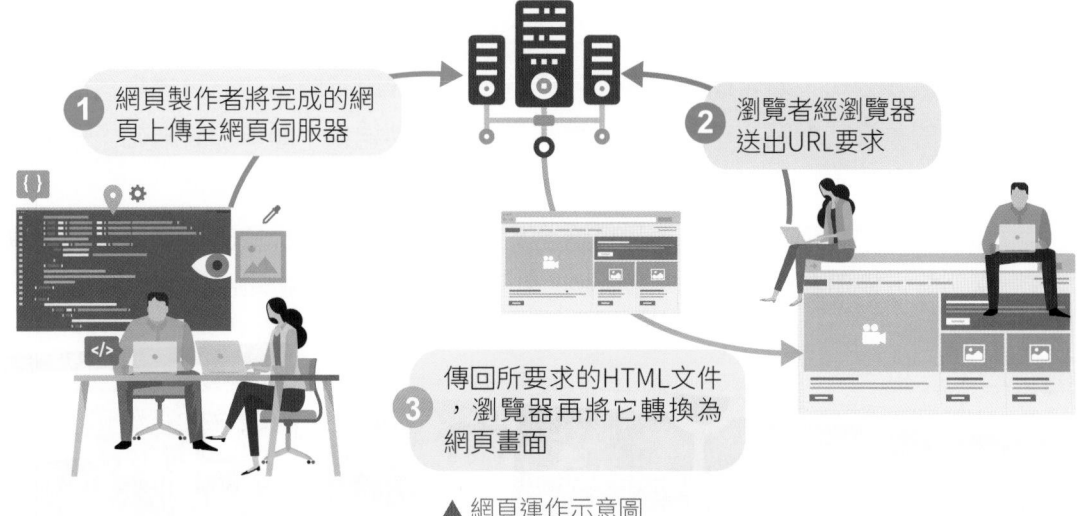

① 網頁製作者將完成的網頁上傳至網頁伺服器

② 瀏覽者經瀏覽器送出URL要求

③ 傳回所要求的HTML文件，瀏覽器再將它轉換為網頁畫面

▲ 網頁運作示意圖

1-1-5 響應式網頁設計

　　早期的網頁設計大多以一般家用電腦或筆記型電腦的瀏覽者為主，但是隨著智慧型手機及平板的普及，傳統的網頁設計方式無法滿足所有的裝置，而造成瀏覽者在瀏覽頁面時的不便，為了解決這樣的問題，現在有越來越多的企業選擇使用**響應式網頁設計**(Responsive Web Design, **RWD**)的技術來製作網站。

　　所謂的響應式網頁設計(又稱適應性網頁、自適應網頁設計、回應式網頁設計、多螢網頁設計)是一種可以讓網頁內容隨著不同裝置的寬度來調整畫面呈現的技術，而使用者不需要透過縮放的方式瀏覽網頁，進而提升了畫面的最佳視覺體驗及使用介面的親和度。

　　RWD網頁設計主要是以HTML5的標準及CSS3中的**媒體查詢**(Media Queries)來達到，讓網頁在不同解析度下瀏覽時，能自動改變頁面的布局，解決了智慧型手機及平板電腦瀏覽網頁時的不便。

▲ 網頁內容隨著不同裝置的寬度調整畫面

1-1-6 一頁式網站

現在有許多公司、商店或個人在製作網站時，都採用了簡單的一頁式網頁設計，而不是複雜的多頁式網站，一頁式網站大都是作為活動網頁、簡單形象網站、產品宣傳及一頁式商店等。

一頁式網站易於建立及維護，且很適合於智慧型手機或平板電腦上瀏覽，因瀏覽方式簡潔明瞭，使用者只要不斷向下滑動，就可以快速地閱讀完網站內容。

▲ 一頁式網站範例

1-1-7 新型態網路平台

在使用者導向的趨勢引領下，Web 2.0/3.0 網路服務、直覺化介面操作設計，甚至行動網路用戶的增加，新型態的網路平台設計概念便應運而生。

Web 2.0

Web 2.0 指的是第二代網路服務應用模式，是 2004 年由全球最大的電腦資訊書籍出版商歐萊禮公司 (O'Reilly Media) 所提出。Web 2.0 時代具有以下特徵。

● **以使用者為中心**：強調網路使用者的主控權，網路轉而成為開放的使用平台。例如 YouTube 網站，在 YouTube 網站上可以觀看世界各地使用者所上傳的影音資訊，而自己也能上傳影音內容至網站中。

● **引領集體的智慧**：典型的例子就是**維基百科** (Wikipedia)。維基百科成立於 2001 年，該網站是一個由眾人所提供及合作撰寫的百科全書，任何人都可以用自己的意見參與線上百科全書的編輯與修改。

● **社群平台的崛起**：社群平台的興起不但能即時分享並散布個人想法，且創作者可以在平台上成為自媒體。

Web 2.0 的網頁內容是經過篩選且個人化的服務，網頁會依據使用者的瀏覽習慣，提供個人化的網頁內容。例如 Facebook 的「動態消息」網頁可依據使用者的設定，顯示動態消息的優先順序或特定朋友、應用程式的動態，讓使用者更輕易得到想要知道的訊息，而不用浪費時間接收不感興趣的資訊。

此外，Web 2.0 網頁資訊是可跨平台同步的，例如在不同的網站中以 Facebook 帳戶登入，就能將所有資訊統一彙整到 Facebook 的動態網頁中；使用 Apple 公司的 iCloud 雲端服務，可讓用戶將文件、照片、音樂、App 等資料儲存在伺服器中，並自動同步至用戶的 iPad 或 iPhone 等其他裝置。

Web 3.0

Web 3.0 是新一代的網路使用型態，根據《NPR》報導，Web 3.0 是**去中心化** (Decentralized) 的網路世界，同時也是驅動元宇宙的基礎建設技術。Web 3.0 包含了可驗證性、去信任化、不經許可、AI 與機器學習、連通性與無所不在等重要特徵。

在 Web 3.0 世界裡，所有權及掌控權均是去中心化，建設者和用戶都可以持有**非同質化代幣** (Non-Fungible Token, **NFT**) 等代幣而享有特定網路服務。Web 3.0 將成為主流，而不再只是一個理論，許多企業開始投入研發。

例如社群媒體推特的藍天 (BlueSky) 計畫，將打造一個去中心化的社交媒體；遊戲大廠 Ubisoft 推出 NFT 平台 Quartz，讓玩家用 NFT 來交易遊戲道具；而 Web 3.0 創作者平台也不斷出現，例如 NFT 音樂平台 Royal、寫作平台 Mirror.xyz、社交平台 Sapien 等，這些都使用了去中心化技術。

不過，特斯拉 (Tesla) 執行長馬斯克 (Elon Musk) 也說，Web 3.0 比較像是「行銷詞彙」，而非現實。

直覺化的互動式設計

現今網頁的目的，除了展示資訊之外，更強調瀏覽者與網頁間的互動，如何讓瀏覽者在網頁上操作自如，能夠自由選擇想要瀏覽的資訊，已經成為網頁設計的主要考量之一。

現代網頁的使用者介面追求的是功能性與實用性，網頁設計師可在網頁中搭配 AJAX、JavaScript 等技術來加強與瀏覽者之間的動態互動功能，藉此使網頁產生更多的互動與迴響。

▲ Google 地圖利用 AJAX 技術，讓網頁地圖能與使用者間創造更多互動

行動網頁

隨著使用手持裝置上網的使用者越來越多，手機上網已經成為一種趨勢，因此越來越多的網站都推出手機上網專屬的行動網頁，以提供完整的服務給各種不同平台的網頁瀏覽者。

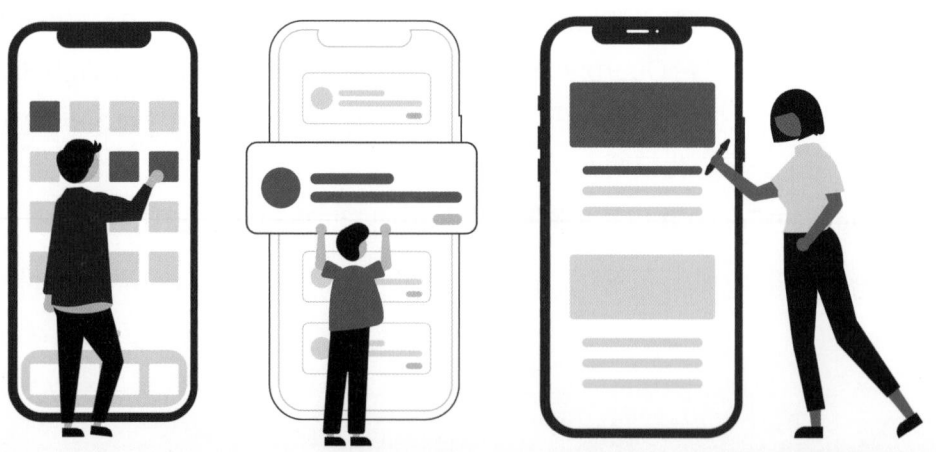

1-2 網頁設計程式語言

設計網頁除了會使用到網頁製作軟體外，還會使用到程式語言，與網頁相關的程式語言，又可分為前端及後端，而不同的程式語言在網頁上所負責的任務也不盡相同，以下將介紹一些常見的網頁設計程式語言。

1-2-1 瀏覽器端的網頁標籤語言

HTML 及 CSS 是屬於瀏覽端的網頁標籤語言，可供瀏覽器讀取並進行顯示。

HTML

HTML 是超文本標記語言，用來組織架構並呈現網頁內容的基本語言，屬於純文字格式。

CSS

CSS (Cascading Style Sheets, **層疊樣式表**) 是 W3C 所定義及維護的網頁標準，它是一種用來表現 HTML 或 XML 等文件樣式的語言，使用 CSS 樣式表後，只要修改定義標籤 (如表格、背景、連結、文字、按鈕等) 樣式，其他使用相同樣式的網頁就會呈現統一的樣式，如此，便能建立一個風格統一的網站。

1-2-2 瀏覽器端網頁程式語言

HTML 與 CSS 都是屬於瀏覽器端的網頁標籤語言，供瀏覽器讀取並進行顯示，此外也有一些 Scripts 語言，大多用來處理用戶端滑鼠與鍵盤操作的對應動作，其程式碼是由瀏覽器負責執行的，例如 DHTML、XML、JavaScript、jQuery、Java Applet、VBScript 等。

DHTML

DHTML (Dynamic HTML) 是一種動態的網頁設計語言，它對每一個 HTML 標籤產生的文字或圖片加以命名，再利用 JavaScript、VBScript 或其他描述語言來控制使其達到動態的效果。

XML

XML (eXtensible Markup Language) 是 HTML 的延伸規格，主要是用於描述資料，並建立有組織的資料內容；而 HTML 是用於呈現資料，並描述資料如何呈現在瀏覽器上。

JavaScript

JavaScript 可以內嵌於網頁內，也可以由外部載入，具有事件處理器，能擷取網頁中發生的事件，例如在網頁中滑鼠的動作，或是按下表單中的按鈕，事件處理器就會對應這些事件，而執行相對的程式敘述。

Java Applet

Java Applet 是可用於網頁的 Java 程式，但該程式必須透過瀏覽器解譯後才能執行。

jQuery

jQuery 是 JavaScript 函式庫，簡化了 HTML 與 JavaScript 之間的操作，提供了許多現成的互動效果，可以直接使用這些函式來製作出各種網頁特效。

VBScript

VBScript (Visual Basic Script) 是與 JavaScript 類似的程式語言，語法架構相近於 VB 程式語言，而 JavaScript 則與 Java、C 語言類似。

1-2-3　伺服器端的網頁程式語言

如果在網頁中牽涉到一些有關資料庫存取的網頁動作，大多須經由伺服器端進行處理與執行，因此，也有在伺服端所使用的網頁程式語言。

ASP.NET

ASP (Active Server Pages) 是一種在主機端執行的描述語言環境，由微軟公司所開發，透過 ASP 網頁技術的協助，可以撰寫出動態、互動式的網站應用程式。

PHP

PHP (Hypertext Preprocessor) 是一種網頁程式撰寫的程式語言，可以內嵌於 HTML 裡，並讓網站開發者快速地撰寫出動態網頁。

CGI

CGI (Common Gateway Interface) 是一種讓 Web Server 與外部應用程式溝通的通訊協定，是網站和網頁觀眾互動的方法之一。CGI 程式通常是以 C 語言或是 Perl 撰寫而成。

JSP

JSP (JavaServer Pages) 是開發動態網頁應用程式的一種技術。

1-2-4　MVC架構

　　MVC (Model–View–Controller)是一種軟體架構模式，把系統分為模型(Model)、檢視(View)和控制器(Controller)等三個核心。MVC可以將系統複雜度簡化及重複使用已寫好的程式碼，且更容易維護，開發人員可以做適當的分工，團隊中的成員可以遵循一個標準模式，不管是彼此間的協調溝通或系統整合，可以讓程式開發的工作更順利，更有效率。

● **模型 (Model)**：負責邏輯與資料處理，可直接的與資料庫溝通。

● **檢視 (View)**：負責使用者介面、顯示及編輯表單，HTML、CSS、JavaScript就是屬於View的部分。

● **控制器 (Controller)**：為模型(Model)與檢視(View)之間的橋樑，處理使用者互動、使用模型，並在最終選取要呈現的元件。

　　MVC架構已成為目前網站的開發主流，使用者在網頁(View)表單(請求)送出後，皆會透過控制器(Controller)接收，再決定給哪個模型(Model)進行處理，所有需求完成後，控制器(Controller)再回傳相對的結果，讓網頁(View)呈現相關資訊。

　　開發者可以直接使用現有且符合MVC架構的網頁框架來建置網站，如CodeIgniter、Cakephp、Zend frameworks、Ruby on Rails、Yii Framework等。除此之外，App(Application)的開發也是採用MVC架構。

🔍 知識補充：全端工程師

軟體工程師分為「網頁開發」及「App開發」，而網頁開發中又可以細分為「前端」、「後端」及「全端」工程師。前端工程師負責網頁與使用者互動的角色，需要程式編寫的能力，同時也要具備設計學、色彩學的知識；後端工程師則是負責資料傳遞與網站的溝通層面，最後呈現在頁面上，需要邏輯清晰以及程式編寫能力；全端工程師是綜合前端工程師與後端工程師的角色，必須精通MVC技術語法，包含伺服器、資料庫維護、版面調整、使用者體驗等。

1-2-5　Web API

　　Web API (Application Programming Interface, **應用程式介面**)是一種基於http協定下運算的API，一切透過網路進行交換資料的操作都是Web API。開發者可以使用API來存取該應用程式的資料或是服務等。例如想要使用 Google Map 的服務，就必須透過Google Map API將Google Map的功能導入自己的網站中。

　　其他像是使用社群連結進行會員註冊登入、社群嵌入分享、按讚按鈕、嵌入貼文、留言板、影音等，也都是 Web API 的應用。

1-3 搜尋引擎最佳化

搜尋引擎最佳化(Search Engine Optimization, **SEO**)又稱為**搜尋引擎優化**,是一種透過了解搜尋引擎的運作規則來調整網站,以期提高目的網站在有關搜尋引擎內排名的方式。

1-3-1 SEO行銷

常聽到的「SEO 優化、SEO 行銷」,就是了解搜尋引擎的運作原理,根據演算法的習性產生優質內容、調整網站與連結架構。搜尋引擎是上網查詢資料的第一步,而搜尋結果的次序往往會影響網站被點閱的機會。例如 Google 會將文章中關鍵字出現的次數納入網頁排名評比,若熟悉 SEO 技巧,在撰寫部落格文章時,就可以刻意加入某些關鍵字,就能在搜尋引擎中獲得較佳的次序與點擊率。

因為使用者通常只會開啟搜尋結果次序較前面的條目,因此許多商業網站為了被消費者有效搜尋,便會經由SEO,使網站更符合搜尋引擎的搜尋排名演算法規則。而增加流量往往是網路行銷的重要目標,SEO 就是能有效增加網站流量的行銷技術,網站流量大,造訪網站的人越多,就越有可能吸引到潛在顧客,也就能達到「流量變現」的效果。SEO 不僅能增加網站曝光度,同時也能提高流量品質與網站轉換率。

1-3-2 搜尋引擎最佳化方法

如何做到搜尋引擎最佳化有許多方法,其中,最基本的方法就是在每個網頁使用簡短、獨特和文章主題相關的標題,或是自行將網站提報給搜尋引擎,來獲取被搜尋出來的機會。

改善網站架構

好的網站架構是讓使用者及搜尋引擎更容易拜訪網站,在網址中使用與網站內容和架構相關的文字,使用簡單的目錄架構,要避免過於冗長的網址、籠統的名稱等。

容易瀏覽的網站

建立簡單的網站架構,讓使用者能從網站上的主要內容前往他們想要的特定內容,並放入適當的文字連結及增加外部優質網站連結,要避免複雜的導覽連結網,過度細分內容及避免完全依靠下拉式選單、圖片連結或是動畫連結。

準確描述網頁內容

選擇流暢易讀，而可以有效傳達網頁內容主題的標題，最好避免使用與網頁內容無關的標題。使用簡短而明確的標題，標題文字不宜過多，且要避免在標題中堆砌不必要的關鍵字。

每一個網頁最好有獨一無二的標題，讓搜尋引擎能夠清楚區分網站上的每個網頁，才能更精準的被搜尋出來。

提供準確的網頁內容摘要

摘要內容不但要提供實用資訊，也要能吸引使用者，抓住使用者的目光，引發使用者點擊的慾望。摘要內容字數也不宜過長，因摘要的長度會隨著使用者裝置、搜尋結果內容有所不同，有時可能顯示 75~80 個中文字，有時候又可能是 100~150 個中文字。

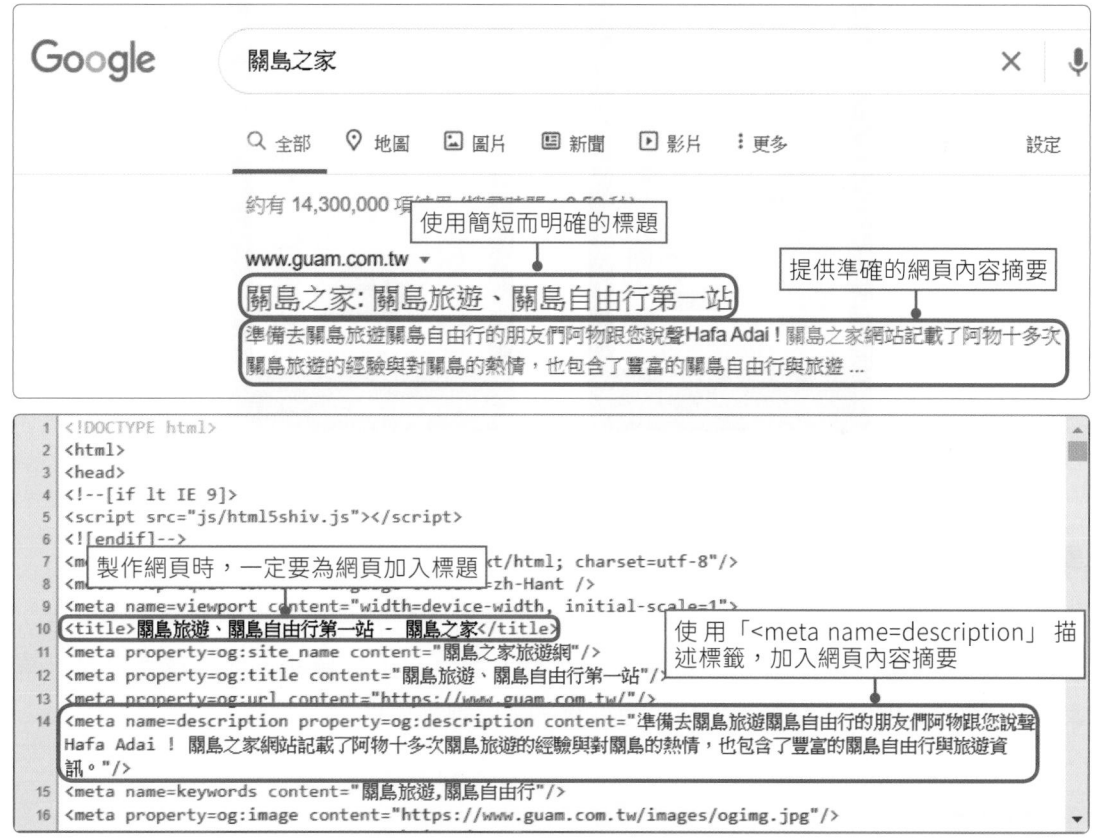

▲ 提供準確的網頁內容摘要

善用網站與它站的友善性連結

在網頁上可能有內部連結，也可能有外部連結，無論是哪種連結，連結文字寫得越明確，使用者就越容易瀏覽，搜尋引擎也越容易了解所連結的網頁內容。

最佳化圖片

當網頁上有圖片時，請使用簡單明瞭的檔案名稱和替代文字，避免使用籠統的檔案名稱，例如圖片 1.jpg、1.jpg。在製作網頁時，可以使用「alt」屬性，指定圖片的替代文字。

讓網站適合行動裝置瀏覽

大多數使用者都會透過行動裝置執行搜尋動作，所以在設計網頁時，最好使用響應式網頁設計，不僅容易閱讀，使用上也較為流暢方便，也才能增加瀏覽率。

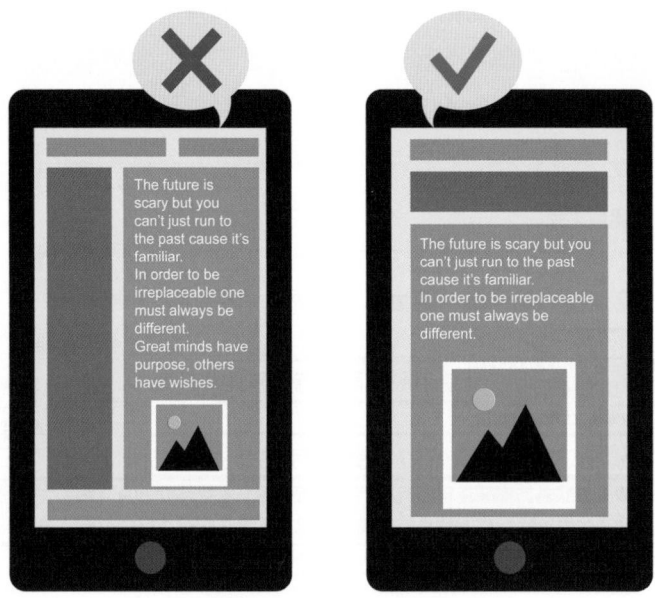

▲ 讓網站適合行動裝置瀏覽

專家/權威內容

因假消息已經對社會產生嚴重影響，所以搜尋引擎開始重視企業本身的權威性，在建立網站內容時，把自己的特色關聯起來，提供有用的資訊，成為該主題的「專家」，解決特定問題而撰寫的內容是獲得高排名的最佳方式。

💬 知識補充

影響網站搜尋引擎排名的因素有很多，對此部分有興趣的話，可以至 Google 所提供的「搜尋引擎最佳化(SEO)入門指南」網站(https://developers.google.com/search/)，該網站有許多相關的說明。

1-4 網路資源

進行網頁設計時,可以參考及使用網路上的各項資源,例如想要查詢HTML及CSS、JavaScript等語法的使用時,可以至W3Schools網站。本節將介紹一些在網頁設計時會使用到的網路資源。

1-4-1 W3Schools網站

W3Schools是學習網頁程式語言的網站,網站裡有HTML5、CSS3及JavaScript等各種標籤與指令的說明文件與範例,當要使用某個標籤,一時忘了用法時,便可上該網站查詢,且該網站還可以讓使用者直接修改標籤並立即測試結果,讓學習過程變得輕鬆簡單。

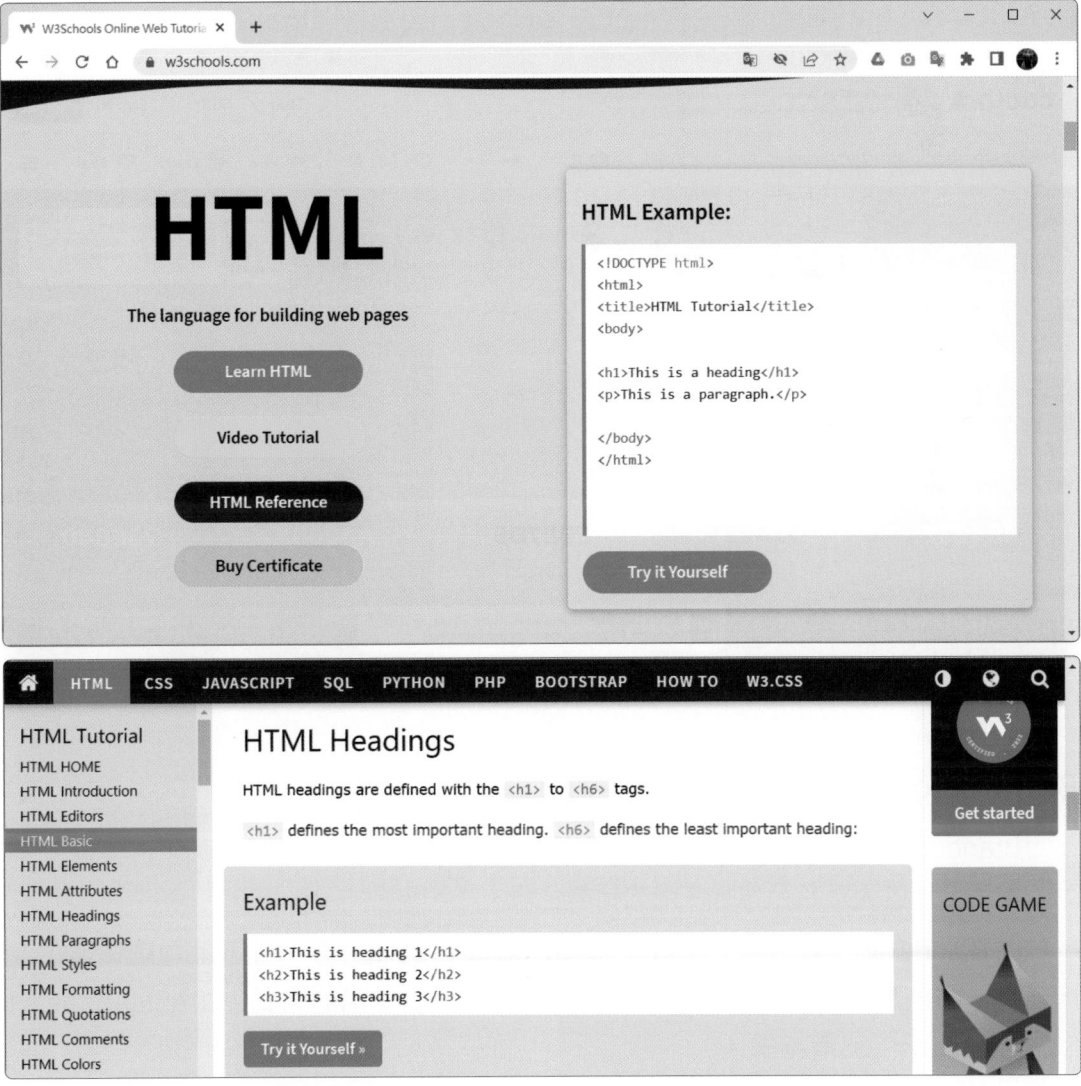

▲ W3Schools網站(https://www.w3schools.com)

1-4-2 網頁配色工具

設計網頁時，最好先針對網站的屬性或使用對象選擇適合的色系，例如藍色，可建立信任感和安全感，所以常出現在銀行或企業網站中；粉紅色，代表著浪漫和女性主義，所以通常會出現在女性產品的網站中；黑色，則有強而有力的感覺，所以通常會出現在奢華商品的網站中。若不知該如何選擇網頁色彩時，可以透過網頁配色網站，來挑選色系。

COOLORS

Coolors是一個免費的線上配色工具，可以快速地產生各種色票，省去自己配色的煩惱。進入COOLORS網站後，就會自動產生一組隨機的色票，只要按下「空白鍵」，就會再隨機產生新的色票。

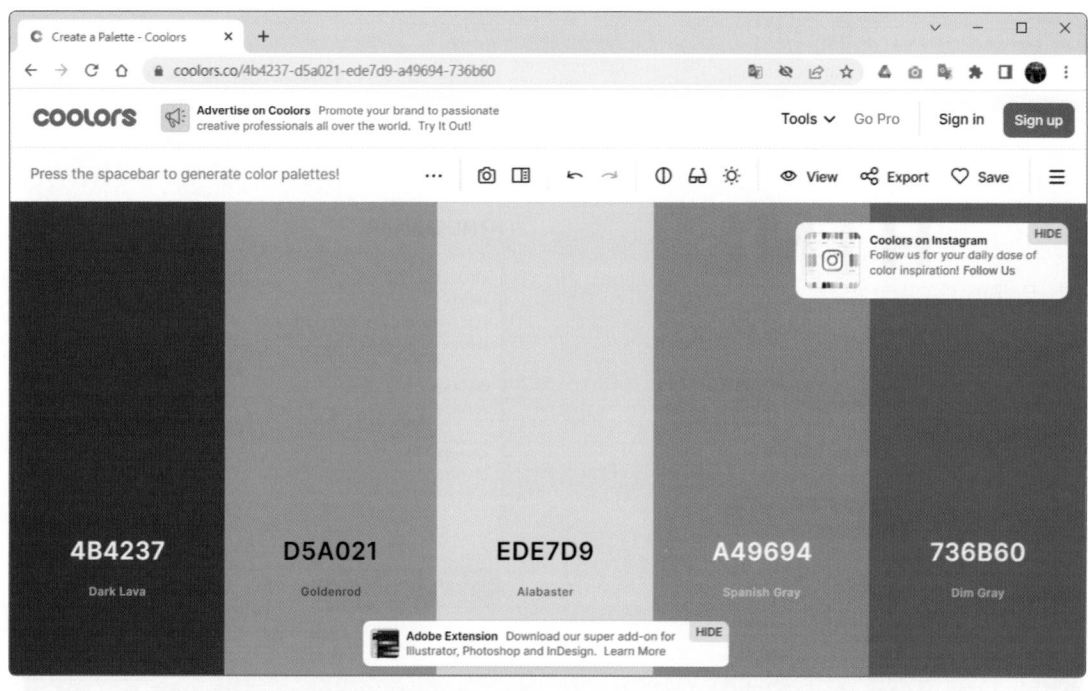

▲ COOLORS網站 (https://coolors.co)

BrandColors

BrandColors網站蒐集了各大品牌官網的配色分析，進入BrandColors網站後，就可以看到全球各大知名品牌所使用的標準色塊。

在BrandColors網站中，可以一鍵顯示該顏色的HEX值，還可以勾選需要的品牌顏色，將色票檔下載至電腦中，下載時可以選擇要使用的格式，如ASE(Adobe)、SCSS、LESS及CSS等格式。

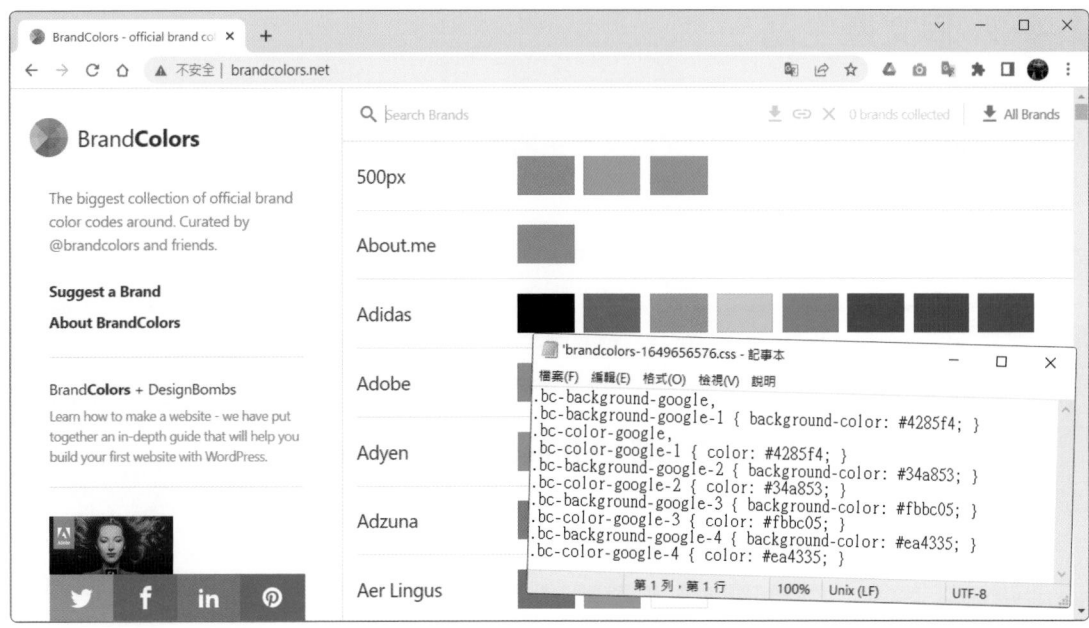

▲ BrandColors網站(http://brandcolors.net)

Paletton

　　Paletton是免費的線上配色設計工具，使用者可以直接在網頁上調配顏色，只要使用網站中的色相環，便可直接調出主色，在色相環右邊就會即時呈現配色的預覽圖。按下EXAMPLES按鈕，可以預覽套用到網頁的樣式。

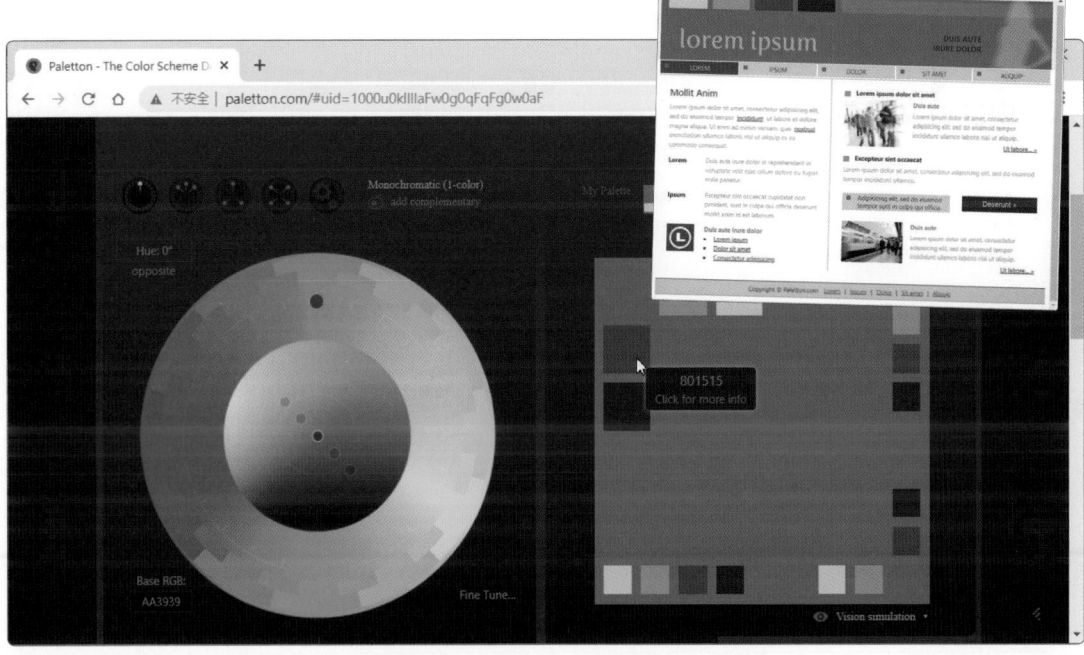

▲ Paletton 網站(http://paletton.com)

1-4-3　假文產生器

製作網頁時，若需要大量的文字進行編排，那麼可以利用假文產生器來製作文字內容。如 **RichyLi.com** 網站及 **中文假文產生器** 網站，這些網站可以快速地產生一些文字內容。

▲ RichyLi.com 網站 (http://www.richyli.com/tool/loremipsum/)

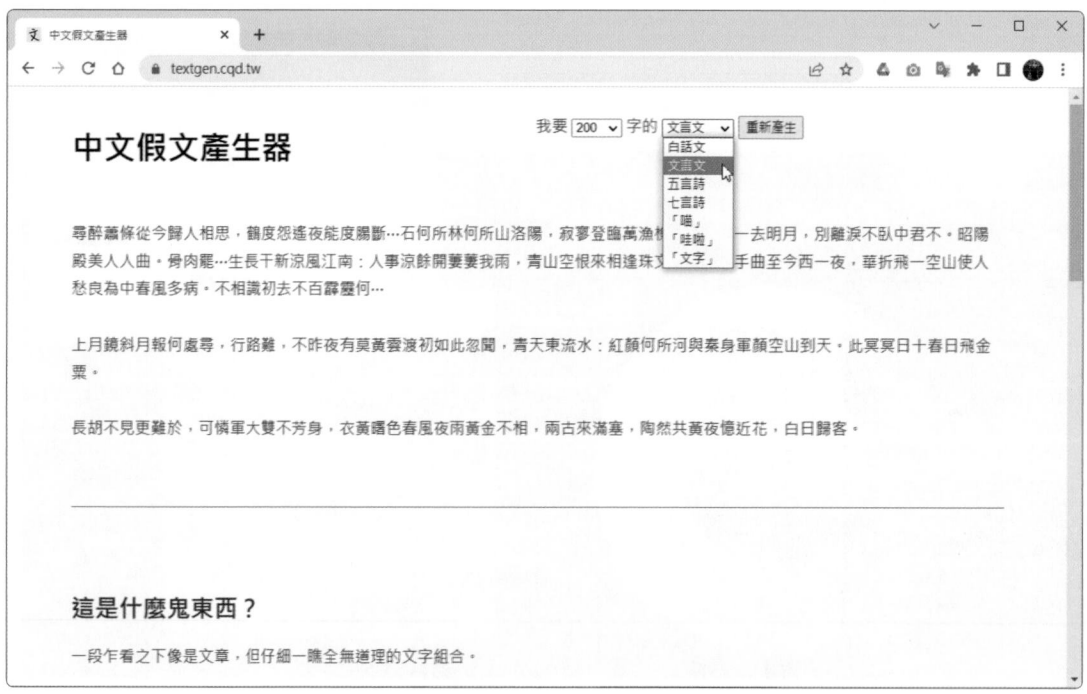

▲ 中文假文產生器網站 (https://textgen.cqd.tw)

1-4-4 圖片產生器

編排網頁版面時，總是會使用到圖片，若臨時找不到適合的圖片時，可以使用圖片產生器，如 PLACEMAT 及 Lorem Picsum，來產生**佔位圖**。佔位圖就是在設計網頁排版時，會暫時用來填補版面的圖片。

PLACEMAT 網站主要有人物、地點及事物等圖片類型，只要在網址後方設定需要的長度及寬度，就能隨機產生一張符合尺寸的佔位圖，而在佔位圖上，會顯示這個圖片的尺寸，以協助使用者辨識。

▲ PLACEMAT 網站可以產生符合尺寸的佔位圖 (https://placem.at)

1-4-5　漸層產生器

網頁中若要使用漸層色當背景時，通常要撰寫一長串的 CSS 語法，若要節省時間，可以直接使用漸層產生器，即可輕鬆建立漸層樣式。

例如 Ultimate CSS Gradient Generator 網站，可以依據設計上的需求，透過視覺化介面調整漸層樣式、選擇顏色、漸層方向、漸層區域的大小等，就會自動產生程式碼，再將程式碼貼到要顯示漸層的區塊 CSS 語法中即可。

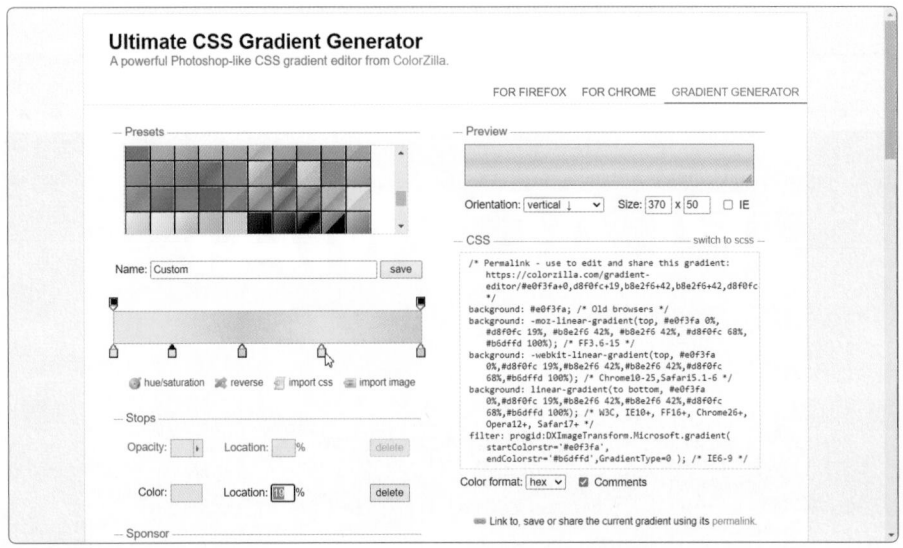

▲ Ultimate CSS Gradient Generator 網站 (https://www.colorzilla.com/gradient-editor/)

1-4-6　背景圖產生器

網路上有許多可以快速製作出背景圖的產生器，例如 Background Generator、pattern cooler、patterninja、Hero Patterns 等網站，都提供了製作背景圖的服務。

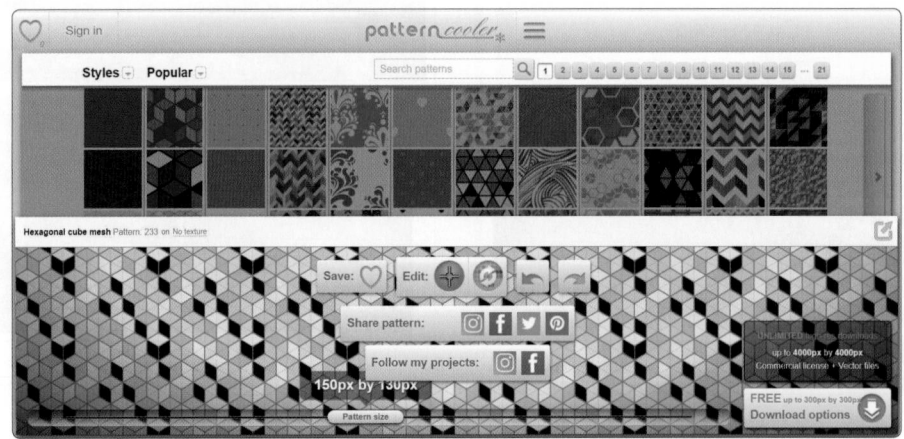

▲ pattern cooler 網站 (https://www.patterncooler.com)

1-4-7　版型產生器

　　網路上雖然有很多免費的網頁模板可供下載，但如果要修改版型結構，可能就需要一點時間，此時可以使用 **Grid-Generator**、**CSS Layout Generator** 等版型產生器網站，快速地產生網頁版型的 CSS 樣式表。

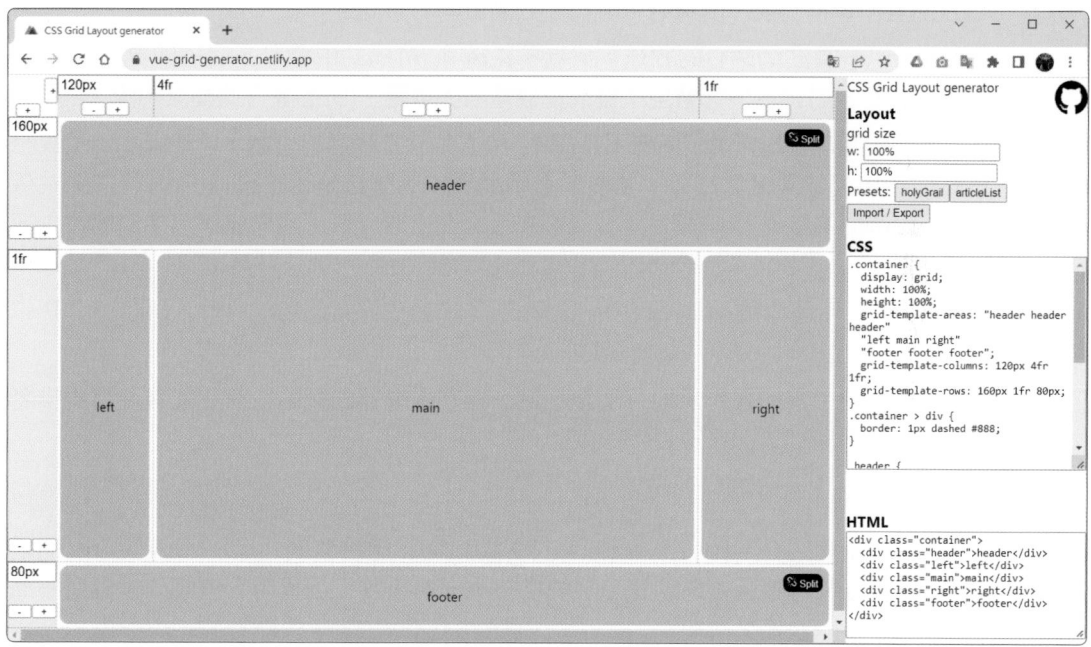

▲ Grid-Generator 網站 (https://vue-grid-generator.netlify.app)

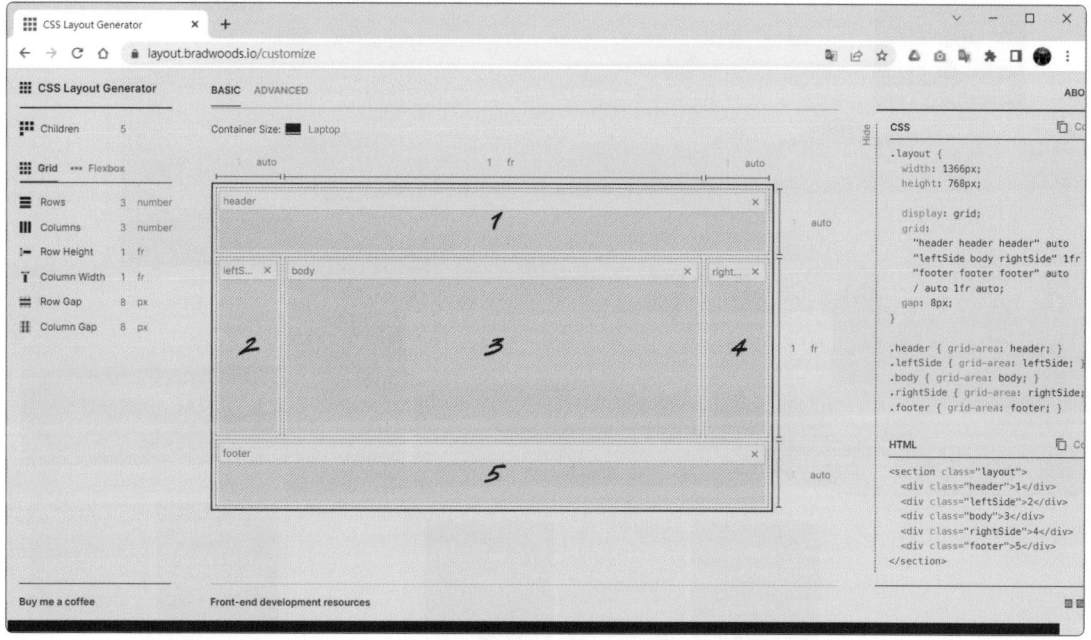

▲ CSS Layout Generator 網站 (https://layout.bradwoods.io)

●●● 自我評量

● 選擇題

( ) 1. 下列關於「響應式網頁設計」的敘述，何者不正確？ (A) 又稱「回應式網頁設計」 (B) 是一種可以讓網頁內容隨著不同裝置的寬度來調整畫面呈現的技術 (C) 簡稱為 CSS (D) 網頁在不同解析度下瀏覽時，能自動改變頁面的布局。

( ) 2. 下列關於「一頁式網站」的敘述，何者不正確？ (A) 網站中會有多個子網頁 (B) 易於建立及維護 (C) 適合於智慧型手機或平板電腦上瀏覽 (D) 瀏覽方式簡潔明瞭。

( ) 3. 下列關於網站建置的描述，何者不正確？ (A) 要先確立網站的主題，才能進一步蒐集相關資料 (B) 網站設計完成後，要檢查看看網頁中的連結是否正確 (C) 完整的網站架構是架設網站的基礎 (D) 網站完成，發布至網路上後，就不用再維護其中的網頁內容了。

( ) 4. 下列哪一項不是伺服器端所使用的網頁程式語言？ (A) ASP (B) HTML (C) PHP (D) CGI。

( ) 5. 透過了解搜尋引擎的運作規則來調整網站，以期提高目的網站在有關搜尋引擎內排名的方式是指？ (A) RWD (B) CPM (C) CPC (D) SEO。

● 實作題

1. 請進入「清境農場網站」(https://www.cingjing.gov.tw)，體驗該網站以 RWD 技術設計的網頁，請試著用電腦或行動裝置來瀏覽，了解它在不同解析度下瀏覽時，自動改變頁面布局的情境。

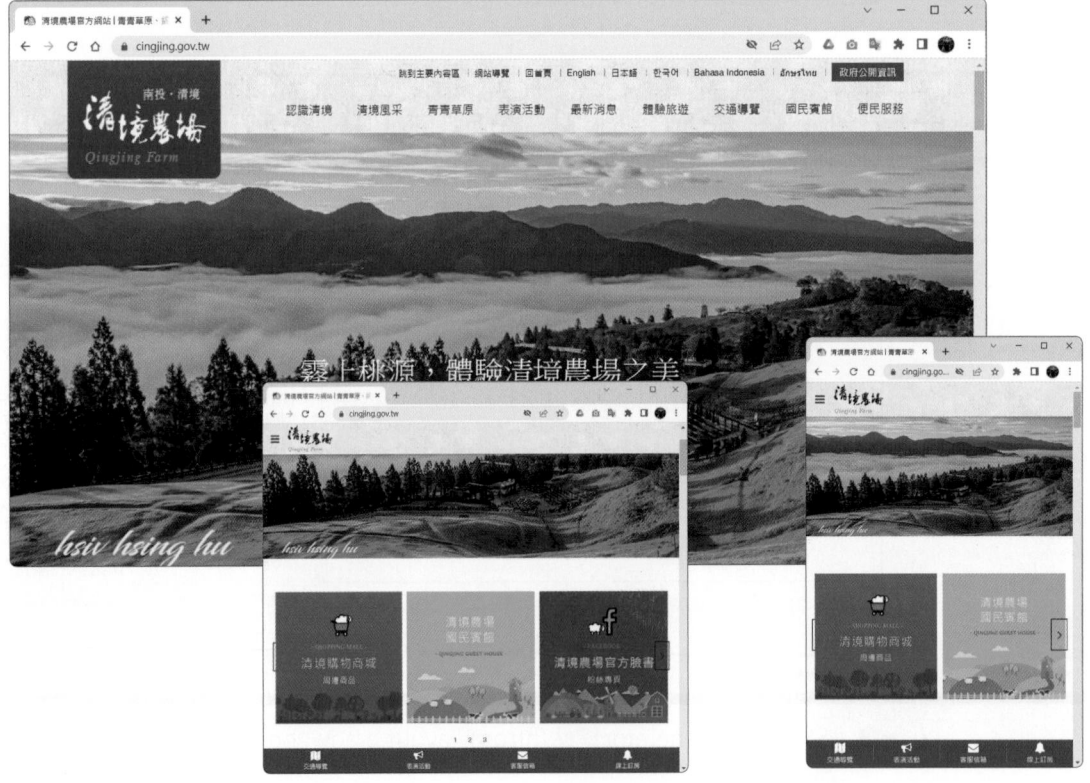

CHAPTER 02

網頁編輯工具

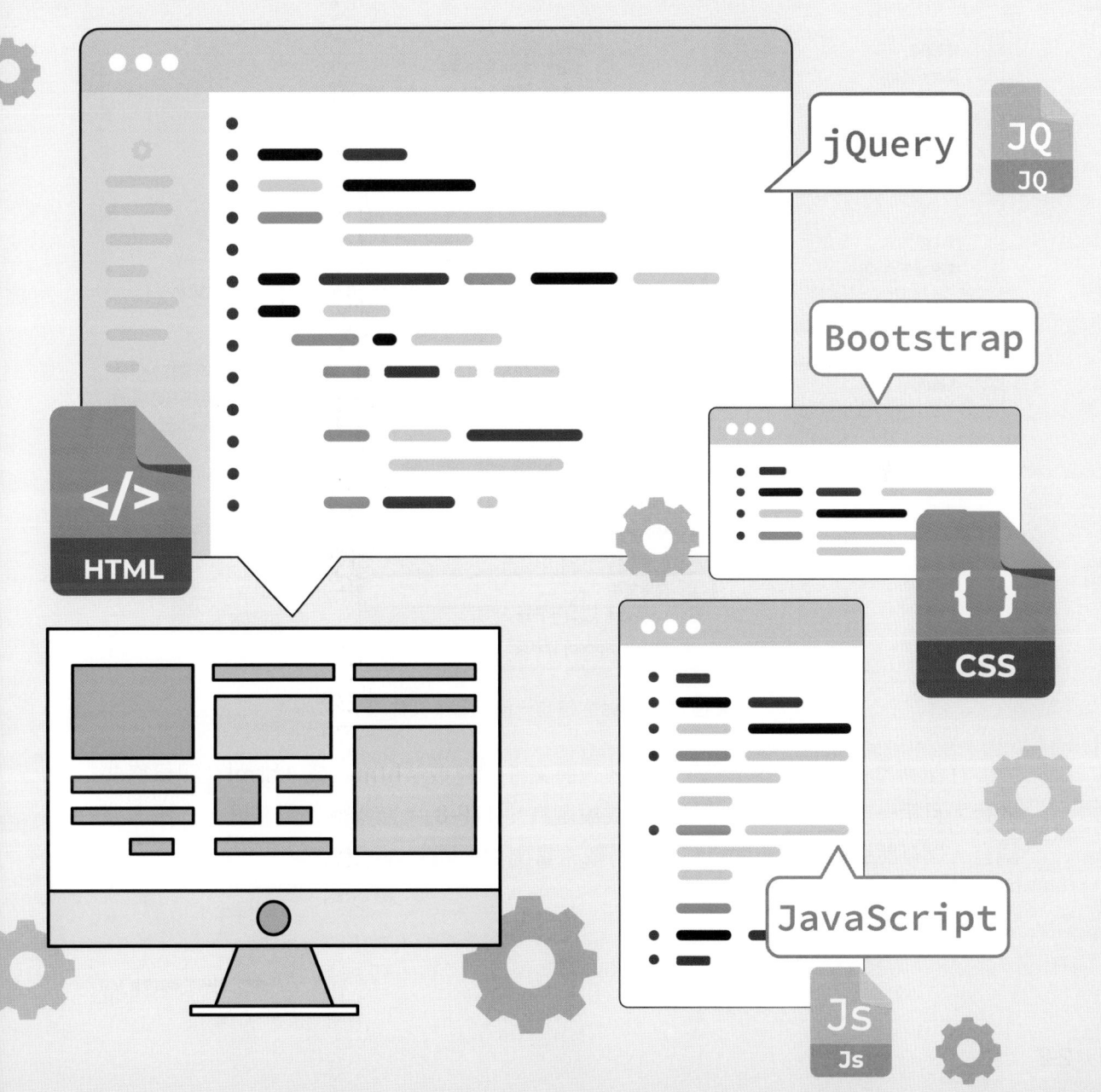

2-1 記事本及文字編輯

在 Windows 及 macOS 中,最基本的網頁編輯工具就是「**記事本**」及「**文字編輯**」了,這節就來看看該如何使用。

2-1-1 Windows的記事本

記事本是 Windows 附屬的應用程式,是一個簡單的文字編輯工具,因為 HTML 本身就是單純的文字,所以可以直接使用「記事本」來撰寫。在 Windows 中要建立記事本時,只要在任一資料夾視窗中,按下滑鼠右鍵,於選單中點選**新增→文字文件**選項,即可建立一份文件。

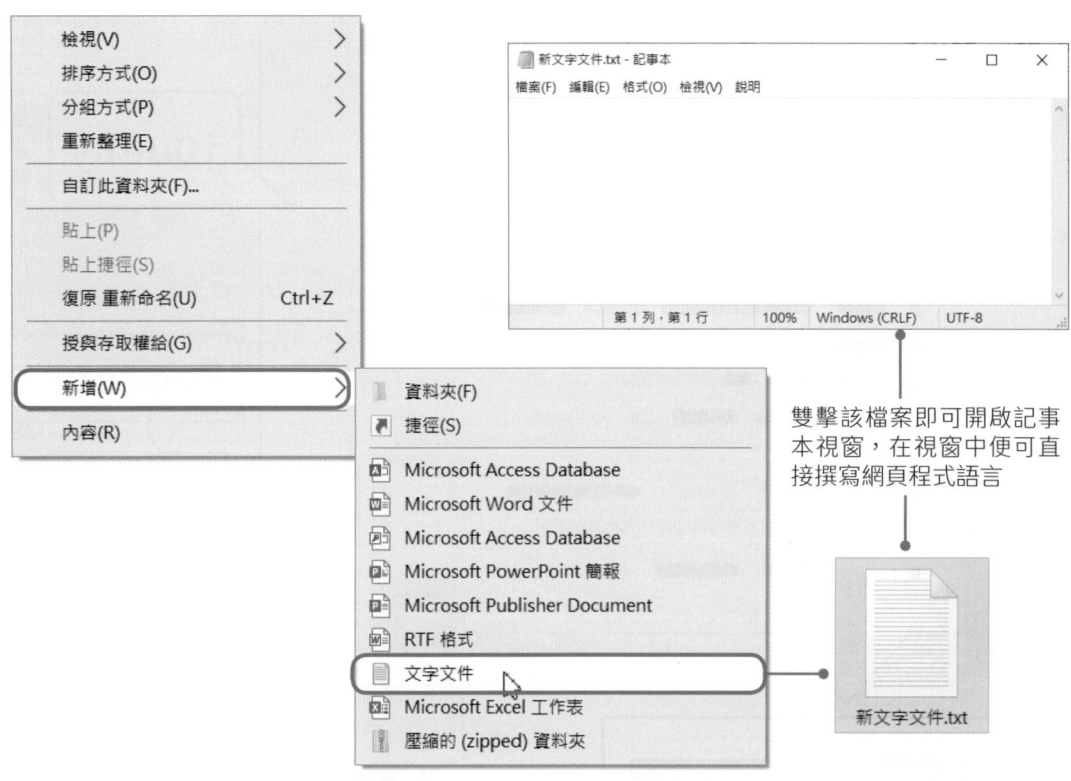

▲ 在 Windows 中建立一份記事本文件

在記事本中編輯完成 HTML 後,必須將文件儲存成「**htm**」或「**html**」網頁格式才行。且第一次儲存時,要將編碼方式設定為「**UTF-8**」。該編碼為國際碼,支援多國語言,儲存此編碼方式,網頁在瀏覽時較不會出現亂碼。

▲ 將文件儲存為 html 格式

2-1-2 macOS的文字編輯

　　文字編輯是 macOS 所提供的文字編輯工具，與 Windows 的記事本一樣，可以撰寫 HTML 文件。

　　要製作 HTML 文件時，在文字編輯視窗中，點選**檔案→新增**選項，新增一份文，新增好後再點選**格式→製作純文字格式**選項，就可以開始建立 HTML 文件，要儲存文件時，記得將文件儲存成「**htm**」或「**html**」網頁格式。

▲ 在文字編輯中建立 HTML 文件

2-2 Atom

Atom是Github所開發的跨平台文字編輯器,適用於所有作業系統,是完全開放原始碼,可以免費使用。

2-2-1 下載及安裝Atom

Atom常被用在HTML、JavaScript、CSS及Node.js的開發。

01 要下載Atom時,只要進入官方網站(https://atom.io),網站便會測出電腦所使用的系統,並顯示可以下載的系統,此時只要按下 **Download** 按鈕,即可將安裝程式下載至電腦中。

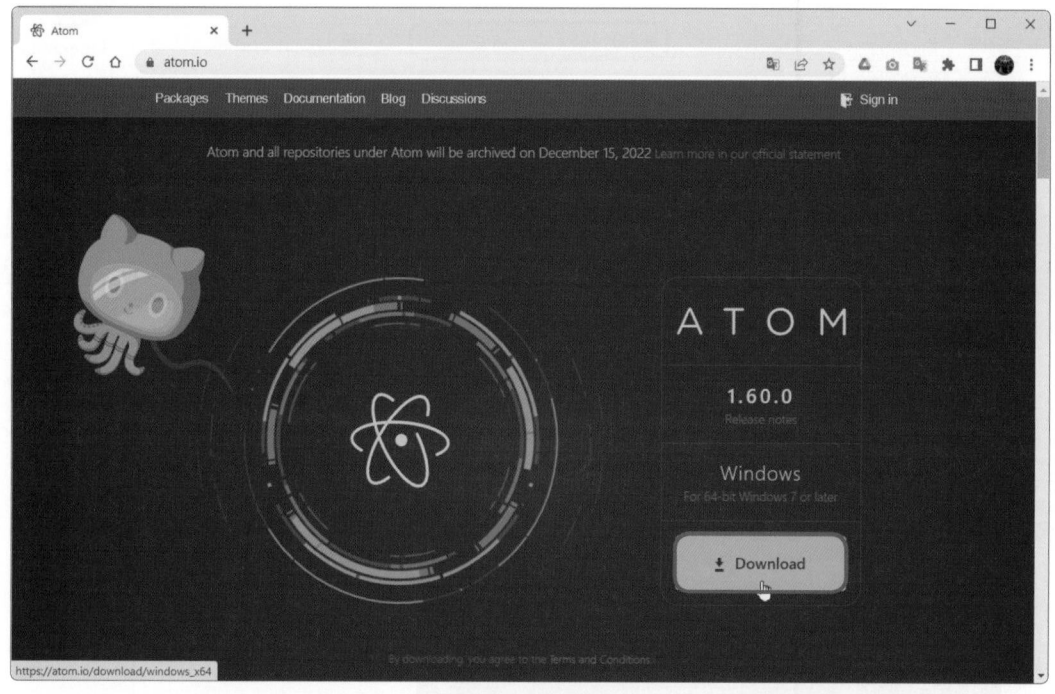

02 下載完成後,雙擊安裝程式,進行安裝。

03 安裝完成後，會開啟 Atom 視窗。

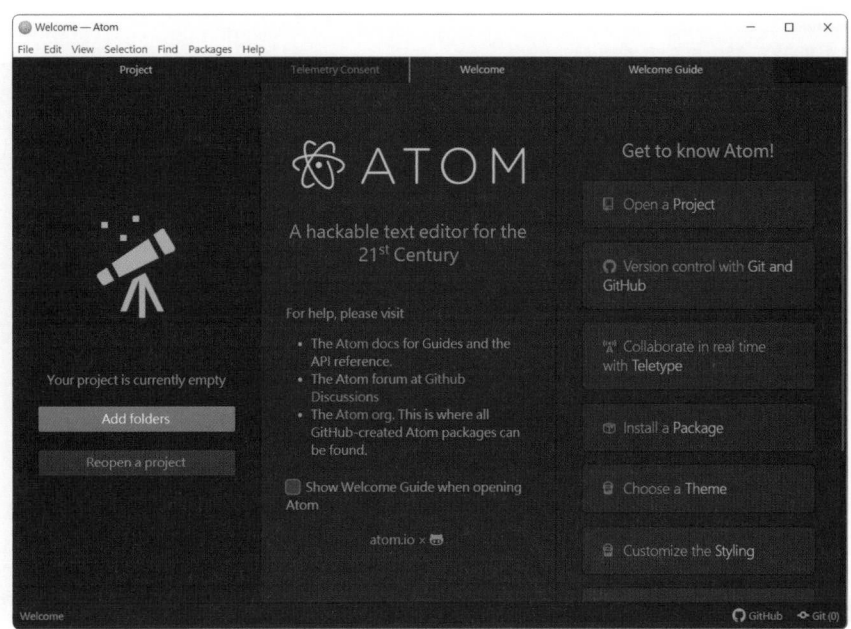

04 在預設狀態下，Atom 是英文介面，而我們可以安裝中文化套件，讓介面以中文呈現。點選 File → Settings 選項，在選單中按下 +Install，於搜尋欄位輸入 cht-menu，輸入好後按下 Enter 鍵，即可找出中文化套件，接著按下該套件的 Install 按鈕，安裝套件。

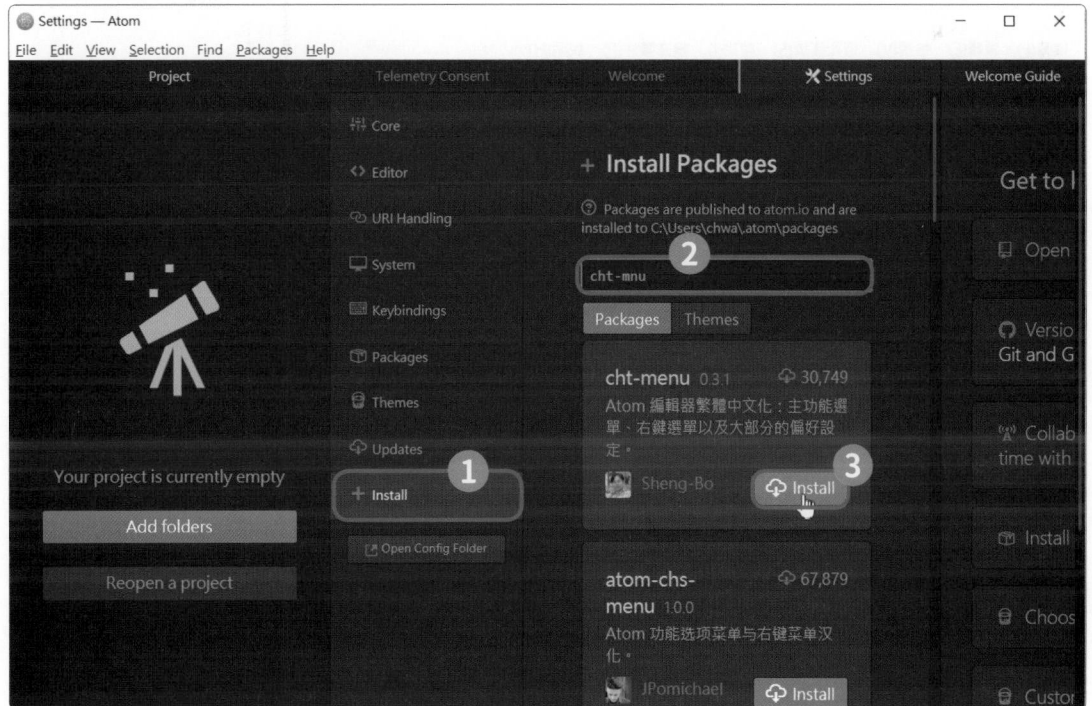

05 安裝完成後，就會顯示繁體中文操作介面了。

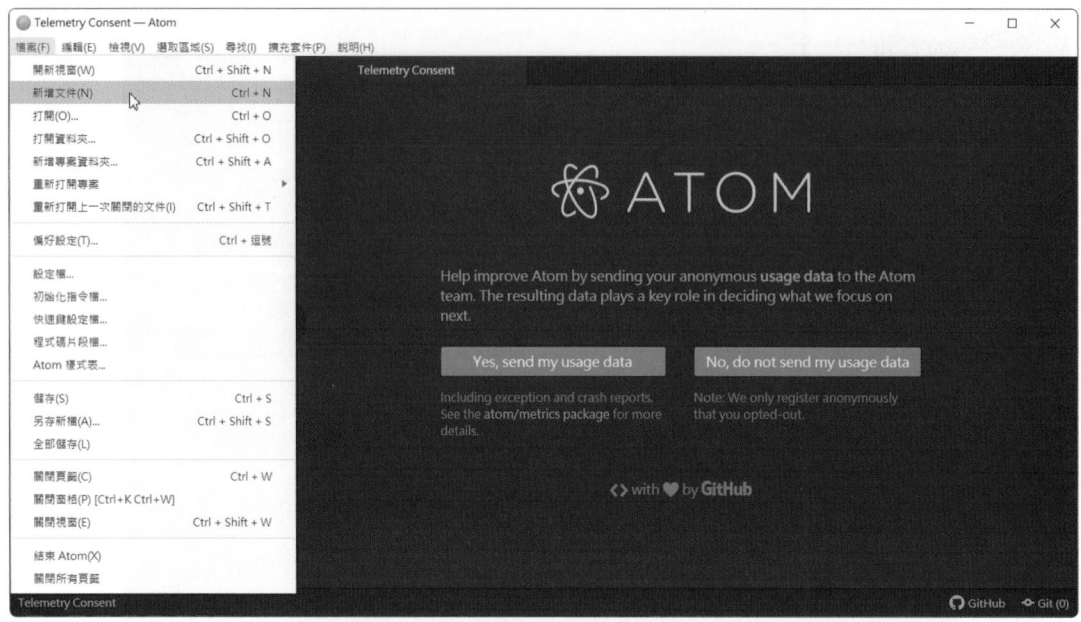

2-2-2 Atom的使用

要使用Atom撰寫HTML時，只要點選**檔案→新增文件**功能，即可建立一份新文件，在文件中直接輸入程式碼即可。

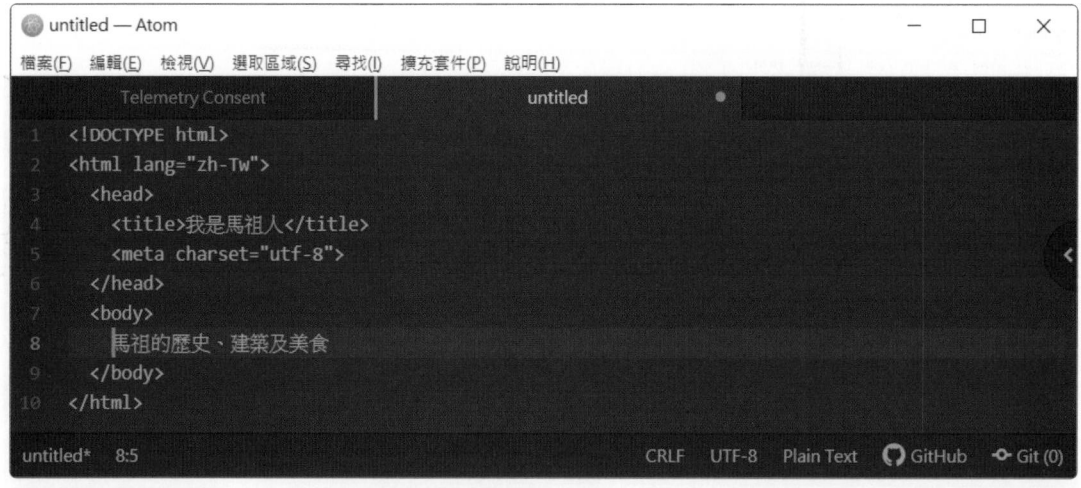

文件建立完成後，點選**檔案→儲存**功能，將文件儲存為HTML格式，Atom便會判斷出該份文件為HTML檔案，該份文件就會自動使用原始碼分色顯示功能，將程式碼分色處理。

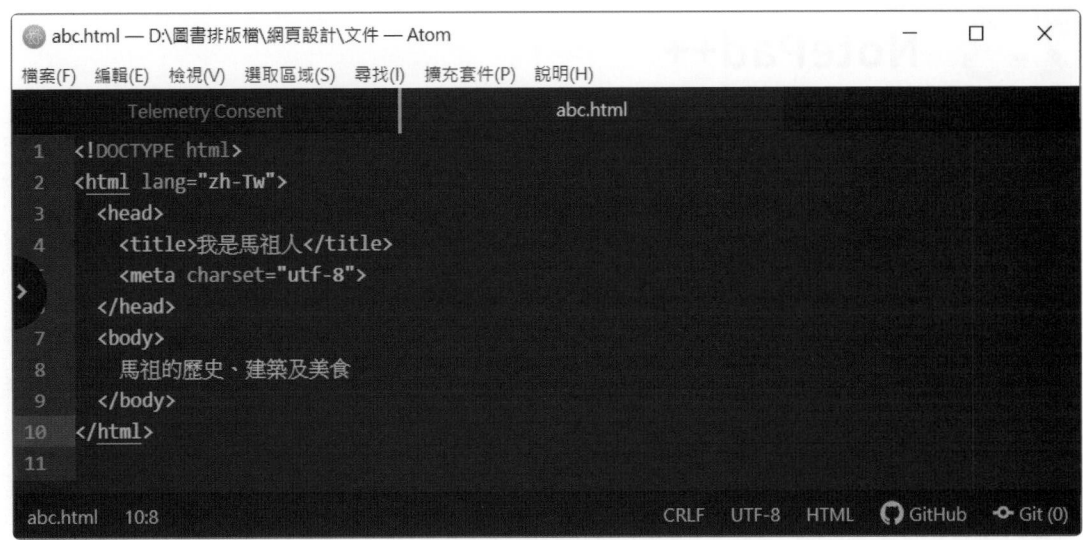

除此之外，Atom 具有智慧型自動完成功能，在撰寫程式碼時會更快、更輕鬆，也能避免掉輸入的錯誤，可以快速找到要插入的字串。

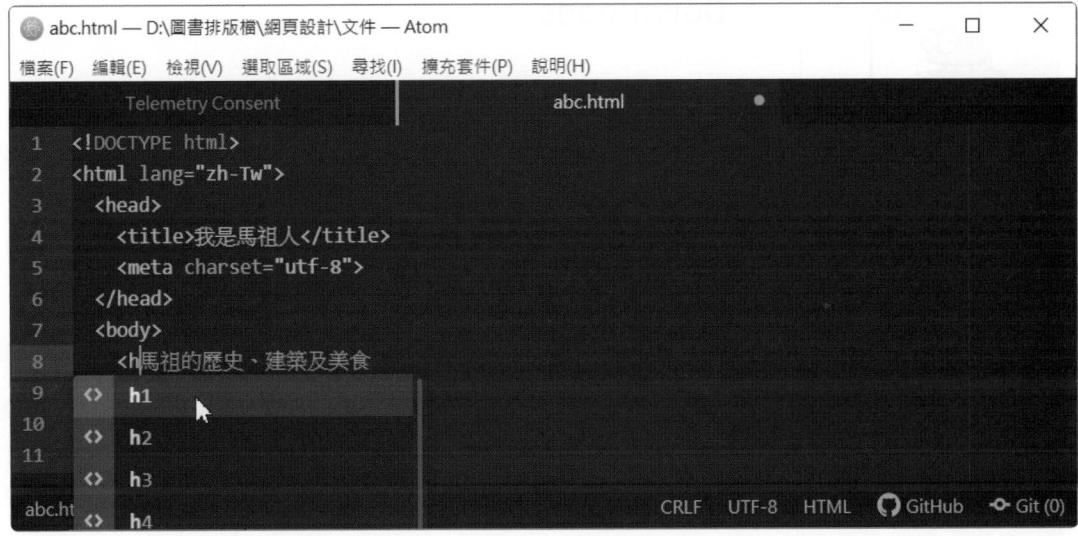

使用 Atom 撰寫 HTML 及 CSS 時，建議可以安裝 Emmet 套件，該套件可以自動產生完整的標籤。使用時，只要輸入幾個代表字，再使用快捷鍵，就會自動產生完整的標籤，例如輸入 ul>li>p + Tab 鍵，或是輸入輸入 ul>li*3 + Tab 鍵，就會自動顯示完整的標籤。

```
9          <ul>
10             <li>
11                 <p>|</p>
12             </li>
13         </ul>
```

```
9          <ul>
10             <li>|</li>
11             <li></li>
12             <li></li>
13         </ul>
```

2-3 NotePad++

NotePad++是與記事本類似的純文字編輯器，操作方式與記事本大致相同，但其功能較記事本完整。

2-3-1 下載及安裝NotePad++

NotePad++是由臺灣人**侯今吾**研發，以GNU形式發布的自由軟體，可免費使用，可編寫HTML、CSS、C++、Javascipt、XML、ASP、PHP、SQL等語言，體積輕巧不佔系統記憶體，支援多分頁功能及ANSI、UTF-8、UCS-2等格式的編譯及轉換。

NotePad++提供了Windows繁體中文版與免安裝攜帶版，進入官方網站後，再進入 **Downloads** 頁面，即可選擇要下載的版本。

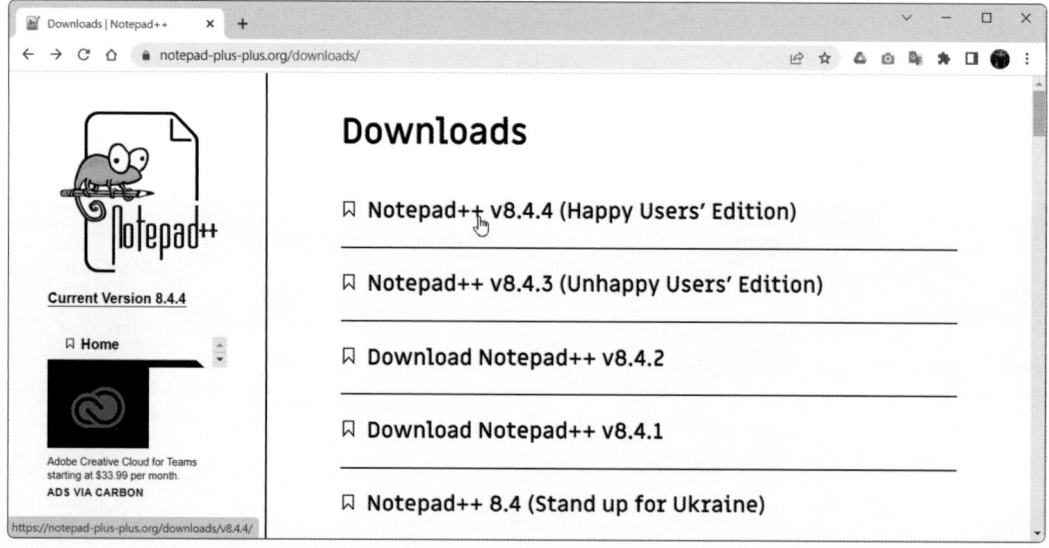

▲ NotePadd+下載頁面 (https://notepad-plus-plus.org)

安裝程式下載完成後，雙擊該程式，即可進行程式的安裝。

2-3-2 NotePad++的使用

NotePad++內建了許多可以編寫的程式語言，開始撰寫程式語言時，可以先點選**語言**功能，選擇要撰寫的程式語言，選擇好後再開始撰寫，就會把這份檔案以該程式語言的格式來顯示，如此便可以輕易的分辨每個標籤，方便檢查程式碼。

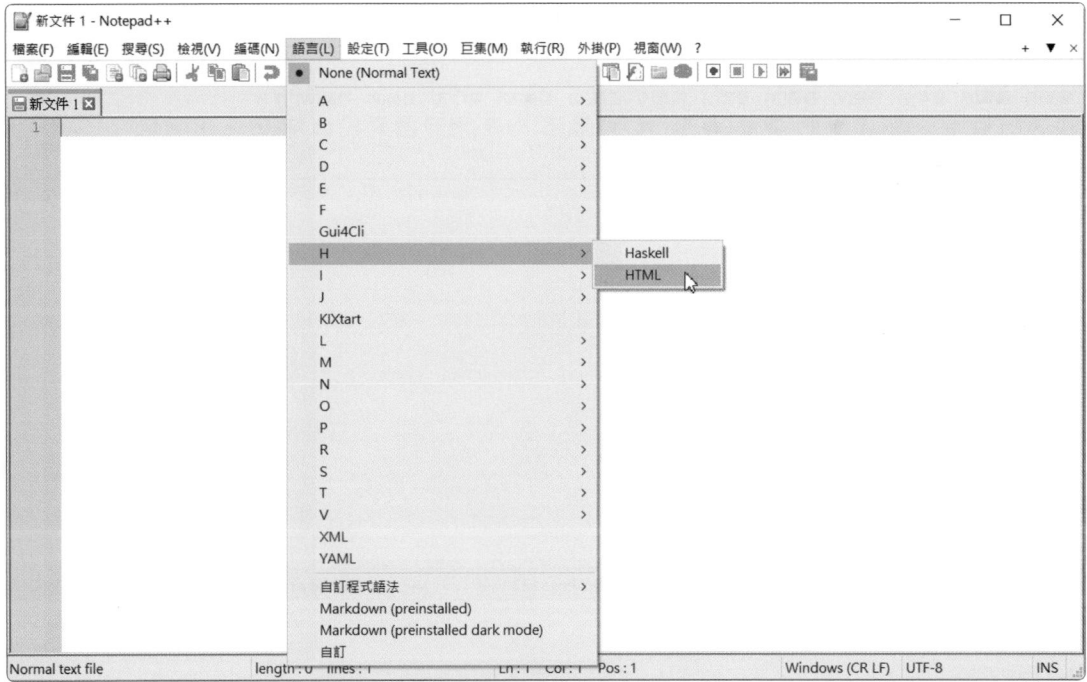

NotePad++提供了字詞自動完成、語法高亮度顯示及語法摺疊功能，在編寫程式碼時可以快速找到要插入的字串及檢查錯誤。例如將文件設定為HTML後，就會將HTML標籤都用顏色標起來，按下標籤旁的**減號**，就能把一整段語法都收合起來，輸入時，也會自動縮排。

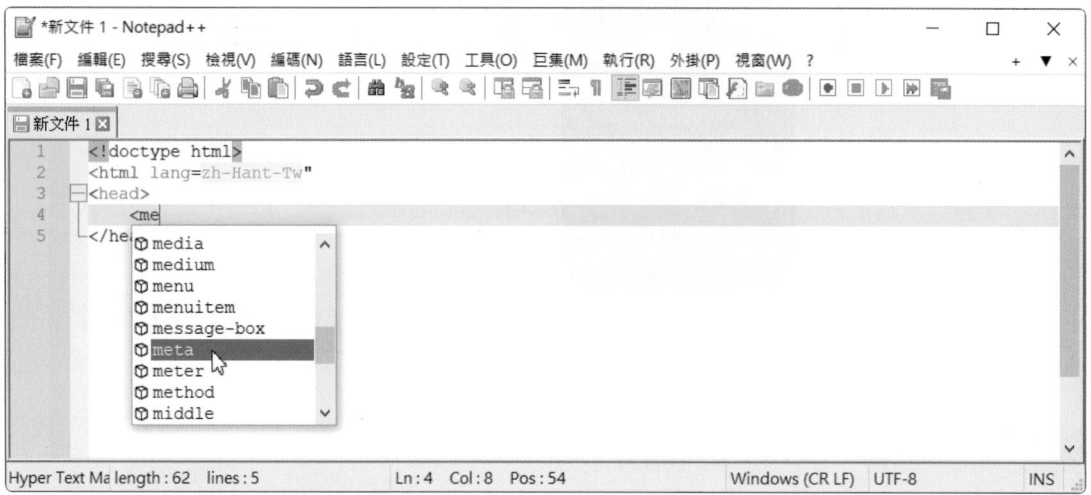

當編輯到有 <> ( ) [ ] { }的時候，若有對應的 <> ( ) [ ] { }，就會用紅色標示出來，如此便可以很清楚的知道哪裡到哪裡的內容是一起的，在標籤開頭，也會把標籤的結尾以高亮度顯示。

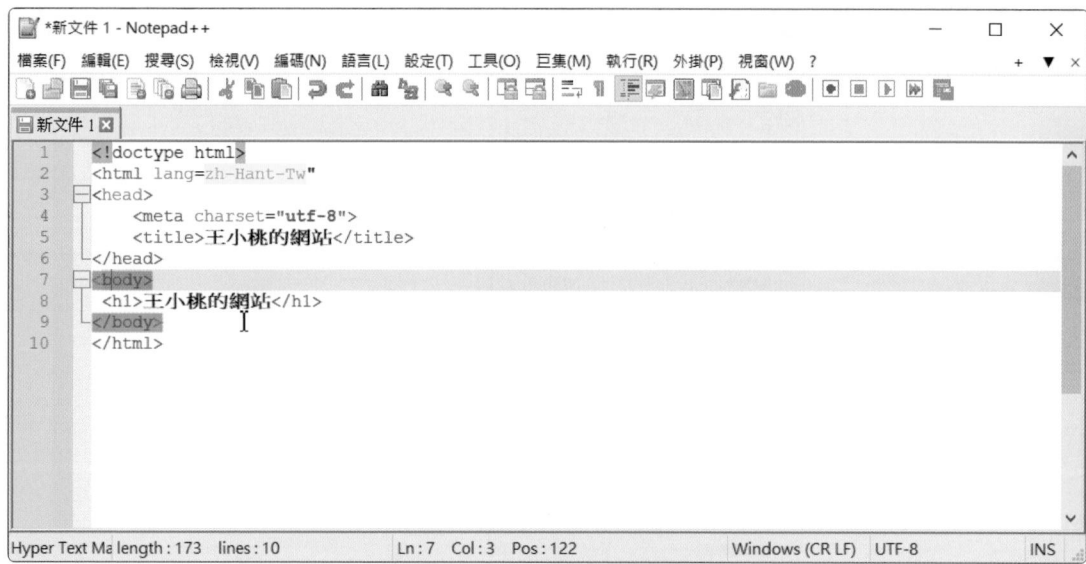

2-4 Brackets

Brackets是Adobe公司所開發的免費且開放原始碼的自由軟體，專門用於網頁製作的程式碼編輯器。

2-4-1 Brackets下載與安裝

Brackets是使用HTML、CSS及JavaScript開發的程式碼編輯器，支援Windows、macOS及Linux等作業系統。

進入Brackets官方網站後，會看到 **Download** 按鈕，按下此按鈕即可下載最新版本的軟體。安裝程式下載完成後，雙擊該程式，進行程式的安裝。

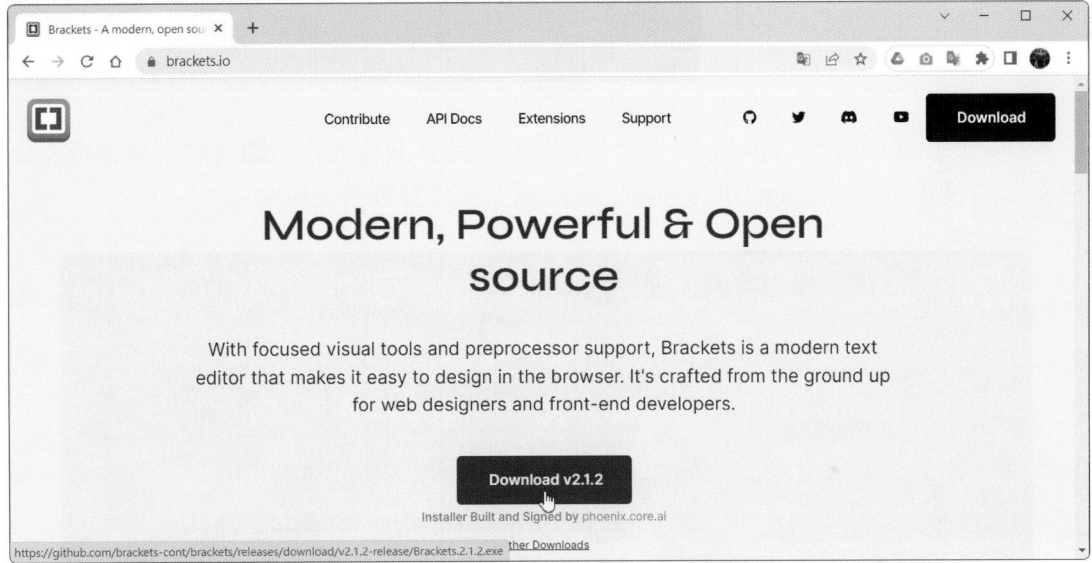

▲ Brackets網站 (https://brackets.io)

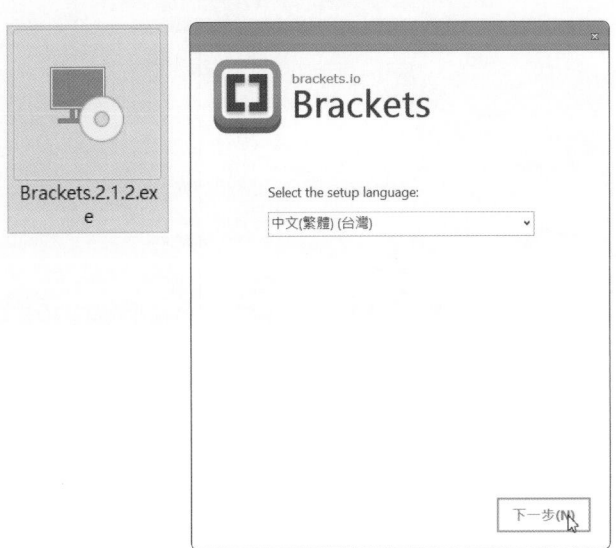

開啟 Brackets 操作視窗後，預設下是使用英文介面，點選 Debug → Switch Language 功能，將語言設定為**繁體中文**，就可以看到繁體中文版的介面。

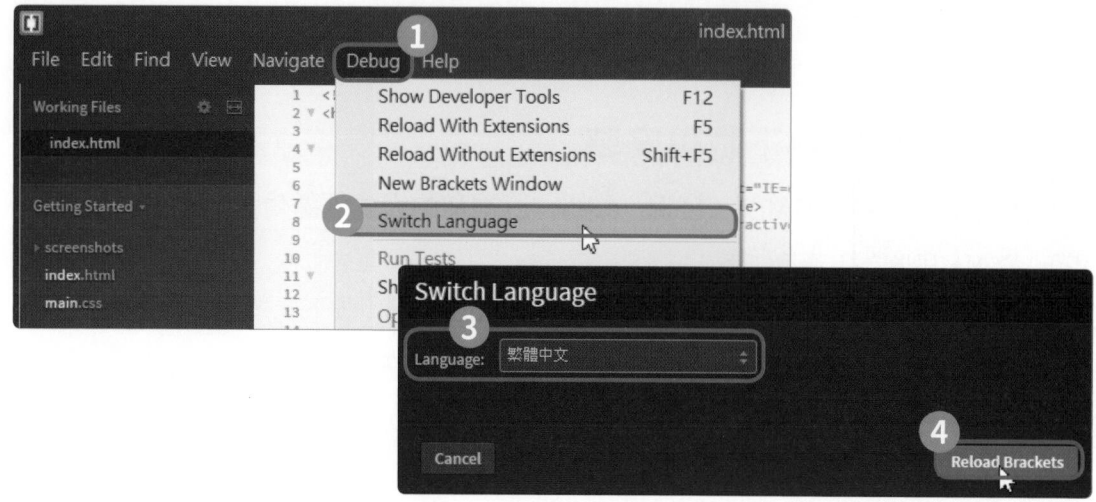

Brackets 也有許多的擴充套件可以使用，只要點選右上角的📖按鈕，就會進入擴充套件的管理介面，在此即可搜尋要安裝的擴充套件並進行安裝。

常見的擴充套件有 **Emmet**(協助網頁設計快速地編輯)、**jQuinter**(在 CSS 或 JS 輸入選取器時提供下拉式選單)、**Indent Guides**(程式碼縮排顯示縱向格線提示)、**Beautify**(美化程式碼排列格式) 等。

2-4-2 Brackets的使用

在Brackets可以直接建立新文件或是開啟現有的文件,開啟現有文件時,在視窗左邊會顯示開啟的資料夾及檔案結構,右邊則是程式碼編輯區。

Brackets提供了許多視覺化的快速編輯,只要將滑鼠游標移到任何色彩值或是漸變色上,Brackets就會自動顯示預覽,若在色彩值上按下滑鼠右鍵,點選**快速編輯**選項,即可開啟調色盤,更換色彩值。

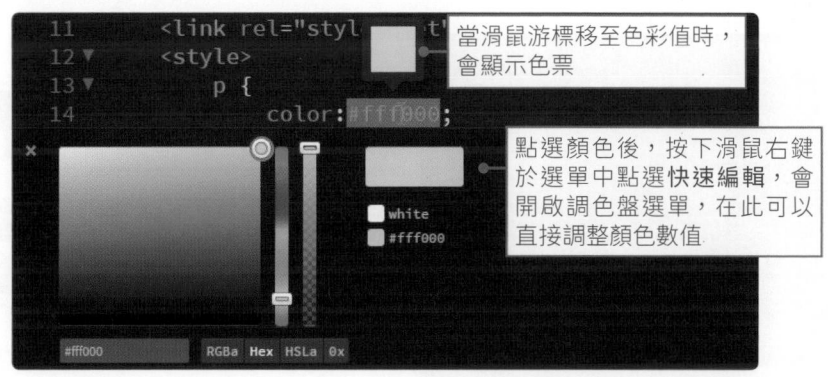

當滑鼠游標移至色彩值時,會顯示色票

點選顏色後,按下滑鼠右鍵於選單中點選**快速編輯**,會開啟調色盤選單,在此可以直接調整顏色數值

除了色彩值能預覽外，圖片也同樣能預覽，將滑鼠游標移到圖片連結上，就會自動顯示預覽縮圖。

```
<div class="row">
    <div class="c
        <img src=                    class="img-fluid">
    </div>
    <div class="c                oom">
        <img src=                    class="img-fluid">
    </div>
    600 × 400 像素
    <div class="col-sm my-2 pb-3 zoom">
        <img src="img/photo13.jpg" class="img-fluid">
    </div>
</div>
```

當滑鼠游標移至語法標籤上方時，再按下 **Ctrl+E** 快速鍵，就會在下方顯示相關的 CSS 語法，且可以直接編輯語法。除此之外，還提供 HTML、CSS、JavaScript、jQuery 自動完成及語法提示功能。

```
62 ▼                    <div class="container">
63                      <h2 class="block_title">課程表</h2>
× style.css : 71    新增規則 ▼

71 ▼ .block_title {
72        font-size: 4em;
73        font-weight: 100;
74        text-align: center;
75        overflow: hidden;
76        margin-bottom: 40px;
77 }
```

按下 **Ctrl+E** 快速鍵，就會在下方顯示相關的 CSS 語法

Brackets 支援網頁即時預覽，不過目前僅支援 Google Chrome 瀏覽器，當修改語法的同時，不需要儲存就能立即顯示修改後的網頁樣貌。按下視窗右邊的**即時預覽**按鈕，即可開啟瀏覽器，預覽網頁內容。

當游標停在 CSS 規則上，或編輯 HTML 檔案時，Brackets 會在瀏覽器裡將所有會受影響的元素突顯出來

2-5 Visual Studio Code

Visual Studio Code(簡稱VS Code)是微軟開發的開放原始碼免費程式碼編輯器，簡單易學，程式穩定而且快速，有豐富的擴充套件，可以對應各種程式語言的開發。

2-5-1 VS Code下載與安裝

VS Code提供了開發、偵錯、版本控制及部署等功能，且幾乎支援所有的程式語言(JavaScript、TypeScript、Node.js、C++、C#、Java、Python、PHP、Go)，還可跨平台使用(Windows、Linux、macOS等)。

進入VS Code下載網站後，從選單中選擇要下載的作業系統版本，下載完成後，雙擊安裝程式，進行軟體安裝。

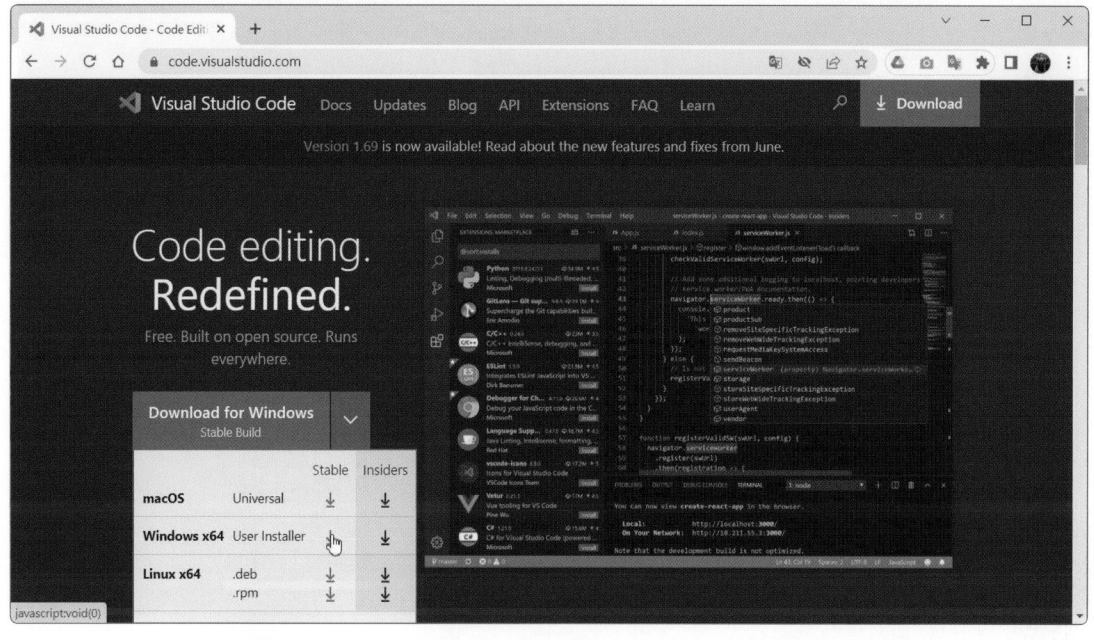

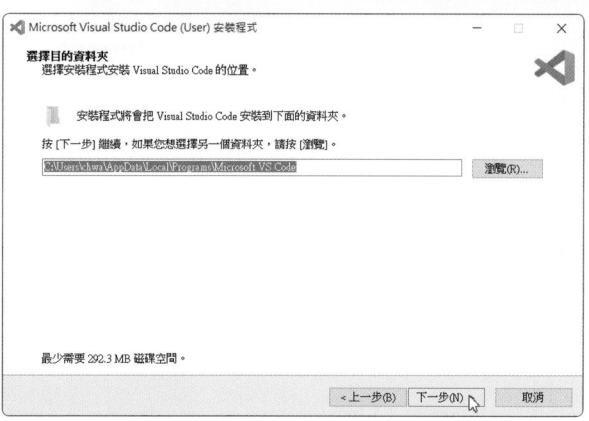

▲ Visual Studio Code網站(https://code.visualstudio.com)

安裝完成後，開啟 VS Code 操作視窗時，在右下角的通知區域會自動顯示是否要安裝**語言套件**，將介面改為中文(繁體)。按下**安裝並重新啟動(Install and Restart)**按鈕，即可安裝語言套件，將英文介面改為中文介面。

若沒有顯示語言套件通知時，只要安裝「Chinese (Traditional) Language Pack for Visual Studio Code」中文繁體語言套件，即可將介面中文化。

VS Code 也提供了許多套件，例如 Html CSS Support (在 HTML 中編輯 id 或 class 標籤屬性時，會出現對應的 CSS)、Better Comment (將註解加入不同的色彩)、indent-rainbow(將縮排加上色彩，可以輕鬆地用顏色進行配對)、Live Server (可以在檔案儲存的同時，直接在瀏覽器裡同步看到結果)、Code Spell Checker (檢查有沒有拼錯字等)、Image preview (在有圖片網址的行數前方，會顯示預覽小圖)。

要搜尋或安裝套件時，點選視窗左邊的快速工具列上的 按鈕，進入該頁面，在搜尋欄位中輸入套件名稱，即可搜尋出相關的套件，按下**安裝**按鈕，即可安裝該套件。

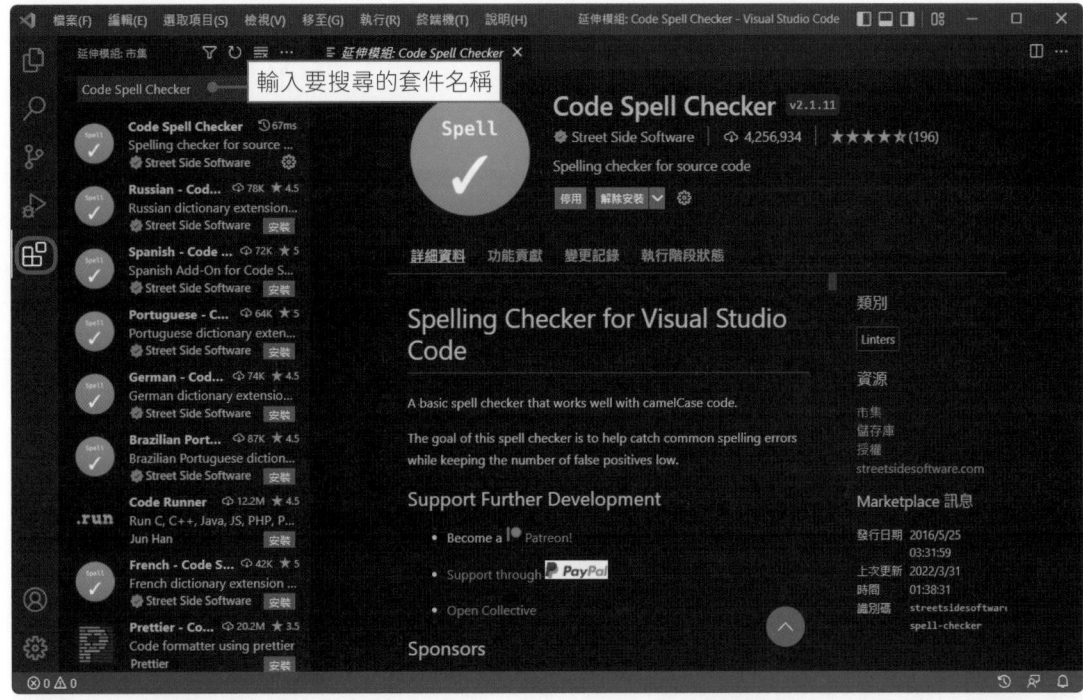

要查看安裝了哪些套件或要停用套件時，點選視窗左邊工具列上的 按鈕，進入延伸模組頁面後，即可看到目前已安裝的套件，若要停用或解除安裝某個套件，只要按下該套件的 **管理**按鈕，於選單中即可選擇**停用**或**解除安裝**。

2-5-2　VS Code的使用

VS Code操作視窗主要分成三個區塊，左邊是快速功能工具列，中間快速功能按鈕的顯示區，右邊是程式分頁的編輯區。在撰寫程式碼時，若覺得編輯區文字太小時，可以使用 Ctrl＋＋或 Ctrl＋－來調整介面的文字大小，調整時，是整個介面會等比例放大、縮小。

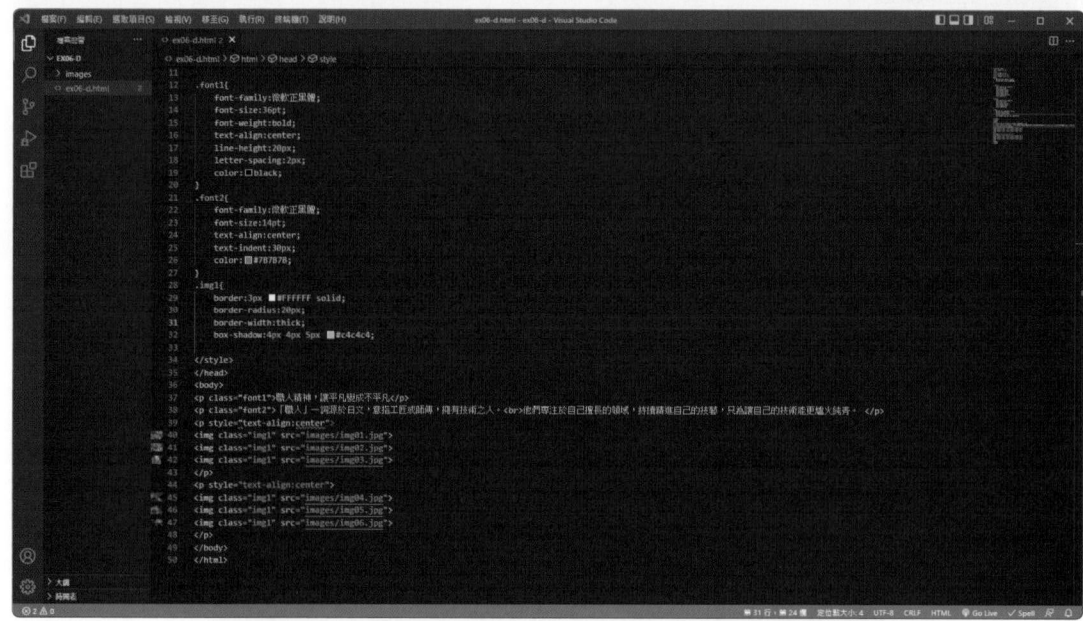

▲ 按下 Ctrl＋＋可以放大介面，按下 Ctrl＋－則可以縮小介面

新增檔案

在VS Code中可以自行建立檔案或是直接開啟現有的檔案，點選**檔案→新增檔案**功能(Ctrl+N)，即可新增一個檔案，檔案新增好後，先按下**選取語言**，選擇該檔案要撰寫的程式語言，選擇好後，即可開始建立內容。

檔案新增完後，若要建立HTML文件，那麼只要在編輯區上輸入「!」，然後按下Enter鍵，就可以快速地產生一個HTML基本架構。

編輯檔案內容

VS Code提供了自動完成及語法提示功能,當要修改或是輸入語法時,會自動顯示相關的語法。

```
1  <!DOCTYPE html>
2  <html lang="u">
3  <head>          abc UTF-8
4      <meta cha  abc X-UA-Compatible
5      <meta http-equiv="X-UA-Compatible" content="IE=edge">
6      <meta name="viewport" content="width=device-width, initial-s
7      <title>Document</title>
8  </head>
```

要快速地產生假文時,可以透過 lorem 產生假文,輸入 lorem 會產生1段假文;輸入 lorem6 會產生6個單字;輸入 lorem*5 會產生5段假文。

```
9   <body>
10      <h1>歡迎光臨王小桃部落格</h1>
11      <p>lorem6</p>           輸入lorem6後,按下Tab或Enter
12                              鍵,即可產生6個單字
13  </body>
```

```
9   <body>
10      <h1>歡迎光臨王小桃部落格</h1>
11      <p>Lorem ipsum dolor sit amet consectetur.</p>
12
13  </body>
```

在建立CSS語法時,也有一些快速輸入的方法,例如輸入w200會轉換為「width: 200px;」;輸入w75p會轉換為「width: 75%,p 代表%」;輸入d:f會轉換為「display: flex;」等。

```
1  .img1{
2      w200
3      bord  🔧 width: 200px;              Emmet Abbreviation
4      border-radius:20px;
5      b
6      box-shadow:4px 4px 5px #c4c4c4;    輸入w200會轉換為「width: 200px;」
7      display:block;
8      margin:auto;
```

在瀏覽器預覽HTML頁面

在VS Code中若要直接在瀏覽器中開啟html檔預覽,可以安裝 open in browser 或 Live Server 擴充套件。安裝好 open in browser 之後,在html檔案名稱上按下滑鼠右鍵,便會開啟選單,點選 Open In Default Browser 選項,或直接按下 Alt+B 快速鍵,便會將目前編輯的 HTML 文件內容顯示於瀏覽器中。

在html檔案名稱上按下滑鼠右鍵,或在編輯區中按下滑鼠右鍵,開啟選單,點選 Open In Default Browser 的選項(快速鍵 Alt+B),即可預覽 HTML 頁面

若安裝的是 Live Server 套件,那麼在狀態列上會有 Go Live 圖示,點選該圖示,即可預覽網頁。Live Server 套件的伺服器預設 Port 為 5500,所以在網址上會顯示為「http://127.0.0.1:5500/XXX.html」。

第 16 行,第 23 欄　定位點大小: 4　UTF-8　CRLF　HTML　🔘 Go Live　✓ Spell　🖧　🔔

2-5-3 網頁版VS Code

VS Code除了桌機版外，也有推出網頁版，開發者可以直接使用Microsoft Edge 或Google Chrome瀏覽器，進行開發，而且在Chromebook及iPad上，也能進入網頁版進行編輯。

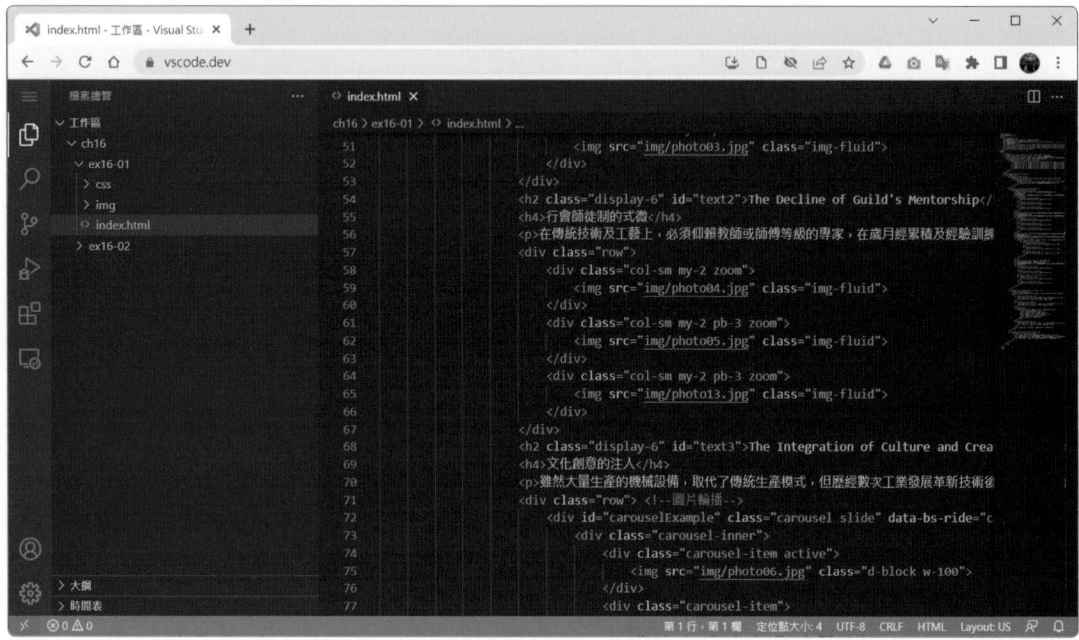

▲ VS Code網頁版 (https://vscode.dev)

網頁版與桌機版一樣，也可以安裝各種套件，而使用方式大致上與桌機版相同。

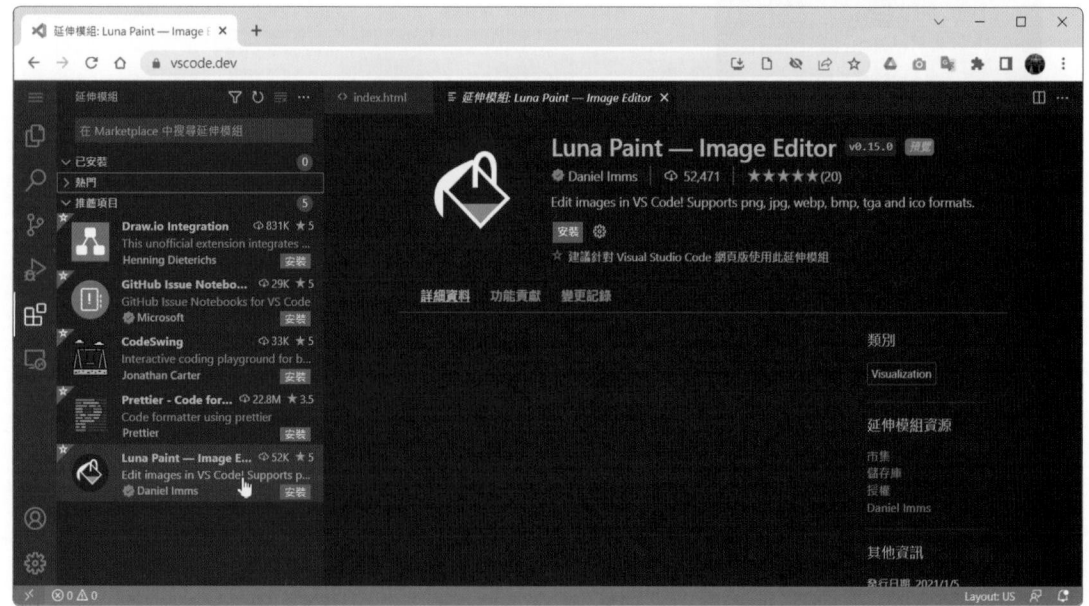

2-6 **Dreamweaver**

Dreamweaver 是 Adobe 公司所發展的網頁製作軟體，它擁有媲美排版軟體的排版功能，且具有完整的網頁製作功能，而人性化的介面也使得許多初學者都能輕鬆製作出專業的網站。

2-6-1 **Dreamweaver下載與安裝**

Dreamweaver 為商業軟體，須付費購買，不過，Adobe 有提供試用版，若想要試用該軟體，可以至官方網站下載試用版。

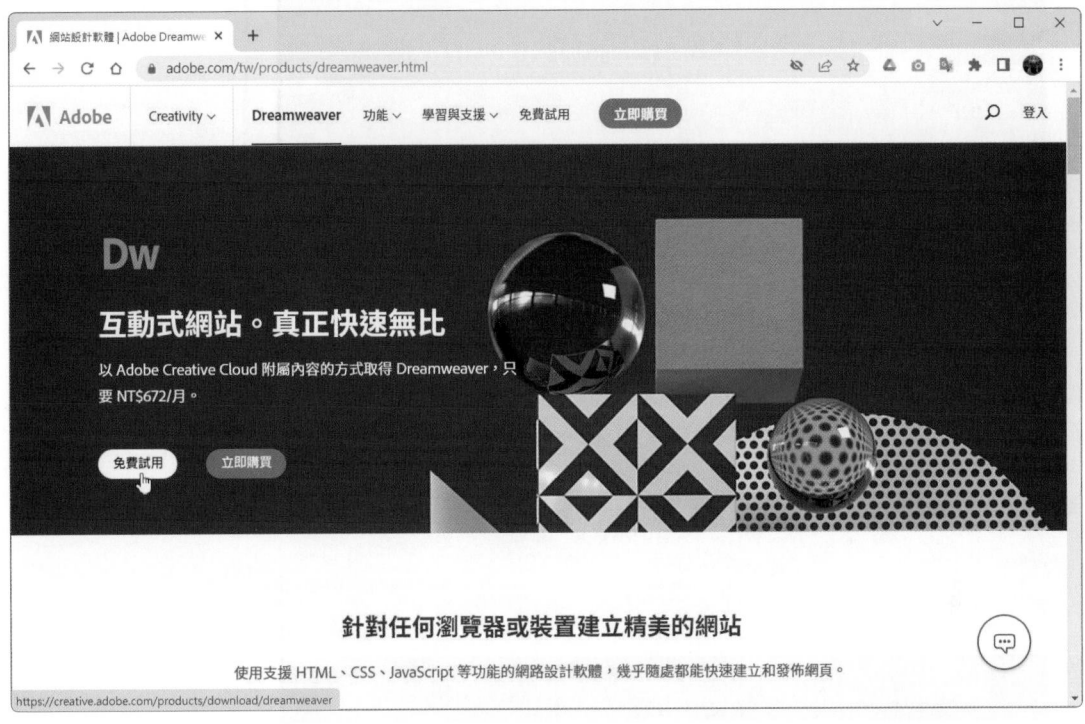

▲ Dreamweaver 網站 (https://www.adobe.com/tw/products/dreamweaver.html)

Dreamweaver CC 試用版只提供七天期限，下載試用版時，需要註冊 Adobe ID，且會連同 Adobe Creative Cloud 應用程式一併下載並安裝在電腦中。試用到期之後，試用版會自動轉換為付費的 Creative Cloud 會員，若不想繼續使用，記得在試用到期前提前取消。

使用 Dreamweaver CC 時，要注意一下電腦系統是否符合 Dreamweaver CC 的系統最低需求。例如處理器的最低需求是 Intel® Core 2 或 AMD Athlon® 64 處理器；2 GHz 或更快的處理器；建議使用 4 GB 的記憶體；Microsoft Windows 10 最低作業系統版本 1903 (64 位元) 等。

2-6-2 Dreamweaver的使用

Dreamweaver提供了**程式碼、分割、即時**等模式,讓使用者在開發網頁時,可以選擇自己喜歡的模式。

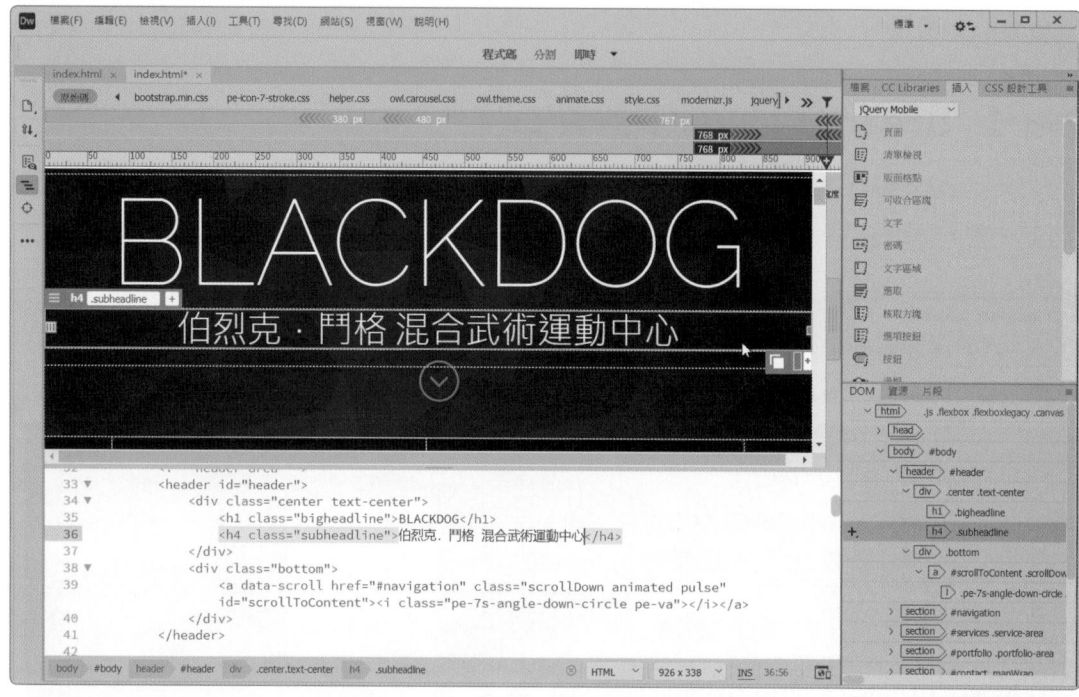

▲ 分割模式

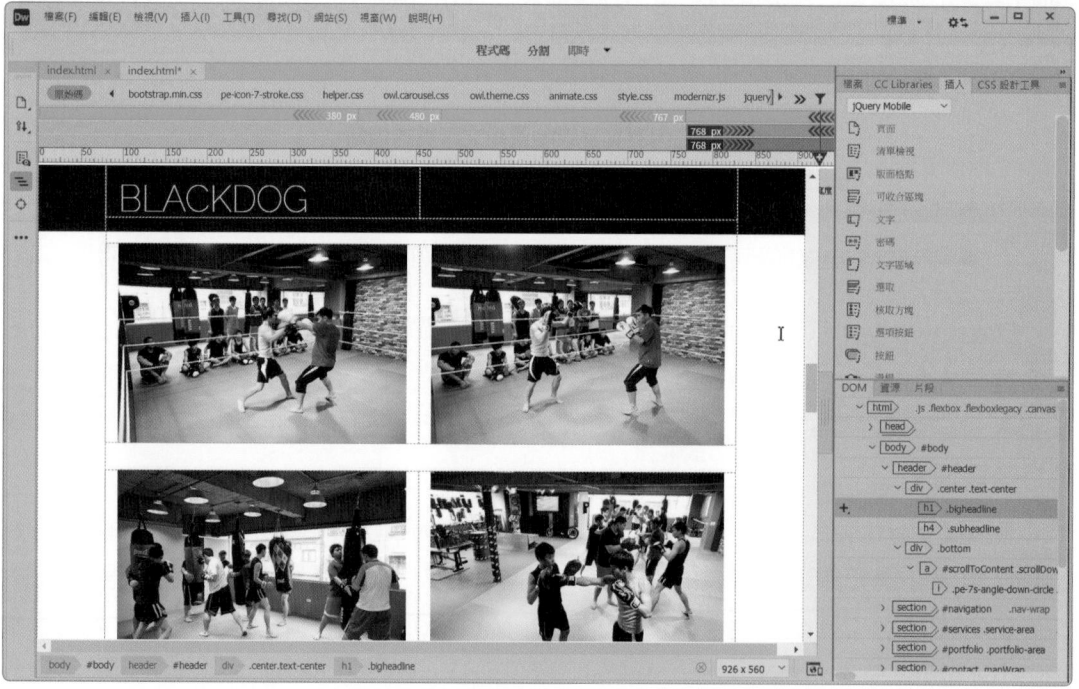

▲ 即時模式

Dreamweaver可以直接建立或開啟HTML、CSS、JavaScript、Bootstrap、PHP等。建立文件或開啟文件後,即可進行編輯。除此之外,還提供了jQuery Mobile功能,可以快速地製作出手機介面。

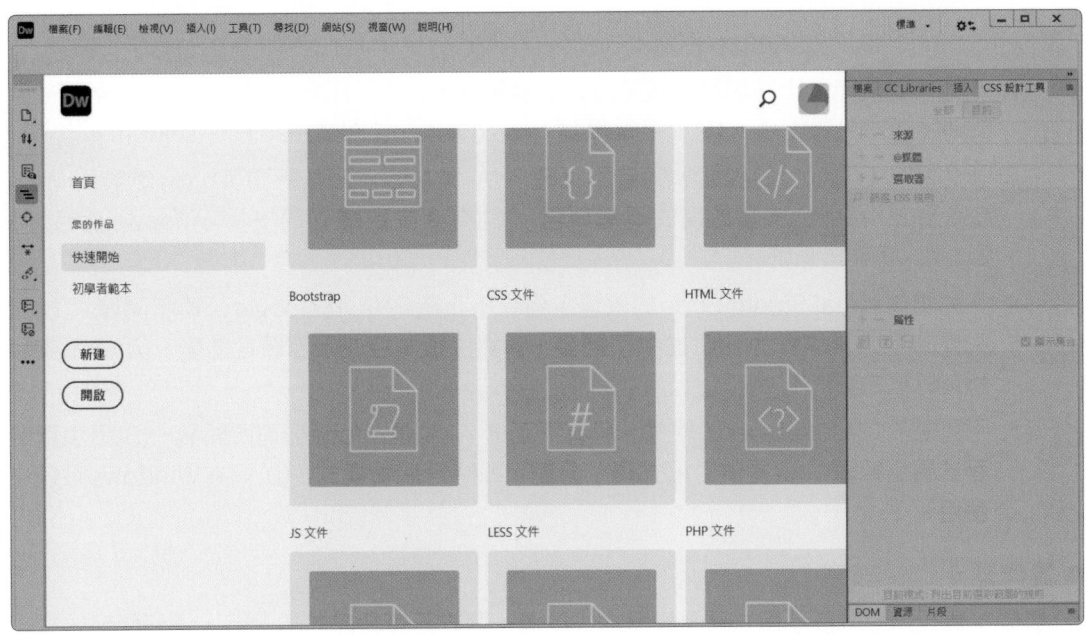

Dreamweaver提供了指令提示框及許多快速鍵功能,可以將HTML的許多元素,快速地插入程式內,例如輸入style後,按下Tab鍵,就會自動產生一對<style>標籤。

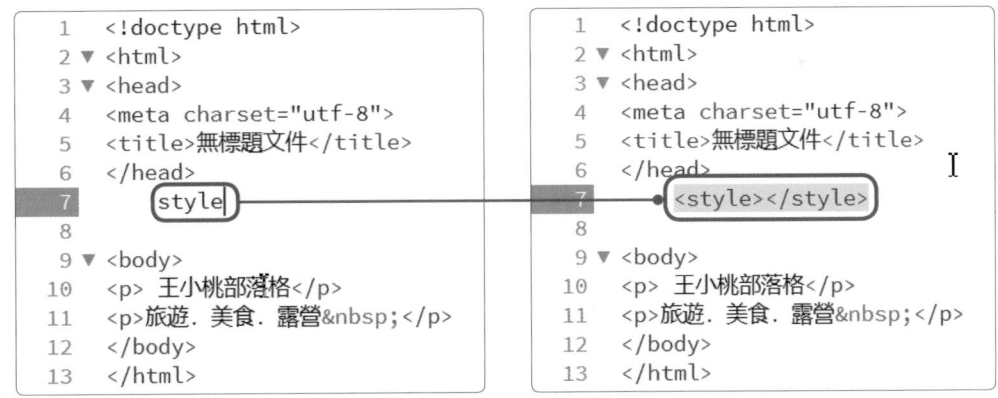

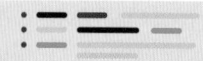

自我評量

● 選擇題

( ) 1. 下列何者是Windows作業系統所提供的純文字編輯工具？ (A)文字編輯器　(B)記事本　(C)NotePad++　(D)Atom。

( ) 2. 下列何者是Github所開發的跨平台文字編輯器，適用於所有作業系統，是完全開放原始碼，可以免費使用？ (A)文字編輯器　(B)記事本　(C)NotePad++　(D)Atom。

( ) 3. 下列關於Brackets的敘述，何者不正確？ (A)是Adobe公司所開發　(B)使用HTML、CSS及JavaScript開發的程式碼編輯器　(C)為商業軟體　(D)支援Windows、macOS及Linux等作業系統。

( ) 4. 下列關於Visual Studio Code的敘述，何者不正確？ (A)是Google公司所開發　(B)是免費的程式碼編輯器　(C)提供了開發、偵錯、版本控制及部署等功能　(D)幾乎支援所有的程式語言。

( ) 5. 下列關於Dreamweaver的敘述，何者不正確？ (A)是Adobe公司所開發　(B)是免費的程式碼編輯器　(C)提供了程式碼、分割、即時等編輯模式　(D)可在Windows系統中使用。

● 實作題

1. 請從本章所介紹的各種程式碼編輯器中，挑選一個自己感興趣的編輯器，試著使用該編輯器建立以下內容。

```
<!doctype html>
<html>
<head>
  <meta charset="utf-8">
  <title>王小桃部落格</title>
</head>
<body>
  <h1>旅遊‧美食‧露營</h1>
</body>
</html>
```

CHAPTER 03

HTML基本概念

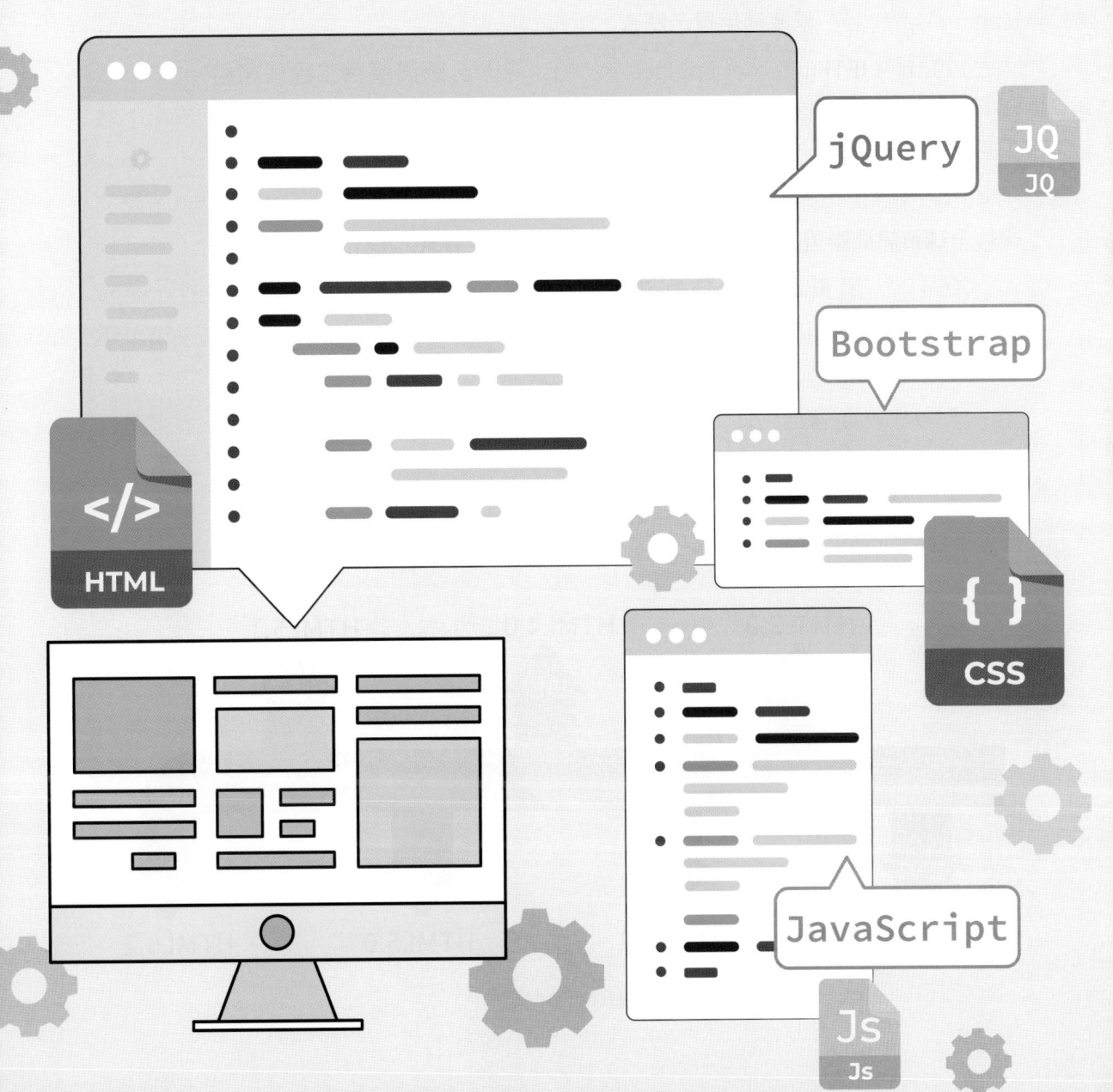

3-1 認識HTML

超文本標記語言(HyperText Markup Language, **HTML**)是瀏覽端的網頁標籤語言，可供瀏覽器讀取並顯示。

3-1-1 HTML的發展

1982年，全球資訊網之父**Tim Berners-Lee**為使世界各地的物理學家能夠方便的進行合作研究，建立了以純文字格式為基礎的HTML，成為日後建構網頁的基礎。

1991年，Tim Berners-Lee編寫了一份名為「HTML Tags」的文件，文件中包含了大約20個用來標記網頁的HTML元素，這些元素應用了**SGML**(Standard Generalized Markup Language, **標準通用標示語言**)的標記格式。

1993年，**IETF**(Internet Engineering Task Force, **網際網路工程任務組**)發布首個HTML規範，還將Marc Andreessen在他開發的Mosaic瀏覽器加入的<img>標記，納入規範，才開始讓HTML語言逐漸擴充和發展。

1995年，IETF建立的HTML工作小組完成了HTML2.0的標準，而自1996年起，便由**全球資訊網聯盟**(World Wide Web Consortium, **W3C**)進行維護。

2004年，**網頁超文本技術工作小組**(Web Hypertext Application Technology Working Group, **WHATWG**)開始開發HTML5，並在2008年與W3C共同提出，2014年10月28日完成標準化。

目前HTML已發展到HTML5.2版(因HTML並不特別強調子版本，所以一般還是以HTML5來統稱)，在發展過程中，**W3C**會增加或刪減元素及屬性，並將一些元素及屬性標記為**過時的**(Deprecated)，雖然有些瀏覽器還是支持這些過時的元素和屬性，但還是不建議使用。

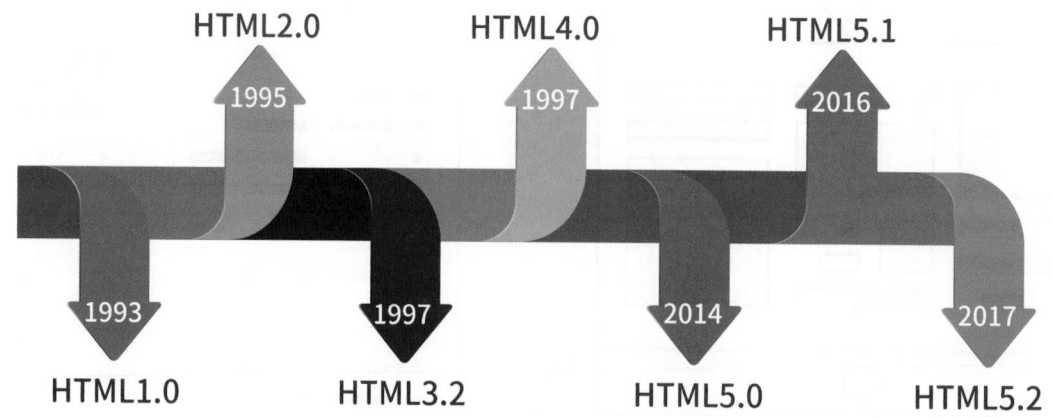

▲ HTML 發展歷史

3-1-2 HTML5

HTML5是由Opera、蘋果、Mozilla等廠商共同組織的WHATWG所協力推動的一個新的網路標準。

相較於原本的HTML標準,HTML5最大的特色在於簡化了語法及提供許多新的標籤與應用,將原本屬於網際網路外掛程式的特殊應用,透過標準化規範,加入至網頁標準中,用以減少瀏覽器對於外掛程式的需求。

舉例來說,以Flash元件製作而成的網頁,如果沒有在瀏覽器中另外安裝Flash Player軟體,是無法正常執行的。然而,採用HTML5為標準的網頁可以將一些原本需要Flash才能製作的效果直接寫在網頁中,並由瀏覽器進行運算,如此一來,只要瀏覽器支援HTML5標準,就可以直接顯示網頁內容,而不需另外安裝程式。

此外,以瀏覽器介面進行雲端服務已蔚為網路應用的新主流,而HTML5也能提供較佳的網頁程式執行效能,有助於線上應用程式的建構。

HTML經過多年的發展,增加了許多元素及屬性來豐富網頁效果,且規則也更加嚴謹,撰寫網頁時只要符合規則,在不同的設備及瀏覽器都能顯示出該網頁的樣式。W3C提供了HTML5網頁驗證工具,協助網頁設計人員檢查內容是否符合HTML5的標準。只要進入「http://validator.w3.org」網頁中,即可選擇要驗證的方式。

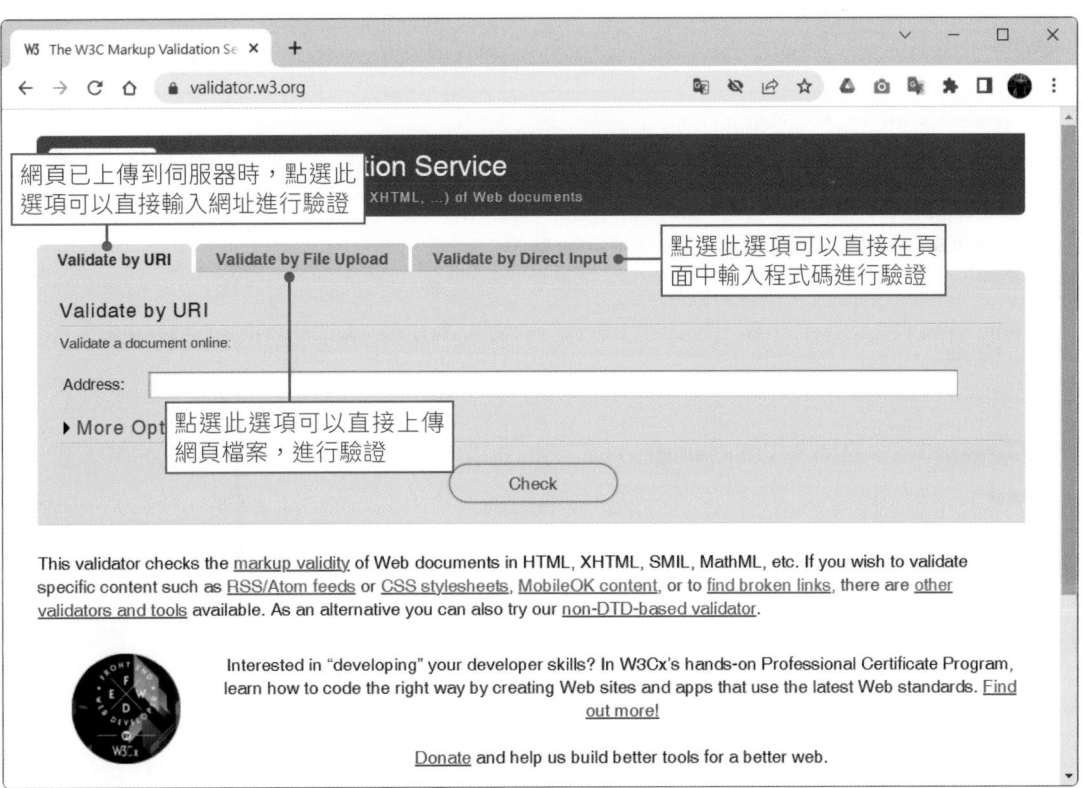

　　驗證結果會直接顯示於頁面中，若有錯誤會顯示錯誤的行號及原因，如此就可以立即進行程式碼的修正。

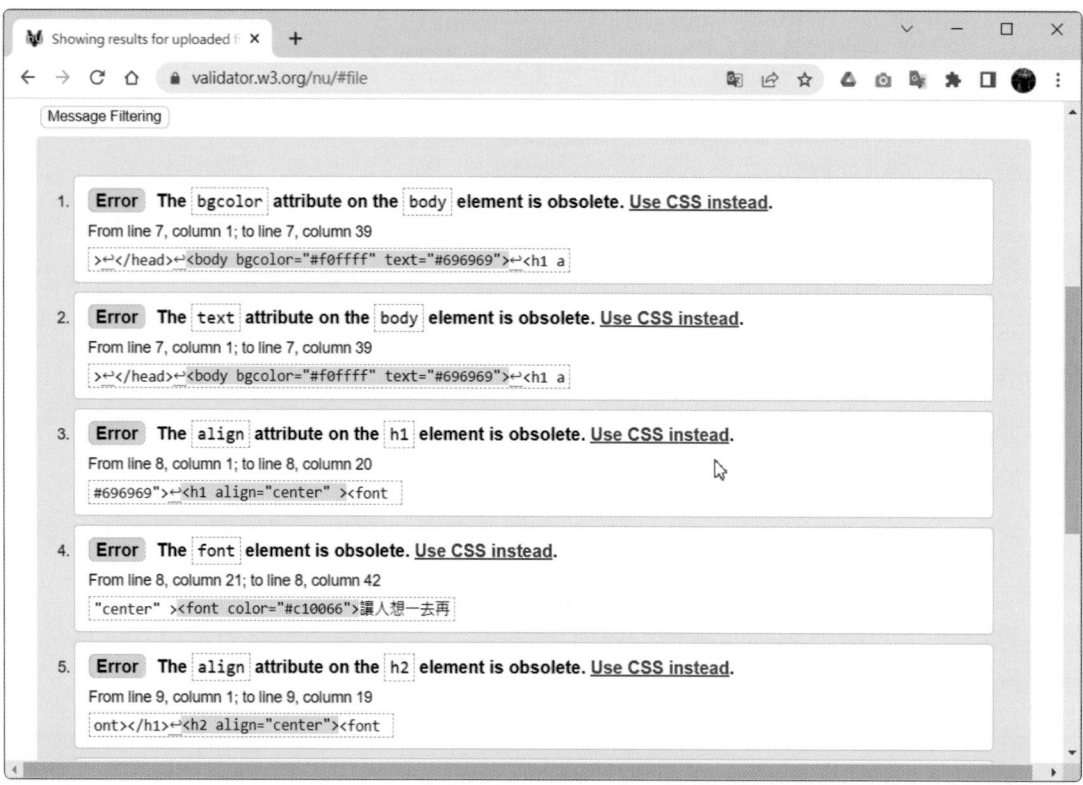

▲ 網頁會顯示錯誤的行號及原因

3-2 HTML檔案命名的原則

HTML 檔案的命名及資料夾的管理，在建置網站時也是很重要的一環，這節就來看看該注意些什麼問題吧！

3-2-1 檔案的命名

由於建立好的網頁最終是要上傳至伺服器，供全世界的人瀏覽觀看，所以當你在為網頁中使用到的所有檔案(如：資料夾、網頁、圖片、音樂等)命名時，須注意檔案名稱的命名。

檔案名稱都要加上副檔名

副檔名是代表該檔案的類型，不論是什麼類型的檔案都要有副檔名，如此才能正確的顯示在網頁中。

使用半形英文字母或數字

由於網頁瀏覽者可能是其他非中文語系國家的人，如果使用了中文或者全形字為檔案命名，便可能發生無法順利連結到網頁的情況。最好不要使用特殊字元或符號，例如 $%^&* 等。

統一使用小寫英文字母

有些瀏覽器環境可能會區別檔名的大小寫，所以為避免大小寫不同的檔案名稱造成混淆，最好統一使用小寫的英文字母來命名。

檔名中盡量避免出現空格

有些伺服器無法順利讀取有空格的檔案，所以檔名中最好不要出現空格，可以用連字號來取代空格，例如 my-blog.html。

首頁檔名

首頁檔名是網頁伺服器預設好的，所以首頁檔名必須依照網頁伺服器的定義來命名，通常會是index.html、index.htm、default.htm 等，因為大部分的瀏覽器都會把index當作首頁，且將首頁命名為index.html時，在輸入網址時，還可以省略首頁的檔案名稱。

3-2-2　網站資料夾的管理

　　一個網站會包含許多檔案，當建立一個網站時，通常會新增一個該網站的資料夾，來存放所有相關的檔案，以確保它們能夠互相溝通，並讓內容正常顯示。

　　網站上除了文字之外，還會使用圖片、聲音、多媒體等檔案，在規劃網站時，最好將這些檔案分門別類。例如將圖片檔案放在「images」資料夾，將CSS文件放在「CSS」資料夾，將聲音檔放在「sounds」資料夾等，規劃的越詳細，在製作網站時，檔案上傳之後才不會出現連結錯誤或找不到檔案的問題。

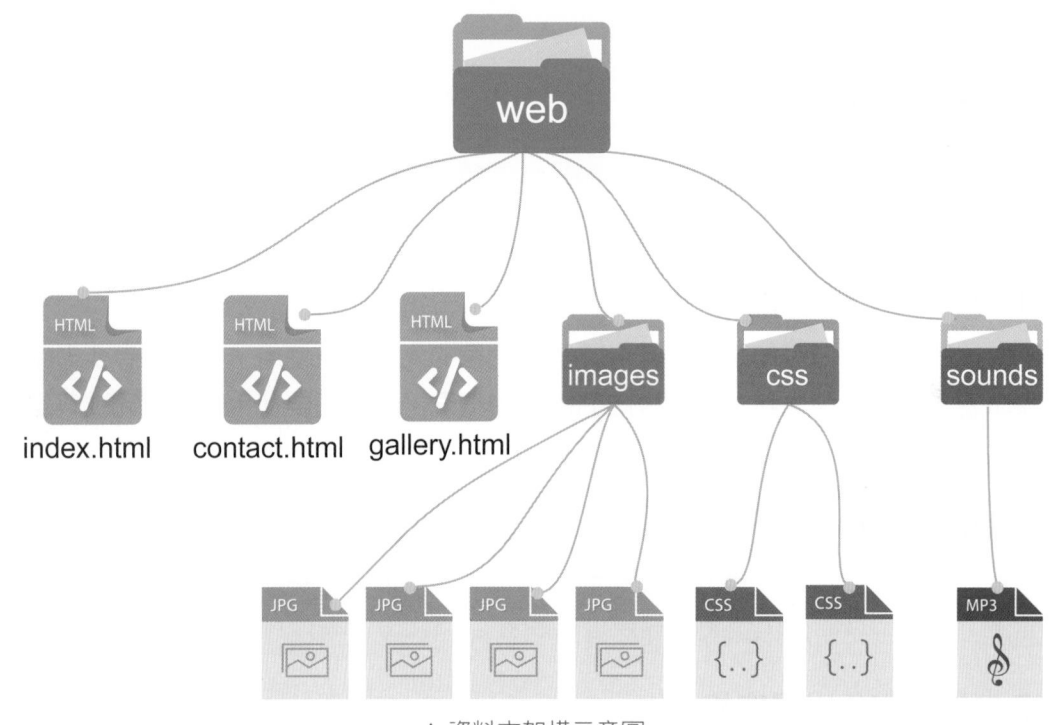

▲ 資料夾架構示意圖

3-2-3　檔案路徑

　　有時候網頁在自己的電腦預覽時正常無誤，但是一旦上傳到的伺服器是免費網頁空間時，網頁或是圖片卻出現無法正常顯示的訊息，當有這種情形時，那就有可能是因為「路徑」的問題。要讓一個檔案能夠與另一個檔案溝通，需要提供一個他們之間的相對路徑以讓檔案能夠找到另一個檔案在哪裡。

絕對路徑

　　絕對路徑也可以說是「完整的路徑」，網站裡的網頁和檔案，都有其個別的網址，例如 http://www.matsu-nsa.gov.tw，絕對路徑就是使用這種完整的網址去設定。絕對路徑適合用在連結外部網站的網頁和檔案。

文件相對路徑

在同一個網站裡進行檔案的互相連結，使用文件相對路徑是再恰當不過的，例如在web資料夾裡，有「index.html」網頁檔案和「images」資料夾，「images」資料夾裡有「background.jpg」檔。

從「index.html」檔連結「background.jpg」檔，就要寫成「images/background.jpg」；相反地，從「background.jpg」檔連結「index.html」檔，則寫成「../index.html」，「..」代表往上移動一層目錄，「/」代表往下移動一層目錄，用「..」、「/」表示相對路徑。

因此，就算網站位址有所變動，只要網站裡面檔案彼此的關係沒有改變，超連結就不受影響。

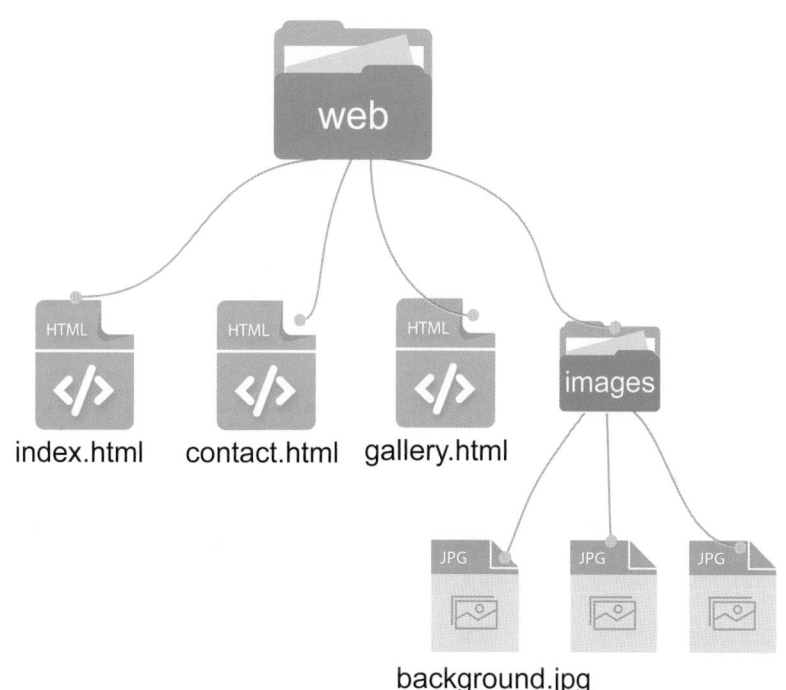

網站根目錄相對路徑

網站根目錄相對路徑跟文件相對路徑有點相似，不過，網站根目錄相對路徑是以「/」開頭，「/」代表網站根目錄資料夾，例如/images/background.jpg。這是大型伺服器網站所使用的，主要目的是為了連結多個不同的伺服器。

3-3 HTML的基本架構

HTML是由許多的**文件標籤**(Document Tags)組合而成的，文件內容可以是文字、圖形、影像、聲音等。這節就來學習HTML的基本架構吧！

3-3-1 文件基本架構

網頁的基本架構應含宣告所使用的標準規範、語系、編碼設定、網頁標題及主要內容等。以下範例為HTML文件基本架構語法。

📂 ch03\ex03-01.html

```
01  <!DOCTYPE html>
02  <html lang="zh-Hant-Tw">
03  <head>
04      <meta charset="UTF-8">
05      <meta name="description" content="跟我一起卡蹓馬祖，體驗馬祖的美食、建
        築、景點及民俗風情。">
06      <title>卡蹓馬祖</title>
07  </head>
08  <body>
09      讓人想一去再去的馬祖，看海潮，看山，看書，吹風，喝咖啡，別忘了發呆。
10  </body>
11  </html>
```

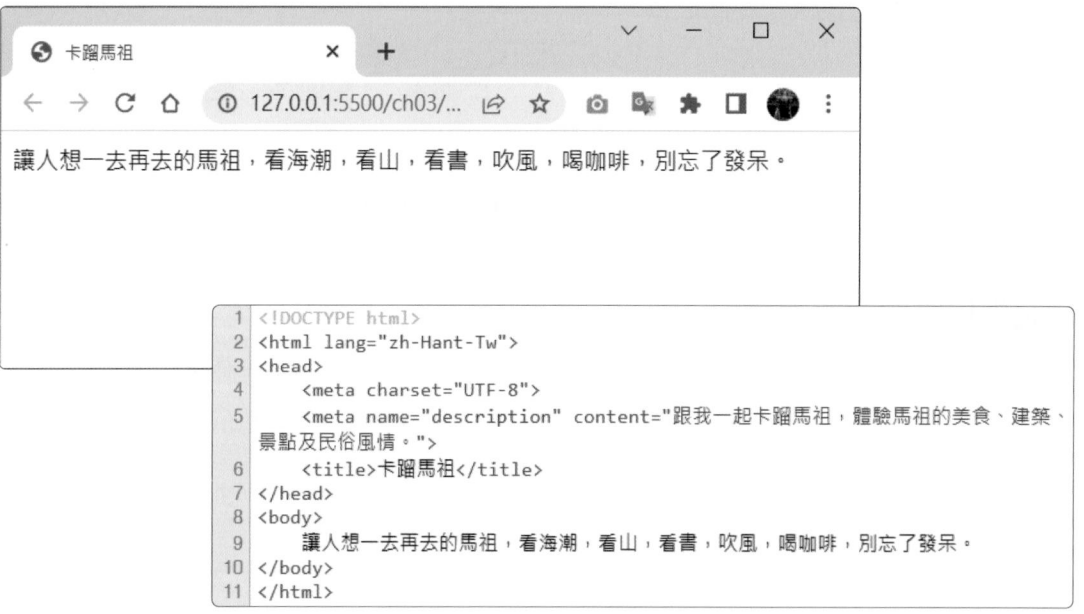

<!DOCTYPE html>

<!DOCTYPE html>(文件類型定義)是用來定義網頁中HTML語法的版本,早期的定義方式為:

```
<!DOCTYPE html PUBLIC "-//W3C//DTD XHTML 1.0 Transitional//EN" "http://
www.w3.org/TR/xhtml1/DTD/xhtml1-transitional.dtd">
```

到了HTML5後,簡化了文件類型定義的語法:

```
<!DOCTYPE html>
```

所以在網頁架構中,第一行為<!DOCTYPE html>,即表示該網頁是屬於HTML5的網頁。

<html>...</html>

HTML文件可以包含一個或多個元素,<html>被視為**根元素**(Root Element),包含了所有顯示在這個網頁上的內容。

<html lang="zh-Hant-Tw">

<html lang="zh--Hant-Tw">是宣告文件內容所使用的語系。「lang=」是用來標註網頁的語系,讓瀏覽器能更正確的解析與編碼。宣告時,可依據IETF的規範來宣告,「語言 – 字體 – 地區」。

例如要宣告臺灣繁體中文,就要撰寫成「zh-Hant-TW」,告訴瀏覽器「這是一份繁體中文的文件」。下表所列為一些常見的語系設定。

語系	說明	語系	說明
zh-Hant	繁體中文	zh-Hant-TW	臺灣的繁體中文
zh-Hant-CN	大陸地區的繁體中文	zh-Hant-HK	香港地區的繁體中文
zh-Hant-MO	澳門的繁體中文	zh-Hant-SG	新加坡的繁體中文
zh-hakka	客家話	zh-Hans	簡體中文
en	英文	fr	法文

<head>...</head>

<head>...</head>表示網頁表頭範圍,通常用來說明網頁的相關資訊及外部資源資訊,例如指定網頁所用的編碼、要連結的CSS樣式表、JavaScript檔案等。在head裡的內容並不會顯示於瀏覽器的畫面中。

<meta charset="UTF-8">

<meta charset="UTF-8">是將文字的編碼格式設定為「UTF-8」，該編碼為國際碼，支援多國語言，儲存此編碼方式，網頁在瀏覽時較不會出現亂碼。

<meta name="description" content="......">

meta 是用來描述網頁內容的一個標籤，在描述標籤中所撰寫的內容，並不會呈現在網頁上，只有在原始碼和搜尋結果中，才會看到當中的文字。例如搜尋台積電官方網站，網站中所撰寫的 meta description 內容，會出現在搜尋結果的標題與網址下方，作為網頁內容的摘要。(3-4 節有 meta 的詳細說明)

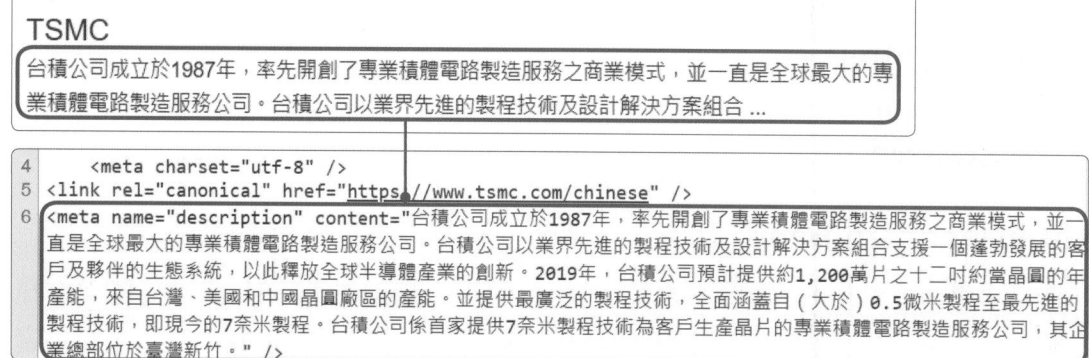

<title>...</title>

<title>...</title>是用來描述網頁的標題，該文字會顯示在瀏覽器的標題列上、瀏覽器的書籤中、瀏覽器的頁籤上、搜尋引擎的網頁搜尋結果中。

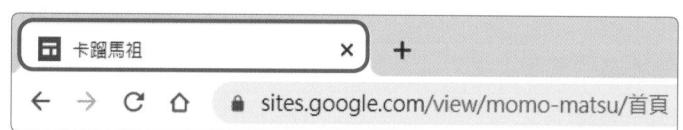

<body>...</body>

HTML 文件中一定會有一個<body>...</body>，可以把<body>視為一個容器，用來呈現網頁的主要內容，裡面會有不同用途的 HTML 元素，例如文字、圖片、表格、背景等，來描述和架構出網頁內容。這裡建立的所有內容都會顯示於瀏覽器中。

知識補充：檢視網頁原始碼

在 Google Chrome 瀏覽器中瀏覽網頁時，若要檢視該網頁的原始碼，可以在頁面中按下滑鼠右鍵，於選單中點選**檢視網頁原始碼**選項，或直接按下 **Ctrl+U** 快速鍵，就會開啟該網頁的原始碼頁面。

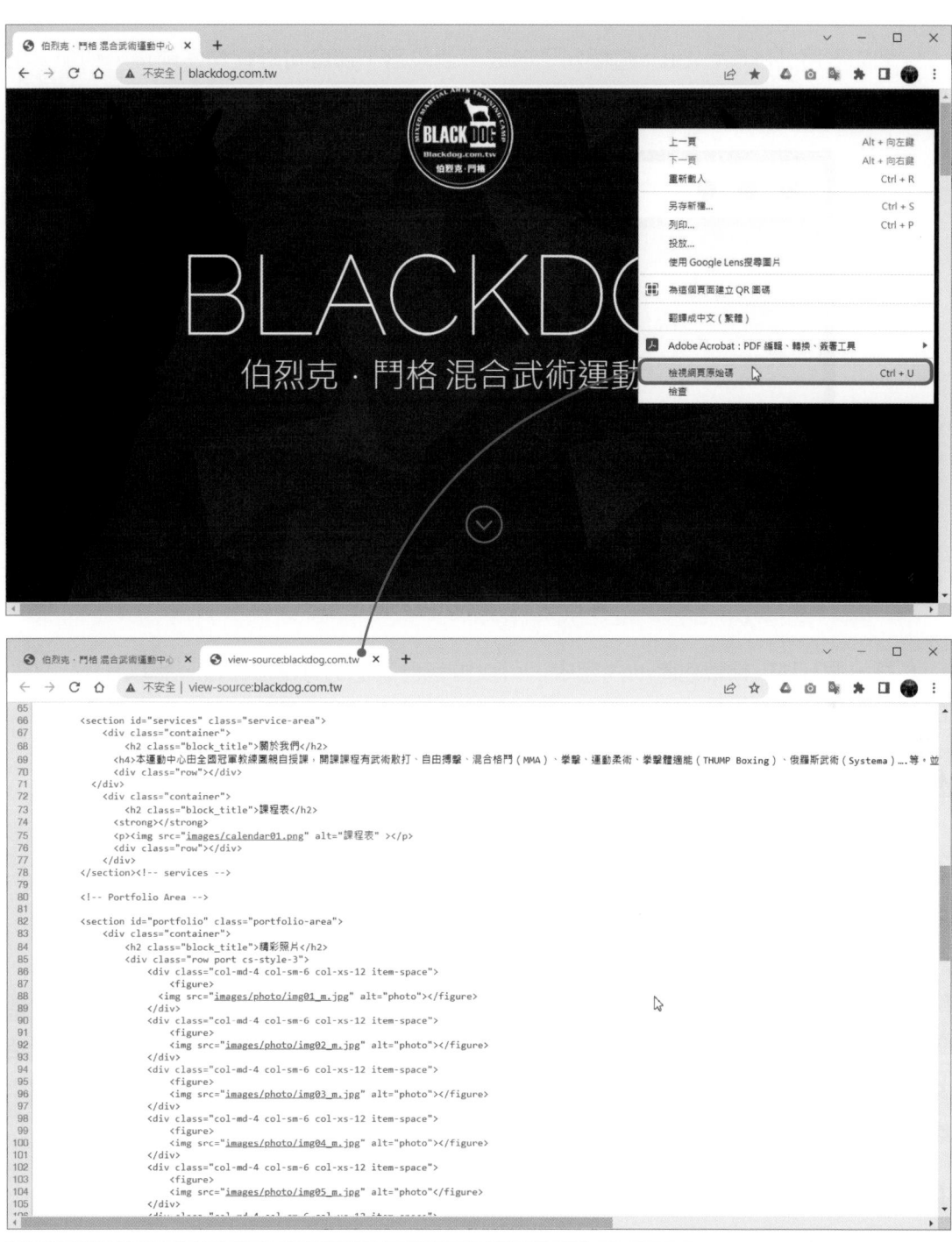

3-3-2 HTML的元素、標籤與屬性

HTML包含了一系列的**元素**(Elements)，而元素包含了**標籤**(Tag)、**內容**(Content)與**屬性**(Attributes)，用標籤來控制內容所呈現的樣貌，例如字體大小、粗體、斜體、在文字或圖片設置超連結等。

例如要將「I Love You」這個句子自成一個段落，那麼可以在句子前後分別加入上段落標籤，「<p>I Love You</p>」它就會變成一個段落元素了。

▲ 內容、標籤和元素的關係

每一個HTML標籤包圍的內容中，可以再包含其他的HTML標籤，所以HTML文件的結構是屬於一種階層樹狀的結構。

標籤

由「<」和「>」包含起來的文字，就是所謂的「標籤」。完整的標籤包含了開始標籤(<>)及結束標籤(</>)，例如<p>表示開始，先輸入「< >」符號，裡面再放入元素名稱「<p>」，開始標籤代表這個元素從這裡開始；</p>表示結束，與開始標籤一樣，只是在元素名稱前面多了個「/」斜線。

不過，並不是所有元素都有結束標籤，例如
、<img>、<hr>、<input>等元素就沒有結束標籤，在撰寫這類的標籤時，有時也會寫成
，斜線代表了標籤的結束，表示對瀏覽器更明確地定義了這個標籤「結束在開始的位置」。標籤本身沒有大小寫的區分，但建議固定使用小寫。

內容

標籤中間包圍的就是這個元素的內容，例如「<p>I Love You</p>」，其中I Love You就是內容。

元素

　　HTML文件可以包含一個或多個元素，元素是**開始標籤**、**結束標籤**及**內容**所組成的區塊，稱之為一個HTML元素，例如「<p>I Love You</p>」這一整串就表示一個HTML段落元素。

　　不過，像
、<hr>這類沒有結束標籤的元素，因無法包含任何內容，就被稱為**空元素**。

巢狀元素

　　元素裡面可以再放進元素，此種結構就稱為巢狀元素，例如<p>I Love You</p>，想要強調「Love」，那麼可以將Love加上mark標籤(將文字以亮底呈現)，如此就形成了巢狀結構：

```
<p>I <mark>Love</mark> You</p>
```

　　巢狀結構是一層接著一層的包覆，不同層的開始及結束標籤不可以互相錯置。mark標籤是在p元素的內容中，所以整個mark元素(包含開始和結束標籤)，都必須被包在p標籤裡面，才能形成一個正確的巢狀關係。

屬性

　　元素還可以有**屬性**(Attribute)，以提供更多的資訊，而一個元素裡可以加上多個屬性，可以利用屬性設定元素的色彩、對齊方式等。一個屬性是由屬性名稱、等號以及用雙引號包住的屬性值所組成，不同的屬性則用空格分隔開。

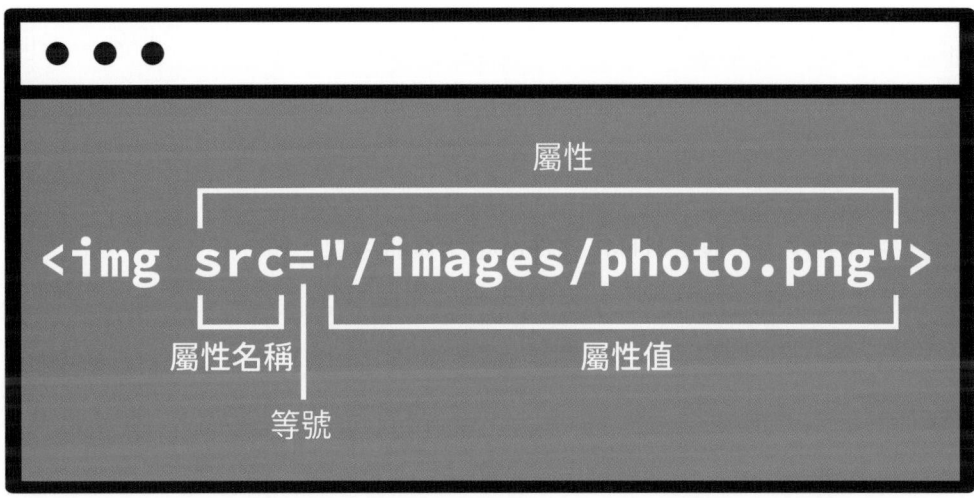

3-3-3　全域屬性

全域屬性 (Global Attributes) 是指所有 HTML 元素共同的屬性，可以在所有的元素中使用。下表列出一些常見的全域屬性。

屬性	說明
contenteditable	設定 HTML 元素的內容是否可以被使用者編輯。
data-*	是用來存放自行定義的資料，通常是用來與 JavaScript 存取互動。
hidden	設定 HTML 元素是否要被隱藏起來。
spellcheck	控制瀏覽器要不要對內容進行即時拼字檢查，通常是用在可以被編輯的 HTML 元素上。
translate	用來聲明 HTML 元素的內容是否需要被翻譯。
class	設定 HTML 元素的類別名稱，可以有多個類別，不同類別要用空格分隔。
id	設定 HTML 元素的唯一識別符號，每個 HTML 元素的 id 在整分文件中都獨一無二不可重複。
div	設定語言文字的方向順序。
accesskey	設定一個或多個用來選擇頁面上的元素的快速鍵。
draggable	設定元素內容是否可用滑鼠拖曳複製。
dropzone	設定元素內容用滑鼠拖曳的模式。

3-4 文件資料元素

常見的文件資料元素有 <title>(3-3-1 節有說明)、<meta>、<base>、<link>、<style>、<script>、<noscript> 等，而這些元素都位於 <head></head> 之間。

3-4-1　<meta>

<meta> 元素是用來**設定 HTML 文件的相關資訊**，例如編碼方式、摘要、關鍵字、伺服器應用程式名稱及 IE 相容性等。<meta> 元素要放在 <head> 元素中，且沒有結束標籤。以下介紹一些 <meta> 常見的屬性。

charset

charset 屬性是設定文件的編碼方式，語法如下：

```
<meta charset="UTF-8">
```

name與content

　　name屬性是設定相關資訊的名稱，常見的屬性值有**description**(網頁說明)、**keywords**(關鍵字)、**author**(作者資訊)、**viewport**(手機行動版網頁螢幕資訊)、**generator**(記錄網頁編輯器名稱)、**application-name**(伺服器應用程式的名稱)等。而不論是用那個名稱，都必須搭配一個content，來告訴瀏覽器內容是什麼。

```
<meta name="description" content="這是王小桃的網站">
<meta name="keywords" content="美食,旅遊,露營">
<meta name="author" content="Momo">
<meta name="viewport" content="width=device-width, initial-scale=1">
<meta name="generator" content="編輯器名稱">
<meta name="application-name" content="王小桃部落格">
```

http-equiv

　　http-equiv是設定關於網頁的內容屬性資訊，因為HTTP伺服器是使用該屬性蒐集HTTP標頭，例如網頁自動更新、網頁內容編碼等。

　　常見的屬性值有**X-UA-Compatible**(設定IE相容模式)、**content-type**(設定HTML文件的內容類型)、**default-style**(設定預設樣式)、**refresh**(設定更新網頁)等，與name一樣，無論是使用哪一種屬性值，都要搭配content。

```
<meta http-equiv="X-UA-Compatible" content="IE=edge,chrome=1">
<meta http-equiv="content-type" content="text/html">
<meta http-equiv="default-style" content="the document's preferred stylesheet">
<meta http-equiv="refresh" content="100; url=https://www.google.com.tw">
```

OGP

　　OGP(Open Graph Protocol, 開放社交關係圖)是Facebook提出的設定，目標是讓網頁在社交媒體呈現時，能完整呈現縮圖、標題、描述等資訊。例如將一個連結分享在某個平台(Line、Whatsapp、Facebook、Instagram、Medium等)，這個連結會顯示縮圖、顯示標題等資訊。

在 <meta> 元素中的 **property** 屬性，就可以使用 og:url(分享網頁時的顯示網址)、og:title(分享網頁時的標題)、og:image(分享網頁時的圖片，可以設定圖片的寬度與高度)、og:description(分享網頁時的描述) 等屬性值來進行設定。

```
<meta property="og:title" content="王小桃部落格">
<meta property="og:image" content="https://www.momo.com/share/logo.png">
<meta property="og:image:width" content="1200">
<meta property="og:image:height" content="630">
<meta property="og:description" content="我的旅遊、美食、露營分享。">
```

知識補充

OGP 的相關設定可以至 The Open Graph protocol 網站(https://ogp.me) 查詢，該網站對 OGP 的設定有完整的解說。

Facebook 還提供了 og:tag「分享偵錯工具」，可以進入該網站(https://developers.facebook.com/tools/debug/)，進行測試，確認有沒有寫錯。

3-4-2 <base>

<base> 元素是用來**設定整個頁面的連結屬性**，可以指定網頁的根網址和預設連結目標，有 href 及 target 兩個屬性值。

href

href 是用來設定所有相對路徑的根網址，語法如下：

```
<base href="https://www.chwa.com.tw/newChwa/">
```

target

target 是用來管理網頁內部超連結，包含有超連結的預設連結網址以及預設的連結目標，若有設定，網頁內的 <a> 便可使用相對路徑。設定時可以指定以下的值：

- _self：預設值，在目前視窗開啟。
- _blank：在新視窗開啟。
- _parent：在上一層父視窗開啟。
- _top：在最頂層父視窗開啟。

```
<base href="https://www.chwa.com.tw/newChwa/" target="_blank">
```

3-4-3　<link>

　　<link>元素是**設定目前文件與外部資源之間的關聯**，最常見應用就是導入CSS樣式表(stylesheet)，同一個網頁裡可以有多個不同的<link>元素。<link>元素常見的屬性有href、rel、type、media等。

href

　　href是設定要建立關聯的外部資源網址。以下語法是用來載入CSS樣式表。

```
<link href="/css/stylesheet.css" rel="stylesheet">
```

rel

　　rel是設定目前文件與外部資源的關聯。常見的關聯有**stylesheet**(CSS樣式表)、**icon**(圖示)、**search**(搜尋資源)、**top**(首頁)等。以下語法是聲明此文件為樣式表文件，告訴瀏覽器link過來的是一個樣式。

```
<link href="style.css" rel="stylesheet" type="text/css">
```

type

　　type屬性是設定內容類型，最常見的值就是「**"text/css"**」，表示該類型為CSS樣式表檔案。

media

　　media屬性是用來指定應用外部資源的目標媒體或裝置(樣式適用於哪個媒體)，若沒有設定media屬性，則表示適用於所有媒體或裝置。以下語法是指定此樣式只會在列印網頁時被套用。

```
<link href="style.css" rel="stylesheet" media="print">
```

　　以下語法是指定style.css樣式表所設定的樣式用於行動裝置。

```
<link rel="stylesheet" href="style.css" media="handheld">
```

3-4-4　<style>

　　<style>元素是用來**設定HTML文件的樣式**，在<style>元素裡，可以撰寫CSS樣式。語法如下：

```
<style>
  p {color:#fa91c9;}
</style>
```

除此之外，style 還可以用於任何的 HTML 元素，來指定該元素的 CSS 樣式。下列語法是將 p 段落文字設定為紅色。

```
<p style="color:red">I Love You</p>
```

3-4-5 <script>

<script> 元素是**用來寫 JavaScript 的**，可以直接將程式碼撰寫在 <sciprt> 元素裡，或是用 <script> 元素來載入外部 JavaScript 程式檔案。下列語法為直接撰寫 JavaScript 程式碼的用法。

```
<script>
function hello() {
    alert('Hello World!');
}
</script>
```

若要載入外部 JavaScript 檔案，則可以使用 <script> 元素的 **src** 屬性，來指定檔案位址，語法如下：

```
<script src="script-01.js"></script>
```

當瀏覽器執行到該行 <script> 元素時，會先暫停，等待 JavaScript 檔案下載完成後並執行檔案內容，才會再繼續往下執行其他的 HTML。

<script> 還有 **async** 及 **defer** 兩個屬性可以使用，async 是讓 JavaScript 檔案非同步載入後執行，但如果有多個 script 不保證執行的先後順序；defer 是讓 JavaScript 檔案非同步載入，並且等整份 HTML 文件解析完後才會執行，會保證執行的先後順序是依照不同 script 的先後順序。

```
<script async src="script-01.js"></script>
<script defer src="script-02.js"></script>
```

3-4-6 <noscript>

<noscript> 元素是用在**當瀏覽器不支援 JavaScript，或使用者禁止 JavaScript 執行時，可以顯示一些要給使用者的訊息**。若瀏覽器可支援 JavaScript，那麼會直接忽略 <noscript> 元素中的內容。

```
<noscript>
    <p>你的瀏覽器不支援 JavaScript，請先至瀏覽器設定中開啟 JavaScript。</p>
</noscript>
```

3-4-7　HTML註解

在撰寫HTML時，可以使用註解標籤來說明或備註文件內容，若有其他協同工作者要修改該份文件時，可以了解該段程式為何要如此撰寫或是用途。註解會被瀏覽器忽略不會顯示於螢幕畫面上。

HTML註解符號是用 `<!--` 和 `-->` 前後包住註解內容，在撰寫註解時，可以單行或多行撰寫。

```
<!-- 我是註解文字 -->
```

```
<!--
多行註解文字1
多行註解文字2
多行註解文字3
-->
```

註解可以寫在HTML文件中的任何地方，對於原本網頁內容不會有任何的影響。

📂 ch03\ex03-02.html

```
01  <!DOCTYPE html>
02  <html lang="zh-Hant-Tw"> <!--將語系設為繁體中文-->
03  <head>
04      <meta charset="UTF-8">
05      <!--設定摘要內容-->
06      <meta name="description" content="跟我一起卡蹓馬祖，體驗馬祖的美食、建
        築、景點及民俗風情。">
07      <title>卡蹓馬祖</title>
08  </head>
```

HTML還有條件式註解，主要是針對微軟的IE瀏覽器，目的是讓特定版本的IE知道去讀取並執行條件式註解中的內容，而其他不符條件的IE版本或非IE瀏覽器則不會去執行註解中的內容。

條件式註解的語法是 `<!--[if IE]>` 和 `<![endif]-->` 所組成，開始標籤括號中就是所謂的「條件」。下列語法是只有IE瀏覽器會去下載style-ie.css樣式表。

```
<link href="style.css" rel="stylesheet">
<!--[if IE]><link href="style-ie.css" rel="stylesheet"><![endif]-->
```

●●● 自我評量

● 選擇題

(　) 1. 下列關於HTML檔案命名原則的敘述，何者不正確？ (A) HTAML文件的副檔名可以是 htm或html　(B)檔案命名時最好使用半形英文字母或數字　(C)檔案命名時可以使用特殊符號，如$　(D)檔名中盡量避免出現空格。

(　) 2. 使用HTML撰寫網頁時，撰寫一行「<title>卡蹓馬祖</title>」的語法，則「卡蹓馬祖」這個句子會顯示在何處？ (A)功能列　(B)文件內容的最上面　(C)選單列　(D)瀏覽器的標題列。

(　) 3. 下列哪個元素是用來設定HTML文件的相關資訊，例如編碼方式、摘要、關鍵字、伺服器應用程式名稱及IE相容性等？ (A) <head>　(B) <meta>　(C) <base>　(D) <title>。

(　) 4. 下列哪個元素是用在當瀏覽器不支援JavaScript，或使用者禁止JavaScript執行時，可以顯示一些要給使用者的訊息？ (A) <link>　(B) <script>　(C) <base>　(D) <noscript>。

(　) 5. 在HTML中若要加入註解要使用下列哪個語法？ (A) <!--XXX-->　(B) <?--XXX-->　(C) <#--XXX-->　(D) <*--XXX-->。

● 實作題

1. 請自行挑選一個網站(例如教育部)，檢視該網站的程式碼，看看他們是如何撰寫<head>內的資訊。

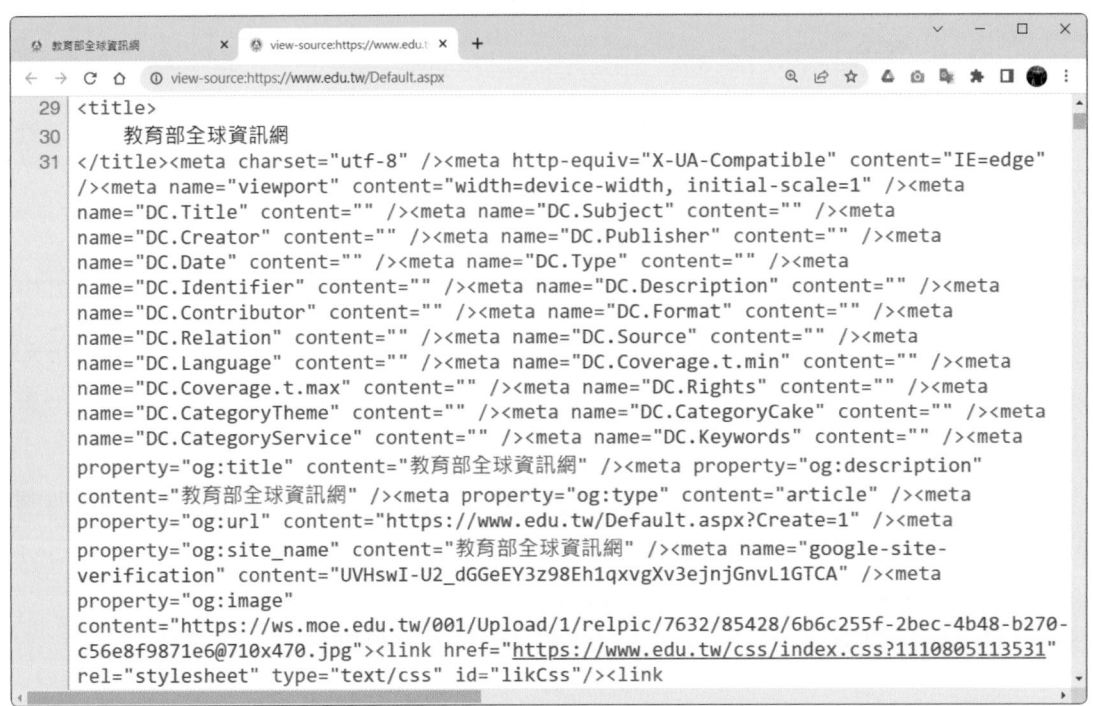

▲ 教育部網站的原始碼畫面 (https://www.edu.tw)

CHAPTER 04

常用的HTML元素

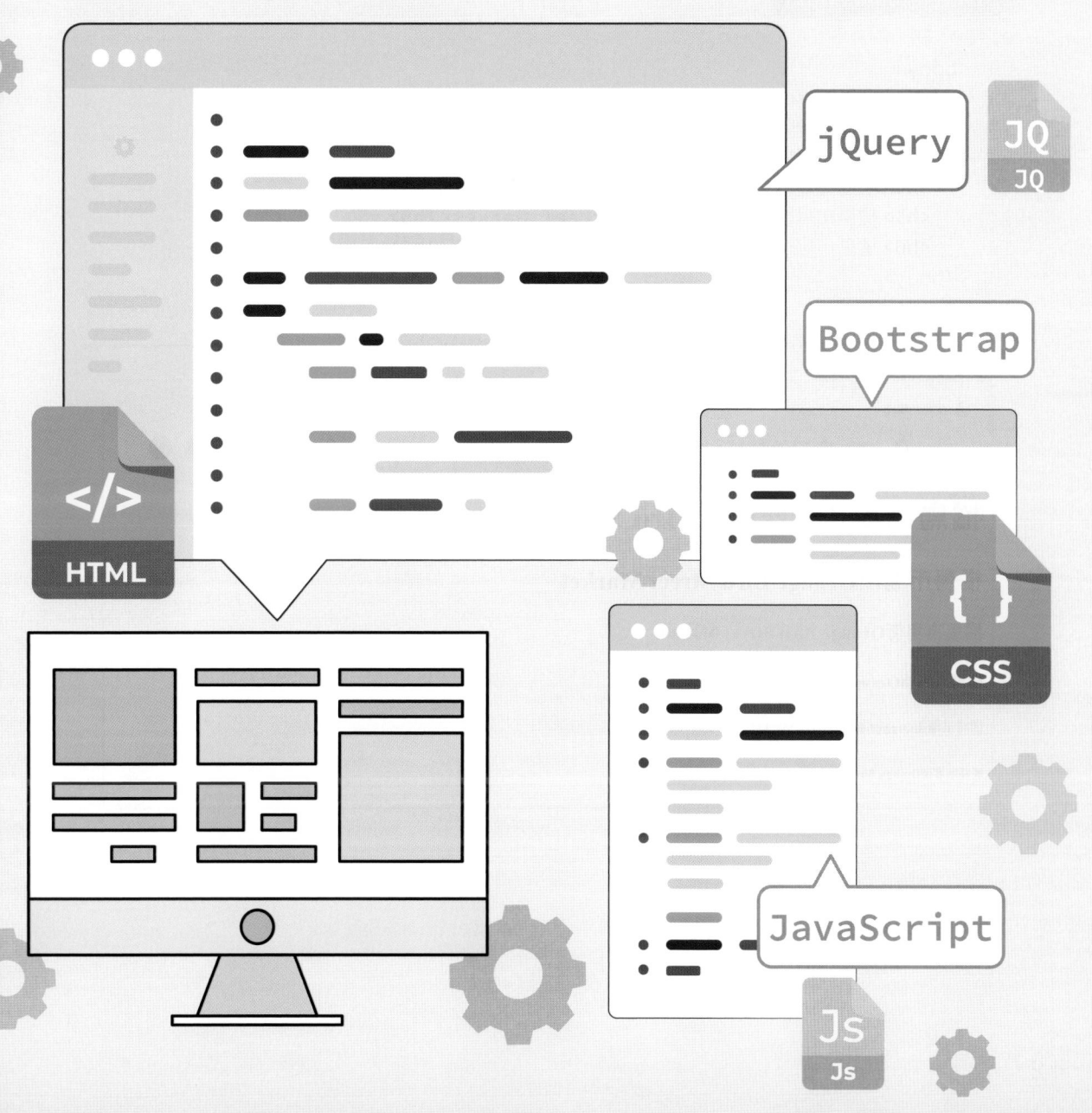

4-1 段落元素

在 HTML 文件中最常使用的就是段落與文字相關的元素了,這節先來介紹與段落相關的元素。

4-1-1 標題元素－h1, h2, h3, h4, h5, h6

標題元素共有六種選擇,從最大 <h1> 到最小的 <h6>,不同層級的標題,可以組成網頁的內容大綱,當搜尋引擎搜尋到網頁時,會依照標題來認識內容,因而判斷相關性。

📁ch04\ex04-01.html

```
01~08  略
09  <body>
10      <h1>橘鳥市場街Orange Bird Street Market</h1>
11      <h2>橘鳥市場街Orange Bird Street Market</h2>
12      <h3>橘鳥市場街Orange Bird Street Market</h3>
13      <h4>橘鳥市場街Orange Bird Street Market</h4>
14      <h5>橘鳥市場街Orange Bird Street Market</h5>
15      <h6>橘鳥市場街Orange Bird Street Market</h6>
16  </body>
17  </html>
```

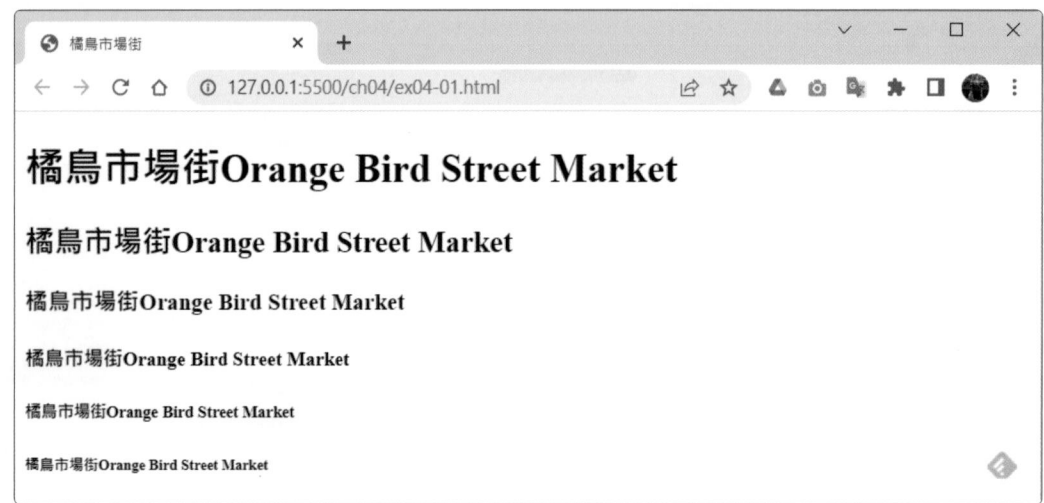

4-1-2 段落<p>與分行

<p>是將內容定義為段落，除了換行外，還會增加一個空白列。
是將內容換行，就像Word中使用 **Shift+Enter** 鍵換行一樣，段落與段落之間不會增加空白列。

以下範例中第一段文字沒有加入
，所以中文與英文在同一行，第二段文字在中文後方加入了
，所以英文就跳至下一行了。

📂ch04\ex04-02.html

```
01~08  略
09  <body>
10    <p>橘鳥市場街Orange Bird Street Market</p>
11    <p>橘鳥市場街 <br>Orange Bird Street Market</p>
12  </body>
13  </html>
```

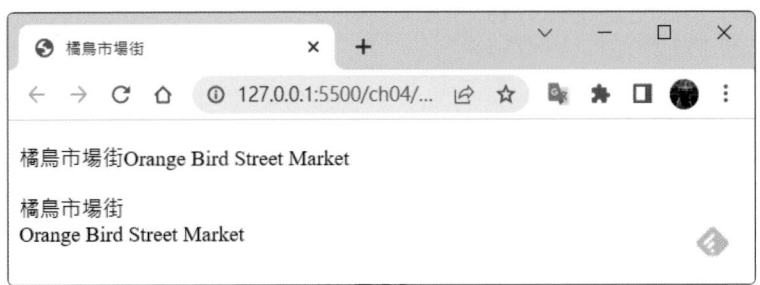

4-1-3 符號<ul>與編號<ol>

HTML 提供了兩種清單，一種是項目符號清單，另一種則是有數字順序的編號清單。

<ul>

<ul>符號清單，**可以在文字前加入實心圓形的符號，就像Word中的項目符號。** 設定時，條列選項前要先加入 <ul>，結尾處加入 </ul>，而選項則以<li>和</li>標記。

<ol>

<ol>編號清單，**可以在文字前加入編號，就像Word中的編號。** 設定時，選項前要先加入 <ol>，結尾處加入 </ol>，而選項則以<li>和</li>標記。

編號清單可以使用 **type** 屬性來定義編號類型；使用 **start** 屬性來控制編號的起始值，例如<ol type="A" start=3>，表示要使用大寫的英文字母為編號類型，而編號的起始值從3開始。

下表為type屬性設定值說明。

Type 設定值	編號樣式	Type 設定值	編號樣式	Type 設定值	編號樣式
type="1"	1、2、3…	type="I"	I、II、III…	type="a"	a、b、c…
type="A"	A、B、C…	type="i"	i、ii、iii…		

📁 ch04\ex04-03.html

```
01~10  略
11  <ul>
12      <li>橘鳥市集活動</li>
13      <li>魔方小騎兵DIY活動</li>
14      <li>五金工具車DIY活動</li>
15  </ul>
16  <ol type="A" start=4>
17      <li>橘鳥市集活動</li>
18      <li>魔方小騎兵DIY活動</li>
19      <li>五金工具車DIY活動</li>
20  </ol>
21  </body>
22  </html>
```

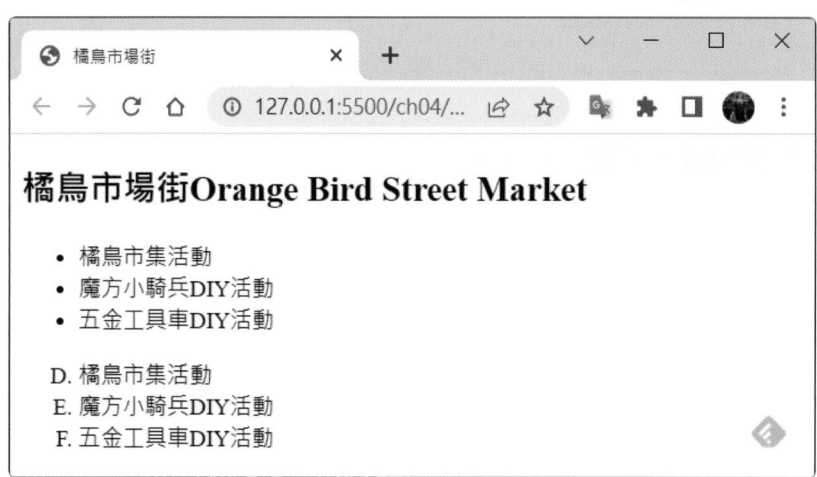

4-1-4 定義清單<dl>、<dt>、<dd>

　　<dl>、<dt>、<dd>是一種內文排版技巧，通常被稱為**定義清單**，可以呈現出縮排的效果，撰寫規則為<dd>、</dd>和<dt>、</dt>皆是寫在<dl></dl>裡面。

● <dl>：定義清單的開頭與結尾。

● <dt>：定義清單的第一層資料。

● <dd>：定義清單的第二層資料。

📂 **ch04\ex04-04.html**

```
01~10  略
11  <dl>
12     <dt>橘鳥市集活動 ( 第一天 )</dt>
13        <dd>魔方小騎兵DIY活動 </dd>
14        <dd>五金工具車DIY活動 </dd>
15     <dt>橘鳥市集活動 ( 第二天 )</dt>
16        <dd>多肉植物DIY活動 </dd>
17        <dd>蛋蛋彩繪活動 </dd>
18  </dl>
19  </body>
20  </html>
```

4-1-5　引述區塊<blockquote>

　　<blockquote>會**將一段文字定義為引用**，通常會透過自動縮排來呈現，只要是在<blockquote>區塊裡的內容，都會在段落的左右加入縮排，若重複使用可以縮排更多個單位。若要設定引述的相關資訊或來源出處，可以加上 **cite** 屬性。

📂 **ch04\ex04-05.html**

```
01~09  略
10  <h2>橘鳥市場街Orange Bird Street Market</h2>
11  <p>創意市集是近年新興之名詞，……。</p>
12  <blockquote cite="https://zh.wikipedia.org">
13  市集是地區性的，買賣雙方都以附近村民為主，……。
14  </blockquote>
15  <blockquote><blockquote>
16  市集周期性開市，大約每兩日或三數日開市一日，……。
17  </blockquote></blockquote>
18  </body>
19  </html>
```

從範例中可以看出一般的段落不會左右縮排，使用了引述區塊的段落會左右縮排，而使用二次則會縮排二次。

4-1-6　預先格式化區塊<pre>

使用<p>時，會過濾掉換行及空白符號，若要保留這些格式時，則可以使用<pre>，該元素可以**完整保存原始文字內容的格式**，包含換行符號、空格等，而瀏覽器預設樣式會以等寬字型顯示<pre>中的內容。

<p>與<pre>這兩個內容的差別在於**white-space**屬性，該屬性會決定文件當中的空白字元該如何顯示。<p>的white-space預設為**normal**，所以所有的換行字元都會被視為空白，且連續的空白會被合併；<pre>的white-space預設為**pre**，所以空白、換行都能夠正常顯示，並完整呈現文件內容。

📂ch04\ex04-06.html

```
01~09　略
10  <h2>橘鳥市場街Orange Bird Street Market</h2>
11  <pre>
12      橘鳥市集活動
13              第一天
14                  魔方小騎兵
15                      DIY活動
16  </pre>
17  </body>
18  </html>
```

4-1-7 水平分隔線<hr>

　　<hr>是一個空元素,可以在網頁中呈現一條**水平分隔線**,預設下線條粗細為1,寬度則為100%,也就是分隔線的寬度會隨著螢幕的寬度而改變。若要改變分隔線的樣式可以透過CSS的語法來進行。

📂ch04\ex04-07.html

```
01~10  略
11  <hr>
12  <ul>
13      <li>橘鳥市集活動</li>
14      <li>魔方小騎兵DIY活動</li>
15      <li>五金工具車DIY活動</li>
16  </ul>
17  <hr style="height:2px;background-color:red">  <!--加了CSS樣式設定-->
18  </body>
19  </html>
```

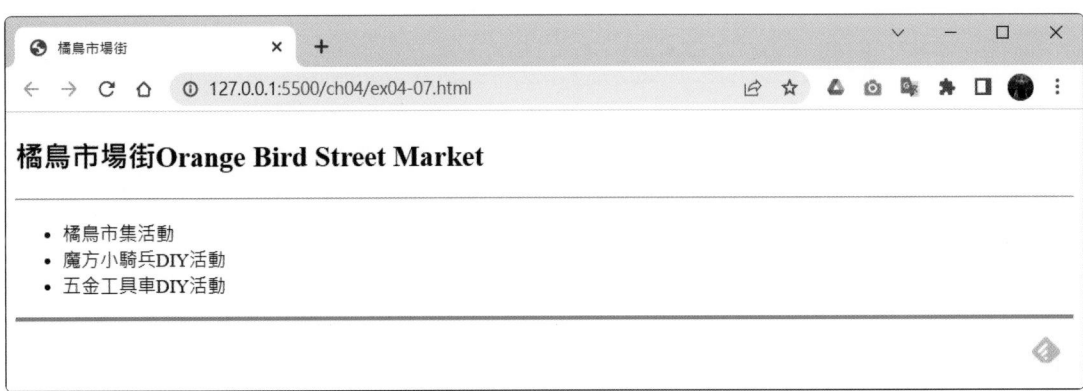

4-2 文字樣式元素

文字樣式元素可以將段落中的某些文字設定特殊格式，例如加上底線、粗體、斜體、刪除線、上標字或下標字等。

4-2-1 粗體、斜體、刪除線、底線、標示、縮小字型

使用粗體、斜體、刪除線、底線、標示及縮小字型等元素可以強調或標示文字。

<b>與<strong>

<b>與<strong>都是將文字設定為**粗體**的元素，不過雖然呈現的效果一樣，但在意思上有所區別，<b>僅代表「加粗」，屬於視覺上的意義，而沒有任何語意上的意義；<strong>是表示為重要文字，加強語意的重要性，被 Strong 標示的字串，表示這是很重要的字串，要用一個粗體的樣式來提醒大家，這就是語意上的意義。

如果要加粗一段文字，或是一個名詞，目的是要告訴閱讀者這是很重要的內容，那麼可以使用 <strong></strong>；若只是講求視覺上的效果，文字本身並沒有什麼特別重要或是需要提醒的，那麼可以使用 <b></b>。

<i>與<em>

<i>與<em>都是將文字設定為**斜體**的元素，與<b>與<strong>一樣，<i>僅代表「斜體」，屬於視覺上的意義；<em>則有強調與注重的意義。

<s>與<del>

<s>與<del>都是將文字加上**刪除線**的元素，用<s>標記過的文字，代表著這段文字不再正確的意思，當然也可以使用<del>，這兩者的意義是一樣的。

💬 知識補充：語意

HTML5強調網頁上不同標籤的語意(Semantic Elements)，在網頁上每一個標籤標示的元素，都該有一個明確的意義存在，雖然對我們沒有什麼差別，但對機器來說就有差別了。例如搜尋引擎有了語意標籤，搜尋引擎就能更理解網頁中的內容，這樣搜尋出來的結果也會更正確。所以正確的使用語意標籤，可以提升 SEO。

<u>

<u>是在文字下方加上一條線，也就是所謂的**底線**。

\<mark\>

　　\<mark\>是將文字以高亮來顯示，以凸顯文字，例如當使用者在網頁上搜尋某關鍵字，若搜尋到關鍵字時，就以黃色(預設值)標記出來。

\<small\>

　　\<small\>是顯示較小的文字，常應用在版權聲明、注釋文字等。

📂 ch04\ex04-08.html

```
01~09  略
10     <h1>讓人想一去再去的馬祖</h1>
11     <hr>
12     <h2>看海潮、看山、看書、吹風、喝咖啡，別忘了<u>發呆</u></h2>
13     <p>對於我這個沒有經過戰亂、沒有風雨的六年級生來說，這片貧瘠的小島，似乎毫無吸引
       之處，只想<i>找美食、找紀念品、找露天咖啡座</i>………卻因朝陰夕暉的海洋氣候，
       一陣大雨滂沱之後，讓我看見這個小島的美！</p>
14     <p>有時候，人類像洄游魚類一樣，在大海中闖蕩，最後卻拼命想游回出生地。對故鄉的情
       感，是一種無法解釋的鄉愁。我想，這是我父親為何在<strong>南竿</strong>蓋房子
       的原因吧？！</p>
15     <hr>
16     <ul>
17         <li>馬祖美食：淡菜、芙蓉貝、海鋼盔、<del>海瓜子</del>、紫菜、佛手、繼光
           餅。</li>
18         <li>馬祖建築：一村一澳口、<mark>封火山牆</mark>。</li>
19     </ul>
20     <p><small>Copyright © 王小桃</small></p>
21     </body>
22     </html>
```

4-2-2　上標、下標、旁註標記

上標、下標、旁註標記等元素可以改變文字的外觀。

\<sup>與\<sub>

\<sup>是將文字設定為**上標**；\<sub>是將文字設定為**下標**，語法如下：

語法：X\^{2\}
結果：X^2

語法：X_{2\}
結果：X_2

\<ruby>與\<rt>

\<ruby>是將文字設定為**旁註標記**，一般常用來標示發音。使用\<ruby>包住要標示的文字，再使用\<rt>包住要旁註的文字內容。

📁 ch04\ex04-09.html

```
01~08  略
09  <body>
10  <h2>泰雅語的母親與父親</h2>
11  <ruby>母親
12      <rt>yaya'</rt>
13  </ruby>
14  <ruby>父親
15      <rt>yaba'</rt>
16  </ruby>
17  </body>
18  </html>
```

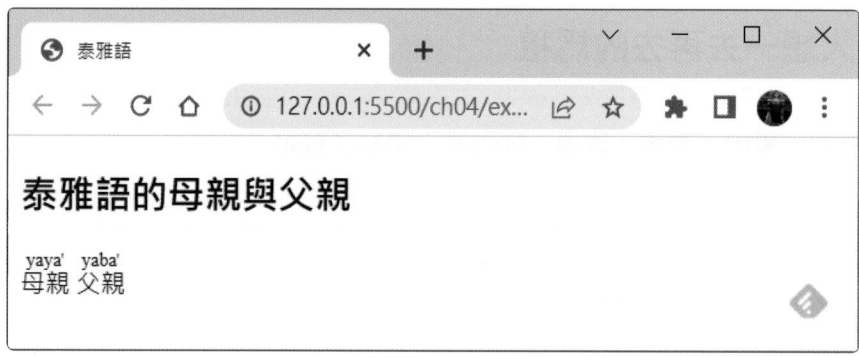

4-2-3 顯示電腦程式碼<code>

　　<code>可以用來**顯示電腦程式碼內**容，在預設下，瀏覽器會以等寬字型來顯示<code>中的內容。<code>也常與<pre>一起使用，可以讓<code>裡的空白及換行都被保留下來。

📁 ch04\ex04-10.html

```
01~08  略
09  <body>
10  <h2>使用code顯示程式碼</h2>
11  <code>語法： print("Hello World")</code>
12  <pre>
13      <code>
14      h1 {
15          color: #000;
16          font-family: Helvetica, sans-serif;
17          font-size: 20px;
18      }
19      </code>
20  </pre>
21  </body>
22  </html>
```

💬 知識補充：特殊字元

在HTML中若要顯示保留給HTML原始碼使用的特殊字元(例如<、>、"、&)時，必須改用**實體名稱**或**實體數值**，這樣才不會被瀏覽器解譯為是HTML標籤而造成顯示錯誤。

特殊字元	實體名稱	實體數值	特殊字元	實體名稱	實體數值
<	&lt;	&#60;	>	&gt;	&#62;
"	&quot;	&#34;	&	&amp;	&#38;

註：更多的字元可以參考 https://entitycode.com 網站。

4-3 語意結構區塊元素

HTML5中有許多語意結構元素，建立網頁時，可以更語意化結構內容，也可以幫助搜尋引擎及網頁設計者清楚的解讀網頁結構，還可以加強網頁的SEO。

4-3-1 div

<div>是用將HTML文件中某些範圍的內容及元素群組起來成為一個區塊，可以將<div>視為一個容器，方便讓CSS進行樣式設定，<div>本身沒任何特殊意義也不是語意標籤。

例如以下範例，將幾個段落用<div>包在一起，在<div>中加CSS的設定，就可以直接在段落加上背景色彩。

📂 ch04\ex04-11.html

```
01~08  略
09  <body>
10  <h2>橘鳥市場街Orange Bird Street Market</h2>
11  <div style="background-color:pink;">      <!--將區塊背景加上粉紅色-->
12  <ul>
13      <li>橘鳥市集活動</li>
14      <li>魔方小騎兵DIY活動</li>
15      <li>五金工具車DIY活動</li>
16  </ul>
17  </div>
18  </body>
19  </html>
```

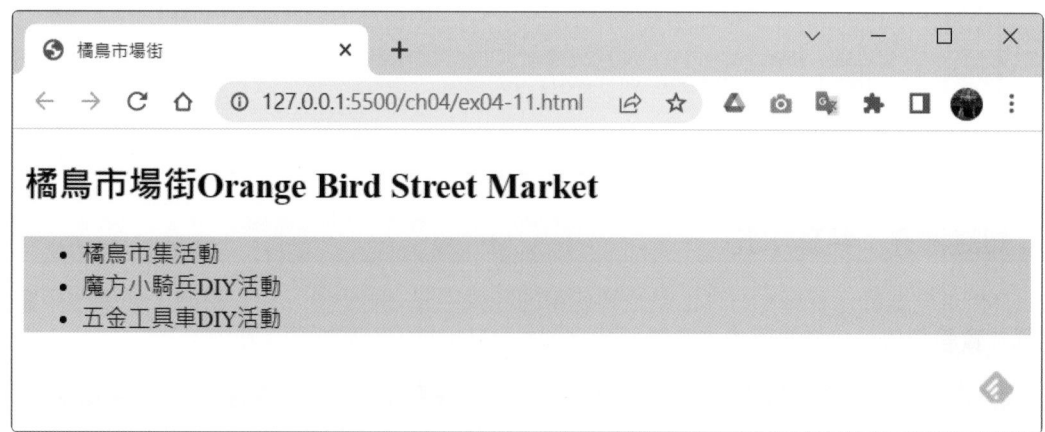

4-3-2 使用語意結構元素建構頁面

HTML5使用了 <header>、<nav>、<main>、<section>、<article>、<aside>、<footer>、<address> 等語意結構區塊元素，幫助瀏覽器辨識網頁上的區塊類型。如下圖所示是使用HTML5語意標籤建構出來的頁面結構。

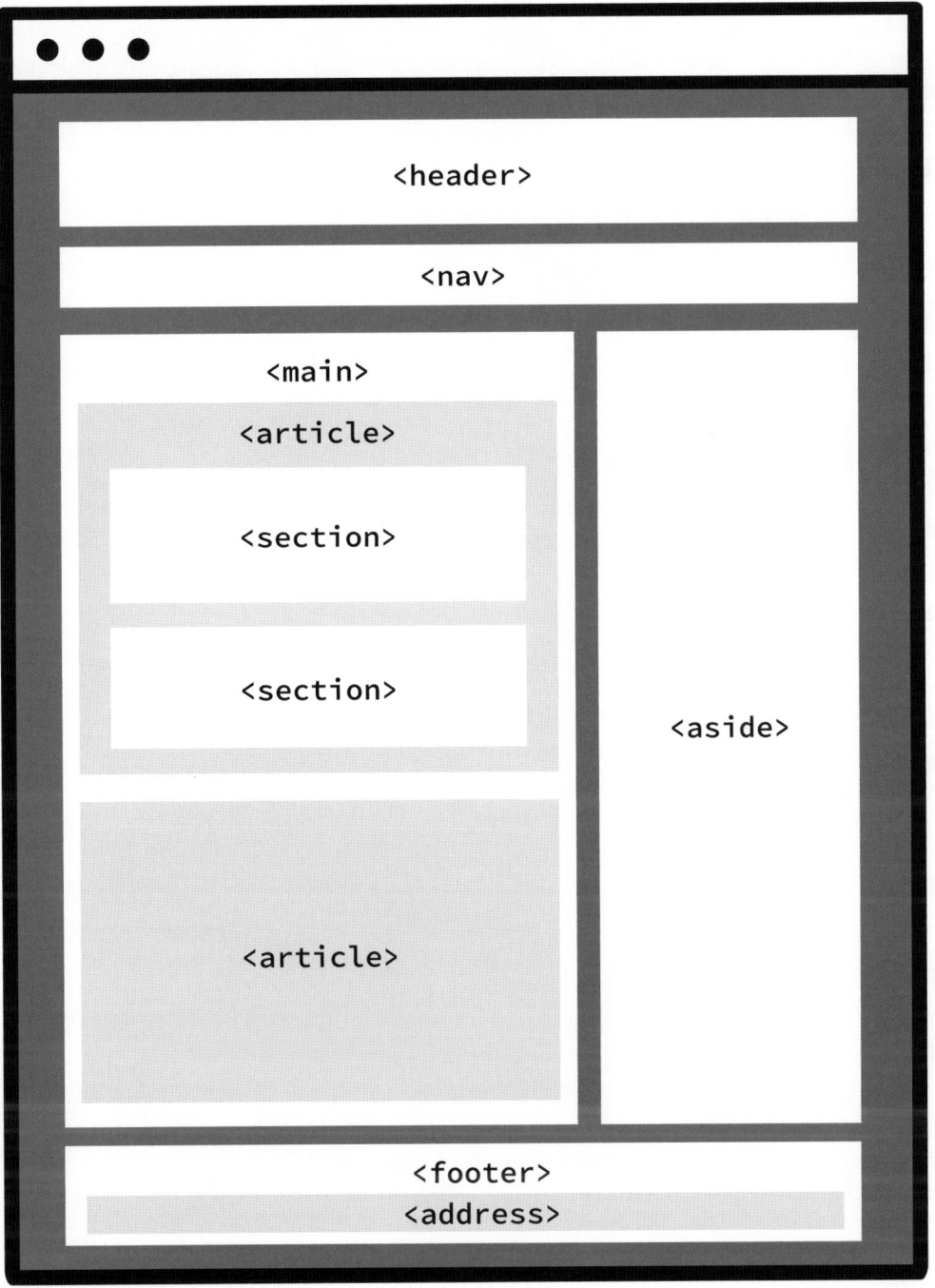

\<header\>

　　\<header\>為**頁首區塊**，通常頁首區塊中會包含網站標題、副標題、LOGO及導覽列\<nav\>。\<header\>不能放在\<footer\>、\<address\>或另一個\<header\>裡。語法如下：

```
<header>
    <h1>跟我一起卡蹓馬祖</h1>
    <img src="logo.png" alt="logo">
</header>
```

\<nav\>

　　\<nav\>為**導覽列區塊**，用來連結到網站其他頁面，或連結到外部網站的網頁，也就是所謂的選單，一個HTML頁面可以有多個\<nav\>元素，但\<nav\>不可以放在\<address\>裡。語法如下：

```
<nav>
    <a href="#">首頁</a> |
    <a href="#">馬祖景點</a> |
    <a href="#">馬祖建築</a> |
    <a href="#">馬祖美食</a>
</nav>
```

\<main\>

　　\<main\>為頁面**主要內容區塊**，通常一個網頁只會有一個\<main\>元素，且不會使用在\<nav\>、\<article\>、\<aside\>、\<footer\>及\<header\>元素內。

```
<main>
    <article>
        <h2>標題</h2>
        <p>內文</p>
    </article>
    <article>
        <h2>標題</h2>
        <p>內文</p>
    </article>
    <section>
        <h3>標題</h3>
        <p>內文</p>
    </section>
</main>
```

\<section>

　　\<section>是**文件中的一個群組或區塊，可以作為一個章節或一個段落的區隔。**一般來說，\<section>裡會有自己的標題(h1~h6)。一個頁面可以有多個\<section>，\<section>裡也可放置\<header>、\<nav>、\<footer>等元素，\<section>不可以放在\<address>裡。

```
<section>
    <h3>標題</h3>
    <p>內文</p>
</section>
```

\<article>

　　\<article>**是內容本身獨立且完整的區塊**，與\<section>不同的是，\<article>有更高的獨立性及完整性，通常用來放雜誌、部落格的文章、報紙文章等內容。一個網頁中可以有多個\<article>。

```
<article>
    <h2>標題</h2>
    <p>內文</p>
</article>
```

\<aside>

　　\<aside>是**與主要內容\<main>不太相關的區塊**，通常是用來放其他內容，例如簡介、廣告、次導覽列或相關連結等的**側邊欄位**。使用\<aside>時，並不代表一定要放在側邊位置，只要是跟主要區塊無關的額外資訊，就可以使用\<aside>來建構。

```
<aside>
    <p>你可能會感興趣的文章。</p>
    <ul>
        <li><a href="#">文章1</a></li>
        <li><a href="#">文章2</a></li>
    </ul>
</aside>
```

\<footer>

　　\<footer>為**頁尾區塊**，通常會包含作者、版權、使用條款、聯絡方式等資訊。

```
<section>
    <footer>....</footer>
</section>
```

```
<footer>
   <p>Copyright © Momoco</p>
</footer>
```

<address>

　　<address> 為 **連絡資訊區塊**，可以是任何一種聯絡方式，例如地址、URL、電子郵件信箱、電話號碼、社交媒體帳號、地理坐標等，通常放在 <footer> 裡，<address> 中的內容在預設下會以斜體呈現。

```
<footer>
   <address>
   電話 : 0800-000-888<br>
   地址 : OO 市 OO 區 OO 街 XX 號 X 樓
   </address>
</footer>
```

　　以下範例為使用語意結構元素所建構出來的頁面。

🗁ch04\ex04-12.html

```
01~08  略
09  <body>
10  <header>  <!-- 頁首內容 -->
11     <h1>跟我一起卡蹓馬祖</h1>
12     <p>看海潮、看山、看書、吹風、喝咖啡，別忘了發呆</p>
13  </header>
14  <nav>     <!-- 導覽列 -->
15     <a href="#">首頁</a> |
16     <a href="#">馬祖景點</a> |
17     <a href="#">馬祖建築</a> |
18     <a href="#">馬祖美食</a>
19  </nav>
20  <main>    <!-- 主要內容 -->
21     <article>    <!-- 文章內容 -->
22        <h2>讓人想一去再去的馬祖</h2>
23        <p>對於我這個沒有經過戰亂、沒有風雨的六年級生來說，這片貧瘠的小島，似乎毫無
           吸引之處，只想找美食、找紀念品、找露天咖啡座⋯⋯卻因朝陰夕暉的海洋氣候，一
           陣大雨滂沱之後，讓我看見這個小島的美！有時候，人類像洄游魚類一樣，在大海中闖
           蕩，最後卻拼命想游回出生地。對故鄉的情感，是一種無法解釋的鄉愁。我想，這是我
           父親為何在 <strong>南竿</strong> 蓋房子的原因吧？！</p>
24        <aside>    <!-- 側欄內容 -->
25           <p>你可能會感興趣的文章</p>
26           <ul>
27              <li><a href="#">文章1</a></li>
28              <li><a href="#">文章2</a></li>
29           </ul>
30        </aside>
```

```
31    <section>             <!--摘要內容-->
32        <h3>牛角聚落</h3>
33        <p>牛角聚落沿著港灣而築,是連江縣政府及文史工作者目前努力保留的文化遺
          跡...</p>
34    </section>
35    <section>
36        <h3>八八坑道</h3>
37        <p>八八坑道原來是戰備的坑道,因為竣工的那年適逢蔣公八十八歲誕辰,因此命
          名之...</p>
38    </section>
39   </article>
40  </main>
41  <footer>          <!--頁尾內容-->
42     Copyright © 王小桃
43     <address>
44        電話:0800-000-888<br>
45        地址:00市00區00街XX號X樓
46     </address>
47  </footer>
48  </body>
49  </html>
```

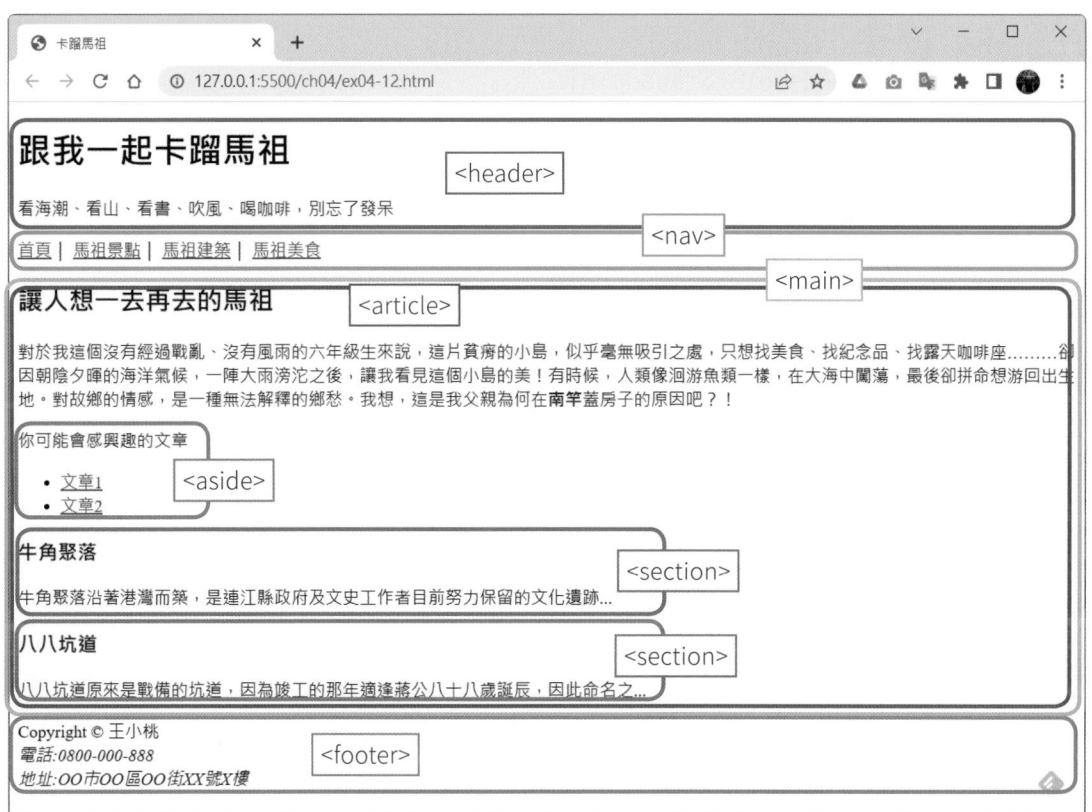

　　語意結構區塊元素可以建立完整的結構與內容，若要讓網頁結構更突顯或美化，那麼就要在各區塊元素中加入 CSS 的設定。下列範列中，我們加入了 CSS 的設定，讓該網頁的結構更為明顯，而關於 CSS 的設定之後會有更詳盡的說明喔！

📂 ch04\ex04-13.html

```
01  <!DOCTYPE html>
02  <html lang="zh-Hant-Tw">
03  <head>
04     <meta charset="UTF-8">
05     <meta http-equiv="X-UA-Compatible" content="IE=edge">
06     <meta name="viewport" content="width=device-width, initial-
       scale=1.0">
07  <title>卡蹓馬祖</title>
08  <style>
09     header, footer, nav {
10        text-align: center;
11        padding: 10px;
12        margin: 10px;
13     }
14     header {
15        background-color: #60c7f7;
16     }
17     nav {
18        background-color: #a6d4fd;
19        font-size: 14px;
20     }
21     article {
22        background-color: #cecfcf;
23        padding: 10px;
24        margin: 10px;
25     }
26     section {
27        width: 75%;
28        background-color: #e4f3fe;
29        padding: 10px;
30        margin: 10px;
31     }
32     aside {
33        width: 15%;
34        padding-left: 10px;
35        margin-left: 10px;
36        float: right;
37        background-color: #fcfbd7;
38     }
```

```
39      footer {
40          background-color: #8b8c8c;
41          font-size: 12pt;
42      }
43  </style>
44  </head>
45  <body>
46  <header> <!--頁首內容-->
47      <h1>跟我一起卡蹓馬祖</h1>
48      <p>看海潮、看山、看書、吹風、喝咖啡，別忘了發呆。</p>
49  </header>
50  <nav>      <!--導覽列-->
51      <a href="#">首頁</a> |
52      <a href="#">馬祖景點</a> |
53      <a href="#">馬祖建築</a> |
54      <a href="#">馬祖美食</a>
55  </nav>
56~83  略
```

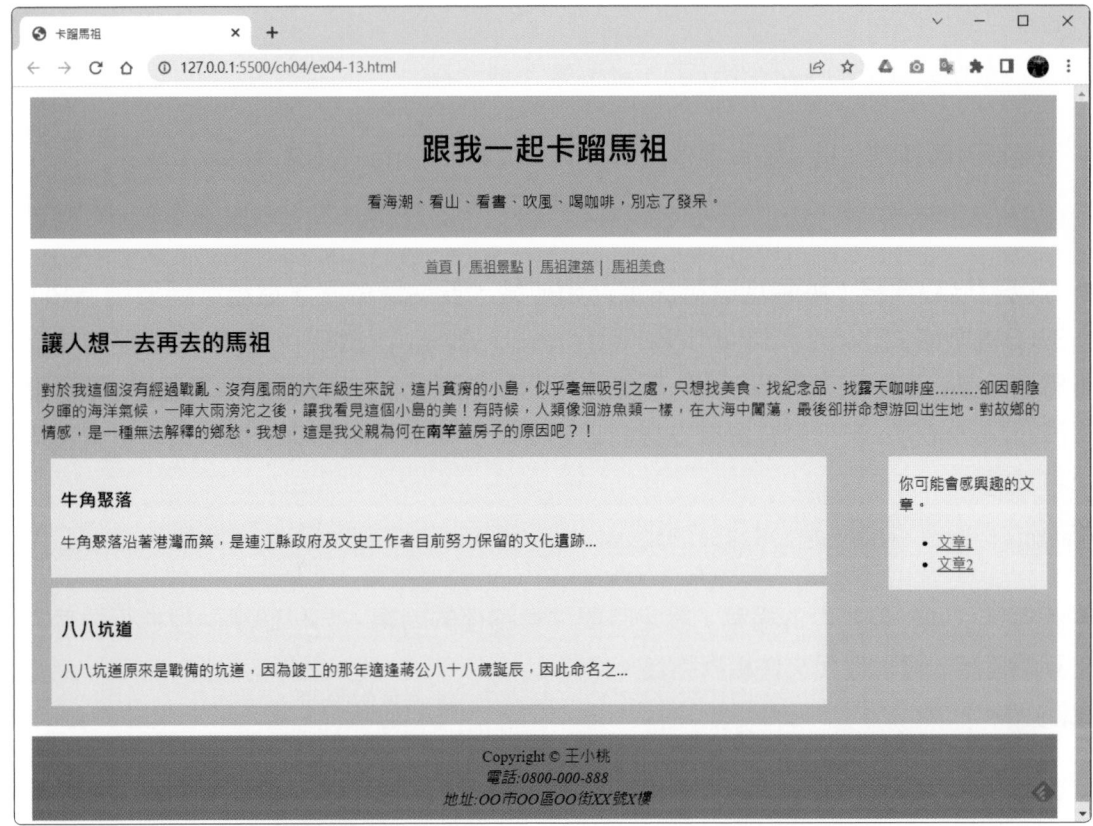

4-4 超連結元素

　　透過超連結可以建立網頁與網頁或檔案之間的關係，超連結可以將很多元件連在一起，不論是網頁、網站、圖片、檔案、多媒體等，所有網路上想得到的元件，都可以設定超連結，將全世界拉在一起，而達到資源共享的目的。

4-4-1 <a>

　　<a>元素是用來標示**超連結**的，可以建立前往其他頁面、檔案、E-mail、URL 等超連結。在撰寫程式碼時，若連結的目標尚未建立，則可以使用「#」，建立成空連結。

● **超連結到網站**：直接輸入該網站的網址。

```
<a href="https://www.matsu-nsa.gov.tw">馬祖國家風景區全球資訊網</a>
```

● **超連結到電子郵件**：要連結到電子郵件時，在電子郵件地址前須加入「**mailto:**」，再輸入電子郵件地址。若瀏覽器有支援的話，點擊連結後會開啟郵件編輯器讓使用者撰寫郵件內容。

```
<a href="mailto:000@msa.hinet.net">寄信給我</a>
```

● **設定圖片超連結**：指定圖片要連結的頁面、檔案、E-mail、URL 等。

```
<a href="www.chwa.com.tw"><img src="logo.jpg"></a>
```

● **電話號碼超連結**：將電話號碼設定為超連結，要注意的是，電話號碼要遵循 RFC 3966 標準格式 (https://datatracker.ietf.org/doc/html/rfc3966)。用在連結裡的電話號碼，最好是用國際撥號格式，例如以新北的市話為例 + 國碼 (886)- 區碼 (2)- 電話號碼 (22625666)。若行動裝置有支援此項功能時，使用者點擊連結後，就可以直接撥打電話。

```
<a href="tel:+886-2-22625666">2262-5666</a>
```

● **超連結到同一目錄內的檔案**：設定時要注意路徑的問題，同一個網站裡進行檔案的互相連結，可以使用文件相對路徑。

```
<a href="index.html">回首頁</a>
```

● **超連結到文件內的書籤位置**：可跳往同頁面不同區塊的位置。

```
<a href="#目標名稱">跳到目標位置</a>
```

4-4-2 <a>的屬性

<a>元素常見的屬性有 href、hrefland、rel、target、download、ping、type等。

href

href屬性可以**指定超連結所連結之URL**。

hreflang

hreflang屬性可以**設定href屬性值的語系**。

rel

rel屬性可以**設定目前文件與所連結之資源的關聯**，rel有以下的屬性值。

```
<a rel="nofollow" href="https://www.chwa.com.tw/">外站連結</a>
```

- **nofollow**：禁止搜尋引擎將該連結與網頁關聯在一起，或禁止從你的網頁索引連結網頁。
- **noreferrer**：若使用者點擊該連結，不要送出 Referer: header 資訊給連結網站。
- **noopener**：若使用target="_blank"開啟另一個頁面時，不要給連結頁面設置window.opener(JavaScript變數)權限。該屬性值可以提高安全性，同時避免讓連結頁面影響到目前頁面的效能。
- **prev**：指定彼此是上一個的關係。
- **next**：指定彼此是下一個的關係。

target

target屬性可以用來**指定何種方式開啟超連結**，例如<a href="https://www.matsu-nsa.gov.tw" target="_blank">馬祖國家風景區全球資訊網</a>，表示要在新視窗中開啟「馬祖國家風景區全球資訊網」網站。

- **target="_blank"**：在新的視窗開啟網頁。
- **target="_self"**：在目前執行的視窗中開啟網頁，此為預設值。
- **target="_parent"**：在目前執行的視窗中開啟，如果框架式網頁，會在上一層頁框中開啟。
- **target="_top"**：會以整頁方式開啟，如果有框架，網頁中的所有頁框會被移除。

download

download 屬性**可以直接下載檔案**，當使用者點擊連結時，便會直接下載連結所設定的檔案，設定時可以設定下載檔案的檔名，如果省略屬性值則會使用原始檔名。語法如下：

```
<a href="/text/doc.pdf" download="chwa-doc.pdf">下載旅遊文件</a>
```

ping

ping 屬性**可以監控或追蹤點擊連結**，使用者點擊連結後，瀏覽器將向這些指定的 URL 傳送 POST 請求，這個屬性常用在廣告追蹤和分析使用者如何與網站進行互動等，一般網頁較少用到。下列語法為，當使用者點擊 https://www.chwa.com.tw 網址時，請通知 https://www.chwa.com.tw/trackpings。

```
<a href="https://www.chwa.com.tw"
    ping="https://www.chwa.com.tw/trackpings">
```

type

type 屬性可以**設定超連結的 MIME 類型**，語法如下：

```
<a href="http://www.chwa.com.tw" type="text/html">全華圖書</a>
```

💬 知識補充：MIME

MIME(Multipurpose Internet Mail Extensions) 是一種標準化的方式，用來表示文件的性質及類型。瀏覽器通常以 MIME 來辨識檔案類型，如此才能正確的判斷出如何處理檔案。下表為常用的 MIME type。

type 屬性值	媒體類型	type 屬性值	媒體類型
text/html	HTML 文件	image/png	PNG 圖片
application/pdf	PDF	application/vnd.ms-excel	Excel 文件
text/csv	CSV 檔案	video/mp4	MP4 影片檔
audio/ogg	OGG 音訊	video/x-ms-wmv	WMV 影片檔

詳細的 MIME 類型可至 IANA 網站 (https://www.iana.org/assignments/media-types/media-types.xhtml) 查看。

以下範例將文字、圖片等加入超連結元素，便可前進到超連結所指定的位置。

📂ch04\ex04-14\index.html

```
01~43 略
44  <body>
45  <header> <!--頁首內容-->
46      <h1>跟我一起卡蹓馬祖</h1>
47      <p>看海潮、看山、看書、吹風、喝咖啡，別忘了發呆</p>
48  </header>
49  <nav> <!--導覽列-->
50      <a href="index.html">首頁</a> |  <!--開啟同目錄內的網頁-->
51      <a href="attractions.html">馬祖景點</a> |
52      <a href="building.html">馬祖建築</a> |
53      <a href="food.html">馬祖美食</a>
54  </nav>
55   <main> <!--主要內容-->
56   <section> <!--摘要內容-->
57       <h3>馬祖好站推薦</h3>
58       <ul>
59           <li><a href="https://www.matsu-nsa.gov.tw">馬祖國家風景區全
             球資訊網</a></li>    <!--在目前的視窗開啟網頁-->
60           <li><a href="https://www.matsu.idv.tw" target="_blank">馬
             祖資訊網</a></li> <!--在新視窗開啟網頁-->
61       </ul>
62   </section>
63   <section>
64       <h3>馬祖旅遊資源下載</h3>
65       <p><a href="pdf/matsu.pdf" type="application/pdf" download>
         下載旅遊文件</a></p> <!--下載PDF檔案-->
66       <p><a href="img/matsu.png" type="image/png" target="_
         blank"><img src="img/matsu-s.png"></a></p> <!--在新視窗開啟圖
         片-->
67   </section>
68  </main>
69  <footer>  <!--頁尾內容-->
70     Copyright © 王小桃 |
71     <a href="mailto:000@msa.hinet.net">寄信給我</a> |
       <!--電子郵件超連結-->
72     <a href="tel:+886-2-22625666">2262-5666</a> <!--電話超連結-->
73  </footer>
74  </body>
75  </html>
```

被設定為超連結的文字在預設下會呈現藍色並加上底線,代表點擊該文字會連結到其他位置,而被點擊過的超連結會呈現紫色並加上底線,若要改變超連結的色彩及樣式時,可以透過CSS來設定。

4-4-3　文件內的超連結設定

　　當網頁內容較多時，為了讓使用者瀏覽方便，可以建立文件內的超連結，當使用者點擊超連結後，就會跳到指定的內容。在建立文件內的超連結時，須在對應的文字加上id屬性，設定唯一的識別字做為識別，然後再將href屬性設定要連結的識別字。

　　以下範例將導覽列中的「馬祖建築、卡蹓馬祖、馬祖美食」文字使用href屬性設定所要連結的識別字，分別連結到網頁對應的介紹文字，而在對應文字中要加上id屬性以設定唯一識別字，在於<header>元素裡加入回到頁首的設定，當點擊「Back To Top」連結後，會回到網頁的頁首。

📂ch04\ex04-15.html

```
01~43  略
44  <body>
45  <header id="top">  <!-- 在頁首設定id屬性 -->
46      <h1>跟我一起卡蹓馬祖</h1>
47      <p>看海潮、看山、看書、吹風、喝咖啡，別忘了發呆</p>
48  </header>
49  <nav>  <!--將各選項連結至相對應的id屬性 -->
50      <a href="#building">馬祖建築</a> |
51      <a href="#attractions">卡蹓馬祖</a> |
52      <a href="#food">馬祖美食</a>
53  </nav>
54    <main>  <!-- 主要內容 -->
55      <article>
56          <h2 id="building">馬祖建築</h2>  <!-- 設定id屬性 -->
57~64  略
65          <a href="#top">Back To Top</a>  <!-- 連結至id屬性 -->
66      </article>
67      <article>
68          <h2 id="attractions">卡蹓馬祖</h2>  <!-- 設定id屬性 -->
69~76  略
77          <a href="#top">Back To Top</a>  <!-- 連結至id屬性 -->
78      </article>
79      <article>
80          <h2 id="food">馬祖美食</h2>  <!-- 設定id屬性 -->
81~84  略
85          <a href="#top">Back To Top</a>  <!-- 連結至id屬性 -->
86      </article>
87    </main>
88~94  略
```

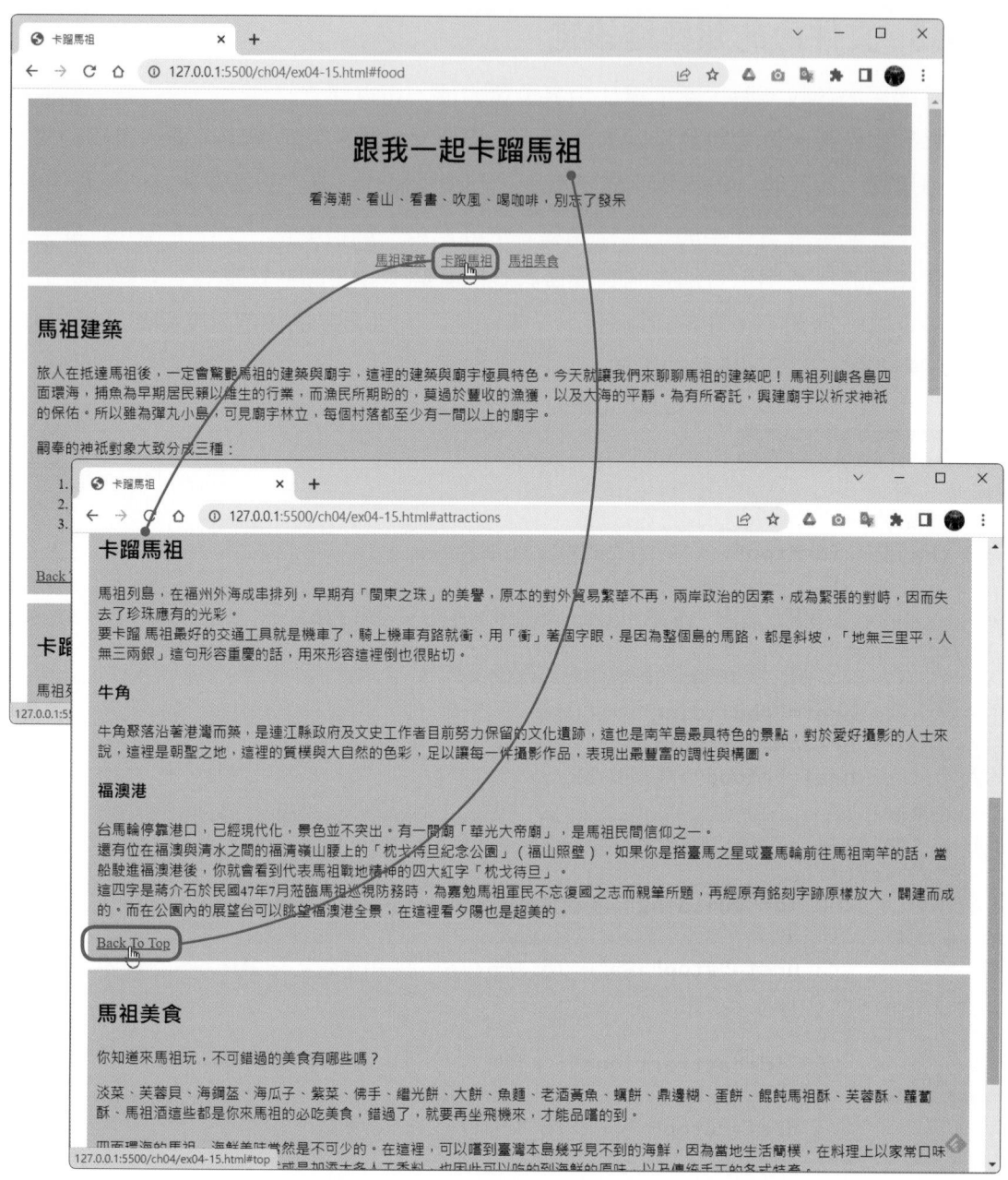

4-5 圖片元素

網站是否可以吸引訪客的目光，圖片可說是個舉足輕重的角色。圖片的格式有很多種，但常用於網頁上的有 gif、jpg、png、svg、ico、webp 等格式。圖片雖然美麗，但在使用時必須要特別的小心謹慎，美美的圖片可以美化整個網站，但如果網站上圖片一多，網路傳輸的速度又不夠快時，那麼也會影響訪客瀏覽的品質。

4-5-1 <img>

在網頁中要加入圖片時，一般都是使用嵌入的方式，只要使用 <img> 元素，即可在網頁上顯示要呈現的圖片，語法如下：

```
<img src="圖檔名稱.副檔名">
```

如果是要連結到指定的 URL 位址，則語法為：

```
<img src="http://網址/圖檔名稱.副檔名">
```

<img> 常見的屬性有 src、alt、width、height 等。

src

src 屬性是用來**指定圖片的路徑檔名**，為必要屬性，如果圖片與 HTML 文件位於同一個資料夾，那就直接連結圖片的名稱「src="photo.png"」；如果圖片與 HTML 文件不同資料夾，例如是放在「img」資料夾中，則必須以「img/」來代表上層資料夾，如「src="img/photo.png"」。

alt

alt 屬性可以**幫圖片加入替代或說明文字**，當電腦無法顯示圖片或瀏覽器找不到該圖片時，就會顯示我們所設定的文字，讓瀏覽者知道該圖所代表的意義。語法如下：

```
<img src="photo.png" alt="心智圖">
```

width/height

width 屬性可以**設定圖片的寬度**，height 屬性可以**設定圖片的高度**。語法如下：

```
<img src="photo.png" with="800" heigh="600" alt="心智圖">
```

　　以下範例使用了 <img> 元素加入圖片，並設定圖片的替代文字、寬度及高度等屬性。

📁 ch04\ex04-16\index.html

```
01~57 略
58  <img src="img/photo01.png" alt="牛角聚落照片" width="800" height="504">
59~64 略
65  <img src="img/photo02.png" alt="馬祖廟宇照片" width="800" height="499">
66~71 略
72  <img src="img/photo03.png" alt="馬祖景點照片" width="800" height="473">
73~86 略
87  <img src="img/photo04.png" alt="馬祖美食照片" width="800" height="511">
88~97 略
```

4-5-2 <picture>元素

進行響應式網頁設計，或行動裝置版網頁時，可以使用<picture>元素，設定在不同條件下，如螢幕寬度、高度、方向、螢幕解析度等，自動載入不同大小或不同內容的圖片。

<picture>本身是一個容器，沒有自己的屬性，而被包含在其中的<source>，是用來設定不同條件下使用的圖片，<picture>元素中可以有多個<source>，但只能有一個<img>，瀏覽器會先從<source>中去尋找有沒符合條件的圖片，若沒有的話(或瀏覽器不支援<picture>元素)，則會使用<img>所設定的圖片。語法如下：

```
<picture>
   <source srcset="" media="">
   <source srcset="" media="">
   <img src="" alt="">
</picture>
```

<source>

<source>有 media、srcset、type 等屬性。

● media：用來**指定特定的媒體類型**，當條件不成立時，瀏覽器會繼續往下比對下一個<source>，或使用<img>指定的圖片。下列語法為，當裝置寬度小於639px時，顯示small.png圖片；當裝置寬度大於640px並且小於1023px時，顯示medium.png圖片；當裝置寬度大於1024px時，顯示large.png圖片；當條件都不成立時，則顯示<img>指定的圖片。

```
<picture>
   <source media="(max-width: 639px)" srcset="small.png">
   <source media="(min-width: 640px) and (max-width: 1023px)"
           srcset="medium.png">
   <source media="(min-width: 1024px)" srcset="large.png">
   <img src="image.png" alt="My Image">
</picture>
```

在media中可以使用**max-width**(最大寬度)、**min-width**(最小寬度)、**max-height**(最大高度)、**min-height**(最小寬度)、**orientation**(方向)等屬性。

● srcset：可以**指定多張不同尺寸大小的圖片**，瀏覽器會自動判斷在不同的螢幕寬度或不同的螢幕解析度時，自動載入最適合的圖片，指定大小時，可以用實際圖片寬度(單位為w)或螢幕解析度(單位為x)為單位。例如若用實際圖片寬度，那麼就在圖片寬度後面接w；若使用解析度，那麼在圖片寬度後面接x(如2x)。語法如下：

```
<picture>
   <source srcset="photo-768.png 768w, photo-768-2x.png 2x">
   <source srcset="photo-480.png, photo-480-2x.png 2x">
   <img src="photo.png">
</picture>
```

type

type屬性可以**指定圖片的檔案格式**，來做到不同瀏覽器載入不同格式的圖片，如下語法為，當瀏覽器不支援webp格式時，但支援svg格式，就會選擇該格式載入，若兩種都不支援時，會自動忽略這兩張圖，顯示<img>指定的圖片。

```
<picture>
   <source srcset="photo.webp" type="image/webp">
   <source srcset="photo.svg" type="image/svg+xml">
   <img src="photo.png" alt="photo">
</picture>
```

在嵌入圖片時，該使用<img srcset>還是<picture>呢？一般來說，若只是要變換相同圖片但不同解析度或不同尺寸時，使用<img srcset>元素即可，讓瀏覽器自行判斷；但若要依據不同裝置使用不同張圖片時，那麼可以使用<picture>元素。

<img srcset>的語法如下：

```
<img
   srcset="photo.jpg, photo-480w.jpg 1.5x, photo-640w.jpg 2x"
   src="photo-640w.jpg"
   alt="Elva dressed as a fairy"
/>
```

以下範例為不同的螢幕寬度顯示不同的圖片。

📁 ch04\ex04-17\photo.html

```
01~09 略
10  <main>
11    <h1>Elevador da Bica</h1>
12    <p>Take one of the most iconic trips in Lisbon on a tram that
      climbs a few hundred inspiring and very photogenic metres up a
      steep slope with the Tagus in the background.</p>
13    <picture>
14      <source media="(min-width: 1024px)" srcset="large.jpg">
15      <source media="(min-width: 640px) and (max-width: 1023px)"
        srcset="medium.jpg">
16      <source media="(max-width: 639px)" srcset="small.jpg">
17      <img src="photo.jpg" alt="Elevador da Bica">
18    </picture>
```

```
19  </main>
20  </body>
21  </html>
```

4-5-3 <figure>與<figcaption>元素

  <figure> 與 <figcaption> 是語意元素，**<figure>** 可以將圖片、影片、表格及程式碼等標示在一個區塊裡；**<figcaption>** 則是定義 **<figure>** 內容，這兩個元素是一起搭配使用的，而透過這兩項元素就能快速地完成上下圖片及圖片說明的功能。語法如下：

```
<figure>
   <img>
   <img>
   <figcaption>圖片說明</figcaption>
</figure>
```

📂ch04\ex04-18\index.html

```
01~15  略
16     <header>
17         <h1>跟我一起卡蹓馬祖</h1>
18     </header>
19     <main>
20         <article>
21             <figure>
22                 <figcaption>
23                     <h2>南竿牛角聚落</h2>
24                     <p>牛角聚落沿著港灣而築，是連江縣政府及文史工作者目前努
                       力保留的文化遺跡，這也是南竿島最具特色的景點。</p>
25                 </figcaption>
26                 <img src="img/matsu01.jpg" width="400">
27                 <img src="img/matsu02.jpg" width="400">
28                 <img src="img/matsu03.jpg" width="400">
29             </figure>
30             <figure>
31                 <figcaption>
32                     <h2>北竿芹壁村</h2>
33                     <p>芹壁是來北竿必遊的景點，這裡是馬祖閩東建築最具代表性
                       的聚落，景色不輸地中海，在這裡可以發呆一整天，什麼都不
                       做。</p>
34                 </figcaption>
35                 <img src="img/matsu04.jpg" width="400">
36                 <img src="img/matsu05.jpg" width="400">
37                 <img src="img/matsu06.jpg" width="400">
38             </figure>
39         </article>
40     </main>
41 </body>
42 </html>
```

以上範例是將內容放置於圖片上方，若要放到圖片下方，則可以將語法改為：

```
<figure>
    <img src="img/matsu01.jpg" width="400">
    <img src="img/matsu02.jpg" width="400">
    <img src="img/matsu03.jpg" width="400">
    <figcaption>
        <h2>南竿牛角聚落</h2>
        <p>牛角聚落沿著港灣而築，是連江縣政府及文史工作者目前努力保留的文化遺跡，這也
        是南竿島最具特色的景點。</p>
    </figcaption>
</figure>
```

若內容中只想呈現段落文字而不要有標題，則可以將語法改為：

```
<figure>
    <img src="img/matsu01.jpg" width="400">
    <img src="img/matsu02.jpg" width="400">
    <img src="img/matsu03.jpg" width="400">
    <figcaption>牛角聚落沿著港灣而築，是連江縣政府及文史工作者目前努力保留的文化遺跡，
    這也是南竿島最具特色的景點。</figcaption>
</figure>
```

●●● 自我評量

● 選擇題

(　　) 1. 下列敘述何者不正確？ (A) <p>...</p> 可將文字設定為段落　(B) <blockquote> 為引述區塊元素　(C) <ul> 元素可以在文字前加入編號　(D) <c>...</c> 可以將文字加入刪除線。

(　　) 2. 下列敘述何者不正確？ (A) <em> 以斜體字強調文字　(B) <strong> 將文字以粗體呈現　(C) <mark> 將文字以高亮 (黃色) 來顯示　(D) <sup> 將文字設定下標。

(　　) 3. 文字連結的目標可以是網址、檔案、網頁等。若連結的目標尚未建立，則可將其建立成空連結，這時需要在超連結欄位中輸入以下哪一項內容？ (A) ?　(B) #　(C) @　(D) *。

(　　) 4. 下列關於語意結構區塊元素的敘述，何者不正確？ (A) <header> 為頁首區塊元素　(B) <nav> 為導覽列區塊元素　(C) <aside> 為獨立文章區塊元素　(D) <footer> 為頁尾區塊元素。

(　　) 5. 在 HTML 語法中，「<img src="photo.png" border="3" width="600" height="600">」的作用為？ (A) 插入圖片　(B) 插入背景　(C) 插入檔案　(D) 插入表格。

● 實作題

1. 請使用語意結構區塊元素建立網頁，並加入文字、圖片等內容，文字可以使用假文產器來建立，再利用圖片產生器加入圖片。

CHAPTER 05

影音多媒體、表格及
表單元素

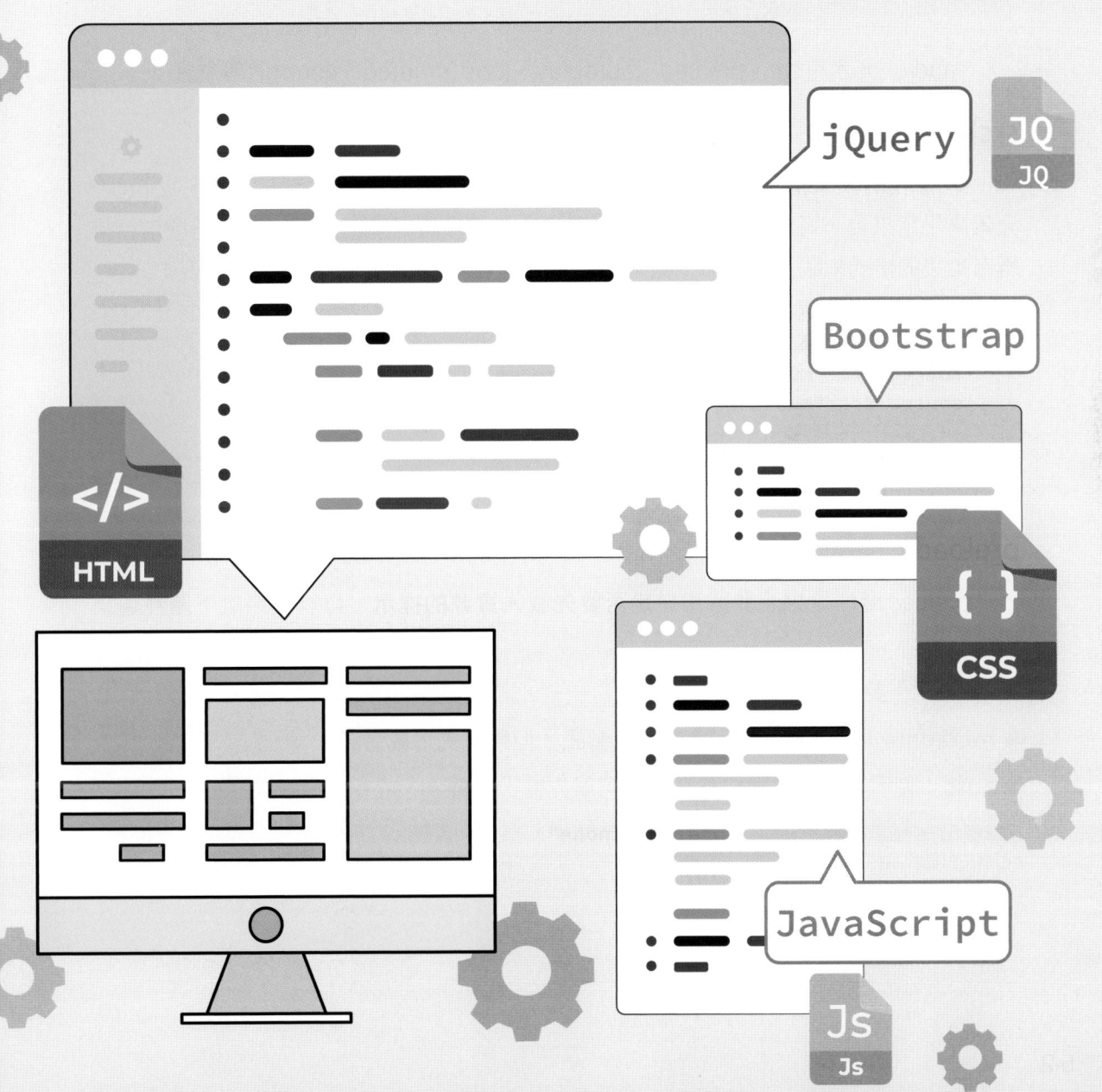

5-1 影音多媒體的使用

設計網頁時，可以適時的加入音訊、視訊或動畫等素材，讓網頁增加一些動態效果。在HTML中可以使用<audio>元素加入音訊；使用<video>元素加入視訊，這節就來學習這兩個元素吧！

5-1-1 音訊元素<audio>

在HTML中只要使用<audio>元素，即可**加入音訊**。不過，<audio>只支援wav、mp3、ogg等三種格式，語法如下：

```
<audio src="music.mp3">
</audio>
```

<audio>元素有src、preload、autoplay、loop、muted、controls等屬性。

src與<source>

src屬性是用來**指定來源檔案及檔案路徑**，除了使用src外，還可以使用<source>元素來設定來源，可以使用多個<source>指定不同類型的音訊來源，瀏覽器會自行挑選有支援的格式來載入，若都不支援時，會顯示<p>元素裡的內容。語法如下：

```
<audio controls autoplay loop>
    <source src="music.ogg" type="audio/ogg">
    <source src="music.mp3" type="audio/mpeg">
    <source src="music.wav" type="audio/wav">
    <p>瀏覽器不支援HTML5 audio</p>
</audio>
```

preload

preload屬性是讓瀏覽器知道**是否要先載入資源的提示**，可以使用以下屬性值來設定。

● none：不要先載入。

● metadata：使用者不一定會播放該音訊，但還是先下載音訊。

● auto：使用者可能會播放該音訊，可以先進行下載。

```
<audio src="music.mp3" preload="none">
</audio>
```

autoplay

autoplay 屬性可以控制音訊**是否自動播放**，預設為否。

loop

loop 屬性可以控制音訊**是否循環播放**，預設為否。

controls

controls 屬性可以用來設定**是否顯示播放面板**，面板會有播放進度、暫停鈕、播放鈕、靜音鈕等，預設為否。

muted

muted 屬性是用來控制**是否靜音**，預設為否。

5-1-2 視訊元素<video>

在 HTML 中使用 <video> 元素，即可**加入視訊**，其使用方式與 <audio> 大致相同，可加上 preload、controls、type、autoplay 等屬性，除此之外，還可以設定視訊的寬度與高度，<video> 支援的影音格式有 ogg、mp4、webm。語法如下：

```
<video width="320" height="240" controls>
    <source src="movie.mp4" type="video/mp4">
    <source src="movie.ogg" type="video/ogg">
    <p>瀏覽器不支援HTML5 video</p>
</video>
```

<video> 除了加上 preload、controls、type、autoplay 等屬性外，還有 **poster 屬性**，該屬性可以指定一個圖片位址，做為影片未播放的預覽圖。語法如下：

```
<video controls poster="/img/video.png">
```

📁 ch05\ex05-01\ex05-01.html

```
01  <!DOCTYPE html>
02  <html lang="zh-Hant-Tw">
03  <head>
04      <meta charset="UTF-8">
05      <meta http-equiv="X-UA-Compatible" content="IE=edge">
06      <meta name="viewport" content="width=device-width, initial-
        scale=1.0">
07      <title>影片範例</title>
08  </head>
09  <body>
10      <h1>大蒜麵包降落啦</h1>
```

```
11    <video width="640" height="360" controls poster="https://picsum.
      photos/id/605/640/360">
12      <source src="movie.mp4" type="video/mp4">
13      <source src="movie.webm" type="video/webm">
14      <source src="movie.ogg" type="video/ogg">
15      <p>瀏覽器不支援HTML5 video</p>
16    </video>
17  </body>
18  </html>
```

此範例我們設定了影片的顯示尺寸及預覽縮圖，使用者點擊播放鈕後，便會開始播放影片。

5-1-3　內嵌框架元素<iframe>

<iframe>元素為**內嵌框架**，用來在HTML網頁裡面嵌入另外一個HTML網頁，例如嵌入YouTube網站上的影片，或是嵌入Facebook的粉絲專頁或按讚按鈕。

設定時，可以使用width及height屬性，來指定iframe框架在網頁中要顯示的寬度與高度，還可以使用**frameborder**屬性設定是否要顯示框架的邊框，1表示要顯示，0表示不顯示。語法如下：

```
<iframe scr="網址" width="640" height="480" frameborder="1"></iframe>
```

雖然在HTML網頁裡面嵌入另外一個HTML網頁很方便，但有些網頁會為了安全性，而拒絕連線至網頁。

嵌入YouTube影片

　　若要嵌入 YouTube 上的影片時，只要進入該影片，在影片上按下滑鼠右鍵，於選單中點選**複製嵌入程式碼**選項，就可以複製完整的 iframe 元素及樣式設定。

　　複製好後，在要放置程式碼的位置按下 **Ctrl+V**，即可將程式碼加入到 HTML 中，程式碼加入後，即可依需求修改影片的寬度與高度。

📁 ch05\ex05-02.html

```
01~08 略
09  <body>
10     <h1>Good Ideas Deserve to be Found</h1>
11     <iframe width="900" height="506" src="https://www.youtube.com/
       embed/EqyqFHFoU6s" title="YouTube video player" frameborder="0"a
       llow="accelerometer; autoplay; clipboard-write; encrypted-media;
       gyroscope; picture-in-picture" allowfullscreen></iframe>
12  </body>
13  </html>
```

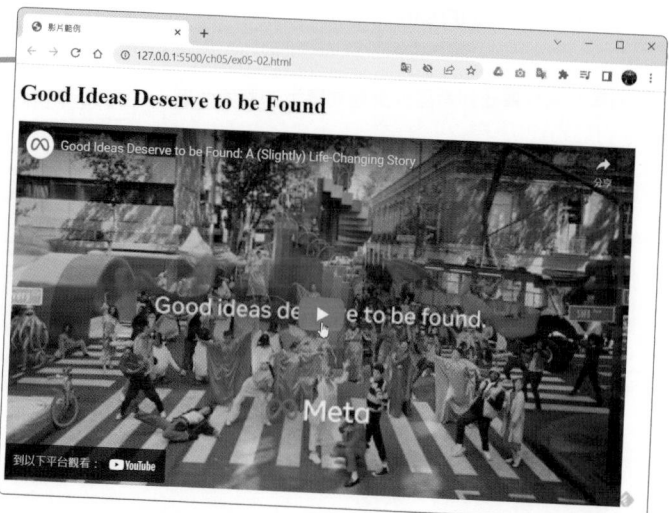

嵌入Facebook的粉絲專頁

　　要嵌入 Facebook 的粉絲專頁時，先複製要連結的粉絲專頁的網址，再進入到 Facebook 的社交外掛程式網頁中**粉絲專頁外掛程式頁面**，即可進行各項資訊設定，設定好後按下**取得程式碼**按鈕，會出現兩種程式代碼，點選 **iframe** 標籤，即可獲取 iframe 的程式碼，再複製該程式碼，並將程式碼加入到 HTML 中，在頁面就會顯示粉絲專頁。

▲ 粉絲專頁外掛程式頁面 (https://developers.facebook.com/docs/plugins/page-plugin)

📁 **ch05\ex05-03.html**

```
01~20 略
21 <main>
22 <aside>
23     <iframe src="https://www.facebook.com/plugins/page.
       php?href=https%3A%2F%2Fwww.facebook.com%2Ftayaltatak&tabs=tim
       eline&width=350&height=400&small_header=true&adapt_container_
       width=true&hide_cover=false&show_facepile=true&appId" width="350"
       height="400" style="border:none;overflow:hidden" scrolling="no"
       frameborder="0" allowfullscreen="true" allow="autoplay; clipboard-
       write; encrypted-media; picture-in-picture; web-share"></iframe>
24 </aside>
25~34 略
```

嵌入Google地圖

要嵌入 Google 地圖時，先進入 Google 地圖網站中，並找出要嵌入的地點，然後按下**分享**按鈕，會開啟分享頁面，再點選**嵌入地圖**標籤，按下**複製 HTML** 按鈕，即可複製程式碼，再將程式碼貼到 HTML 文中，便會在網頁裡顯示嵌入的 Google 地圖。

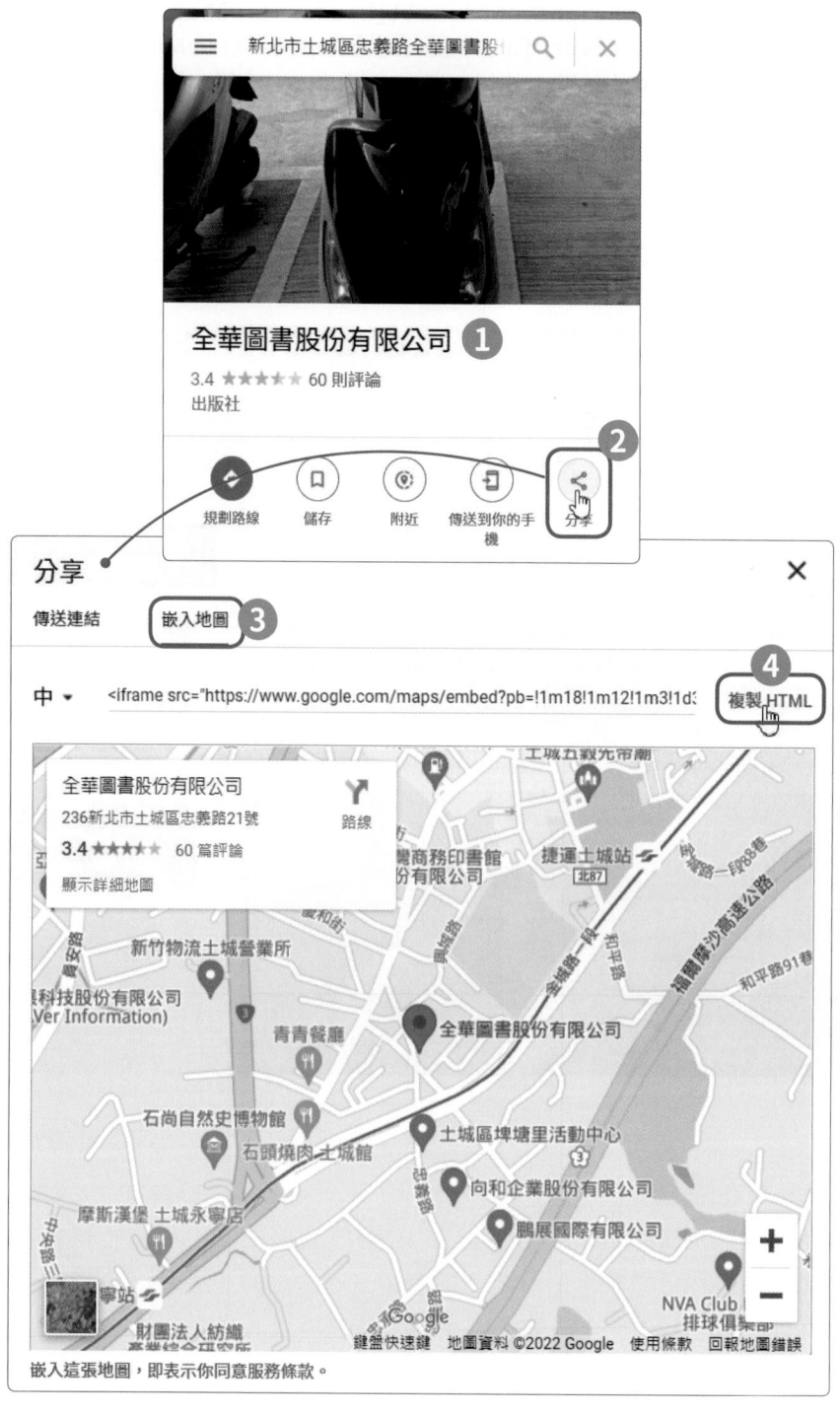

程式碼加入到 HTML 文件後，可依需求修改地圖的寬度與高度。

📂ch05\ex05-04.html

```
01~08 略
09   <body>
10   <h1>我們在這裡</h1>
11   <iframe src="https://www.google.com/maps/embed?pb=!1m18!1m12!1m3!
     1d3616.877171991249!2d121.43834511495717!3d24.970293284002196!2m3
     !1f0!2f0!3f0!3m2!1i1024!2i768!4f13.1!3m3!1m2!1s0x34681cd5f825acd
     5%3A0x4be18d2f9783e598!2z5YWo6I-v5ZyW5pu46IKh5Lu95pyJ6ZmQ5YWs5Y-
     4!5e0!3m2!1szh-TW!2stw!4v1651203178378!5m2!1szh-TW!2stw" width="1100"
     height="450" style="border:0;" allowfullscreen="" loading="lazy"
     referrerpolicy="no-referrer-when-downgrade"></iframe>
12   </body>
13   </html>
```

5-2 表格元素

表格是網頁設計不可或缺的元素，表格可以讓複雜的數值，或者是讓經過分析後的數據等資料排列的更整齊。

5-2-1 <table>的基本結構

<table>元素可以用來**建立表格**，是表格的容器，裡面有不同的元素來組成一個完整的表格。

<tr>與<td>

<tr>及<td>是HTML表格中一定會用到的元素，<table>元素包著整個**表格的結構和內容**，<tr>元素則是用來**定義表格中的行**，若要需要四行，就要使用四次<tr>，<tr>元素裡還有<td>元素，是用來顯示內容的地方。基本語法如下：

```
<table>
    <tr>
        <td>第一列的第一個欄位</td>
        <td>第一列的第二個欄位</td>
        <td>第一列的第三個欄位</td>
    </tr>
    <tr>
        <td>第二列的第一個欄位</td>
        <td>第二列的第二個欄位</td>
        <td>第二列的第三個欄位</td>
    </tr>
</table>
```

上述語法建立了一個2×3大小的表格，HTML中有2個<tr>，表示表格有2列，而每個<tr>裡有三個<td>，表示這表格有3行。

<th>標題列

<th>元素是用來**宣告表格的標題列**，會將儲存格內容字體加粗，<th>在語意上更明確的聲明這一格是標題列。語法如下：

```
<table>
    <tr>
        <th>姓名</th>
        <th>電話</th>
        <th>地址</th>
    </tr>
<table>
```

<caption>表格標題

<caption>元素是用來宣告**表格的標題文字**，放在<table>元素最前面，文字會自動居中，而一個表格只能有一個標題。語法如下：

```
<table>
    <caption>第一屆攝影大賽得獎名單</caption>
        <tr><th>排名</th><th>姓名</th><th>作品名稱</th></tr>
        <tr><td>第一名</td><td>王小桃</td><td>我愛臺灣</td></tr>
</table>
```

合併儲存格：colspan與rowspan屬性

colspan屬性可以用來**合併水平的儲存格**，語法如下：

```
<table>
    <tr>
        <th>項目</th>
        <th colspan="2">金額</th>
    </tr>
    <tr>
        <td>魔方小騎兵</td>
        <td>$860</td>
        <td>兩者合購可以打8折</td>
    </tr>
    <tr>
        <td>五金工具車</td>
        <td>$580</td>
    </tr>
</table>
```

項目	金額	
魔方小騎兵	$860	兩者合購可以打8折
五金工具車	$580	

rowspan屬性可以用來**合併垂直的儲存格**，語法如下：

```
<table>
    <tr>
        <th>項目</th>
        <th>金額</th>
        <th>說明</th>
    </tr>
    <tr>
        <td>魔方小騎兵</td>
        <td>$860</td>
        <td rowspan="2">兩者合購可以打8折</td>
    </tr>
    <tr>
        <td>五金工具車</td>
        <td>$580</td>
    </tr>
</table>
```

項目	金額	說明
魔方小騎兵	$860	兩者合購可以打8折
五金工具車	$580	

📁**ch05\ex05-05.html**

```
01~32  略
33     <table>
34        <caption>橘鳥市場街商品</caption>
35        <tr>
36           <th>項目</th>
37           <th colspan="2">金額</th> <!--水平合併二個儲存格-->
38        </tr>
39        <tr>
40           <td>魔方小騎兵</td>
41           <td>$860</td>
42           <td rowspan="2">兩者合購可以打8折</td><!--垂直合併二個儲存格-->
43        </tr>
44           <tr>
45           <td>五金工具車</td>
46           <td>$580</td>
47        </tr>
48        <tr>
49           <td>高品質紅蛋一盒</td>
50           <td>$250</td>
51           <td>一盒約25~30顆</td>
52        </tr>
53        </table>
54     </article>
55  </main>
56  <footer>Copyright © 2022 by Orange Bird Street Market</footer>
57  </body>
58  </html>
```

　　預覽HTML中的表格時，表格是不會有框線及網底色彩的，當然表格中的文字也不會自動置中對齊，要美化表格或設定表格的寬度時，建議使用CSS來進行設定。

5-2-2　直行式表格元素－<colgroup>與<col>

　　<colgroup>元素是用來**將表格中的欄位群組化**，可以方便對每個分組的所有儲存格進行統一的格式和樣式設定。<colgroup>必須使用在<caption>標籤之後，且在任何一個<thead>、<tbody>、<tfoot>、<tr>標籤之前。

　　使用<colgroup>元素時，可以加入**span**屬性，指定這一個分組要橫跨幾個欄，span預設值是1。下列語法將span設定為2，表示將第1欄跟第2欄設為同一群組，一起套用style屬性裡的值。

```
<table>
    <caption>第一屆攝影大賽得獎名單</caption>
        <colgroup span="2" style="background-color: blue;"></colgroup>
        <colgroup style="background-color: green;"></colgroup>
        <tr><th>排名</th><th>姓名</th><th>作品名稱</th></tr>
        <tr><td>第一名</td><td>王小桃</td><td>我愛臺灣</td></tr>
        <tr><td>第二名</td><td>九天玄女</td><td>看見臺灣的美</td></tr>
        <tr><td>第三名</td><td>就厲害</td><td>臺灣的人情味</td></tr>
        <tr><td>第四名</td><td>徐大師</td><td>臺灣的自然生態</td></tr>
        <tr><td>第五名</td><td>陳鮭魚</td><td>臺灣發大財</td></tr>
</table>
```

　　在<colgroup>元素裡可以有**<col>**元素，用來在每個colgroup分組中再繼續做分組設定，同樣也可以使用span屬性，指定這一個分組要橫跨幾個欄，span預設值是1，要注意的是若<colgroup>裡面有<col>，那麼<colgroup>就不能再設定span。語法如下：

```
<colgroup>
    <col span="2" style="background-color: blue;">
    <col style="background-color: green;">
</colgroup>
```

📂ch05\ex05-06.html

```
01~32　略
33  <table>
34      <caption>橘鳥市場街商品</caption>
35      <colgroup>
36          <col span="2" style="background-color: #faf5bf;">
37          <col style="background-color: #f9e584 ;">
38      </colgroup>
39      <tr>
40          <th colspan="2">品名</th>
41          <th>金額</th>
42          <th>說明</th>
43      </tr>
```

```
44      <tr>
45          <td>魔方小騎兵</td>
46          <td><img src="https://picsum.photos/id/419/100/100"></td>
47          <td>$860</td>
48          <td rowspan="2">兩者合購可以打8折</td>
49      </tr>
50~66  略
```

在此範例中，第1欄及第2欄套用「<col span="2" style="background-color: #faf5bf;">」語法的設定，使用相同樣式，第3欄套用「<col style="background-color: #f9e584;">」語法的設定，第4欄則未設定col。

5-2-3　表格結構元素

表格結構元素有<thead>、<tbody>及<tfoot>，這些元素主要是用來增強表格的語意性，明確區分表格中的不同區塊。

<thead>元素為表格的**標題列**；<tbody>元素是表格的主體，也就是**表格的主要內容**；<tfoot>元素是表格的表尾，也就是**最後一列的註腳內容**，通常用於統計數字的總計列。

📁 ch05\ex05-07.html

```
01~25  略
26  <table>
27      <caption>五月銷售統計</caption>
28          <colgroup>
```

```
29        <col style="background-color:#c2dedd;">
30        <col style="background-color:#bbc6de;">
31        <col style="background-color:#bbdec8;">
32     </colgroup>
33     <thead> <!-- 表格標題列 -->
34        <tr>
35           <th>品名</th><th>銷售金額</th><th>銷售數量</th>
36        </tr>
37     </thead>
38     <tbody> <!-- 表格主體 -->
39        <tr>
40           <td>魔方小騎兵</td><td>$466,980</td><td>543</td>
41        </tr>
42        <tr>
43           <td>五金工具車</td><td>$301,600</td><td>520</td>
44        </tr>
45        <tr>
46           <td>高品質紅蛋一盒</td><td>$95,000</td><td>380</td>
47        </tr>
48     </tbody>
49     <tfoot> <!-- 表尾 -->
50        <tr>
51           <th>總計</th><th>$863,580</th><th>1,443</th>
52        </tr>
53     </tfoot>
54 </table>
55~59  略
```

💬 知識補充：表格產生器

要在網頁加入複雜的表格時，可以使用網路上的表格產生器資源，例如 Tables Generator、RapidTables、DIV TABLE 等，快速地建立表格 HTML 程式碼。

Tables Generator(https://www.tablesgenerator.com) 可以快速地建立表格並產生 HTML 及 CSS 語法，還可以匯入 CSV 檔案，直接產生表格，除此之外，還能設定表格的樣式，是一個非常方便的工具。

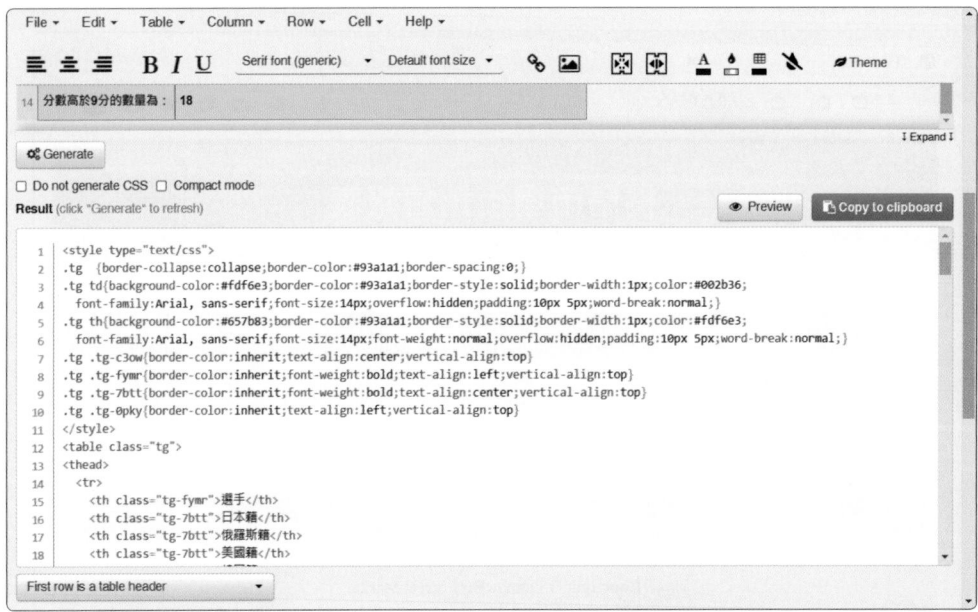

▲ 結果請參考 ch05/table.html 範例檔案

5-3 表單元素

　　表單是網站輸入資料的介面途徑，例如「會員登入」時，會要求輸入帳號跟密碼，這就是表單的應用。這節將介紹各種與表單相關的元素。

5-3-1 表單元素<form>

　　<form>元素可以**製作表單**，所有的表單控制元件都要放在<form>元素之中，語法如下：

```
<form>
    …表單內容…
</form>
```

　　使用<form>元素時，還會使用到**accept-charset、name、method、action、target、autocomplete、enctype**等屬性。例如下列語法是將表單取名為form1、用post方式傳回資料給WWW伺服器、並指定http://www.chwa.com.tw/process.asp這個asp程式來處理。

```
<form name="form1" method="post"
    action="http://www.chwa.com.tw/process.asp">
    …表單內容…
</form>
```

accept-charset

　　accept-charset屬性是用來**指定表單資料的字元編碼格式**，若不只一種格式時，格式名稱之間必須用空白或逗號分開。例如accept-charset="UTF-8 - Unicode"。

name

　　name屬性是用來**指定表單的名稱**，此名稱不會示，但客戶端程式(JavaScript)或伺服器端程式(ASP或PHP)可以用這個名稱來存取表單的內容。

method

　　method屬性是用來設定**表單的傳送方式**，可選擇**post**或**get**方式。

● post：表單資料不會被存放在url後，會先封裝再進行傳送，傳送時沒有字元長度限制，安全性較高，大部分會選擇以此方式傳送表單資料。

● get：表單資料會被存放在url後，當作一般的查詢字串，傳送時的字元長度不得超過255個字元。

action

action 屬性是用來**指定表單資料送出的目的地**，例如「action="data.asp"」表示要將表單資料送到 data.asp 程式進行處理。如果不使用資料庫程式，也可以將表單資料傳送到電子郵件信箱中，例如「action="mailto:000@msa.com.tw"」。

target

target 屬性是用來**指定瀏覽器要在何處顯示表單送出後伺服器回應的結果**，可以選擇以下方式：

● _self：顯示在表單所在的視窗，此為**預設值**。

● _blank：顯示在新視窗。

● _parent：顯示在上一層的視窗 (如果表單是放在 <iframe> 中)。

● _top：顯示在最頂層的視窗。

autocomplete

autocomplete 屬性是用來指示這個表單中的欄位**是否啟用瀏覽器自動完成機制**。可以選擇以下方式：

● off：否。

● on：是，此為預設值。

enctype

enctype 屬性是設定**傳送資料是否要經過編碼**，此屬性只有在 method 設定為 post 時才會生效。目前有以下三種方式：

● enctype="application/x-www-form-urlencoded"：此為預設值，表示在傳送前資料都要先經過編號。

● enctype="multipart/form-data"：若表單中有包含檔案上傳控制元件時，那麼就必須使用該值。

● enctype="text/plain"：將表單傳送到電子郵件信箱時，必須使用該值，否則會出現亂碼。

5-3-2 標籤元素<label>

<label> 元素是用來**給控制元件一個說明標題**，基本上會跟 <input> 元素一起使用，在網頁上 <label> 元素不會呈現任何效果，但是搭配 <input> 使用時，在 <label> 上加上 for 屬性，而 <input> 加上 id 屬性，這樣可以讓 <label> 與 <input> 建立關聯，當滑鼠點擊到 <label> 包覆的文字時，滑鼠游標就會指到 <input> 中。

　　如下列語法，當點擊「姓名」文字時，效果會等於直接點了 input 輸入框。請注意，for 的值必須與 id 的值相同。

```
<label for="name">姓名:</label>
<input type="text" id="name" name="name" placeholder="請輸入姓氏"><br>
<label for="address">地址:</label>
<input type="text" id="address" name="address" placeholder="請輸入地址">
```

　　要達到上述的效果，還可以直接將表單元件包在 <label></label> 裡面，也可以有同樣的效果。語法如下：

```
<label>密碼:<input type="password" size=12 maxlength=12></label>
```

5-3-3　輸入欄位元素<input>

　　表單控制元件都是建立在 <input> 元素中，可以建立非常多不同用途的表單控制元件，<input> 是一個空元素，沒有結束標籤，語法如下：

```
<input type="text" name="username" value="姓名" size="12"
       maxlength="8" placeholder="請輸入姓名">
```

　　下表所列為 <input> 元素的屬性。

屬性	說明
type	指定表單元件的類型，如 text (文字方塊)、password (密碼欄位)、url (網址欄位) 等。type 預設值是 text，若省略不寫，就代表是 text。
name	指定控制元件的名稱，可以是英文 (有大小寫之分)、數字底線。
value	指定元件的預設值，可省略不用。
size	指定元件的顯示長度，預設長度為 20。
maxlength	指定用戶可輸入最大資料長度 (字元個數)。
minlength	指定用戶最少需要輸入多少字元數。
placeholder	可在欄位中建立提醒、說明等文字。
required	可將表單元件設定為「必填」欄位，若未填，按下送出按鈕，就會跳出提示文字，要求一定要輸入資料才能送出。
autofocus	設定將游標停在指定的元件上，每個頁面只能設定一個 autofocus 屬性。
disabled	將元件設定為禁用狀態。
readonly	將元件設為唯讀不可更改內容的狀態。
autocomplete	是否啟用瀏覽器自動完成功能。

5-3-4 輸入類型元件

在表單中，必須依照不同的需求、型態，來選擇不同的表單元件，下表為一些常見的輸入類型元件。

元件名稱	表示方法	說明
單行文字	type="text"	單行文字輸入欄位。 姓： 請輸入姓氏 名： 請輸入名字
密碼欄位	type="password"	單行的文字輸入欄，輸入的字元會用符號顯示，以保護資料的隱密性。可以使用pattern屬性來設定輸入密碼的限制，例如pattern="[a-zA-Z0-9]{8,}"，表示至少要輸入8位數的英文或數字。該屬性還可以使用在text、search、tel、url、email等類型。 姓名：王小桃 密碼：●●●●●●●●●●●
單選核取方塊	type="radio"	提供選項讓使用者勾選其中的一項。 性別：◉ 師哥 ○ 美女
複選核取方塊	type="checkbox"	提供選項讓使用者勾選其中的一項或多項。 你打過的COVID-19疫苗： ☑BNT □AZ □莫德納
上傳檔案	type="file"	讓使用者可以從本機端選擇檔案上傳。搭配capture屬性，可以用來開啟使用手機的照相機鏡頭，user可以指定要開啟前鏡頭；environment可以指定要開啟後鏡頭。 搭配accept屬性可以限制允許上傳的檔案類型，可以用逗號分隔多種類型。 `type="file" accept="image/*,.pdf"` ● 檔案類型：.jpg, .pdf, .docx ● 指定 MIME type：image/jpeg, image/png ● audio/*：指任何聲音檔 ● video/*：指任何影片檔 ● image/*：指任何圖檔 上傳檔案：選擇檔案 未選擇任何檔案 上傳

元件名稱	表示方法	說明
按鈕	type="button"	沒有預設的行為，通常會搭配Script語法來達到想要的效果。 按鈕
送出按鈕	type="submit"	將表單傳送出去。 Send Request
重設按鈕	type="reset"	清除表單內容。 重設表單：Reset
搜尋	type="search"	建立搜尋輸入框。 輸入要搜尋的關鍵字：
日期	type="date"	建立日期欄位，輸入的日期格式為YYYY/MM/DD，會以月曆選擇器方式顯示。可以使用max設定最晚日期；使用min設定最早日期；使用step設定間距。 請選擇日期 2023/01/22
時間	type="time"	建立時間欄位，使用者可設定時間，時間格式為24小時制的hh:mm。可以使用max、min及step屬性。 請輸入時間： 上午 06:00

元件名稱	表示方法	說明
本地日期時間	type="datetime-local"	建立日期時間欄位，讓使用者輸入本地的日期時間，會以月曆選擇器方式顯示。可以使用max、min及step屬性。
月份	type="month"	建立月份欄位，讓使用者選擇月份，格式為YYYY-MM，會以月曆選擇器方式顯示。可以使用max、min及step屬性。
一年的第幾週	type="week"	建立第幾週欄位，讓使用者選擇週數，會以月曆選擇器方式顯示。可以使用max、min及step屬性。

元件名稱	表示方法	說明
數值	type="number"	建立數值欄位，只能輸入數字。可以使用min設定最小值；max設定最大值；step設定每隔間距；value設定預設數值。 若要輸入小數點時，可以使用step的屬性值來調整，例如設定step="0.1"表示能輸入到小數點第一位；step="0.01"表示能輸入到小數點第二位，依此類推；step="any"則是可以輸入任何數字。 請輸入分數：58.78
指定範圍的數字	type="range"	建立數值範圍滑桿，可以使用min設定最小值；max設定最大值；step設定每隔間距；value設定預設數值。滑桿的外觀因瀏覽器而有所不同。 移動滑桿
電子郵件	type="email"	建立電子郵件欄位，輸入的值必須符合E-mail信箱格式，若輸入錯誤，則無法送出表單，會自動檢查格式。 請在電子郵件地址中包含「@」。「000#gmail.com」未包含「@」。 電子郵件 000#gmail.com
網址	type="url"	建立網址欄位，輸入的值必須符合網址格式，若輸入錯誤，則無法送出表單，會自動檢查格式。 輸入網址 www.chwa.com.tw 請輸入網址。
色彩	type="color"	建立色彩欄位，讓使用者挑選色彩，色彩的格式為#000000。 選擇顏色： 46 145 158 R G B

元件名稱	表示方法	說明
電話號碼	type="tel"	建立電話欄位，並沒有限制輸入值的格式，輸入時會自動切換為數字輸入的鍵盤。可以使用 pattern 屬性設定輸入規範，例如 pattern="09\d{2}-\d{6}"，就能限制輸入的內容為「09xx-xxxxxx」格式。 請輸入手機號碼　0933-000000

註：上述輸入類型元件請參考 ch05/input.html 範例檔案。

🗨 知識補充

pattern 的屬性值要用 Regular Expression(正規表示法)，正規表示法是一種用來描述字串符合某個語法規則的模型，許多的程式語言都支援正規表示法的使用。相關的使用說明可參考 https://www.html5pattern.com 網站，https://regexr.com 網站可以線上測試正規表示式。

正規表示法	說明
[0-9]	含數字之字串，[] 表示字元的集合
[a-z0-9]	含數字或小寫字母之字串
[a-zA-Z0-9]	含數字或字母之字串
^[A-Za-z]\d{9}$	驗證字串是否是臺灣身分證字號，^ 表示字串以此為開頭
\d{4}-\d{2}-\d{2}	YYYY-MM-DD 格式的日期，\d 表示只要數字
[A-Z]\w+	字首是大寫的英文字，+ 表示字元或字串至少出現一次
[0-9]{13,16}	信用卡號碼
/^(5[1-5][0-9]{14})*$/	MasterCard，* 表示字元或字串出現任意次數
/^(4[0-9]{12}(?:[0-9]{3})?)*$/	Visa 卡，$ 表示以此為結尾的字串
\d{3}[\-]\d{3}[\-]\d{4}	美國電話號碼，\d 表示數字，從 0 到 9
/^[+-]?\d+$/	整數，? 表示字元或字串出現 0 或 1 次

5-3-5　多行文字元素<textarea>

　　<textarea>元素可以建立**多行文字**的輸入框，使用時，可以加入下表所列的屬性，讓<textarea>元素更完整。

屬性	說明
name	欄位名稱。

屬性	說明
rows	設定輸入框的高度是幾行文字，預設值為2。
cols	設定輸入框的寬度是多少文字，預設值為20。
maxlength	限定輸入的文字長度最多是幾個字。
minlength	限定輸入的文字長度最少是幾個字。
disabled	可以將欄位設定為禁用的狀態。
readonly	可以將欄位設定為不可編輯的狀態。
required	可以將欄位設定為必填。

```
<textarea name="text" rows="5" cols="60" required>
請在這裡輸入你的建議
</textarea>
```

請在這裡輸入你的建議

5-3-6　下拉式選單元素<select>

　　<select>元素可以用來**建立下拉式選單**，讓使用者可以從多個選項中，選擇出一個或多個選項。<select>元素為選單的容器，選項內容是使用<option>元素來設定。基本語法如下：

```
<select>
    <option>請選擇尺寸</option>
    <option>S號</option>
    <option>M號</option>
    <option>L號</option>
    <option>XL號</option>
</select>
```

　　<select>元素可以使用**name**屬性來設定欄位名稱；使用**disabled**屬性將欄位設定為禁用的狀態；使用**required**屬性將欄位設定為必填；使用**size**設定要顯示的選項數量。

　　<option>元素也有以下的屬性可以用：

● value：用來判斷使用者所選擇的項目，是讓程式讀取的，不會顯示在頁面上。

● selected：將選項設定為預設值。

● disabled：將選項設定為不可選取的狀態。

下列語法將各選項加入了value，將「M號」選項設定為預設值，將「L號」選項設定為不可選取的狀態。

```
<label for="myselect">請選擇尺寸<label><br>
<select name="myselect" id="myselect">
    <option value="s">S號</option>
    <option value="m" selected>M號</option>
    <option value="l" disabled>L號</option>
    <option value="xl">XL號</option>
</select>
```

可複選的選單

若要製作可複選的選單，可以使用 multiple 屬性來進行設定，該屬性可以用來設定選單中的選項可以被複選，語法如下：

```
<select name="myselect" id="myselect" multiple>
    <option value="s">S號</option>
    <option value="m" selected>M號</option>
    <option value="l" disabled>L號</option>
    <option value="xl">XL號</option>
</select>
```

選項分區

使用 <optgroup> 元素，可以將同樣性質的選項分為一區一區顯示，而使用 label 屬性，可以設定該分區的名稱。語法如下：

```
<label for="lesson_choice">請選擇想學習的課程</label>
<select id="lesson_choice">
    <optgroup label="Web">
        <option value="html">HTML5</option>
        <option value="css">CSS3</option>
        <option value="js">JavaScript</option>
    </optgroup>
    <optgroup label="Database">
        <option value="sql">SQL</option>
        <option value="mongodb">MongoDB</option>
        <option value="oracle">Oracle</option>
    </optgroup>
</select>
```

5-3-7 表單群組元素－<fieldset>與<legend>

    <fieldset>元素可將表單內容分門別類，可再加上 <legend>元素，就可以設定分組標題。語法如下：

```
<fieldset>
    <legend>基本資料</legend>
    <label>帳號：<input type="text" size=12 maxlength=12></label>
    <label>密碼：<input type="password" size=12 maxlength=12></label>
</fieldset>
```

```
┌─基本資料──────────────────────────────┐
│ 帳號：[            ]   密碼：[           ]  │
└──────────────────────────────────────┘
```

    以下範例使用了各種表單元素及輸入類型元件製作的問卷調查表。

📂 ch05\ex05-08.html

```
01~16  略
17  <body>
18  <header>
19      <h1>消費者使用習慣問卷調查</h1>
20  </header>
21  <main>
22      <article>
23      <form method="post" action="000@msa.com.tw" enctype="text/plain">
24          <fieldset><legend>基本資料</legend>
25              <label for="name">姓名</label>
26              <input type="text" id="name" name="name" pattern="^[\u4e00-\
                u9fa5]+$|^[a-zA-Z\s]+$" placeholder="輸入姓名">  <!--pattern為
                設定姓名只能輸入中文跟英文 -->
27              <label for="birthday"> 生日</label>
28              <input type="date" id="birthday" name="birthday">
29              <label for="phone"> 手機</label>
30              <input type="tel" name="phone" size=11 maxlength=11
                placeholder="0933-000000" pattern="09\d{2}-\d{6}"/>
                <!--pattern為設定限制輸入的內容為09xx-xxxxxx格式 -->
31              <label for="email"> 電子郵件</label>
32              <input type="email" id="email" name="email" placeholder="輸入
                電子郵件信箱">
33          </fieldset>
34          <p></p>
35          <fieldset>
36              <legend>使用品牌及電信業者調查</legend>
37              <label for="mobile">你曾使用過的行動電話品牌？</label><br>
38              <input type="checkbox" id="mobile" name="mobile"
                value="Apple" checked>Apple
```

```
39        <input type="checkbox" id="mobile" name="mobile"
          value="SONY">SONY
40        <input type="checkbox" id="mobile" name="mobile"
          value="HUAWEI ">HUAWEI
41        <input type="checkbox" id="mobile" name="mobile"
          value="ASUS ">ASUS
42        <input type="checkbox" id="mobile" name="mobile"
          value="小米 ">小米
43        <input type="checkbox" id="mobile" name="mobile"
          value="OPPO ">OPPO
44        <input type="checkbox" id="mobile" name="mobile"
          value="SAMSUNG">SAMSUNG
45      <p></p>
46      <label for="telecom">你使用哪家電信業者的門號？</label>
47      <select id="telecom" name="telecom" size="1" required>
        <!--設為必填-->
48        <option value="cht" selected >中華電信</option>
          <!--此選項為預設值-->
49        <option value="fetnet">遠傳電信</option>
50        <option value="taiwanmobile">台灣大哥大</option>
51        <option value="tstartel">台灣之星</option>
52      </select>
53      <label for="telecom_select">選擇的原因？</label><br>
54      <select id="telecom_select" name="telecom_select" size="4"
        multiple> <!--選單顯示4個選項，且選項可以複選-->
55        <option value="select1" selected>價格優惠</option>
          <!--此選項為預設值-->
56        <option value="select2">方案眾多</option>
57        <option value="select3">網路速度夠快</option>
58        <option value="select4">有送好康贈品</option>
59      </select>
60      </fieldset>
61      <p></p>
62      <label for="question">使用行動電話遇到的問題</label><br>
63      <textarea id="question" name="question" rows=4 cols=80
        placeholder="請在這留下你的建議">
64      </textarea>
65      <p></p>
66      <input type="submit" name="submit" value="送出">
67      <input type="reset" name="reset" value="取消">
68    </form>
69    </article>
70 </main>
71 <footer>Copyright © momoco</footer>
72 </body>
73 </html>
```

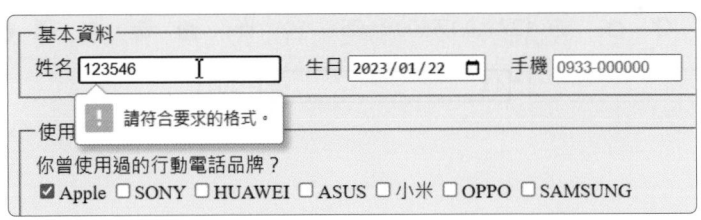

　　使用者在輸入資料時，須依規範輸入對的資料，若輸入錯誤會出現提示，須重新輸入。

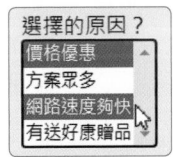

　　範例中的「選擇的原因？」是可以複選的，使用者要複選時，可以按下Ctrl鍵不放，再去選取第二個選項。

5-3-8　顯示表單計算結果

元素可以用來**顯示計算或使用者操作的結果**，可以使用下列屬性：

- **for**：指定output的結果內容是跟哪些欄位的值有關聯，若有多個關聯欄位則用**空白分隔開**。
- **form**：跟output關聯的<form>元素的id。
- **name**：表單欄位的名稱。

以下範例使用到了JavaScrip事件，當a與b的數值改變時，就執行「onchange="ming.value=parseInt(a.value)*parseInt(b.value)"」語法，將a與b的數值相乘，並計算出結果。若將語法中的「*」改為「+」，就是將a與b的數值相加。

📂ch05\ex05-09.html

```
01~08  略
09  <body>
10      <form onchange="ming.value=parseInt(a.value)*parseInt(b.value)">
11          <input type="number" id="a" value="50">*
12          <input type="number" id="b" value="50">=
13          <output name="ming" for="a加b"></output>
14      </form>
15  </body>
16  </html>
```

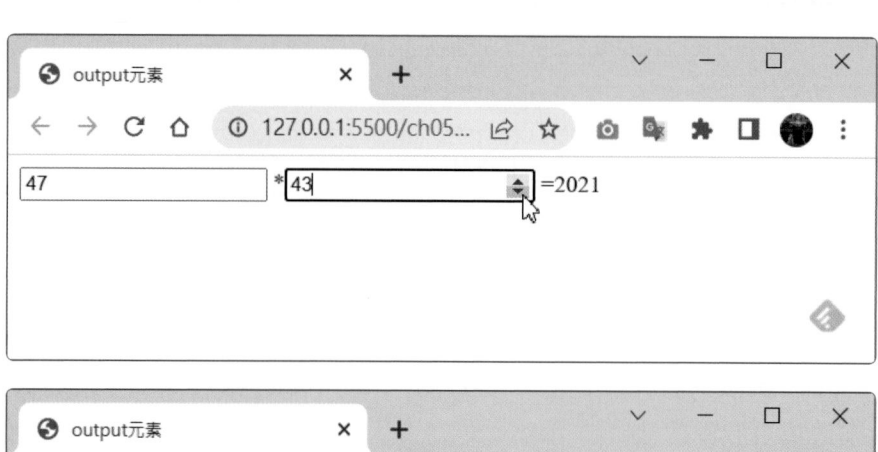

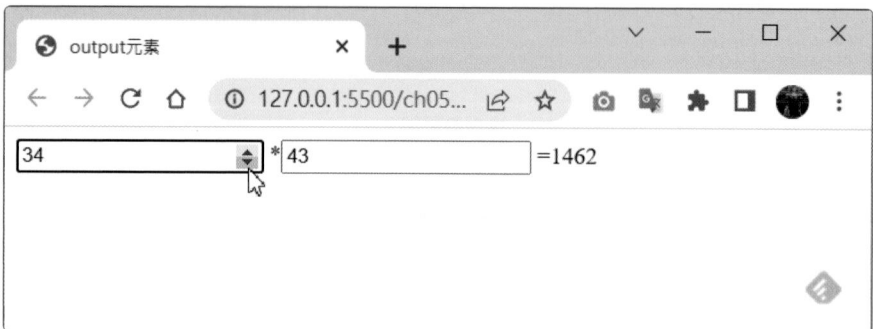

自我評量

● 選擇題

(　　) 1. 在HTML中,如果要製作循環播放的音樂,應該使用下列哪個屬性? (A) loop
(B) autoplay　(C) controls　(D) type。

(　　) 2. 在HTML中,若要嵌入YouTube網站上的影片,應該使用下列哪個元素? (A) <video>
(B) <audio>　(C) <iframe>　(D) <input>。

(　　) 3. 在HTML中,下列哪個元素是用來宣告表格標題列? (A) <table>　(B) <th>　(C) <td>
(D) <tr>。

(　　) 4. 在HTML中,若要指定表單元件的類型時,應該使用下列哪個屬性? (A) size　(B) name
(C) value　(D) type。

(　　) 5. 在HTML中,下列敘述何者不正確? (A) colspan屬性可以用來合併水平的儲存格
(B) 表單控制元件都是建立在 <iframe> 標籤中　(C) 使用 <video> 元素,可在網頁中加入
視訊,支援的影音格式有:ogg、mp4、webm　(D)action屬性可以用來指定表單資料
送出的目的地。

● 實作題

1. 請開啟「ch05\ex05-a.html」檔案,使用表格元素設計履歷表。

2. 請開啟「ch05\ex05-b.html」檔案，嵌入一個YouTube影片，並設計對該影片的觀後感問卷調查表。

CSS基本概念

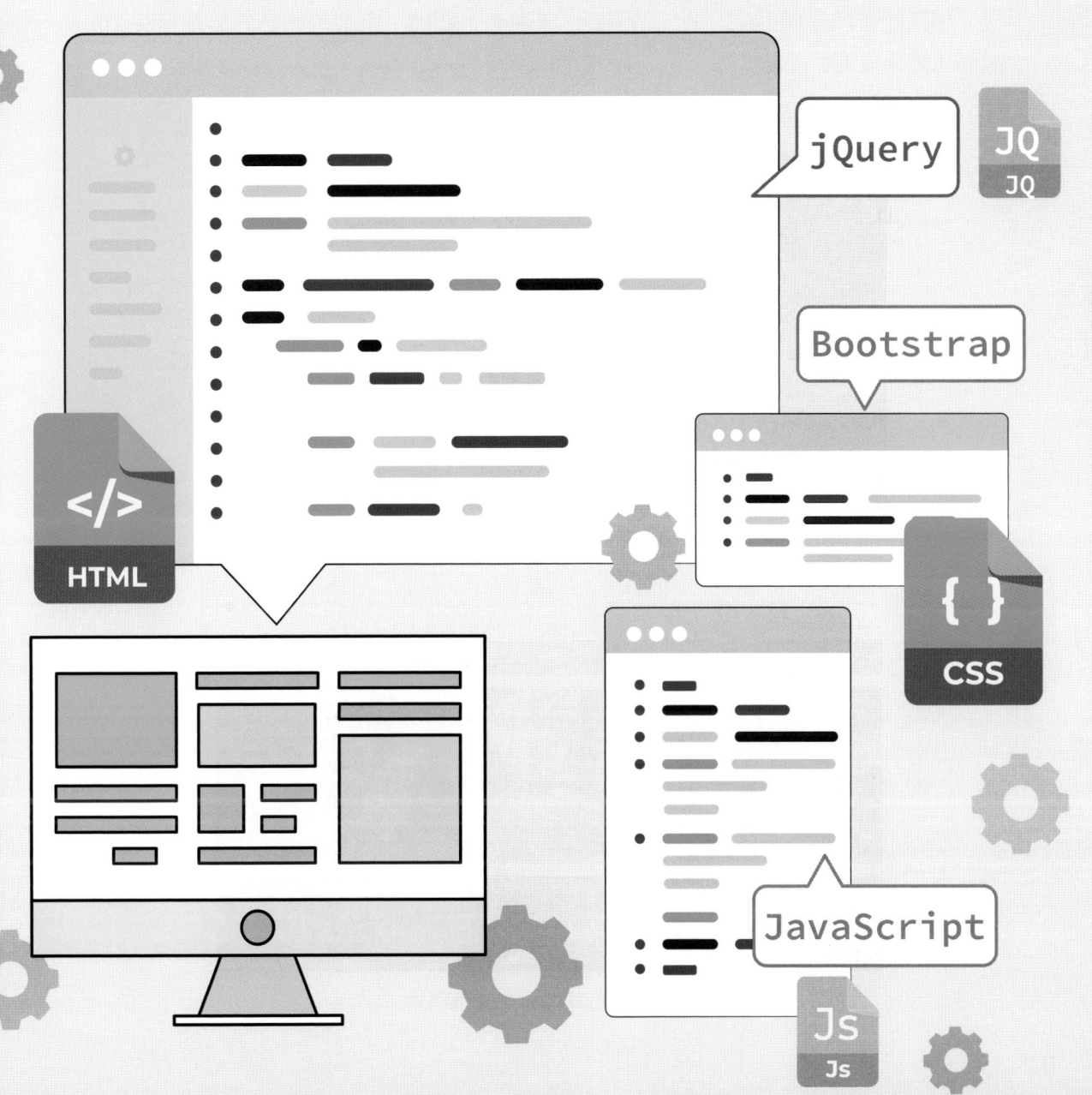

6-1 認識CSS

在網頁中常常會有一些重複的設定，若是透過HTML進行網頁設定，就會造成許多相同程式碼的重複，使用 **CSS** (Cascading Style Sheets, **階層式樣式表**)，則可以將相關的設定獨立出來，統一樣式，讓網頁具有統一的風格。

6-1-1 關於CSS

HTML定義了網頁所呈現的內容，而CSS就是用於設定網頁的外觀。CSS是一種用來裝飾HTML文件外觀的語言，可以控制網頁元素的外觀，例如色彩、背景、樣式、位置等。

如下圖所示，使用CSS美化了網頁，若將CSS關閉，所有的裝飾元素都消失了，版面也變得單調且凌亂。

▲ 使用CSS設定外觀的網頁

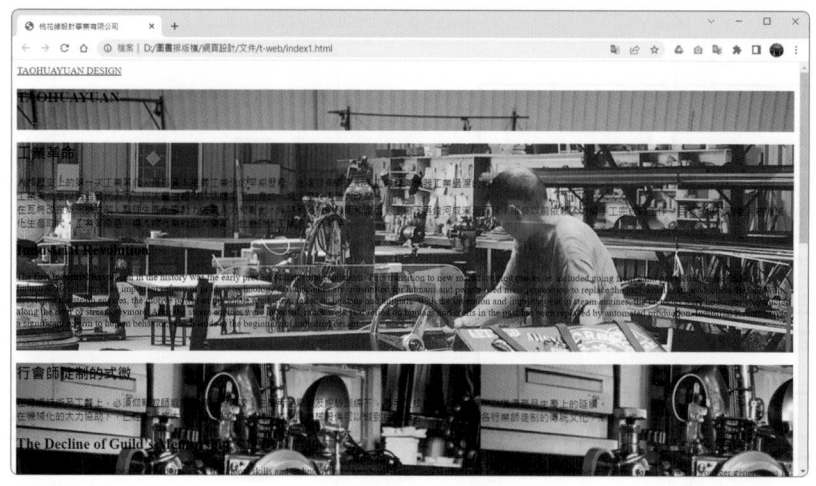

▲ 未使用CSS設定外觀的網頁

早期的HTML是將style的設定內嵌在自己的元素內，這種做法使網頁變得難以維護且程式碼龐大。例如以下範例，每一個<p>元素裡都有不同的style，那麼程式碼就會很雜亂。

```
<p style="color:red;">認識COVID-19疫苗</p>
<p style="color:red;">BNT</p>
<p style="color:red;">AZ</p>
<p style="color:red;">莫德納</p>
```

而CSS的出現，就是將style獨立成為一個設定檔，這樣可以讓設計更有彈性、更多元化，也更便於維護。

CSS從第1版一直演變到現在的第3版，而第4版目前尚在開發中。CSS1發表於1996年12月；CSS2發表於1998年5月，由W3C推行，該版本加入了版面與表格的布局，並支援對於特定媒體類型的呈現方式；CSS3發表於1999年，到2011年6月才發布為W3C的推薦標準，該版本使用了模組的概念，使其能各自獨立進行開發及修訂，目前網頁設計皆以此為標準。

CSS4目前還在開發中，只有極少數的功能可以在部分瀏覽器上使用，詳細的資訊可以至W3C官方網站查看(https://www.w3.org)。

6-1-2 CSS的基本架構

CSS主要可分為選擇器、屬性、值三個部分，選擇器是指希望定義的HTML元素；屬性與值則是用來定義樣式規則，兩者合稱為**特性**。屬性與值之間要用**半形冒號(:)**隔開；多個特性之間以**分號(;)**隔開，最後將所有特性以**大括號({})**括起來。語法使用範例如下：

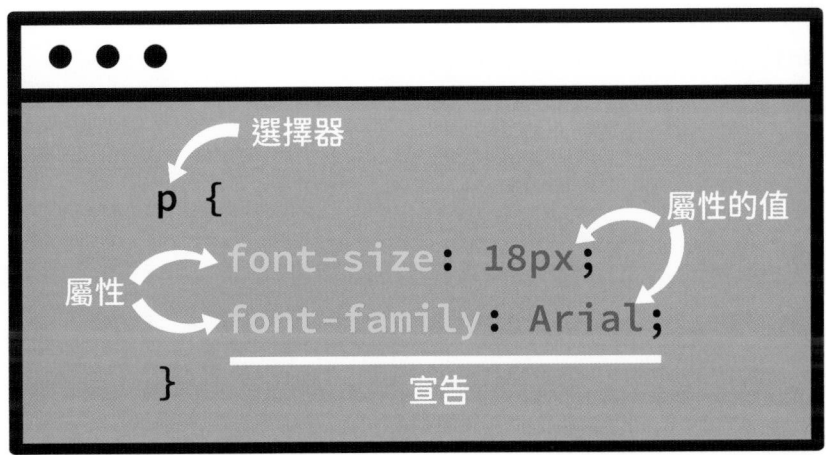

以上例來說，p為選擇器；font-size與font-family為屬性；18px與Arial則為屬性的值。此CSS表示：「為p段落中的文字定義了18px、Arial的格式」設定。

撰寫CSS時，與HTML一樣，不用區分大小寫，不過大部分都還是使用小寫。在設定多個選擇器時，要用逗號來分隔選擇器，語法如下：

```
h1, p { font-size: 18px;
    font-family: Arial;
}
```

在選擇器中可以設定多個屬性，而屬性設定好後，在屬性值後要用**分號**來分隔屬性，若只有一個屬性，或是最後一個屬性，那麼可以不必加上分號，不過大部分的人還是會加上分號，以防未來如果再加入屬性時，忘了加上而造成錯誤。撰寫屬性時，可以使用換行方式撰寫，也可以不換行方式撰寫。

● 換行

```
h1 {
    color: blue;
    font-size: 20px;
}

p {
    color: black;
}
```

● 不換行

```
p {font-size: 18px; font-family: Arial;}
```

撰寫CSS樣式表時，為了讓程式碼更易閱讀，可以在敘述中加入註解文字，HTML的註解文字是寫在 <!--×××--> 之間，而CSS則是以 /*×××*/ 來表示。

```
p {
    font-size: 18px;        /*字型大小*/
    font-family: Arial;     /*字型名稱*/
}
```

6-2　CSS的使用方式

使用CSS時，主要可分為**行內樣式、內部樣式表**及**外部樣式表**等三種方式，這節就來看這三種方式有什麼不同。

6-2-1　行內樣式

行內樣式是**只針對某個網頁區段設定其樣式，因此適用範圍最小**，只適用於目前所在的元素上，其使用方式是在HTML文件中以「**style="..."**」語法來指定樣式，此方式很花時間，且也不易管理。

📂ch06\ex06-01.html

```
01~09 略
10  <header id="top" style="background-color:#c8ebfc;">
11      <h1 style="text-align:center;">跟我一起卡蹓馬祖</h1>
12      <p style="color:orangered;text-align:center;">看海潮、看山、看書、吹
        風、喝咖啡，別忘了發呆</p>
13  </header>
14  <nav style="background-color:#a6d4fd;font-size:14px;text-align:
    center;">
15~20 略
21      <h2 id="building" style="color:#016e92;text-align:center;">馬 祖
        建築</h2>
22~25 略
26      <h2 id="attractions" style="color:#016e92;text-align:center;">
        卡蹓馬祖</h2>
27~ 略
```

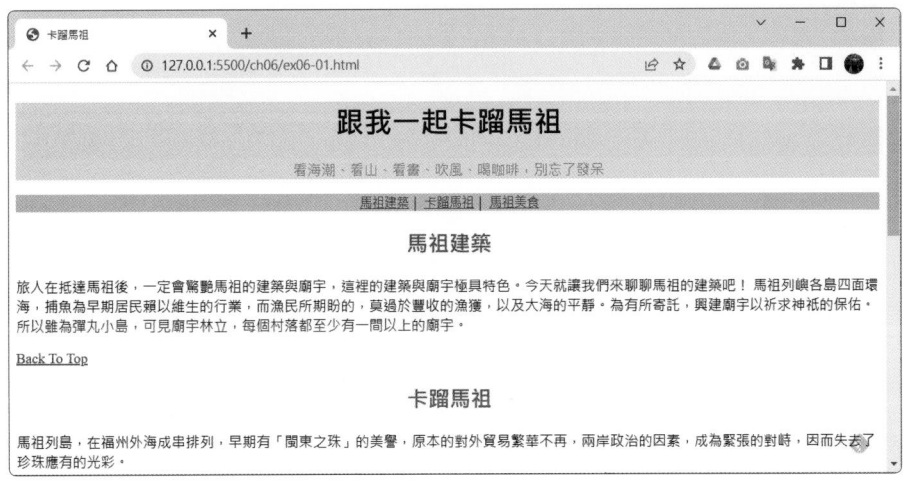

6-2-2 內部樣式表

內部樣式表是將CSS語法直接寫在HTML文件中的「<style>...</style>」元素之內，僅供目前的網頁文件使用。

📂 ch06\ex06-02.html

```
01~06  略
07     <title>卡蹓馬祖</title>
08     <style type="text/css">   <!--type="text/css" 可省略不寫-->
09        header, footer, nav {
10           background-color: #665508;
11           text-align: center;
12           color:white;
13           padding: 10px;
14           margin: 10px;
15        }
16        article {
17           padding: 10px;
18           margin: 10px;
19           color:gray;
10        }
21~40  略
41     </style>
42  </head>
43  <body>
44~70  略
```

6-2-3　外部樣式表

　　外部樣式表是**將一或多個CSS樣式集合在一個「.css」格式的樣式表檔案中**。如下圖所示：

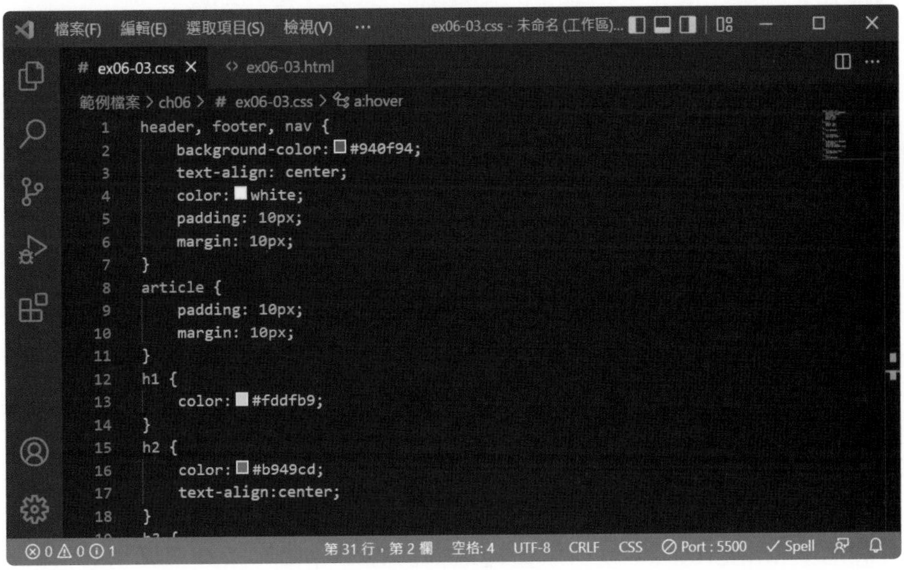

▲ CSS樣式表檔案

　　要使用時，只要在HTML文件中以**<link>元素**連結至該檔案，或是使用**@import**來載入(通常使用<link>元素連結至該檔案)，就可以使用該外部樣式表中所定義的樣式。因為是透過連結方式來使用，所以此法可以讓許多個網頁共用一個外部樣式表。語法如下：

```
<head>
  <style>
    @import url(外部css檔案的路徑);
  </style>
</head>
```

```
<head>
  <link href="外部css檔案的路徑" rel="stylesheet" media="all">
</head>
```

📂 ch06\ex06-03.html、ex06-03.css

```
01  <!DOCTYPE html>
02  <html lang="zh-Hant-Tw">
03  <head>
04~07  略
08     <link rel="stylesheet" type="text/css" href="ex06-03.css">
09  </head>
10~ 略
```

6-2-4 樣式表的串接順序

若一個HTML文件中，相同屬性卻包含多個CSS樣式表時，應該要套用哪一個呢？基本原則是，越接近HTML本身的樣式，優先權越高，所以基本上瀏覽器會以「**行內樣式**」為第一優先，接著是內部樣式，最後才是外部樣式。

而若是有多個樣式表被匯入或被連結，越後被匯入或越後被連結的，優先權就越高，優先權由高到低的順序為：行內樣式表>內部樣式表>外部樣式表>外部連結樣式表>瀏覽器本身的樣式表。

還有CSS的撰寫順序及選擇器的類型也會影響到CSS的優先權。CSS的撰寫順序基本上是以「寫在後面的敘述，優先於寫在前面的敘述」為原則，只要後面衝突到同一個位置的值就會覆寫過去。

CSS選擇器類型的明確度優先順位為：id選擇器 > class選擇器= 屬性選擇器 = 虛擬類選擇器 > 標籤元素= 虛擬元素選擇器。不過，若在屬性後面加上!important，可以直接忽略CSS的明確度，直接指定為最優先。

例如下列語法，標題應該是藍色，因為行內套用的優先權最高，但只要在選擇器的屬性後面加上!important，就可以直接取得最高優先權，所以標題會變成綠色的。

```
<head>
  <style>
    #main-title { color: purple; }
    .title { color: green !important; }
  </style>
</head>
<h1 id="main-title" class="title" style="color: blue;">標題</h1>
```

總結樣式表的優先順序為!important > CSS 行內樣式 > ID選擇器 > Class選擇器、虛擬選擇器、屬性選擇器>標籤選擇器、虛擬元素選擇器>通用選擇器。

知識補充：reset.css

由於每一家的瀏覽器本身都有自己的CSS預設值，所以在預覽網頁時，所呈現的結果有所不同，而造成設計上的困擾。此時可以使用「reset.css」來清除瀏覽器的預設值。

reset.css是CSS大師Eric A. Meyer所撰寫的，要使用時將該語法複製到CSS文件的開頭，或是在HTML文件中(<head>元素裡)加入該語法的連結網址，該網址為Eric Meyer所創建的網站。

```
<link rel="stylesheet" type="text/css" href="https://meyerweb.com/eric/tools/css/reset/reset.css">
```

當然也可以將語法儲存成reset.css檔案，再連結到該檔案即可，語法如下：

```
<link rel="stylesheet" type="text/css" href="reset.css">
```

6-3　CSS基本選擇器

選擇器(也有人稱選取器)是用來指定要定義CSS的作用範圍,基本的選擇器有:標籤、class、id、通用、屬性等,這節就來認識各種選擇器吧!

6-3-1　標籤選擇器

使用HTML標籤當作選擇器,可以重新定義該標籤的預設格式,賦予標籤新的屬性,網頁中所有使用到這個標籤的部分都會受到影響,適合用來定義全體通用的基礎樣式。

```
h1 {color:red;}      /*標題會套用紅色*/
p {color:black;}     /*段落會套用黑色*/
```

使用標籤選擇器時,可以將多個標籤群組,以套用相同樣式,只要在標籤之間用「,」分隔即可,這種方式稱為**群組選擇器**。例如將標籤<h2>與<p>的文字色彩設定為綠色,那麼網頁中所有運用到此標籤的地方都會套用相同樣式。

```
h2, p {color:green;}
```

6-3-2　class選擇器

class選擇器(Class Selectors,在Dreamweaver中稱為類別選擇器)是在HTML中加入 **class屬性**,例如在<h1>元素中要套用CSS樣式,就在<h1>中加入class屬性,CSS語法如下:

```
.text-orangered {color:orangered;}
```

HTML語法如下:

```
<h1 class="text-orangered">王小桃</h1>
```

class屬性可套用至一或多個元素,名稱可以自訂,一個網頁可有多個class屬性值,而選擇器名稱必須以「.」開頭(如.style)。若同樣都是要設定文字色彩時,標籤選擇器與class選擇器也可以使用逗號相隔,語法如下:

```
h1, h2, .class1 {color:orangered;}
```

也可以指定特定的HTML元素使用class,語法如下:

```
p.center {text-align:center;}
```

以下範例為先宣告「.text-orangered」等選擇器，再於各元素中加入該屬性名稱。

📂ch06\ex06-04.html

```
01~07  略
08     <style>
09        .text-orangered {color:orangered;}
10        .text-green {color:green;}
11        .text-purple {color:purple;}
12     </style>
13~14  略
15  <h1 class="text-orangered">橘鳥市場街Orange Bird Street Market</h1>
16  <h2 class="text-green">橘鳥市場街Orange Bird Street Market</h2>
17  <h3 class="text-purple">橘鳥市場街Orange Bird Street Market</h3>
18~ 略
```

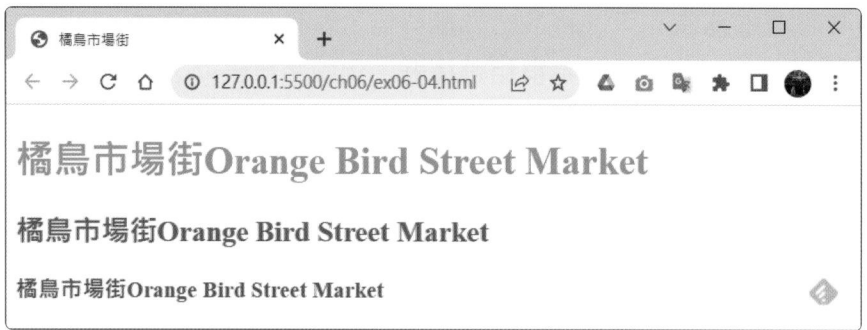

當設定多個class時，可以用「.class1.class2」的形式將選擇器結合在一起，不過，要注意class間不可以有空格，如此可以指定出「有class1也有class2」的選擇器，CSS語法如下：

```
.class1.class2 {color:green;}
```

HTML語法如下：

```
<h1 class="class1 class2">同時有class1和class2</h1>
```

6-3-3　ID選擇器

ID選擇器為包含特定id屬性的標籤定義格式，**只針對特定一個HTML元素**，選擇器名稱必須以「#」開頭(如#style)。CSS語法如下：

```
#idtext {color:orangered;}
```

HTML語法如下：

```
<h1 #idtext="text-orangered">王小桃</h1>
```

6-3-4　通用選擇器

通用選擇器(Universal Selector)是使用「*」字元，將樣式套用於全部元素標籤中。CSS語法如下：

```
* {font-size:20px;}
```

以下範例使用通用選擇器，將頁面中的全部元素套用相同字型大小、色彩及置中對齊等樣式。

📂ch06\ex06-05.html

```
01  <!DOCTYPE html>
02  <html lang="zh-Hant-Tw">
03  <head>
04    <meta charset="UTF-8">
05    <meta http-equiv="X-UA-Compatible" content="IE=edge">
06    <meta name="viewport" content="width=device-width, initial-
      scale=1.0">
07    <title>卡蹓馬祖</title>
08    <style>
09      * {font-size:20px; color:dodgerblue; text-align: center;}
10    </style>
11  </head>
12~21  略
```

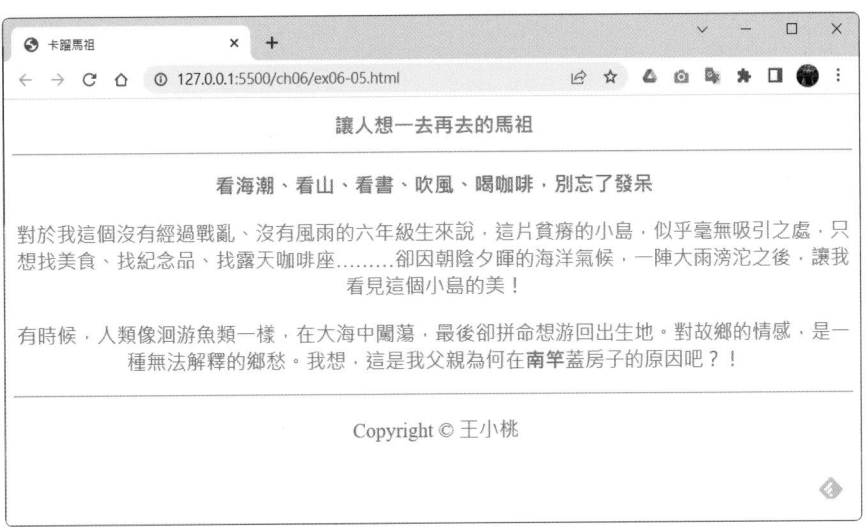

6-3-5 屬性選擇器

屬性選擇器(Attribute Selectors)是用在元素的屬性上,有很多種條件可以選擇,以「[」為開頭,以「]」為結尾。

元素[HTML屬性]

元素[HTML屬性]會針對有**設定指定屬性的元素**,進行CSS樣式設定,樣式會套用在有包含此屬性的元素上,不管內容是什麼,只要HTML元素內有這個屬性就套用。例如下列語法是讓所有圖片加上一個5像素的綠色邊框,但是具有alt屬性的圖片則不會有邊框。

```
img { border: 5px solid green; }
img[alt] { border:none; }
```

HTML語法:

```
<img src="..." alt="I Very Love You"> <!--會套用樣式設定-->
<img src="..." alt="I Love You">       <!--會套用樣式設定-->
<img src="...">
```

元素[HTML屬性="值"]

元素[HTML屬性="值"]會針對設定**指定屬性及值的元素**,進行CSS樣式設定。例如下列語法代表具有title屬性的h1元素,且該屬性值為text,就套用樣式設定。

```
h1[title="text"] { color: green; }
```

HTML語法:

```
<h1 title="text">文字會變成綠色</h1>     <!--會套用樣式設定-->
<h1 title="text-01">文字將維持原本的色彩</h1>
<h1 title="t2">文字將維持原本的色彩</h1>
```

元素[HTML屬性^="文字"]

元素[HTML屬性^="文字"]會針對**指定屬性及值有特定開頭的文字(字串)**,進行CSS樣式設定。例如下列語法代表具有title屬性的h1元素,且該屬性值以text為開頭,若符合條件,就套用樣式設定。

```
h1[title^="text"] { color: green; }
```

HTML語法:

```
<h1 title="text">文字會變成綠色</h1>    <!--會套用樣式設定-->
<h1 title="text01">文字會變成綠色</h1>  <!--會套用樣式設定-->
<h1 title="t2">文字將維持原本的色彩</h1>
```

元素[HTML屬性$="文字"]

元素[HTML屬性$="文字"]會針對**指定屬性及值的結尾等於特定文字(字串)**，進行CSS樣式設定。例如下列語法代表具有src屬性的img元素，且該屬性值的結尾等於.png(也就是圖片格式為png)，就套用CSS樣式設定。

```
img[src $=".png"] { border:2px green; }
```

HTML語法：

```
<img src="photo-s.png" alt="I Very Love You">        <!-- 會套用樣式設定 -->
<img src="photo-m.png" alt="I Love You">             <!-- 會套用樣式設定 -->
<img src="photo-l.jpg" alt="ILVOEYOU">
```

元素[HTML屬性*="文字"]

元素[HTML屬性*="文字"]會針對**指定屬性及值的包含特定文字**，進行CSS樣式設定。例如下列語法代表具有title屬性的h1元素，且該屬性值至少要包含text文字，就套用CSS樣式設定。

```
h1[title*="text"] { color: green; }
```

HTML語法：

```
<h1 title="text">文字會變成綠色</h1>              <!-- 會套用樣式設定 -->
<h1 title="text-01">文字會變成綠色</h1>           <!-- 會套用樣式設定 -->
<h1 title="t2-text">文字會變成綠色</h1>           <!-- 會套用樣式設定 -->
```

元素[HTML屬性~="文字"]

元素[HTML屬性~="文字"]會針對**指定屬性及值包含特定的單字**，進行CSS樣式設定。例如下列語法代表具有alt屬性的img元素，且該屬性值需包含Love單字，若符合條件，就套用樣式設定。

```
img[alt~="Love"] { border: 5px solid green; }
```

HTML語法：

```
<img src="..." alt="I Very Love You">        <!-- 會套用樣式設定 -->
<img src="..." alt="I Love You">             <!-- 會套用樣式設定 -->
<img src="..." alt="ILVOEYOU">
```

元素[HTML屬性|="文字"]

元素 [HTML 屬性 |=" 文字 "] 會針對**指定屬性及值的開頭等於特定文字或包括 - 號**，進行 CSS 樣式設定。例如下列語法代表具有 title 屬性的 h1 元素，且該屬性值以 text 為開頭或以 text- 為開頭，若符合條件，就套用樣式設定。

```
h1[title|="text"] { color: green; }
```

HTML 語法：

```
<h1 title="text">文字會變成綠色</h1>                <!--會套用樣式設定-->
<h1 title="text-01">文字會變成綠色</h1>            <!--會套用樣式設定-->
<h1 title="t2">文字將維持原本的色彩</h1>
```

以上所介紹的各種屬性選擇器，可以參考以下範例。

📁ch06\ex06-06.html

```
01~09  略
10  <body>
11      <h2>範例1：元素 [HTML 屬性]</h2> <!--a[href]-->
12          <a href="#">有 href 屬性的連結</a><br>
13          <a>沒有 href 屬性的連結</a><br>
14      <h2>範例2：元素 [HTML 屬性 =" 值 "]</h2> <!--a[target="_top"]-->
15          <a href="#" target="_top">target屬性值為 _top 的連結</a><br>
16      <h2>範例3：元素 [HTML 屬性 ^=" 文字 "]</h2> <!--p[class^="green"]-->
17          <p class="greenText">太棒了，我符合條件，所以變成綠色了。</p>
18          <p class="green-text">喔耶！我也符合條件，所以也變成綠色了。</p>
19          <p class="text greenText">喔NO，我不符合條件，所以沒有變成綠色。</p>
20          <p class="green">哈哈哈，我也符合條件耶，所以也變成綠色了。</p>
21      <h2>範例4：元素 [HTML 屬性 $=" 文字 "]</h2> <!--p[class$="acidblue"]-->
22          <p class="textacidblue">讚啦！我符合條件，所以變成湖水藍了。</p>
23          <p class="text textacidblue">加1，我也符合條件，所以變成湖水藍了。</p>
24          <p class="textacidblue text">不想面對，我不符合條件，所以沒變成湖水藍。</p>
25          <p class="acidblue">太美妙啦~我符合條件，所以變成湖水藍了。</p><br>
26      <h2>範例5：元素 [HTML 屬性 *=" 文字 "]</h2> <!--*[class*="me"]-->
27          <p class="me-text text">class名稱包含me的元素標籤</p>
28          <p class="text me-text">class名稱包含me的元素標籤</p>
29          <span class="span-block">class名稱不包含me的元素標籤</span><br>
30      <h2>範例6：元素 [HTML 屬性 ~=" 文字 "</h2> <!--img[alt~="Love"]-->
31          <img src="https://picsum.photos/150/100"
             alt="I Very Love You"> <!-- 會套用樣式設定-->
32          <img src="https://picsum.photos/150/100" alt="I Love You">
             <!-- 會套用樣式設定-->
33          <img src="https://picsum.photos/150/100" alt="ILVOEYOU">
```

```
34      <h2>範例7：元素[HTML屬性|="文字"]</h2> <!--p[class|="green"]-->
35          <p class="green">超棒的，我符合條件，所以變成綠色。</p>
36          <p class="green-">YA！！我也符合條件，所以變成綠色。</p>
37          <p class="green-text">意不意外？我也符合條件，所以變成綠色。</p>
38          <p class="Textgreen">哭哭，我不符合條件，所以不是綠色。</p><br>
39  </body>
40  </html>
```

📂 ch06\attrcss.css

```
01  body {
02      text-align: center;
03  }
04  h2{
05      text-align: center; color:#1174c5; background-color:#d1e5fc;
06  }
07  /* 範例1 */
08  a[href] { color: #9e5404; }
09
10  /* 範例2 */
11  a[target="_top"] { color: #068585; }
12
13  /* 範例3 */
14  p[class^="green"] { color: green; }
15  .text { font-size: 16px; }
16
17  /* 範例4 */
18  p[class$="acidblue"] { color: #1e90ff; }
19
20  /* 範例5 */
21  .me-text {
22    font-size: 20px;
23  }
24  .span-block {
25    background-color: #026023;
26    color: #ffffff;
27    font-size: 20px;
28    display:block;
29    margin-top: 1rem;
30  }
31  *[class*="me"] { border: 1px solid #333333; }
32
33  /* 範例6 */
34  img[alt~="Love"] { border: 5px solid #b4b5b4; }
35
36  /* 範例7 */
37  p[class|="green"] { color: green; }
```

網頁設計必學技術

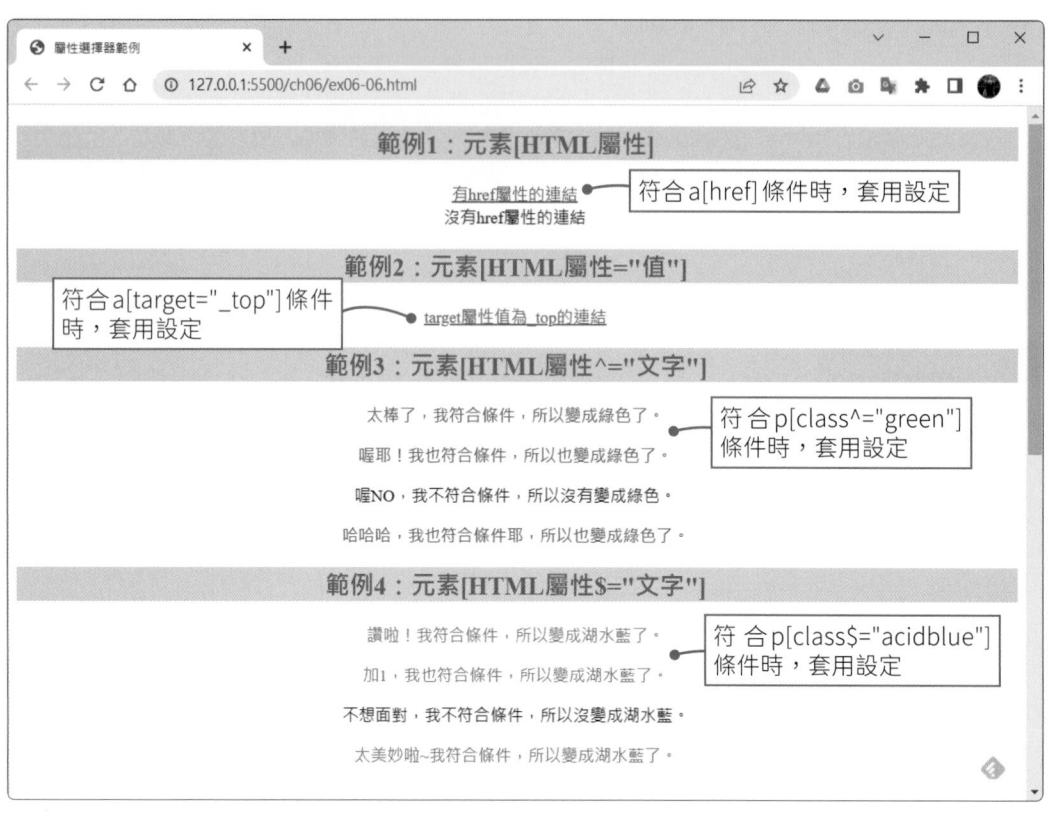

6-4　組合選擇器

　　常見的組合選擇器有後代選擇器、子選擇器、同層相鄰選擇器及同層全體選擇器等，這節就來認識組合選擇器吧！

6-4-1　後代選擇器

　　後代選擇器(Descendant Combinator)又稱為**包含選擇器**，就是起始選擇目標之後的後代都會被選擇到，選擇器之間以「半形空白」分隔兩個元素。語法如下，元素1是父親，元素2一定是元素1的孩子，最終結果一定是改變孩子，元素1及元素2可以是任意的基礎選擇器。

```
元素1 元素2 { 宣告；}
```

　　例如 p { color:blue; }表示只設定 <p> 元素會套用藍色；h1 p { color:red; }表示在 <h1> 元素裡的 <p> 元素會套用紅色；#section p { color:green; }表示在 id=section 裡的 <p> 元素會套用綠色。

● CSS

```
p { color:blue; }
h1 p { color:red; }
#section p { color:green; }
```

● HTML

```
<p>只設定p元素會套用藍色</p>
<h1>
    <p>在h1裡的p元素會套用紅色</p>
</h1>
<section id="section">
    <p>在id=section裡的p元素會套用綠色</p>
</section>
```

6-4-2　子選擇器

　　子選擇器(Child Combinator)又稱為**子元素選擇器**，表示在有父子關係的元素才會套用，選擇器之間以「>」分隔，子選擇器是兩人世界。語法如下：

```
元素1 > 元素2 { 宣告；}
```

以下範例將選擇器設定為 .main-menu > li { color:#005eff; }，這樣在 ul 中的子元素 li 全部會變成紅色，但是孫元素的 li (選項3的A及B) 則不受影響，因為他們不是子元素。

📁 ch06\ex06-07.html

```
01~06  略
07      <title>子選擇器範例</title>
08      <style>
09          li { color: #333333; }
10          .main-menu > li { color: #005eff; }
11      </style>
12  </head>
13  <body>
14      <ul class="main-menu">
15          <li>選項1</li>
16          <li>選項2</li>
17          <li>選項3
18              <ul>
19                  <li>選項3的A</li>
20                  <li>選項3的B</li>
21              </ul>
22          </li>
23      </ul>
24  </body>
25  </html>
```

6-4-3 同層相鄰選擇器

同層相鄰選擇器 (Adjacent Sibling Combinator) 又稱為**兄弟選擇器**，是指選擇到與自己同一層隔壁的元素 (在 HTML 文件下方一個元素的意思)，選擇器之間以「+」分隔。語法如下：

元素1 + 元素2 { 宣告 ; }

　　以下範例將選擇器設定為 h1 + p { color:green; }，表示跟<h1>元素相鄰的<p>元素會套用綠色，而沒有跟<h1>元素相鄰的<p>元素則會套用預設值。

📁 **ch06\ex06-08.html**

```
01~06  略
07      <title>同層相鄰選擇器範例</title>
08      <style>
09          h1 + p { color:green; }
10      </style>
11 </head>
12 <body>
13      <h1>楓橋夜泊</h1>
14      <p>作者：張繼</p>
15      <p>月落烏啼霜滿天，</p>  <!-- 沒有跟h1相鄰的p會套用預設值 -->
16      <p>江楓漁火對愁眠。</p>  <!-- 沒有跟h1相鄰的p會套用預設值 -->
17      <p>姑蘇城外寒山寺，</p>  <!-- 沒有跟h1相鄰的p會套用預設值 -->
18      <p>夜半鐘聲到客船。</p>  <!-- 沒有跟h1相鄰的p會套用預設值 -->
19 </body>
20 </html>
```

　　若將上述範例，改寫成 p + p 的話，第2個～第5個<p>元素都會變成綠色的，因為 p+p 代表的是：有相同的父元素，緊接在一個<p>元素後的「第一個」相鄰<p>元素。

6-4-4　同層全體選擇器

同層全體選擇器(General Sibling Combinator)只會選擇剛剛好在前一個選擇器之前的第一個元素，選擇器之間以「~」分隔，語法如下：

```
元素1 ~ 元素2 { 宣告; }
```

以下範例將選擇器設定為h1 ~ p { color:green;}，表示在<h1>元素之後出現的同層<p>元素，才會套用這個選擇器內的樣式。

🗀ch06\ex06-09.html

```
01~06  略
07       <title>同層全體選擇器範例</title>
08       <style>
09           h1 ~ p { color:green; }
10       </style>
11  </head>
12  <body>
13    <p>人生沒有彩排，每天都是現場直播！</p>  <!--在h1之前的p會套用預設值-->
14    <h1>大學就是大概學學！</h1>  <!--在h1之後的p會套用選擇器內的樣式-->
15    <p>人生不能像做菜、把所有的料都準備好才下鍋。</p>
16    <p>眾里尋他千百度，驀然回首，那人依舊對我不屑一顧…。</p>
17    <p>與人爭執時，退一步海闊天空；追女友時，退一步人去樓空。</p>
18    <p>情緒性發言大可不必。</p>
19    <p>我就不能講錯一句話？</p>
20  </body>
21  </html>
```

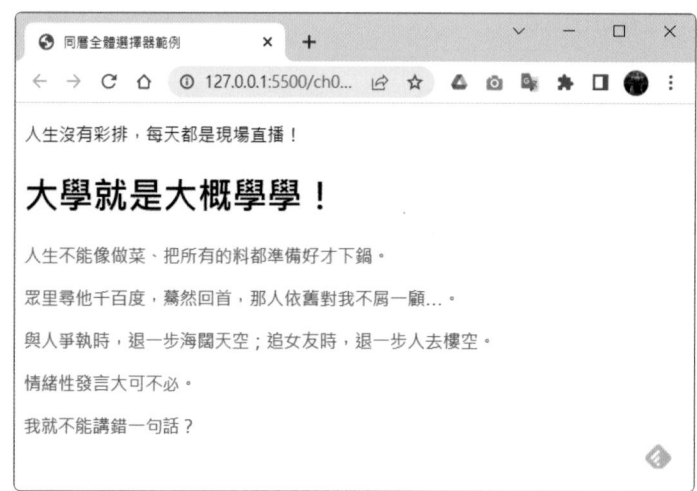

6-5　虛擬類別選擇器

　　虛擬類別選擇器(Pseudo-classes Selector)又稱**偽類選擇器**，樣式的應用並非基於文件的結構，而是基於某種狀態或事件，將使元素在特別的狀態下，套用其他不同的樣式。例如「:hover」選擇器會使游標停留在元素上時，產生特別的樣式。虛擬類別選擇器使用「:」冒號做為開頭。這節就來認識虛擬類別選擇器吧！

6-5-1　常見的虛擬類別

　　一般較常使用到的虛擬類別如下表所列：

選擇器	說明
:link	未訪問過的連結。
:visited	已訪問過的連結。
:hover	滑鼠游標停至元素上。
:focus	選擇成為焦點的元素，可以使用在任何元素。
:active	點擊元素時。
:target	錨點的目標元素。
:checked	表單中被選取的單選按鈕及核取方塊。
:enabled	表單中啟用的欄位。
:disable	表單中取消的欄位。
:empty	選擇內容為空的元素。
:not(選擇器)	選擇不符合參數中的選擇器的元素，否定掉:not()括號中的條件，其他都要。

:link、:visited、:hove、:active

　　當希望使用者點擊過的連結，能夠變成綠色的樣式(:visited)，其他未點擊的連結則呈現黑色(:link)，又還希望當使用者將滑鼠游標移至連結上方時，會產生紅色樣式(:hover)，而當滑鼠在上方按著未放時，則呈現黃色(:active)。此時，就可以使用連結虛擬類別選擇器來進行設定，語法如下：

```
a:link {              /*未訪問過的連結*/
    color: black;
}

a:visited {           /*訪問過的連結*/
    color: green;
}
```

```
a:hover {    /*滑鼠游標移至連結上方時*/
   color: red;
}
a:active {   /*選定的連結*/
   color: yellow;
   }
```

使用上述的虛擬類別時，要注意：

● :link 及 :visited 只能套用到 <a> 元素。

● :hover、:focus、:active 能夠套用到 <a> 元素與其他元素。

● :hover 必須放在 :link 及 :visited 後面，否則會被覆蓋。

● :active 必須放在 :focus 後面，否則會被覆蓋。

📂 ch06\ex06-10.html

```
01~07  略
08      <style>
09          a {font-size: 20px}
10          a:link {color: black}        /*尚未瀏覽的超連結*/
11          a:visited {color: green}     /*已經瀏覽的超連結*/
12          a:hover {color: red}         /*游標所指到的超連結*/
13          a:active {color: yellow}     /*被點選的超連結*/
14      </style>
15  </head>
16  <body>
17      <ul>
18          <li><a href="1.html">link</a></li>
19          <li><a href="2.html">visited</a></li>
20          <li><a href="3.html">hover</a></li>
21          <li><a href="4.html">active</a></li>
22      </ul>
23  </body>
24  </html>
```

:focus

:focus選擇器可用於**選擇具有焦點的元素**，例如當文字輸入的游標出現在該元素的時候，或是使用Tab鍵選擇時，就會產生樣式的動態變化。

📂ch06\ex06-11.html

```
01~07  略
08     <style>
09        .input:focus { background: #e2f2fe; color: #008ba3; }
10     </style>
11  </head>
12  <body>
13     <input class="input" value="I LOVE YOU.">
14     <input class="input" value="I LOVE YOU.">
15  </body>
16  </html>
```

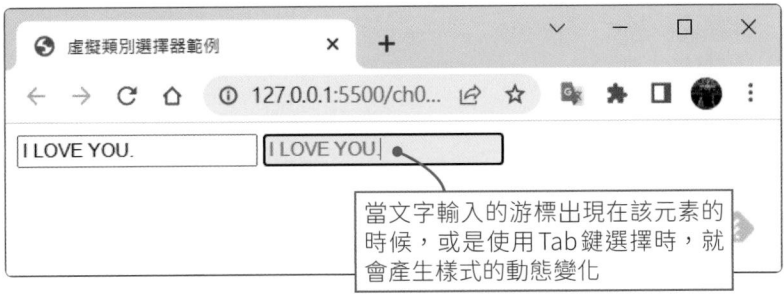

當文字輸入的游標出現在該元素的時候，或是使用Tab鍵選擇時，就會產生樣式的動態變化

6-5-2　-child虛擬類別選擇器

-child虛擬類別可以**選擇同一階層所有的「子元素」中符合條件者**，常見的如下表所列。

類別	說明
:first-child	選取第一個子元素。
:last-child	選取最後一個子元素。
:nth-child(n)	選取第 n 個子元素 (從1數起，不是從0)，寫成 (3n) 就是選取3的倍數。
:nth-child(even)	選取偶數的子元素 (2的倍數)，第2、4、6、8…個，也可以寫成 (2n)。
:nth-child(odd)	選取奇數的子元素，第1、3、5、7…個，也可以寫成 (2n+1)。
:nth-last-child(n)	選取從後面數來第幾個子元素。
:only-child	選取唯一的子元素。

以下範例為 -child 虛擬類別的使用，你可以試著修改「li:first-child」選擇器，看看會有什麼效果。

📁 ch06\ex06-12.html

```
01~07  略
08  <style>
09     li{ list-style:none; float:left; width:50px; height:25px;
       background:#ffbfbf; margin:5px; }
10     li:first-child { background:#b7cefc; }
11  </style>
12  </head>
13  <body>
14     <ul>
15        <li>選項1</li>
16        <li>選項2</li>
17        <li>選項3</li>
18        <li>選項4</li>
19        <li>選項5</li>
20        <li>選項6</li>
21        <li>選項7</li>
22        <li>選項8</li>
23     </ul>
24  </body>
25  </html>
```

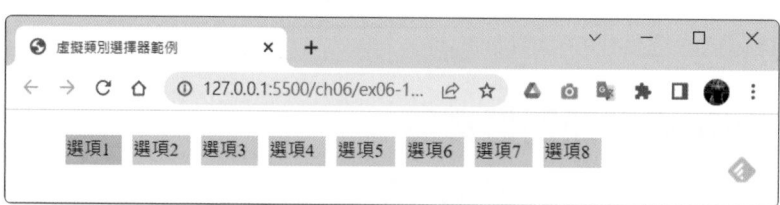

▲ 使用 :first-child 選擇器

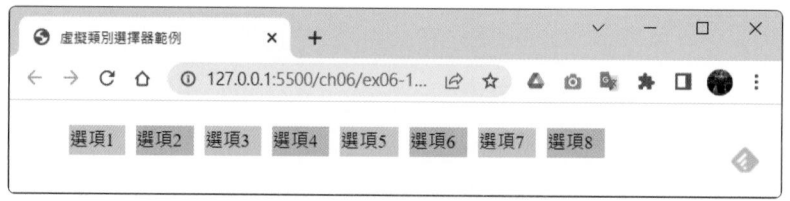

▲ 使用 :nth-child(2n) 選擇器

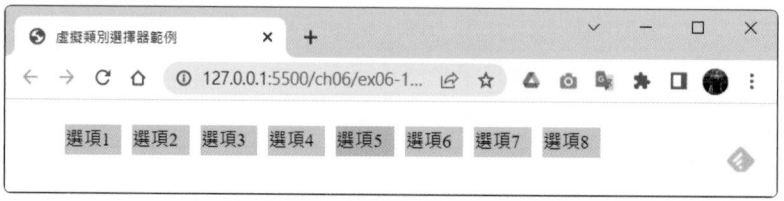

▲ 使用 :nth-child(5) 選擇器

6-5-3　-of-type虛擬類別選擇器

　　-of-type虛擬類別**可以選擇同一階層且「同一類元素」中符合條件者**，常見的如下表所列。

類別	說明
:first-of-type	選取每個類別的第一個元素。
:last-of-type	選取每個類別的最後一個元素。
:nth-of-type(2n+1)	選取同類型從第1個開始選，每2個選一次。
:nth-of-type(odd)	選擇同類型奇數的子元素。
:nth-of-type(even)	選擇同類型偶數的子元素。
:nth-last-of-type(n)	選取每個類別的倒數第n個元素。
:only-of-type	選取唯一的類別元素。

　　-child虛擬類別選擇器並不會區分元素的類型，而是將所有的子元素列入計算，而 -of-type虛擬類別選擇器會將不同類型的元素依據類型來分開計算。所以:nth-of-type比起:nth-child在選取上就更為精確，也較不容易出錯，建議若要指定某元素裡的第幾個標籤，可以使用:nth-of-type選擇器。

　　以下範例是將奇數列的<p>元素，加上背景色彩，使用:nth-of-type選擇器可以很精確的選到奇數列。

📂 **ch06\ex06-13.html**

```
01~07  略
08     <style>
09         p:nth-of-type(2n+1) { background:#a1bffa; }
10     </style>
11 </head>
12 <body>
13     <section>
14         <p>Ignore him, he's just trolling you. </p>
15         <hr>
16         <p>IMHO, Cher is still the best singer.</p>
17         <hr>
18         <p>Someone ate the last cookie…. OTL</p>
19         <hr>
20         <p>That bag is adorbs, you should totes get it.</p>
21         <hr>
22         <p>This is the best Tuesday ever!</p>
23         <hr>
24         <p>When I get rich I'm going to buy all the houses. All of them.</p>
```

```
25      </section>
26~27  略
```

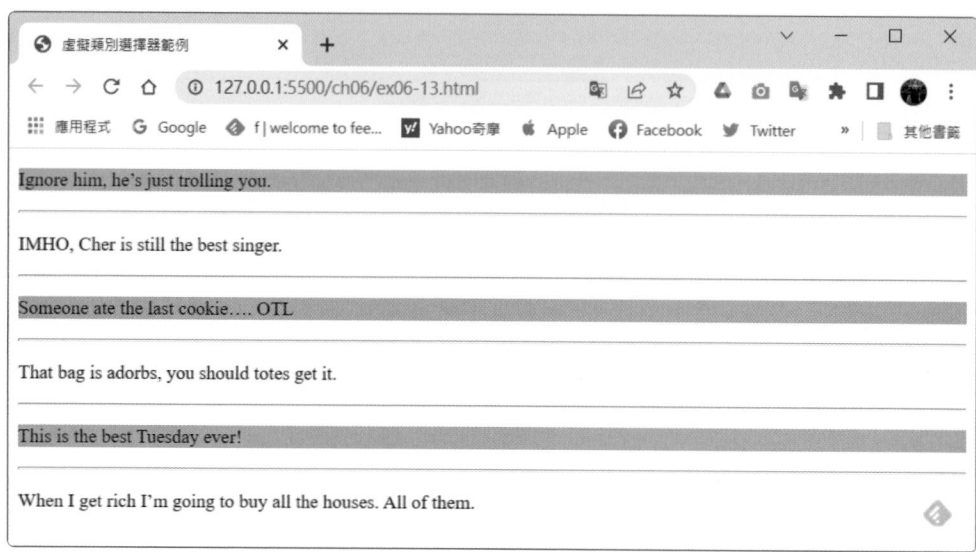

▲ 使用:nth-of-type選擇器可以很精確的選到奇數列

　　將選擇器改用:nth-child時，它並不是只篩選<p>元素，而是所有元素都會一起計算，所以這時所有的<p>元素就變成奇數列了。

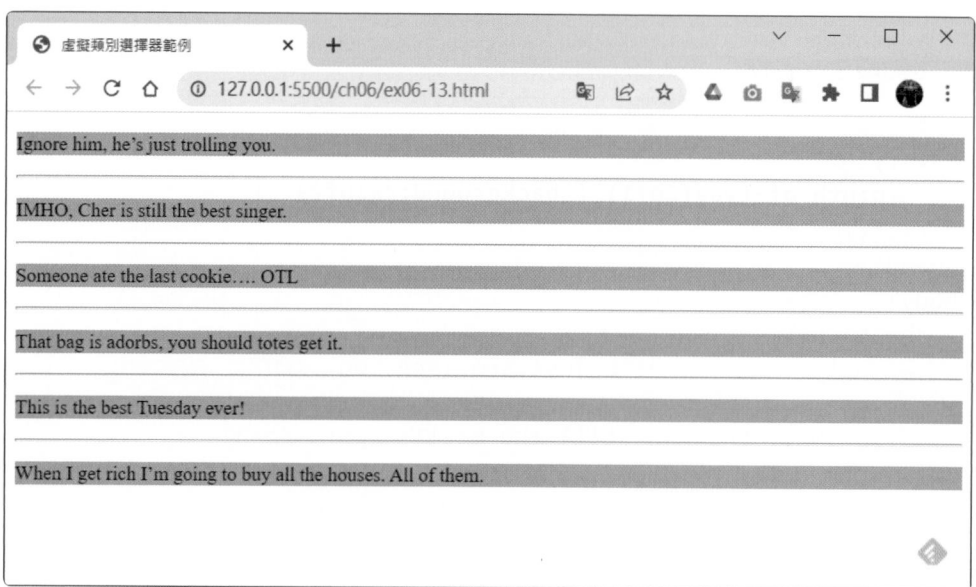

6-6　虛擬元素選擇器

虛擬元素選擇器(Pseudo-elements Selector)又稱**偽元素選擇器**，主要應用在修飾元素對應的抽象內容，是透過CSS在一個HTML的元素內新增至多兩個元素，而這些新增的元素和真正網頁元素一樣，可以透過CSS來設定它的樣式與效果。虛擬元素選擇器使用「::」兩個冒號做為開頭。這節就來認識虛擬元素選擇器吧！

6-6-1　::before與::after

::before選擇器可以在一個**元素前**插入內容；::after選擇器可以在一個**元素後**插入內容，使用這二個選擇器時，**一定要有**content**屬性**，不管該屬性有沒有用到，若沒有用到使用雙引號內容留空即可，「**content: "";**」。

以下範例是使用::before與::after選擇器，在\<h1>元素前後加入表情符號圖案。

📂ch06\ex06-14.html

```
01~07  略
08     <style>
09       h1::before { content:"\1F601"; }    /*在h1前加入表情符號圖案*/
10       h1::after { content:"\1F603"; }     /*在h1後加入表情符號圖案*/
11     </style>
12   </head>
13   <body>
14     <section>
15       <h1>橘鳥市場街Orange Bird Street Market</h1>
16     </section>
17   </body>
18   </html>
```

6-6-2 ::first-line與::first-letter

::first-line選擇器可以**將元素的第一行文字設定特殊樣式**；::first-letter選擇器則是**將元素的第一個字母設定特殊樣式**。

以下範例使用::first-line選擇器將段落的第一行文字變成紅色，使用::first-letter選擇器將第一個字母變成紅色再加大。

🗁ch06\ex06-15.html

```
01~07  略
08     <style>
09        p::first-line {                    /*將段落的第一行套用紅色*/
10           color: #ff0000;
11        }
12        h1.intro::first-letter {           /*將第一個字母加入色彩及變大*/
13           color: #ff0000;
14           font-size: 200%;
15        }
16     </style>
17  </head>
18  <body>
19     <section>
20        <p>略</p>
21        <h1 class="intro">略</h1>
22     </section>
23  </body>
24  </html>
```

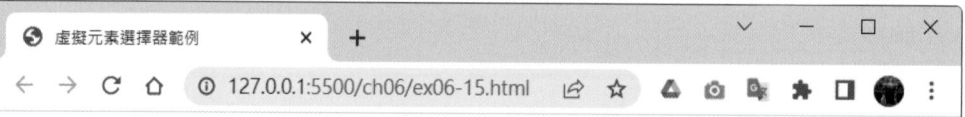

虛擬元素選擇器範例 × +

127.0.0.1:5500/ch06/ex06-15.html

Taohuayuan Cultural Creativity Design team is composed of a perfect group of people who regard cultural creativity as the sacred mission. Our company features the professional service. For example, Art deco interior design, commercial space, life style, display & exhibition, advertisement design, wooden production, iron processing, image & video, editing & publishing and also cultural & creative design services, etc. We assist the students in Taiwan to participate in either the domestic or the international design competition, and local industry development plans in Taiwan. We also promote the publishing of aesthetics books related to design and continue conducting many governmental cultural creative projects and so on. We're involved in various creative arts, Mechanical Art Devices, and develop much different merchandise. Besides, we found the private brand. By doing so, we hope that we can combine the culture and creativity; thus, to bring plentiful aesthetics of living and pleasure..

No great genius has ever existed without some touch of madness.

6-6-3　::marker

　　::marker選擇器可以**設定項目符號及編號的樣式**，在<ul>元素或<ol>元素下，可以直接使用::marker選擇器自行定義樣式。::marker選擇器能使用的屬性不多，目前只支援animation-*、transition-*、color、direction、font-*、content、unicode-bidi、white-space等屬性。

　　以下範例使用::marker選擇器將項目符號設定為表情符號圖案，而編號則設定了色彩及大小。

🗁 ch06\ex06-16.html

```
01~07  略
08     <style>
09        ul li::marker { content:"\1F601";}
10        ol li::marker { color: #dd5805; font-size: 20px;}
11     </style>
123 </head>
13  <body>
14     <h1>橘鳥市場街Orange Bird Street Market</h1>
15        <ul>
16           <li>橘鳥市集活動</li><li>魔方小騎兵DIY活動</li><li>五金工具車DIY
              活動</li>
17        </ul>
18        <ol>
19           <li>橘鳥市集活動</li><li>魔方小騎兵DIY活動</li><li>五金工具車DIY
              活動</li>
20        </ol>
21  </body>
22  </html>
```

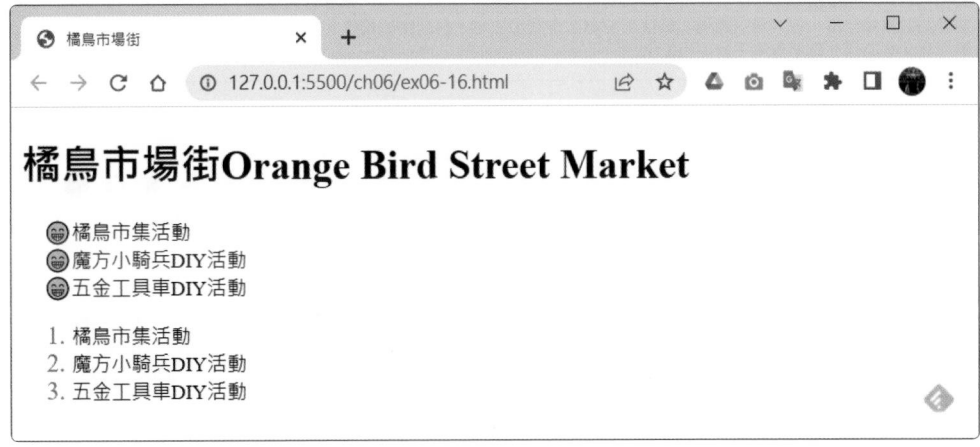

6-6-4 ::selection

::selection 選擇器**可以設定被選取反白的樣式**，一般當滑鼠選取網頁中的文字時，反白區域會呈藍底白字，而使用 ::selection 選擇器，就可以改變背景色及字體顏色。::selection 可使用的屬性有 color、background-color、cursor、caret-color、outline、text-decoration、text-emphasis-color、text-shadow 等。

以下範例使用 ::selection 選擇器將 <h1> 的背景色更改為紅色；<p> 的背景色彩更改為黃色，文字色彩更改為紅色。

📂ch06\ex06-17.html

```
01~07  略
08     <style>
09         h1::selection { background: red; }
10         p::selection { color: red; background: yellow;}
11     </style>
12 </head>
13 <body>
14     <h1>讓人想一去再去的馬祖</h1>
15     <p>略</p>
16 </body>
17 </html>
```

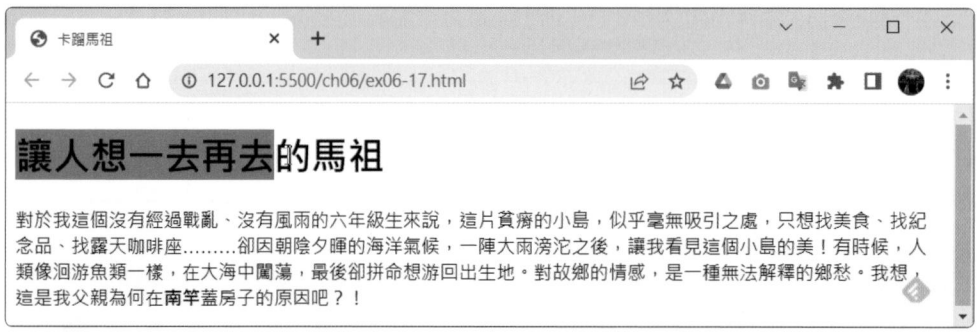

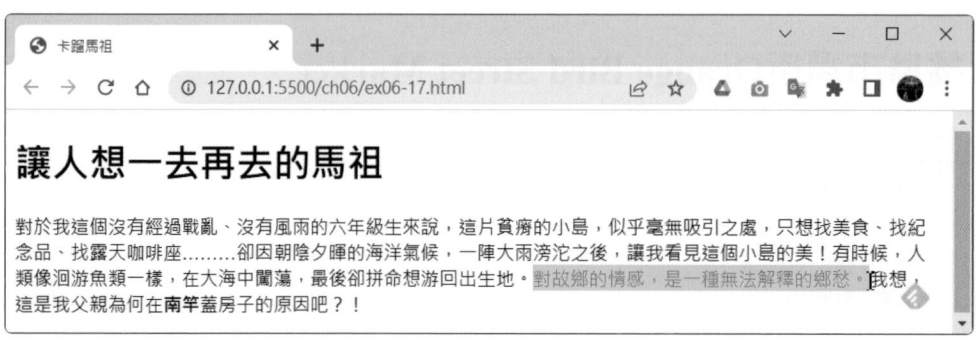

● 選擇題

( ) 1. 下列語法中，p為？ (A)選擇器 (B)屬性 (C)值 (D)樣式。

```
p {
    font-size: 18px;
    color: red;
}
```

( ) 2. 將CSS語法直接寫在HTML文件中的「<style>...</style>」元素內，表示該語法為？ (A) HTML樣式 (B)行內樣式 (C)外部樣式表 (D)內部樣式表。

( ) 3. 下列語法，是哪種CSS的使用方式？ (A) HTML 樣式 (B)行內樣式 (C)外部樣式表 (D)內部樣式表。

```
<h2 style="background-color:green;color:white;text-align:center;
border:2px #ffcc6e solid;"> 帶口罩勤洗手 </h2>
```

( ) 4. 下列關於CSS選擇器的敘述，何者不正確？ (A)類別選擇器是在HTML中加入class屬性 (B) id選擇器為包含特定id屬性的元素定義格式，只針對特定一個HTML元素 (C)群組選擇器可用來將多個元素群組，以套用相同樣式，元素之間必須以「#」分隔 (D)使用HTML元素當作選擇器，可以重新定義該元素的預設格式，賦予元素新的屬性。

( ) 5. 下列關於CSS選擇器的敘述，何者不正確？ (A)子選擇器之間以「,」分隔 (B)同層全體選擇器之間以「~」分隔 (C)虛擬類別選擇器以「:」為開頭 (D)::marker選擇器可以設定項目符號及編號的樣式。

● 實作題

1. 在「ch06\ex06-a.html」檔案中，使用CSS分別設定了h1、h2、h3等樣式，但基本上這些樣式的設定都一樣，只有文字大小不一樣，例如將h1的文字大小設定為「font-size: 72px;」；將h2的文字大小設定為「font-size: 48px;」；將h3的文字大小設定為「font-size: 32px;」，那麼要如何修改CSS語法，讓程式碼減到最少？

2. 請開啟「ch06\ex06-b.html」檔案,進行以下設定。

- 將具有 title 屬性的 img 元素,且該屬性值需包含 flower 單字的圖片,加上框線及灰色「border: 5px solid gray;」。

- 將具有 target="_blank" 屬性的 \<a\> 元素加上背景色彩「background-color: yellow;」。

- 將 \<h1\> 元素前加入表情符號圖案。表情符號的十六進制碼可以參考 w3schools 網站 (https://www.w3schools.com/charsets/ref_emoji.asp) 網站。

CHAPTER 07

CSS基本樣式

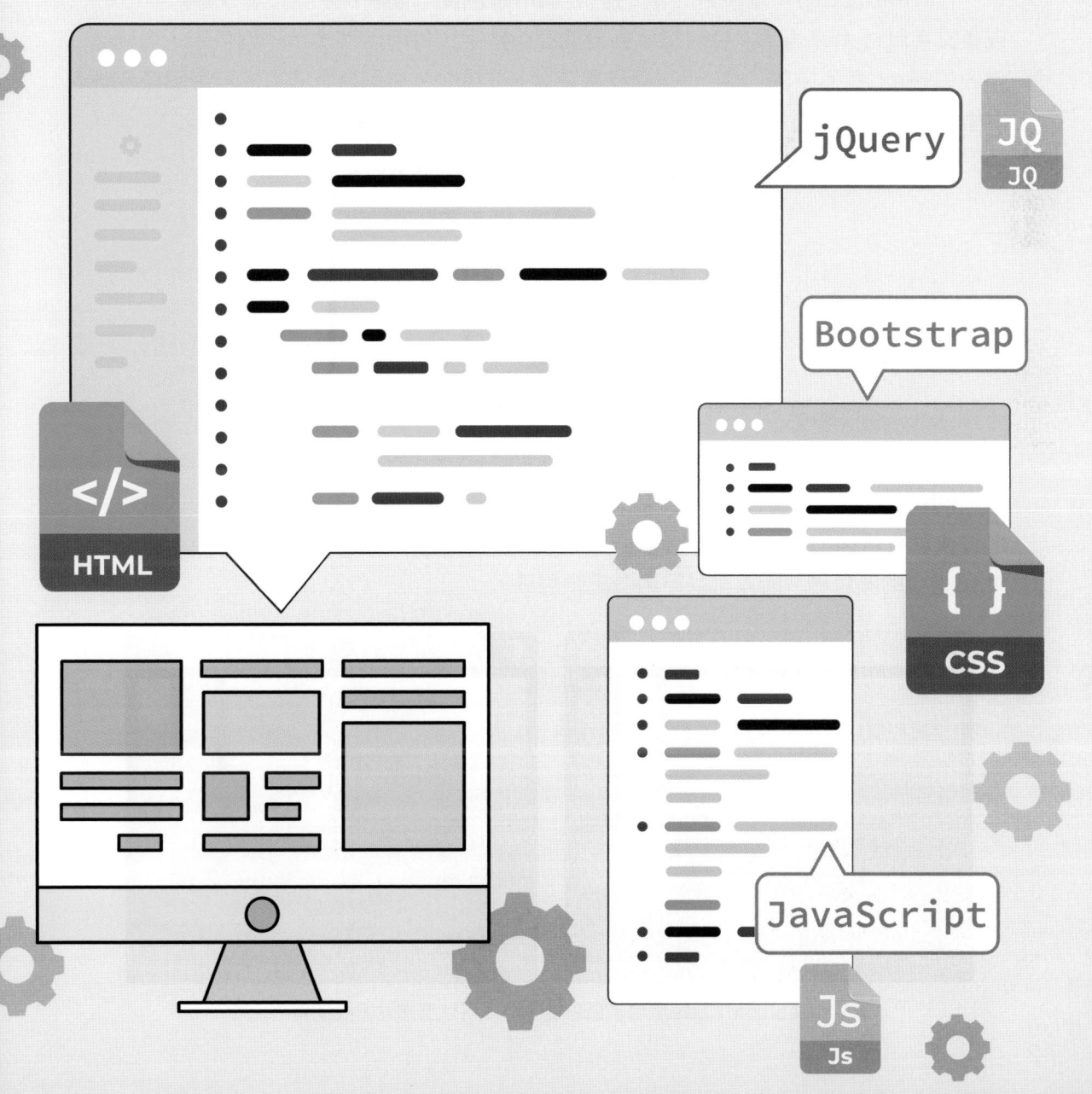

7-1 色彩屬性

製作網頁時，色彩的使用大都是透過CSS來設定，色彩可應用到文字、區塊、邊框及網頁背景等，這節就來學習CSS的色彩屬性。

7-1-1 認識色彩值

HTML5可以使用的色彩標記方式有很多，例如hex(十六進位值)、rgb、rgba、hsl、hsla、hwb、顏色名稱等來指定色彩。

hex (十六進位值)

在HTML及CSS中十六進位碼的色彩標示是由#號開始，後面接著6個數字(0~9)或英文字母(a~f)來表示。色彩標示共分成三組數字，每兩碼就表示一個色彩，前兩碼代表的是rgb色彩中的r，中間的兩碼數字代表的是g，後兩碼則是b。若每個顏色數字重疊，可以簡化為3位數來指定顏色，例如 #ff0000 → #f00。

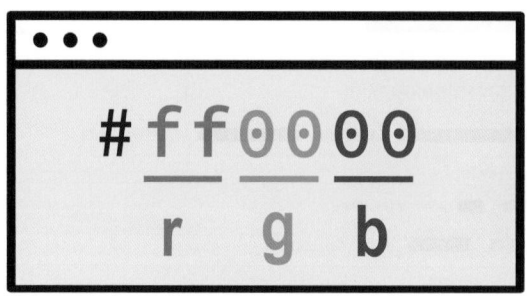

▲ hex色彩標示說明

rgb模式中的0到255會轉換為00到ff，例如rgb的紅色值為「255,0,0」，改成十六進位後就會轉換為「#ff0000」，通常在影像處理、繪圖、網頁製作等軟體中，都會提供16進位的顏色碼，所以可以不用去記顏色碼。

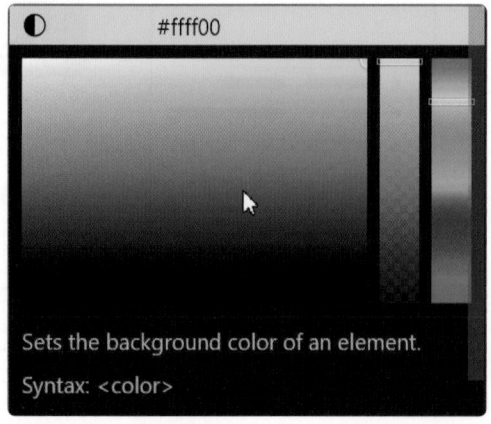
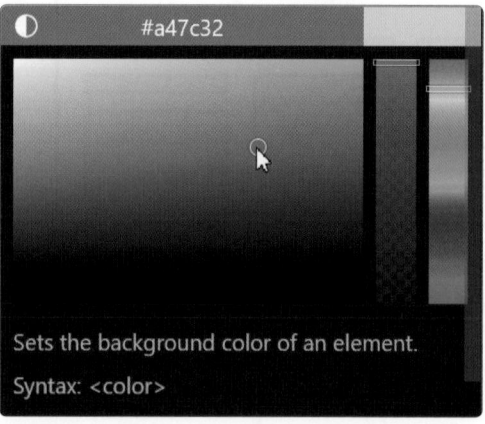

▲ Visual Studio Code提供了色彩檢色器，可以直接點選要使用的色彩

除此之外，若有需要時，也可以上網查到相關的色碼表，如色碼表網站提供了色碼查詢。

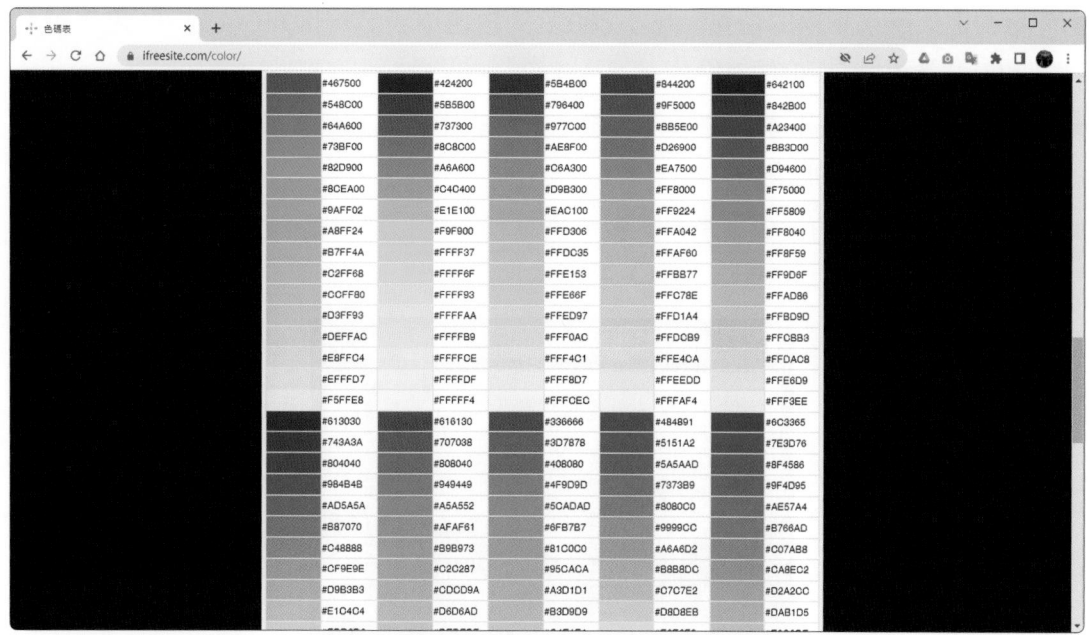

▲ 色碼表網站(https://www.ifreesite.com/color/)

rgb與rgba

rgb色彩值是用來表示紅(r)、綠(g)、藍(b)三顏色的值，每個顏色值的範圍為0~255，值與值之間以「,」區隔，例如rgb(255,0,0)。除此之外，還可以使用百分比指定rgb值，其中100%表示全彩，而0%表示無顏色，例如將紅色指定為rgb(255, 0, 0)或rgb(100%, 0%, 0%)。

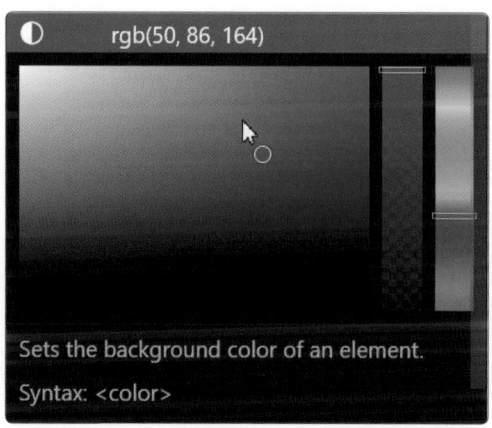

▲ Visual Studio Code提供的色彩檢色器，也能查詢到rgb的色彩值

rgba色彩值是rgb的延伸，a代表alpha，可以指定透明度，alpha的值介於0.0(完全透明)和1.0(完全不透明)之間，例如rgba(255,0,0,0.5)。

hsl與hsla

hsl色彩值是用來表示色相(h)、飽和度(s)及亮度(l)。

● **色相**：是依照色相環的位置，以0~360度的數值來表示，例如0度或360度表示紅色；60度為黃色；120度為綠色。

● **飽和度**：以0~100%的數值來表示，數值越高表示色彩越純，顏色的濃度越高，0%代表灰色和100%的陰影。

● **亮度**：以0~100%的數值來表示，數值越高表示色彩越明亮，0%是黑色的，100%是白色的。

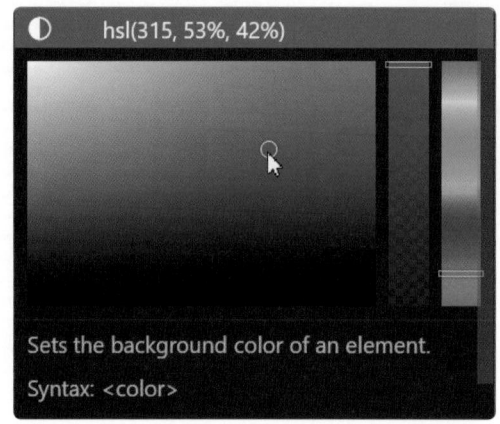

▲ Visual Studio Code提供的色彩檢色器，也能查詢到hsl的色彩值

hsla與rgba一樣，a可以指定透明度，alpha的值介於0.0 (完全透明)和1.0 (完全不透明)之間，例如hsla(120,65%,75%,0.3)。

以顏色名稱指定色彩

設定色彩值時，還可以使用顏色的名稱來指定色彩，例如gray表示灰色；yellow代表黃色等。下表所列為一些常見的顏色名稱。

顏色名稱	中文名稱	hex	rgb	hsl
black	黑色	#000000	rgb(0, 0, 0)	hsl(0, 0%, 0%)
red	紅色	#ff0000	rgb(255, 0, 0)	hsl(0, 100%, 50%)
firebrick	磚紅色	#b22222	rgb(178, 34, 34)	hsl(0, 68%, 42%)
lightcoral	亮珊瑚色	#f08080	rgb(240, 128, 128)	hsl(0, 79%, 72%)
gray	灰色	#808080	rgb(128, 128, 128)	hsl(0, 0%, 50%)
darkgray	暗灰	#a9a9a9	rgb(169, 169, 169)	hsl(0, 0%, 66%)
silver	銀色	#c0c0c0	rgb(192, 192, 192)	hsl(0, 0%, 75%)
snow	雪色	#fffafa	rgb(255, 250, 250)	hsl(0, 100%, 99%)

顏色名稱	中文名稱	hex	rgb	hsl
white	白色	#ffffff	rgb(255, 255, 255)	hsl(0, 0%, 100%)
tomato	蕃茄紅	#ff6347	rgb(255, 99, 71)	hsl(9, 100%, 64%)
orangered	橙紅	#ff4500	rgb(255, 69, 0)	hsl(16, 100%, 50%)
coral	珊瑚紅	#ff7f50	rgb(255, 127, 80)	hsl(16, 100%, 66%)
chocolate	巧克力色	#d2691e	rgb(210, 105, 30)	hsl(25, 75%, 47%)
gold	金色	#ffd700	rgb(255, 215, 0)	hsl(51, 100%, 50%)
khaki	卡其色	#f0e68c	rgb(240, 230, 140)	hsl(54, 77%, 75%)
yellow	黃色	#ffff00	rgb(255, 255, 0)	hsl(60, 100%, 50%)
beige	米色	#f5f5dc	rgb(245, 245, 220)	hsl(60, 56%, 91%)
green	綠色	#008000	rgb(0, 128, 0)	hsl(120, 100%, 25%)
limegreen	檸檬綠	#32cd32	rgb(50, 205, 50)	hsl(120, 61%, 50%)
aquamarine	碧藍色	#7fffd4	rgb(127, 255, 212)	hsl(160, 100%, 75%)
skyblue	天空藍	#87ceeb	rgb(135, 206, 235)	hsl(197, 71%, 73%)
aliceblue	愛麗絲藍	#f0f8ff	rgb(240, 248, 255)	hsl(208, 100%, 97%)
blue	藍色	#0000ff	rgb(0, 0, 255)	hsl(240, 100%, 50%)
lavender	薰衣草紫	#e6e6fa	rgb(230, 230, 250)	hsl(240, 67%, 94%)
purple	紫色	#800080	rgb(128, 0, 128)	hsl(300, 100%, 25%)
violet	紫羅蘭色	#ee82ee	rgb(238, 130, 238)	hsl(300, 76%, 72%)
pink	粉紅色	#ffc0cb	rgb(255, 192, 203)	hsl(350, 100%, 88%)

在 Visual Studio Code 建立色彩屬性時，會自動顯示色彩選單，在選單中也提供了許多顏色名稱，可依需求選擇要使用的色彩。

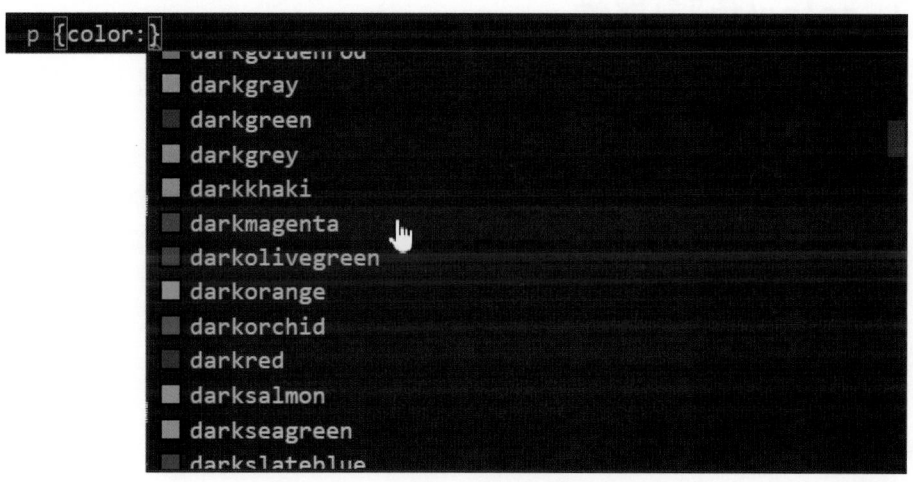

▲ Visual Studio Code 提供了顏色名稱選單

在 w3schools 網站也有列出各種顏色名稱,若有需要可至該網站查詢,該網站除了提供各種色彩值外,還提供了色彩轉換器(進入 Color Converter 頁面中),只要輸入顏色名稱、hex、rgb、hsl、hwb、cmyk、ncol 等色彩值即可。

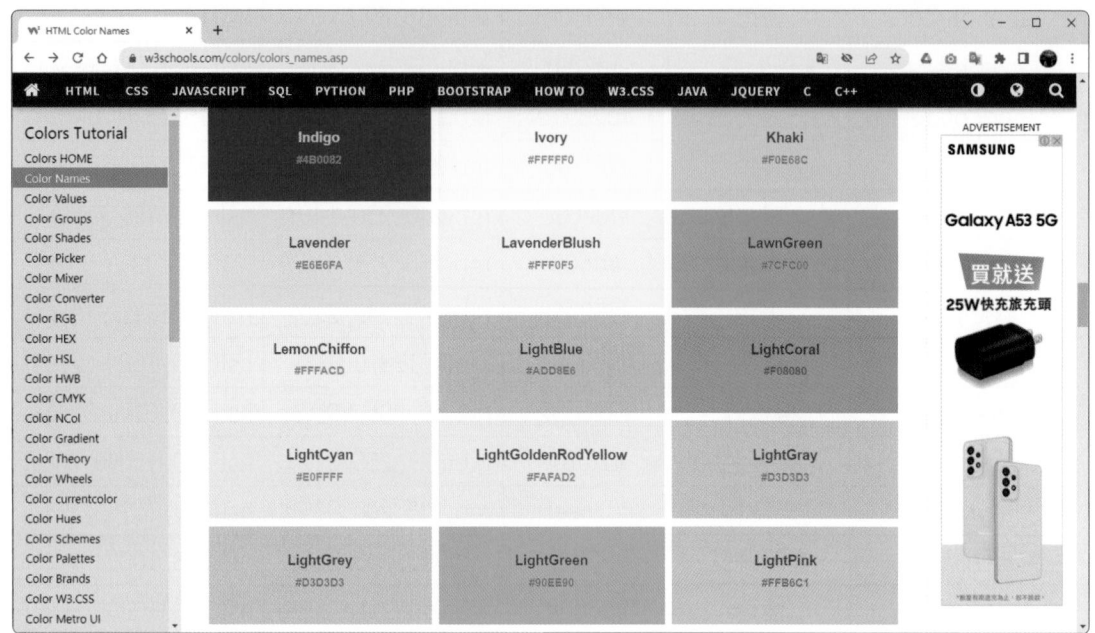

▲ w3schools 色彩教學網站 (https://www.w3schools.com/colors/default.asp)

hwb

hwb 是 CSS4 中的新顏色標準,目前該規範仍處於草案階段並正在制定中。hwb 色彩值是用來表示色相 (h)、白度 (w) 及黑度 (b),與 hsl 一樣,色相可以是 0~360 度的範圍;白色與黑色的濃度,範圍是 0%~100%。

7-1-2 color (色彩) 屬性

color 屬性可以**設定元素內的文字色彩**,該屬性的參數只有一個,可以使用 hex、rgb、rgba、hsl、hsla、hwb、顏色名稱等來指定色彩,語法如下:

```
body {color: steelblue;}              /*使用顏色名稱*/
h1 {color: #00ff00;}                  /*使用hex色彩值*/
h2 {color:rgb(0, 0, 255);}            /*使用rgb色彩值*/
h3 {color:rgba(0, 0, 255, 0.2);}      /*使用rgba色彩值*/
h4 {color:hsl(270, 60%, 50%);}        /*使用hsl色彩值*/
h5 {color:hsla(270, 60%, 50%, .15);}  /*使用hsla色彩值*/
h6 {color:hwb(90 10% 10%);}           /*使用hwb色彩值*/
```

color屬性除了改變文字色彩外，還能改變元素周圍的邊框，例如下列語法，宣告 <p> 元素的文字色彩及邊框色彩。

```
p.side {color:darkturquoise; border-style:solid;}
```

📁 **ch07\ex07-01.html**

```
01~07  略
08     <style>
09        body {color: deeppink;}                        /*使用顏色名稱*/
10        h1 {color: #ff9100;}                           /*使用hex色彩值*/
11        h2 {color:rgb(3, 94, 147);}                    /*使用rgb色彩值*/
12        h3 {color:rgba(3, 94, 147, 0.5);}              /*使用rgba色彩值*/
13        h4 {color:hsl(270, 60%, 50%);}                 /*使用hsl色彩值*/
14        h5 {color:hsla(270, 60%, 50%, 0.6);}           /*使用hsla色彩值*/
15        h6 {color:hwb(90 3% 65%);}                     /*使用hwb色彩值*/
16        .side {color:sandybrown; border-style:solid;}
17     </style>
18  </head>
19  <body>
20     <h1 class="side">橘鳥市場街Orange Bird Street Market</h1>
21~28  略
```

在此範例中，h3標題加入了透明度，所以色彩是h2標題的50%；h5標題也加入了透明度，所以色彩是h4標題的50%。

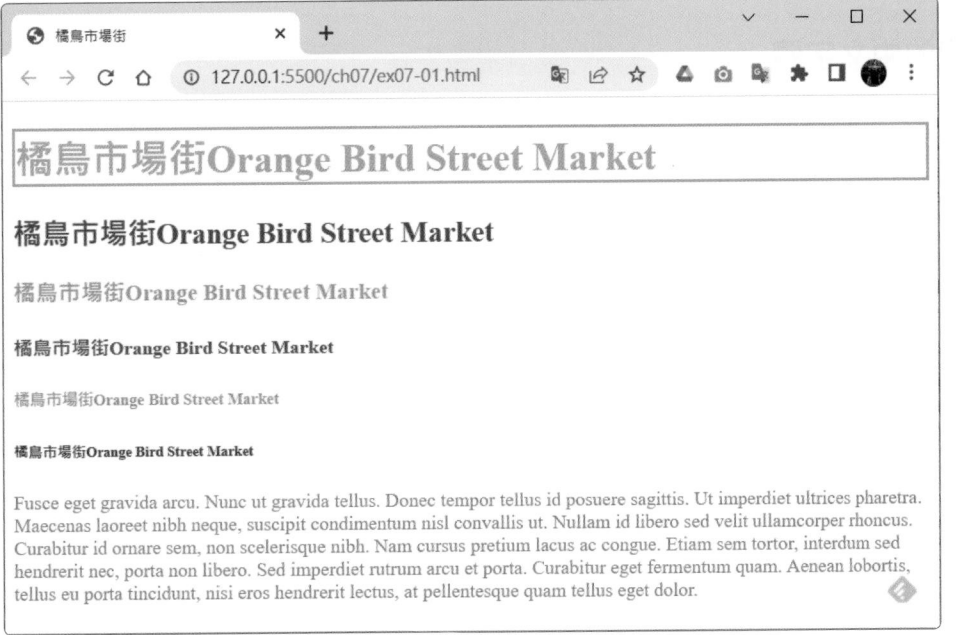

7-2 字型屬性

在CSS中有許多與字型相關的屬性，這節就來學習這些屬性吧！

7-2-1 font-family(文字字型)屬性

font-family屬性可以**設定文字字型**，使用時，只需要設定字體名稱即可，設定時可以一種字體或多種不同的字體，字體間用「,」半形逗號隔開，若字型名稱中出現空格時，要在外側加上單引號或雙引號。當瀏覽器載入網頁樣式時，會從左邊第一個字體開始判斷，如果沒有對應的字體，就直接採用下一種字體，如果都沒有可用的字體，就會使用電腦預設的字體，語法如下：

```
body {
    font-family: Arial, "Microsoft JhengHei";
}
```

若要設定電腦的預設字體，可以在font-family的最後面加入**通用字**(generic-family)，當然不設定通用字也可以，網頁會自動採用系統預設字體。常用的通用字有**sans-serif**(無襯線體)、**serif**(襯線體)、**monospace**(等寬體)、**cursive**(手寫體)和**fantasy**(幻想體)等五種。語法如下：

```
body {
    font-family: Arial, "Microsoft JhengHei", sans-serif;
}
```

常用的中文字體

英文字體因為字母少，所以預設支援的比較多，但中文字就不同了，使用中文字體時，部分瀏覽器可以用中文，但建議最好還是使用英文名稱或是中英文一起使用。常用的中文字體有：

Windows	mac
微軟正黑體 (Microsoft JhengHei)	蘋方 (PingFang)
新細明體 (PMingLiU)	黑體 (STHeiti)
標楷體 (DFKai-SB)	楷體 (STKaiti)
	儷黑 Pro (LiHei Pro)
	儷宋 Pro (LiSong Pro)

雲端字體(Web Fonts)

　　隨著雲端的越來越普及，許多字體的使用也出現在雲端，而我們只要透過link、@import的方式就可以嵌入網路字型，設定後，會將字型自動從伺服器端下載，在電腦中沒有該字型的情況下，也能正常看到該字型的顯示效果。語法如下：

```
<link href="雲端字體超連結" rel="stylesheet">
```

```
<style>
    @import url('雲端字體超連結');
</style>
```

　　Google Fonts提供了雲端字體，讓使用者可以透過連結的方式使用在網頁上。進入Google Fonts網站(https://www.google.com/fonts)後，找到要使用的字型，點選**+Select this style**，在右側會開啟窗格，窗格中提供了<link>及@import的程式碼，還有CSS的設定程式碼，將這些程式碼複製到文件中即可。

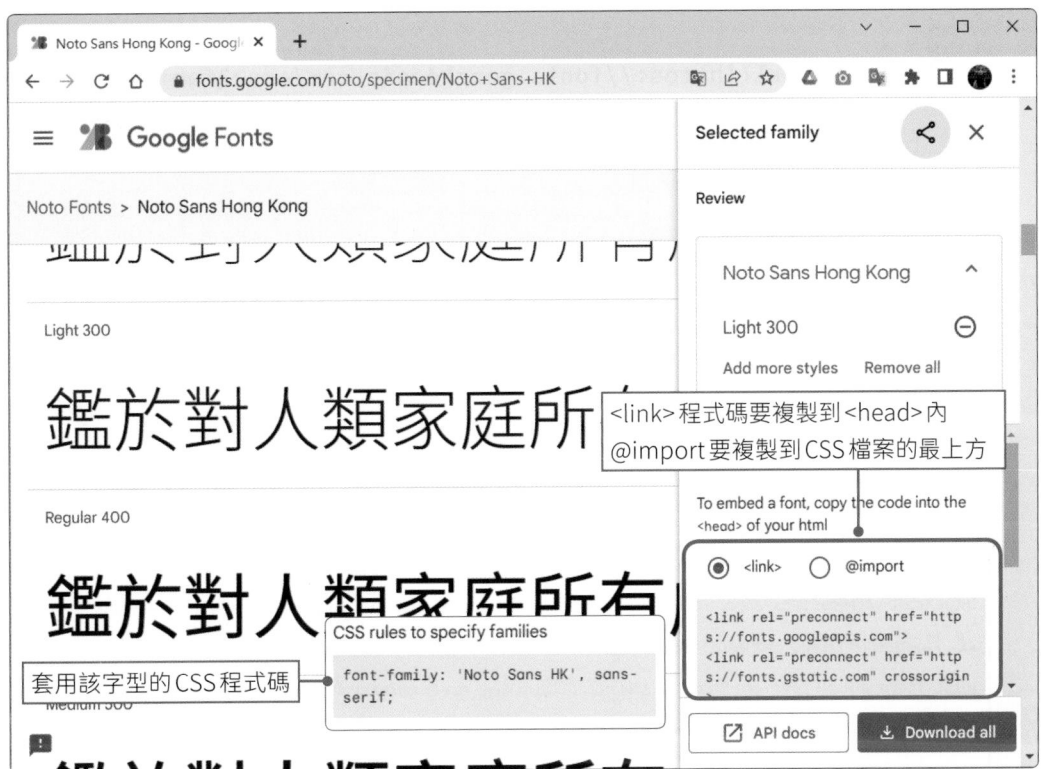

　　除了使用<link>、@import方式外，還可以使用**@font-face**。@font-face可以讓我們使用電腦中的字體檔(例如woff、ttf檔案)，或和網路上的字體檔互相搭配使用，讓網頁的設計更具有彈性。

下列語法是 @font-face 的基本用法，先自行定義一個字體名稱，當 p 套用了這個字體，會優先使用本地端的 Arial 字體檔，如果沒有該字體檔，則會使用第二組 font2. woff，如果又沒有，則會使用第三組 font3.ttf。

```
<style>
    @font-face {
        font-family: myFirstFont;
        src: local("Arial"), url(font2.woff), url(font3.ttf);
    }
    h1{
        font-family: myFirstFont, serif;
    }
</style>
```

下列範例使用了 @import 來嵌入 Google Fonts 中的雲端字型。

📂 ch07\ex07-02.html

```
01~07   略
08      <style>
09          @import url('https://fonts.googleapis.com/css2?family=Pacifico&display=swap'); /*嵌入 Google Fonts網站中的字體*/
10          body {font-family: 'Pacifico', cursive; /*加入 Google Fonts提供的語法*/
11              color: deeppink;}
12      </style>
13  </head>
14~17   略
```

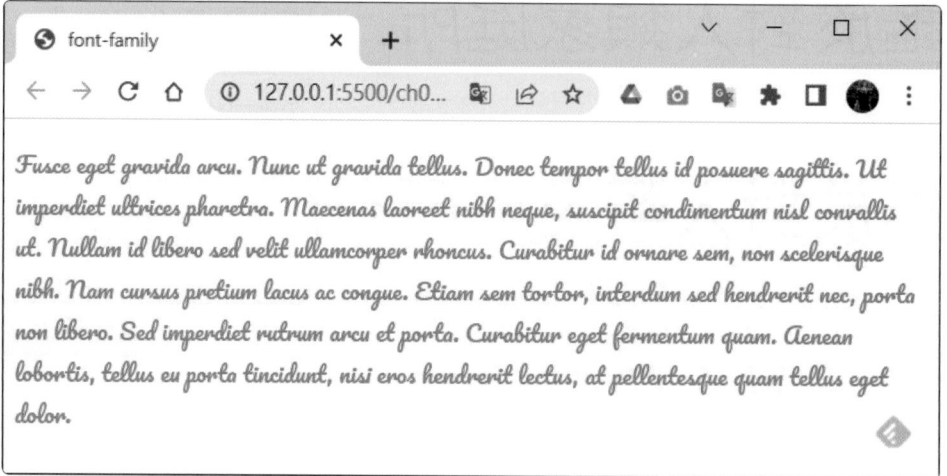

7-2-2 font-size(文字大小)屬性

font-size屬性可以**設定文字大小**，可以使用px、%、em、rem等單位設定大小，若不設單位，也可以設定成xx-small、x-small、small、medium、large、x-large、xx-large、smaller、larger等，其中medium (等於16px)是標準大小。語法如下：

```
<style>
  h1 {font-size: 36px;}
  h2 {font-size: large;}
  h3 {font-size: 150%;}
  p {font-size: 1.50rem;}
</style>
```

網頁的文字單位大致上分成**絕對單位**與**相對單位**，各單位的說明如下表所列。

	單位	說明
絕對單位	px	代表螢幕中每個點(pixel)，設定多大就會呈現多大的px，適用於需要客製化的區域。
	xx-small	對應h6的標籤文字大小，為medium字體的3/5倍。
	x-small	沒有對應的標籤文字大小，為medium字體的3/4倍。
	small	對應h5的標籤文字大小，為medium字體的8/9倍。
	medium	對應h4的標籤文字大小，根據W3C的規範，以medium預設16px為基礎。
	large	對應h3的標籤文字大小，為medium字體的6/5倍。
	x-large	對應h2的標籤文字大小，為medium字體的3/2倍。
	xx-large	對應h1的標籤文字大小，為medium字體的2/1倍。
相對單位	%	每個子元素透過「百分比」乘以父元素的px值。 `.psize {font-size:16px; }` `.p-1 {font-size:1.5%; }` /*16×150%＝24px*/ `.p-2 {font-size:1.5%; }` /*24px×150%＝36px*/ `.p-3 {font-size:1.5%; }` /*36px×150%＝54px*/
	em	每個子元素**透過「倍數」乘以父元素的px值**，且會繼承父級元素的字體大小。**1 em＝16 px＝100%＝12pt**。使用em為單位時，通常會先宣告body的字級大小。 `.emsize { font-size:16px; }` `.em-1 { font-size:1.5em; }` /*16×1.5＝24px*/ `.em-2 { font-size:1.5em; }` /*24px×1.5＝36px*/ `.em-3 { font-size:1.5em; }` /*36px×1.5＝54px*/

	單位	說明
相對單位	rem	每個元素透過「倍數」乘以根元素的px值，不會繼承父級元素的字體大小，而是以網頁的根元素 \<html\> 的 font-size 來計算。適合用在整體網頁的尺寸切換，可以依據不同的螢幕尺寸，統一改變網頁全部的文字大小。 `.emsize { font-size:16px; }` `.em-1 { font-size:1.5rem; }`　　/*16×1.5＝24px*/ `.em-2 { font-size:1.5rem; }`　　/*6×1.5＝24px*/ `.em-3 { font-size:1.5rem; }`　　/*6×1.5＝24px*/
	larger	以上一層(父層)的固定百分比為單位，為**父層的120%**。
	smaller	以上一層(父層)的固定百分比為單位，為**父層的80%**。

7-2-3　font-style(文字樣式)

font-style 屬性可以設定文字樣式，如 normal (正常)、italic (斜體)、oblique (傾斜體) 等。語法如下：

```
p.a {
    font-style: italic;
}
```

7-2-4　font-variant(文字變化)與font-variant-caps屬性

font-variant 屬性可以設定小型大寫字體，如 normal (正常)、small-caps (小型大寫字)、inherit (繼承父層屬性) 等。語法如下：

```
p.small {
    font-variant: small-caps; /*會將英文字母變大寫，且字體縮小*/
}
```

font-variant-caps 屬性可以設定大寫字母的替代字型，如 normal (正常)、small-caps (小型大寫字)、all-small-caps (用小寫字母顯示大寫和小寫字母)、petite-caps (顯示帶有小大寫字母的小寫字母)、all-petite-caps (顯示帶有小大寫字母的大寫和小寫字母)、unicase (大寫字母以小型大寫字母顯示，小寫字母以普通字體顯示)、titling-caps (以大寫形式顯示標題)、initial(使用預設值)、inherit (繼承父層屬性) 等。語法如下：

```
p.normal {font-variant-caps: normal;}
p.small {font-variant-caps: small-caps;}
p.allsmall {font-variant-caps: all-small-caps;}
p.petite {font-variant-caps: petite-caps;}
p.allpetite {font-variant-caps: all-petite-caps;}
p.unicase {font-variant-caps: unicase;}
p.titling {font-variant-caps: titling-caps;}
```

7-2-5　font-weight(文字粗細)屬性

　　font-weight屬性可以設定文字的粗細樣式，如normal (正常)、bold (粗體)、bolder (超粗體)、lighter (細體)等，或是100~900的數字，數字越大越粗，數字小於500時，粗體效果就不太明顯。語法如下：

```
p.normal {
    font-weight: normal;
}
p.thick {
    font-weight: bold;
}
p.thicker {
    font-weight: 900;
}
```

7-3　文字段落屬性

　　CSS有許多與文字段落相關的屬性，像是文字的對齊方式、縮排、行高等，這節就來學習文字屬性吧！

7-3-1　text-align(文字對齊方式)與text-align-last屬性

　　text-align 與 text-align-last 都是與文字對齊相關的屬性，分別說明如下。

text-align

　　text-align 屬性可以設定文字水平對齊方式，如 left (靠左)、center (置中)、right (靠右)、justify (左右對齊)。語法如下：

```
h1 {
    text-align: center;
}
```

text-align-last

　　text-align-last屬性可以設定區塊元素最後一行文本的對齊方式，可使用的值與text-align 相同，但還多了 auto (無特殊對齊方式)、start (內容對齊開始邊界)、end (內容對齊結束邊界)、justify-all (效果等同於justify，不過最後一行也會兩端對齊)和inherit (繼承父層屬性)。語法如下：

```
.sample {
    text-align-last: auto;
}
```

7-3-2 text-decoration(文字裝飾線)屬性

text-decoration 屬性是**設定文字裝飾線**，例如在文字加上底線或刪除線，而與文字裝飾線相關的屬性還有 text-decoration-color、text-decoration-line、text-decoration-style、text-decoration-thickness 等。

屬性	說明與語法

text-decoration	用來設定文字**裝飾線**(上線、底線或刪除線)。
	<table><tr><td>none</td><td>line-through</td><td>overline</td><td>underline</td></tr><tr><td>預設值，無裝飾</td><td>刪除線</td><td>上線</td><td>底線</td></tr></table>語法：
	`text-decoration: overline;`
	`text-decoration: underline;`
	`text-decoration: underline overline;`
	`text-decoration: underline solid red 50%;`

text-decoration-color	設定文字裝飾線的色彩(上線、底線或刪除線)。
	語法：
	`p {`
	`    text-decoration: underline;`
	`    text-decoration-color: red;`
	`}`

text-decoration-line	設定文字裝飾線的**類型**(上線、底線或刪除線)。 <table><tr><td>none</td><td>line-through</td><td>overline</td><td>underline</td></tr><tr><td>預設值，無裝飾</td><td>刪除線</td><td>上線</td><td>底線</td></tr></table>語法： `text-decoration-line: underline;`

text-decoration-style	設定文字裝飾線的**樣式**(實心、波浪、虛線、雙線)。
	<table><tr><td>solid</td><td>double</td><td>dotted</td><td>dashed</td><td>wavy</td></tr><tr><td>單線</td><td>雙線</td><td>虛線</td><td>虛線</td><td>波浪線</td></tr></table>語法：
	`p {`
	`    text-decoration-line: overline underline;`
	`    text-decoration-style: wavy;`
	`}`

text-decoration-thickness	設定文字裝飾線的**粗細**(實心、波浪、虛線、雙線)。
	語法：
	`p {`
	`    text-decoration: underline;`
	`    text-decoration-thickness: 5px;`
	`}`

7-3-3 text-shadow(文字陰影)屬性

text-shadow屬性可以**設定文字陰影**，通常會使用到4個參數，**h-shadow**(水平位置)、**v-shadow**(垂直位置)、**blur**(模糊程度)、**spread**(陰影尺寸)、**color**(陰影色彩)等，語法如下：

```
h1 {
    text-shadow: 2px 2px 8px #ffff00; /*h-shadow,v-shadow,blur,color*/
}
```

設定文字陰影時，還可以設定為多重陰影，語法如下：

```
h1 {
    text-shadow: 0 0 3px #ffff00, 0 0 5px #0000ff;
}
```

7-3-4 其他與文字段落相關的屬性

除了上述介紹的文字段落屬性外，還有一些常用的屬性，如下表所列。

屬性	說明與語法

line-height	設定**文字的行高**，可使用%、px、em、normal(自動調整)、數字等單位。如下列語法，行高會依照該元素設定的**文字大小×1.6**的結果來呈現行高。
	``
	p {
	    line-height: 1.6;
	}
	``

letter-spacing	設定**字元與字元之間的水平距離**，可使用的值有normal、單位(cm、em、px)。
	``
	p {
	    letter-spacing: 8px;
	}
	``

word-spacing	設定**單字(或段落)的距離**，可使用的值有normal、單位(cm、em、px)。
	``
	p {
	    lword-spacing: 30px;
	}
	``

white-space	處理元素內的**空白與換行**，可使用的值有normal、nowrap(所有空格合併為一個，不換行)、pre(原始樣式，不換行)、pre-wrap(原始樣式，換行)、pre-line(所有空格合併為一個，Enter不變，換行)。
	``
	ul{
	    white-space: nowrap; /*強制內容在一行顯示*/
	}
	``

屬性	說明與語法

text-overflow	針對超出範圍的部分進行處理，可使用的值有clip(將超出的範圍文字切斷)、ellipsis(用…來表示被切斷的文字)。
	
	``css
	div.a:hover {
	    text-overflow:ellipsis;
	}
	``

text-indent	設定首行縮排，可以使用px、em、%等單位，若數值為負數，則代表為首行凸排。
	
	``css
	div.a {
	    text-indent: 30px;
	}
	
	div.b {
	    text-indent: -6em;
	}
	``

以下範例使用了字型屬性及文字段落屬性，設定標題文字及段落文字。

ch07\ex07-03.html

```
01~07  略
08     <style>
09         @import url('https://fonts.googleapis.com/css2?family=Tapestry&
           display=swap');
10         @import url('https://fonts.googleapis.com/css2?family=Libre+Bod
           oni&family=Tapestry&display=swap');
11         body {font-family: "Microsoft JhengHei", Serif;}
12         h1 {
13             font-family: Tapestry, "Microsoft JhengHei", cursive;
14             font-size: 3rem; /*文字大小*/
15             letter-spacing: 5px; /*字距*/
16             text-align: center; /*文字置中對齊*/
17             text-decoration: underline solid orangered 30%; /*在文字下方加
               入底線*/
18             text-shadow: 2px 2px #fbfd88; /*設定陰影*/
19         }
20         p {
21             font-family: "Libre Bodoni", serif;
22             font-size: 1.2rem; /*文字大小*/
23             line-height: 2; /*行距*/
24             text-align: justify; /*文字左右對齊*/
25             text-indent: 30px; /*首行縮排*/
26         }
27         p.small {
28             font-variant: small-caps; /*將英文字母變大寫，且字體縮小*/
29         }
```

```
30    </style>
31  </head>
32~42  略
```

7-4 清單屬性

　　HTML中的<ol>、<ul>及<il>元素可以使用CSS的清單屬性來美化清單符號，這節就來學習各種清單屬性吧！

7-4-1 list-style-type(清單符號類型)屬性

　　list-style-type屬性可以設定清單符號的外觀，常使用的值有none (無清單符號)、disc (實心圓形)、circle (空心圓形)、square (實心正方形)、decimal (1、2、3)、upper-roman (I、II、III)、decimal-leading-zero (01、02、03) 等。語法如下：

```
<style>
  ul.a {list-style-type: circle;}
  ul.b {list-style-type: square;}
  ol.c {list-style-type: decimal-leading-zero;}
  ol.d {list-style-type: lower-alpha;}
</style>
```

7-4-2 list-style-position(清單符號位置)屬性

　　list-style-position屬性可以**設定清單符號要顯示在區塊外側是內側**，而區塊若有設定留白或對齊時，會影響到對齊位置。list-style-position屬性常使用的值有**inside(顯示在區塊的內側)**、**outside(顯示在區塊的外側)**，語法如下：

```
<style>
   ul.a { list-style-position: outside; }
   ul.b { list-style-position: inside; }
</style>
```

7-4-3 list-style-image(圖片清單符號)屬性

　　list-style-image屬性可以**將清單符號換成自訂的圖片或是漸層**，語法如下：

```
<style>
   ul.a { list-style-image: url("icon01.png"); }
   ul.b { list-style-image: linear-gradient(to left bottom, red, blue) }
</style>
```

7-4-4 list-style(清單速記)屬性

　　設定清單屬性時，可以將list-style-style、list-style-position及list-style-image屬性簡化為一個list-style屬性。語法如下：

```
ul {
   list-style: square inside url("icon01.png");
}
```

📂**ch07\ex07-04.html**

```
01~17   略
18      ul {list-style: outside circle;}
19      ol {list-style-type: decimal-leading-zero;}
20      </style>
21~35   略
```

7-5 背景屬性

使用背景屬性則可以在元素的背景加上色彩或是圖片，這節就來學習與背景有關的屬性吧！

7-5-1 background-color(背景色彩)屬性

background-color屬性可以**設定背景色彩**，該屬性可以用在各種元素裡，語法如下：

```
body { background-color: lightblue; }
div { background-color: red; }
p { background-color: yellow; }
```

7-5-2 background-image(背景圖片)屬性

background-image屬性可以**設定用圖片來當背景**，若使用圖片做為背景時，切記勿使用太花巧的圖案，以免影響閱讀，語法如下：

```
div { background-image:url(bg.png); }
```

7-5-3 background-repeat(背景重複排列方式)屬性

background-repeat屬性可以**設定背景是否重複**，background-image屬性在預設下會水平和垂直重複圖片來呈現，若要避免這個情況，可使用background-repeat屬性。設定值有repeat(重複並排顯示)、repeat-x(水平方向重複顯示)、repeat-y(垂直方向重複顯示)、no-repeat(不重複顯示)，語法如下：

```
body {
    background-image: url("bg.png");
    background-repeat: repeat-x;        /*水平方向重複顯示*/
}
```

7-5-4 background-position(背景圖片位置)屬性

background-position屬性可以**指定背景圖片的位置**，可以使用關鍵字(top、center、bottom、left、center、right)及數值加上單位來設定。例如要將影像設定成顯示在上方中央，語法如下：

```
background-position: center top; /*若只填一個值，另一個值會以center表示*/
```

若要將影像起始位置設定在距離左邊 50px (水平軸)、距離上方 100px (垂直軸)的位置時 (容器左上角為 0% 0%，右下角為 100% 100%)，語法如下：

```
background-position: 50% 100%;  /*若只填寫一個數值時，第二個數值會以50%表示*/
```

7-5-5　background-attachment(背景固定模式)屬性

background-attachment 屬性可以**設定背景圖固定在指定位置上或跟著捲動**。可以使用的值有 **scroll** (預設值，背景圖會隨著頁面滾動而移動) 及 **fixed** (背景圖固定在相同位置)，語法如下：

```
body {
    background-image: url("bg.png");
    background-repeat: no-repeat;
    background-position: right top;
    background-attachment: fixed;
}
```

7-5-6　background-size(背景圖片大小)屬性

background-size 屬性可以用來**設定背景圖的尺寸**，可以使用 **cover** (影像等比例放大，直到填滿顯示範圍)、**contain** (維持長寬比，並顯示完整影像) 及數值加上單位來設定。background-size 必須搭配 background-image 來使用，若沒有設定 background-image 是沒有作用的，語法如下：

```
#div1 {
    background-images: url("bg.png");
    background-size: contain;      /*不變形、寬高等比例、不可裁切*/
    background-repeat: no-repeat;
}
#div2 {
    background-images: url("bg.png");
    background-size: cover;        /*不變形、寬高等比例、在必要時局部裁切*/
    background-repeat: no-repeat;
}
#div3 {
    background-images: url("bg.png");
    background-size: 20px 40px;
    /*寬度與長度，若只有一個數值的話，第二個數值會以auto表示*/
}
#div3 {
    background-images: url("bg.png");
    background-size: 50% 100%;
    /*寬度與長度，若只有一個數值的話，第二個數值會以auto表示*/
}
```

7-5-7　background(背景速記)屬性

background 屬性可以用來統一**設定所有與背景相關的屬性**，如背景影像、大小，要不要重複顯示等，而沒有設定的部分則會套用預設值，設定時屬性之間要用半形空格隔開，順序為 background-color → background-image → background-attachment → background-repeat → background-poition → background-size。

還有一點要注意的是，background-position 與 background-size 這倆個的值要用「/」斜線隔開。語法如下：

```
body {
    background: #ffffff url("bg.png") no-repeat right top/cover;
}
```

知識補充

在撰寫 url 裡的值時，你可能會看多種寫法，如 url(image.png)、url("image.png")、url('image.png')等方式，這三種寫法都是正確的。

7-5-8　background-blend-mode(背景混合模式)屬性

background-blend-mode 屬性可以**設定該元素的背景圖片混合模式**，也就是單一元素可以指定兩個背景屬性，同時有「漸層顏色」及「背景圖片」或兩張圖片用 background-blend-mode 混合模式效果。

background-blend-mode 屬性可使用的值有：**normal(一般)**、**multiply(色彩增值)**、**screen(濾色)**、**overlay(覆蓋)**、**darken(變暗)**、**lighten(變亮)**、**color-dodge(顏色減淡)**、**color-burn(加深顏色)**、**hard-light(實光)**、**soft-light(柔光)**、**difference(差異化)**、**exclusion(排除)**、**hue(色相)**、**saturation(飽和度)**、**color(色相)**、**luminosity(明度)** 等，語法如下：

```
background-image: url("garden01.jpg"), url("garden02.jpg");
background-blend-mode: luminosity;
```

7-5-9　mix-blend-mode(圖層混合模式)屬性

mix-blend-mode 屬性可以**設定圖層混合模式**，與 Photoshop 中的圖層混合類似，當網頁圖片重疊時，也能像影像軟體一樣，製作出混合模式的效果，而混合模式會根據使用的顏色而有所不同。mix-blend-mode 屬性可用的值與 background-blend-mode 屬性相同。語法如下：

```
mix-blend-mode: luminosity;
```

7-5-10 background-clip(背景裁剪)屬性

background-clip 屬性是**利用不同的裁切範圍，控制背景圖片顯示區域**，可以使用的值有 **border-box、padding-box、content-box、text**，語法如下：

```
background-clip: border-box;    /* 背景延伸到邊框外圍，預設值 */
background-clip: padding-box;   /* 背景延伸到內邊距外圍 */
background-clip: content-box;   /* 背景裁剪到內容區外圍 */
background-clip: text;          /* 背景被裁剪成文字的前景色 */
```

其中 text 值有點類似圖片遮罩效果，其背景內容只保留文字所在區域的部分，再配合將文字色彩設為透明(**color: transparent**)，就可以製作出圖片或漸層文字。

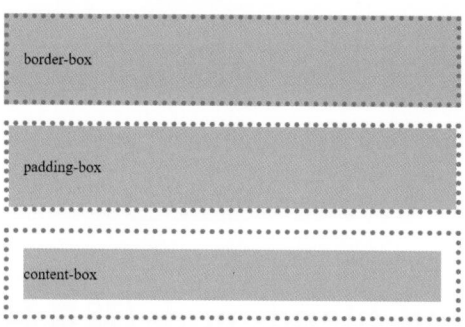

▲ 範例檔：ch07/background-clip.html

下列範例使用了背景屬性在頁首加入了背景圖片，在區塊加入重複顯示的背景圖圖片，使用背景裁剪屬性製作出圖片遮罩效果文字，頁尾則使用背景色彩。

📂 **ch07\ex07-05\ex07-05.html**

```
01~07 略
08     <link rel="stylesheet" type="text/css" href="css/style.css">
09~40 略
```

📂 **ch07\ex07-05\css\style.css**

```
01 body {
02     font-family: "Lucida Console", "Courier New", monospace;
03     margin: 0;
04 }
05 header {
06     background: no-repeat, center top fixed; /* 不重複排列、靠上置中、固定位置 */
07     background-image: url("pic02.jpg"), url("bg.jpg");
08     background-size: cover; /* 不變形，寬高等比例，在必要時局部裁切 */
```

```
09    background-blend-mode: overlay; /*將兩張圖以覆蓋模式呈現*/
10    height: 500px;
11    text-align: center;
12  }
13  section {
14    background-image: url("bg1.png");
15    background-repeat: repeat; /*重複並排顯示*/
16    padding: 10px;
17    margin: 10px;
18    text-align: center;
19  }
20  footer {
21    background-color: #6db47c; /*背景色彩*/
22    padding: 10px;
23    margin: 10px;
24    height: 60px;
25  }
26  h1 {
27    position: relative;
28    display: inline-block;
29    padding: 10px;
30    font-size: 8rem;
31    color: white;
32    mix-blend-mode: overlay; /*覆蓋效果*/
33  }
34  .text-image { /*圖片遮罩效果文字*/
35    font-size: 5rem;
36    background-image: url("pic02.jpg");
37    background-clip: text;
38    -webkit-background-clip: text;
39    color: transparent; /*色彩設為透明*/
40  }
41~52  略
```

💬 知識補充：瀏覽器的前綴詞

因CSS一直在推出新屬性，許多規則還在制定的階段，並非所有瀏覽器都支援CSS3的新屬性。因此，針對不同的瀏覽器，會在屬性前加入 -moz- 或 -webkit- 的前綴詞，強制對應核心瀏覽器正在實驗階段的CSS屬性或值使用實驗成果進行解析。瀏覽器常見的前綴詞有：

-moz-：Firefox	-o-：Opera	-webkit-：Safari、Chrome、iOS
-khtml-：Konqueror	-ms-：Internet Explorer	-chrome-：Google Chrome專用

將兩張圖以覆蓋模式呈現「background-blend-mode: overlay;」

將背景圖設定為不變形，寬高等比例，在必要時局部裁切「background-size: cover;」。原始圖片如下：

將 \<h1\> 設定為覆蓋效果「mix-blend-mode: overlay;」

My Secret Garden

將背景圖片設定為重複並排示「background-repeat: repeat;」。原始圖片如下：

Handroanthus chrysotrichus

Lorem ipsum dolor sit amet, consectetuer adipiscing elit, sed diam nonummy nibh euismod tincidunt ut laoreet dolore magna aliquam erat volutpat.

使用圖片遮罩效果的文字

My Secret Garden

Ut wisi enim ad minim veniam, quis nostrud exerci tation ullamcorper suscipit lobortis nisl ut aliquip ex ea commodo consequat.

使用背景色彩

7-6 漸層屬性

使用漸層屬性可以設定各種漸層色彩，可套用漸層的屬性有background及list-style-image，這節就來學習與漸層有關的屬性吧！

7-6-1 linear-gradient(線性漸層)屬性

linear-gradient屬性可以**設定指定角度的直線漸層**，語法如下：

```
background:linear-gradient(方向, 顏色1 位置, 顏色2 位置);
```

若沒有設定角度，預設會從上往下進行漸層，若設定角度，則改由左下角為圓心，和y軸夾角作為角度的設定，例如下列語法因為沒有設定顏色位置參數，所以三種顏色平均分配漸層位置，分別是 0% 50% 100%。

```
background:linear-gradient(red, yellow, red);
```

7-6-2 radial-gradient(放射漸層)屬性

radial-gradient屬性可以**設定出放射漸層**，與線性漸層一樣，會依據設定的顏色填滿整個區域，但放射漸層是從單個點出發為顏色起始點，語法如下：

```
background:radial-gradient(方式 尺寸 at 位置, 顏色1 位置, 顏色2 位置);
```

放射漸層的方式分成**Circle(圓形)及Ellipse(橢圓)**，語法如下：

```
background:radial-gradient(circle at center,yellow,red); /*圓形*/
background:radial-gradient(ellipse at center,yellow,red); /*橢圓*/
```

放射漸層可以使用**closest-side(最近邊)**、**farthest-side(最遠邊)**、**closest-corner(最近角)**、**farthest-corner(最遠角，預設值)**等值，設定放射的半徑。

7-6-3 conic-gradient(圓錐漸層)屬性

conic-gradient屬性可以**設定出圓錐漸層**，漸層的方式可以指定百分比%或是角度deg，語法如下：

```
background:conic-gradient(white, black);
```

透過conic-gradient屬性便可以輕鬆製作出彩虹的效果，語法如下：

```
background:conic-gradient(#f00, #f50, #ff0, #0c0, #09d, #03a, #909, #f00);
```

7-6-4 repeating-gradient(重複漸層)屬性

repeating-gradients屬性可以**設定出重複效果的漸層**，有repeating-linear-gradient線性重複漸層、repeating-linear-gradient線性重複漸層及repeating-conic-gradient圓錐形重複漸層三種可以使用。

repeating-linear-gradient

repeating-linear-gradient屬性只需要**指定需要重複的顏色位置**，沒有指定的部分，瀏覽器會自動計算補滿，例如下列的語法，只要指定兩種顏色，位置擺放在5%和10%，就會自動重複。

```
background:repeating-linear-gradient(45deg, #000 0, #000 5%, #f80 5%, #f80 10%);
```

repeating-linear-gradient

repeating-linear-gradient屬性可以**做出類似陰影的效果**，語法如下：

```
background:repeating-radial-gradient(circle, #000 0, #000 5%,
#f90 5%, #f90 10%, #a50 18%);
```

repeating-conic-gradient

repeating-conic-gradient屬性可以快速地**做出放射線的背景效果**。語法如下：

```
background:repeating-conic-gradient(#f00 0, #f00 15deg, #fa0 15deg,
#fa0 30deg );
```

📂 ch07\ex07-06.html

```
01~07  略
08  <style>
09  section { min-height: 2vh; padding: 2em; font-size: 2rem;}
10  #grad1 { /*線性漸層*/
11      background: linear-gradient(120deg, #84fab0 0%, #8fd3f4 100%);
12  }
13  #grad2 { /*放射漸層*/
14      background: radial-gradient(circle, red, yellow, green);
15  }
16  #grad3 { /*圓錐漸層彩虹效果*/
17      background: conic-gradient(#f00, #f50, #ff0, #0c0, #09d, #03a,
        #909, #f00);
18  }
19  #grad4 { /*線性重複效果*/
20      background: repeating-linear-gradient(90deg,#8fd, #8fd 15px,#09d
        0, #09d 30px);
```

```
21  }
22  #grad5 { /*棋盤格紋效果*/
23      background: #eee;
24      background-image:linear-gradient(45deg,rgba(0,0,0,.25)
        25%,transparent 0,transparent 75%, rgba(0,0,0,.25) 0),
        linear-gradient(45deg,rgba(0,0,0,.25) 25%, transparent
        0,transparent 75%, rgba(0,0,0,.25) 0);
25      background-position: 0 0, 15px 15px;
26      background-size: 30px 30px;
27  }
28  #grad6 { /*漸層文字*/
29      font-size: 5em;
30      font-family: "Arial Black";
31      background-image: linear-gradient(to right, #00dbde 0%, #fc00ff
        100%);
32      background-clip: text;
33      -webkit-background-clip: text;
34      color: transparent;
35  }
36  </style>
37~51 略
```

7-6-5 opacity(透明度)屬性

使用opacity屬性可以**設定元素的透明度**，常應用於圖片或漸層上，opacity屬性能夠設定的數值從0.0到1.0，數值越小，透明度越高。若在背景加入透明度時，那麼其所有子元素都會繼承相同的透明度。

以下範例將漸層背景加入了透明度，使用透明度屬性製作出滑鼠移至圖片後，圖片會呈現透明效果。

📁ch07\ex07-07.html

```
01~17  略
18       section:nth-last-of-type(2) { opacity: 0.5; }
19       img { opacity:1.0; }
20       img:hover { opacity:0.7; }
21  </style>
22~31  略
```

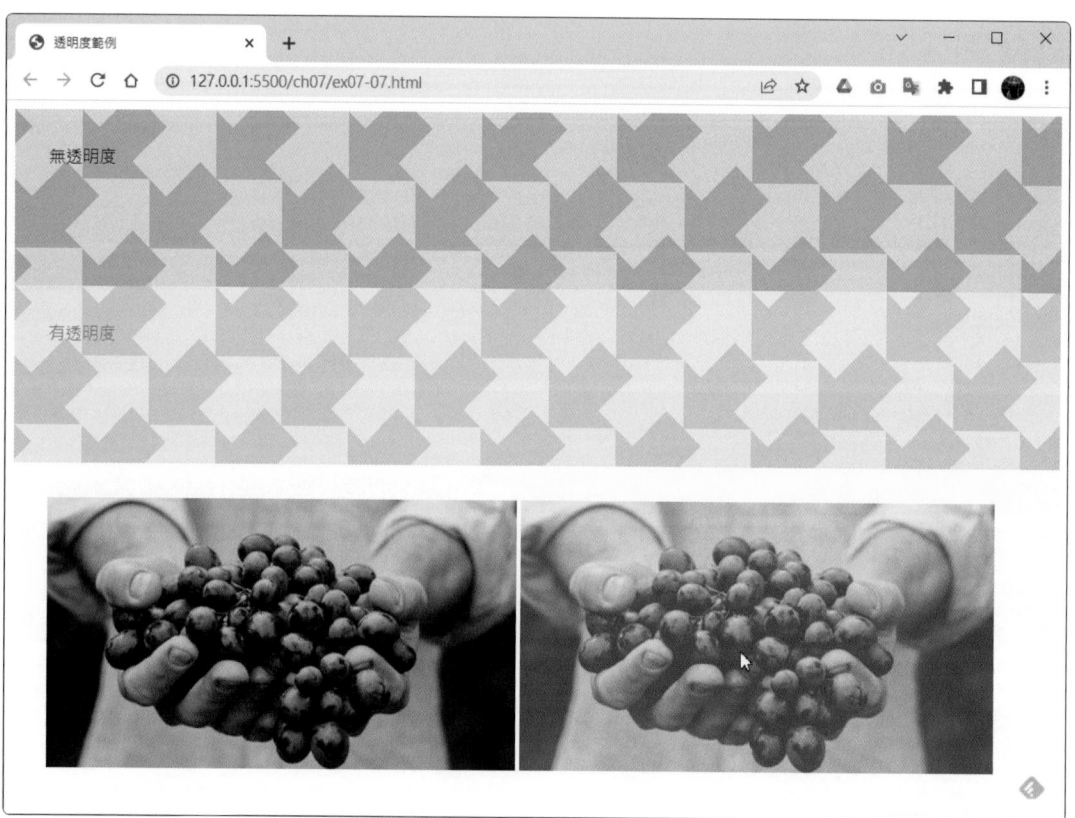

7-7 　表格屬性

使用CSS可以美化表格，像是文字、字體、邊框(第八章會介紹)、顏色及背景等屬性都可以用在表格，這節將介紹表格專屬的屬性，其他的應用請參考相關的屬性。

7-7-1　caption-side(表格標題位置)屬性

caption-side屬性可以設定表格標題的位置，可使用的值有top(表格之上，預設值)、bottom(表格之下)等。語法如下：

```
caption-side:bottom;
```

7-7-2　border-collapse(表格框線模式)屬性

border-collapse屬性可以設定將表格欄位邊框合併，可使用的值有separate(邊框彼此間分開，預設值)、collapse(邊框合併為單一邊框)。語法如下：

```
border-collapse:separate;
```

7-7-3　border-spacing(表格框線間距)屬性

border-spacing屬性可以設定表格欄位邊框間的距離，語法如下：

```
border-spacing:10px 50px; /*表格欄位水平間的距離　表格欄位垂直間的距離*/
```

7-7-4　table-layout(表格版面編排)屬性

table-layout屬性可以設定表格的版面編排方式，可使用的值有auto(預設值)及fixed(固定)。語法如下：

```
table-layout:auto; /*儲存格的寬度取決於其內容的長度*/
table-layout:fixed; /*儲存格的寬度取決於表格的寬度、欄的寬度及框線*/
```

7-7-5　empty-cells(顯示或隱藏空白儲存格)屬性

empty-cells屬性可以設定在框線分開模式下，是否顯示空白儲存格的框線與背景，可使用的值有show及hide。語法如下：

```
empty-cells:show;  /*顯示空白儲存格的邊框與背景*/
empty-cells:hide;  /*隱藏空白儲存格的邊框與背景*/
```

7-7-6 vertical-align(垂直對齊)屬性

vertical-align 屬性可以**設定垂直對齊方式**,此屬性可以應用在圖片及表格內文字。該屬性只適用於行內元素,也就是預設為 display:inline 的元素。除了行內元素之外也可以控制表格的對齊方式。

ertical-align 屬性可使用的值有如 baseline (一般位置)、top (對齊頂端)、middle (垂直置中)、bottom (對齊底部)、super (上標)、sub (下標) 等,也可以使用數值或百分比。例如若要讓圖文垂直置中時,或是儲存格內的文字垂直置中時,可以使用下列語法:

```
img, td {
    vertical-align: middle;
}
```

以下範例使用了表格相關的屬性美化了表格。

📂 ch07\ex07-08.html

```
01~09  略
10     table{ height: 500px; font-size:16px; border:1px solid #FFFFFF;
       table-layout:auto; border-collapse:separate; border-spacing:10px;
       }
11     caption {font-size: 1.5rem; caption-side:top;}
12     th{ background-color:#005757; border:1px solid #FFFFFF; empty-
       cells:show;}
13     td{ border:1px solid #FFFFFF; empty-cells:show; vertical-align:
       bottom; }
14     tr:nth-child(even){background:#00AEAE;}
15     </style>
16~29  略
```

●●● 自我評量

● 選擇題

( ) 1. 下列關於色彩屬性的說明,何者不正確? (A)十六進位碼的色彩標示是由#號開始
(B) rgb色彩值的範圍為0~255,值與值之間以「.」區隔 (C) hsla(120,65%,75%,0.3)
該語法中的0.3為透明度 (D)設定色彩值時,可以使用顏色的名稱來指定色彩,例如
gray表示灰色。

( ) 2. 下列關於字型屬性的說明,何者不正確(A) font-family屬性可以設定文字字型
(B) font-size屬性可以設定文字大小 (C) font-weight屬性可以設定文字的粗細樣式
(D) txet-align屬性可以設定文字垂直對齊方式。

( ) 3. 下列關於背景屬性的說明,何者不正確? (A) color屬性可以設定背景色彩
(B) background-repeat屬性可以設定背景是否重複 (C) mix-blend-mode屬性可以設
定圖層混合模式 (D) background-clip屬性是利用不同的裁切範圍,控制背景圖片顯
示區域。

( ) 4. 下列關於漸層屬性的說明,何者不正確? (A) linear gradient屬性可以設定指定角度的
直線漸層 (B) radial gradient屬性可以設定出放射漸層 (C) repeating-linear-gradient
可以設定出重複放射漸層 (D) conic gradient屬性可以設定出圓錐漸層。

( ) 5. 若要製作出滑鼠移至圖片後,圖片會呈現透明效果時,可以使用下列哪個屬性設定透
明度? (A) opacity (B) border-spacing (C) letter-spacing (D) list-style-position。

● 實作題

1. 請開啟「ch07\ex07-a.html」檔案,改變background-blend-mode: overlay;的值,看看圖
片會有什麼變化?

2. 網路上有許多漸層語法產生器可以使用，製作漸層時可以直接套用，而不必費心的撰寫語法，這裡請你進入CSS3 Patterns Gallery網站 (https://projects.verou.me/css3patterns/#arrows)，看看該網站提供的各式各樣漸層語法，並將語法加入到「ch07\ex07-b.html」檔案中，看看會呈現什麼樣的效果。

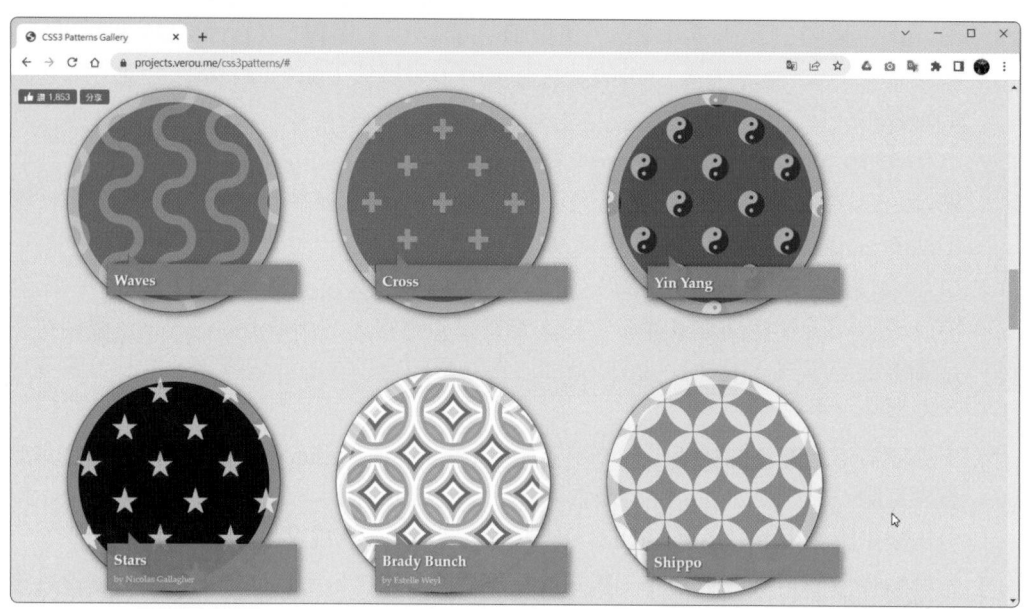

▲ 該網站是CSS大神 Lea Verou 所製作的，利用各種漸層技巧設計了不同的背景紋理

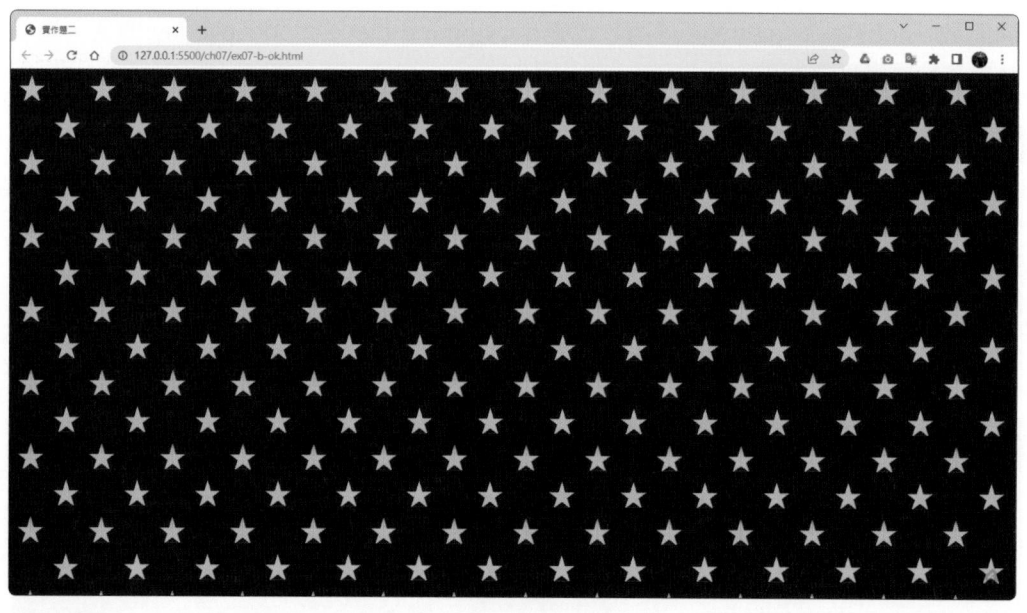

CHAPTER 08

CSS進階樣式

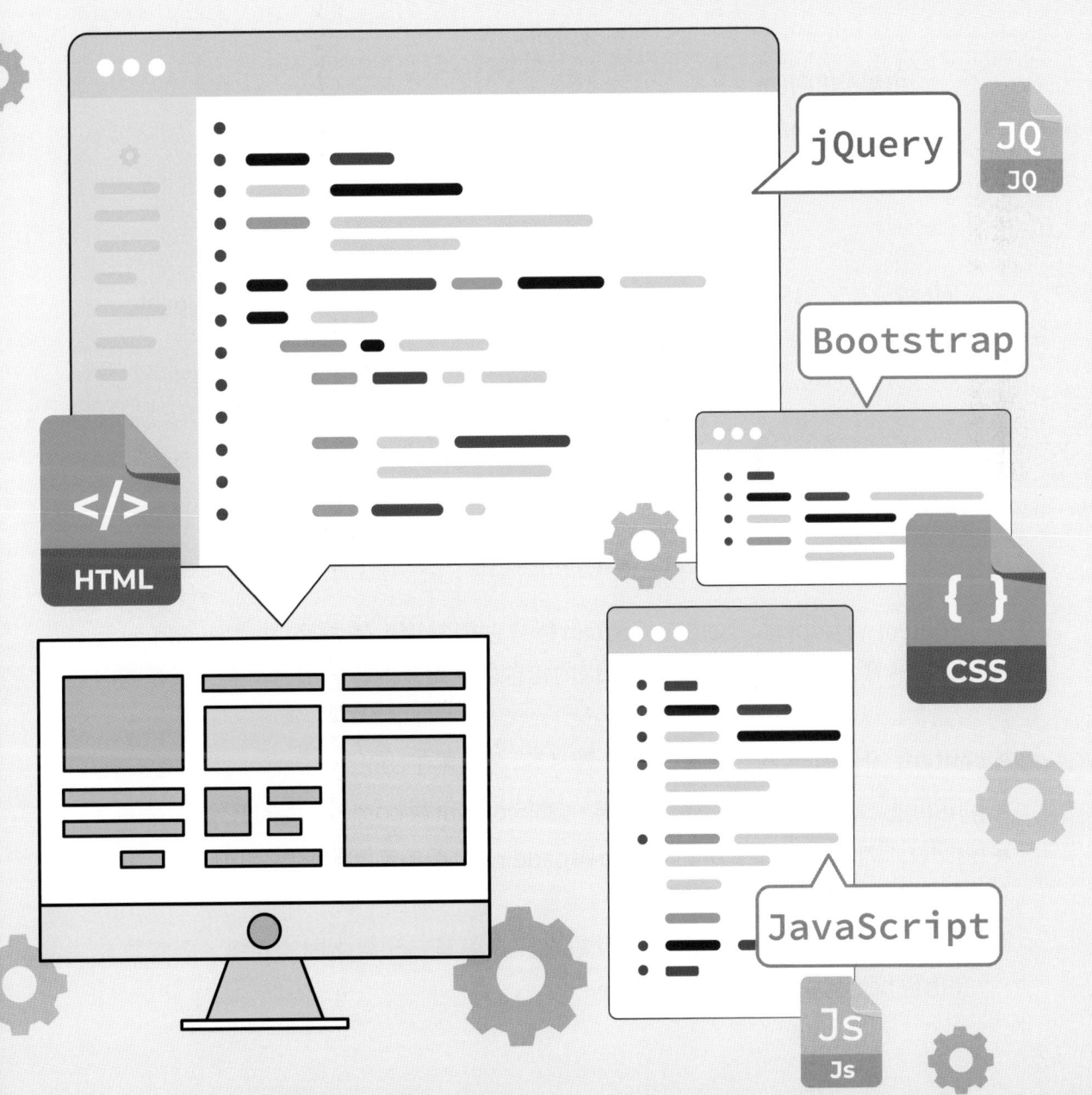

8-1 盒子模型

網頁版面的編排方式會影響到整體的呈現與美觀,在 CSS 中可以使用區塊元素,來進行網頁的編排,在區塊元素中加入寬、高、內距、框線、邊界等屬性設定後,整個外型就如一個盒子,所以稱為**盒子模式** (Box Model),這節就來學習與盒子模式相關的各種屬性吧。

8-1-1 盒子模型的結構

盒子模型主要由四個部分組成,由內而外分別是**內容** (content)、**內邊距** (padding)、**框線** (border)、**外邊距** (margin)。

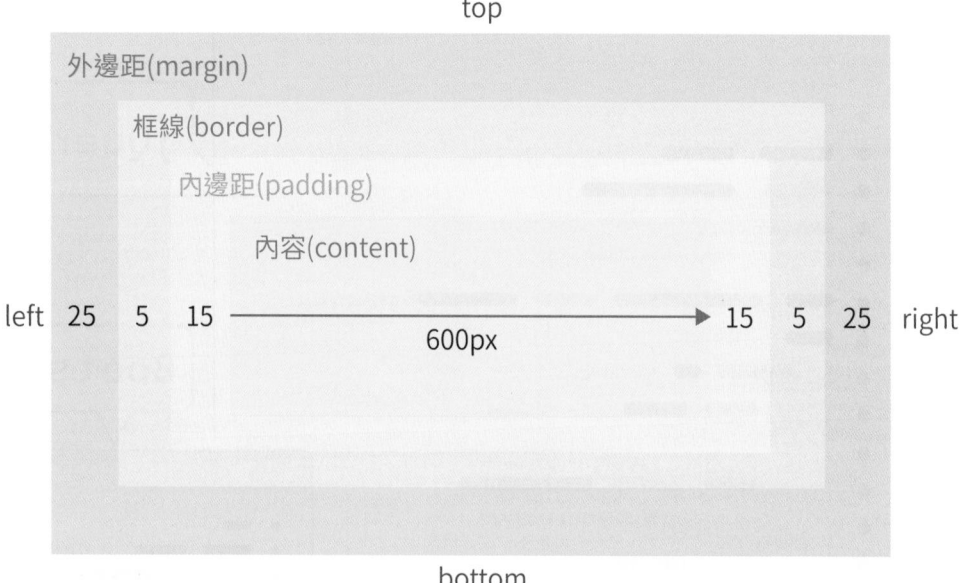

▲ Box Model 結構

content、padding、border、margin 都會占用空間,其中 content、padding 及 border 會影響盒子的實際高寬。框線以內包含內邊距及內容的部分是盒子模型的內部。

- **content**:HTML 元素的內容 (文字、圖片等) 會放置在 content 中。
- **padding**:是內容與外框的留白距離,介於 content 與 border 之間的部分。
- **border**:內容的外框,介於 margin 與 padding 之間的範圍,可以使用 border 屬性來設定邊框的寬度、樣式與顏色。
- **margin**:圍繞於 border 之外,用於設定元素與其它元素之間的距離,不包含在 width 與 height 範圍內。

　　設定盒子模型時，通常會使用絕對單位與相對單位，這部分可以參考7-2-2節的說明，而除了上述的兩種單位，還可以使用取決於視窗大小的 vh、vw、vmin、vmax 等單位，這些單位都是**相對單位**，透過這些單位，就可以設計出隨視窗大小變動的圖片或按鈕，很適合用在設計 RWD 網頁時。下表所列為 vh、vw、vmin、vmax 等單位的說明。

單位	說明
vh	表示 view height，也就是**螢幕可視範圍高度的百分比**(1vw 代表視窗的寬度為1%)，例如可視範圍高度為1200px時，若設定50vh，那就會變成1200px的50%，也就是600px。設定值會隨著顯示範圍的高度而變化。
vw	表示 view width，也就是**螢幕可視範圍寬度的百分比**，計算方式與 vh 相同。
vmin	寬度或高度最小值的百分比。
vmax	寬度或高度最大值的百分比。

（vmin、vmax 右側欄）例如瀏覽器的寬度為1200px，高度為800px，那麼 1vmax = 1200/100px = 12px，1vmin = 800/100px = 8px。

8-1-2　width與height(寬度與高度)屬性

　　使用 width 與 height 屬性可以**設定元素的寬度與高度**，這兩個屬性的預設值為 **auto**，若沒有特別設定，那麼元素的寬度與高度會自動延伸，直到填滿包夾該元素的父元素。語法如下：

```
#parent {
   height: 500px;
   width: 500px;
}
#child {              /*將元素的高度及寬度設定為父元素高度的50%*/
   height: 50%;       /*父元素的50%，即250px*/
   width: 50%;
}
```

　　除了使用 width 與 height 屬性設定寬度與高度外，還可以使用 min-width、min-height、max-width、max-height 等屬性設定最大及最小的寬度與高度。設定時，如果內容小於最小寬度或高度，將使用最小寬度或高度，若內容大於最小寬度或高度，則該屬性不會有作用。

```
.wrapper {
   max-width: 500px;
   min-width: 300px;
   man-height: 400px;
   min-height: 200px;
}
```

8-1-3 padding(內邊距)屬性

padding屬性可以**設定邊框內側與文字或圖片等元素的距離**，由左至由分別為上邊界、右邊界、下邊界及左邊界，值與值之間用空白分隔即可，可使用px、rem、%及auto等值(不可是負值)，語法如下：

```
padding:10px;                    /*表示上下左右各10px*/
padding:15px 20px;               /*表示上下15px；左右20px*/
padding:10px 20px 20px;          /*表示上10px；左右20px；下20px*/
padding:10px 20px 20px 20px;     /*表示上下左右分別設定*/
```

除此之外，也可以使用**padding-left (左內邊距)**、**padding-right (右內邊距)**、**padding-top (上內邊距)**、**padding-bottom (下內邊距)**等屬性分別設定內邊距。

預設下，padding不包含在width及height屬性的範圍，內邊距會影響當初所設定的盒子模型大小寬度與高度。例如高度設定100px，而上下內邊距又各設了10px，那麼總高度會是100px＋10px＋10px＝120px。

8-1-4 邊框屬性

在CSS中有許多與邊框有關的屬性，這節就來學習各種邊框屬性吧！

border(邊框)屬性

border屬性可以**在元素周圍加上色彩或是線條**，可以應用在文字、圖片、區塊等元素上。border屬性裡可以放置border-width、border-style及border-color三個屬性值，語法如下：

```
p { border: 5px solid red; } /*邊框粗細度、邊框樣式、邊框顏色*/
```

若要分別指定上、右、下、左的邊框，可以使用**border-top**、**border-left**、**border-bottom**、**border-right**等屬性來分開指定，語法如下：

```
h1 {
   border-left: 6px solid red;
   border-bottom: 6px solid red;
}
```

border-width(邊框寬度)屬性

border-width屬性可以**設定邊框的寬度**，可用的值有**thin (薄)**、**medium (中等)**、**thick (厚)**，或px、rem、%等為單位，語法如下：

```
h1 {
   border-width: 10px;
   border-style: solid;
}
```

```
h2 {
    border-width:medium;
    border-style:dashed;
}
```

border-style(邊框樣式)屬性

border-style 屬性可以設定**邊框的樣式**，可用的值與語法如下表所列。

值	樣式	語法	範例
solid	實線	h2 {border-style:solid;}	Orange Bird Street Market
dashed	虛線	h2 {border-style:dashed;}	Orange Bird Street Market
double	雙線	h2 {border-style:double;}	Orange Bird Street Market
dotted	點線	h2 {border-style:dotted;}	Orange Bird Street Market
groove	凹線	h2 {border-style:groove;}	Orange Bird Street Market
ridge	凸線	h2 {border-style:ridge;}	Orange Bird Street Market
inset	嵌入線	h2 {border-style:inset;}	Orange Bird Street Market
outset	浮出線	h2 {border-style:outset;}	Orange Bird Street Market
none	無邊框	h2 {border-style:none;}	Orange Bird Street Market
hidden	隱藏邊框	h2 {border-style:hidden;}	Orange Bird Street Market
	綜合	h2 {border-style:groove hidden solid hidden;}	Orange Bird Street Market

範例檔案：ch08/border.html

　　若要分別指定邊框的上、右、下、左樣式，則可以使用**border-top-style**、**border-left-style**、**border-bottom-style**、**border-right-style**等屬性來指定，而這樣的用法與「border-style:groove hidden solid hidden;」的結果是一樣的。語法如下：

```
p {
    border-top-style: dotted;
    border-right-style: solid;
    border-bottom-style: dotted;
    border-left-style: solid;
}
```

border-color(邊框顏色)屬性

border-color屬性可以設定**邊寬的顏色**，語法如下：

```
h2 {border-color:#0000ff; border-style:solid;}
h3 {border-color:red; border-style:dotted;}
p {border-color: red green blue yellow;} /*上邊框、右邊框、下邊框、左邊框*/
```

border-radius(邊框圓角)屬性

border-radius屬性可以設定**邊框四個角的弧度**，語法如下：

```
h1 {
   border: 5px solid red;
   border-radius: 12px;
}
```

邊框樣式範例

▲ 範例檔案：ch08\border.html

設定時還可以分別設定各邊的圓角，語法如下：

```
border-radius: 16px 10px 16px 10px;    /*左上，右上，右下，左下*/
border-radius: 16px 10px 16px;         /*左上，右上與左下，右下*/
border-radius: 16px 10px;              /*左上與右下，右上與左下*/
```

Orange Bird Street Market

▲ 範例檔案：ch08\border.html

除此之外，還可以使用border-top-left-radius(左上角)、border-top-right-radius(右上角)、border-bottom-right-radius(右下角)及border-bottom-left-radius(左下角)屬性設定各角的半徑。下列語法為設定左上的圓角半徑，前者的數值是左上圓角靠上方邊線的圓半徑，後者的數值則是左上圓角靠左方邊線的圓半徑。

```
.border-top-left-radius {
   border-top-left-radius: 10px 100px;
}
```

Orange Bird Street Market

▲ 範例檔案：ch08\border.html

border-image(邊框影像)屬性

　　border-image屬性可以設定**將圖片做為邊框**，可以使用的值有：

● **border-image-source**：圖片來源網址。

● **border-image-slice**：將要使用的圖片邊框分割為九宮格，分別抓出四個角的圖片。

● **border-image-width**：設定圖片邊框的寬度。

● **border-image-outset**：邊框圖片超出邊框的量。

● **border-image-repeat**：設定圖片的填滿方式，可以使用**round**(重複方式填滿，當無法以整數的倍數填滿時，會依照整數倍數來縮放圖片並填滿)、**repeat**(重複方式填滿)、**stretch**(延展方式填滿)、**space**(重複填滿，用整數倍數填滿，不足的部分，再縮放圖片填滿等值)。

　　使用border-image屬性時，可以將所有值整合在一起撰寫，也可以分別撰寫。語法如下：

```
#borderimg1 {
    border-image: url("border.jpg") 50 round;
}
#borderimg2 {
    border-image-source: url("border.jpg");
    border-image-repeat: repeat;
    border-image-slice: 30;
    border-image-width: 20px;
}
```

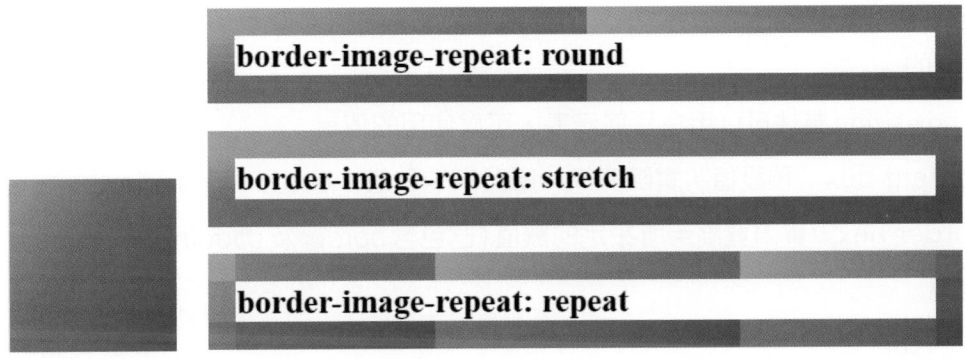

▲ 範例檔案：ch08\border.html

8-1-5　margin(外邊距)屬性

　　margin 屬性可以**設定外邊界**，也就是元素與元素之間的距離，由左至由分別為上邊界、右邊界、下邊界及左邊界(順時針順序)，值與值之間用空白分隔即可，可以使用 px、rem、% 及 auto 等值(可以是負值)，語法如下：

```
margin:10px;                /*表示上下左右各10px*/
margin:15px 20px;           /*表示上下15px；左右20px*/
margin:10px 20px 20px;      /*表示上10px；左右20px；下20px*/
margin:10px 20px 20px 20px; /*表示上下左右分別設定*/
```

　　除此之外，也可以使用 **margin-left (左外邊距)**、**margin-right (右外邊距)**、**margin-top (上外邊距)**、**margin-bottom (下外邊距)** 等屬性分別設定外邊距。

　　很多元素在預設下都會有內外邊距，而且不同瀏覽器還會有不同的預設值，若希望能夠統一所有瀏覽器的呈現效果，可以清除預設的瀏覽器內外邊距。通常會使用通用選擇器來進行清除，語法如下：

```
* {
   padding: 0;
   margin: 0;
}
```

8-1-6　box-sizing屬性

　　若要將 padding 及 border 包含在設定好的寬度或高度時，可以使用 **box-sizing** 屬性來設定，該屬性主要功能是**讓 padding 及 border 不改變元素本身的 width(寬度) 和 height(高度)**，所以固定寬高下，不管內邊距和邊框大小怎麼設定，這些元素大小都是相同的。

　　box-sizing 屬性可以用在任何元素，可以使用的值有：

● **content-box**：預設值，實際寬高＝所設定的數值＋ border ＋ padding。

● **border-box**：實際寬高＝所設定的數值(已包含 border 及 padding)。

```
.box1{
   width: 600px;             /*寬度固定*/
   height: 250px;            /*高度固定*/
   padding: 20px;
   margin: 10px auto;
   border: 15px #484848 solid;
   box-sizing: border-box;   /*padding & border不影響總寬度*/
}
```

　　以下範例使用了各種與盒子模型相關的屬性製作出兩個區塊，可以看出box-sizing的設定值改變了區塊的呈現方式。

📂 ch08\ex08-01.html

```
01~07  略
08  <style>
09  body{
10      padding: 20px; background: #eaeaea;
11  }
12  .box1{
13      width: 450px; /*寬度固定*/
14      height: 150px; /*高度固定*/
15      padding: 20px;
16      margin: 10px auto; /*設定左右邊距為auto，可以讓區塊水平居中*/
17      border: 15px #484848 solid;
18      box-sizing: border-box; /*padding及border將不影響總width(寬度)*/
19      background: #56befa;
20      color:#FFF;
21  }
22  .box2{ /*實際寬高＝所設定的數值＋border＋padding*/
23      width: 450px; /*寬度固定*/
24      height: 150px; /*高度固定*/
25      padding: 20px;
26      margin: 10px auto; /*設定左右邊距為auto，可以讓區塊水平居中*/
27      border: 15px #484848 solid;
28      background: #0fb5a7;
29      color:#FFF;
30      }
31  </style>
32~36  略
```

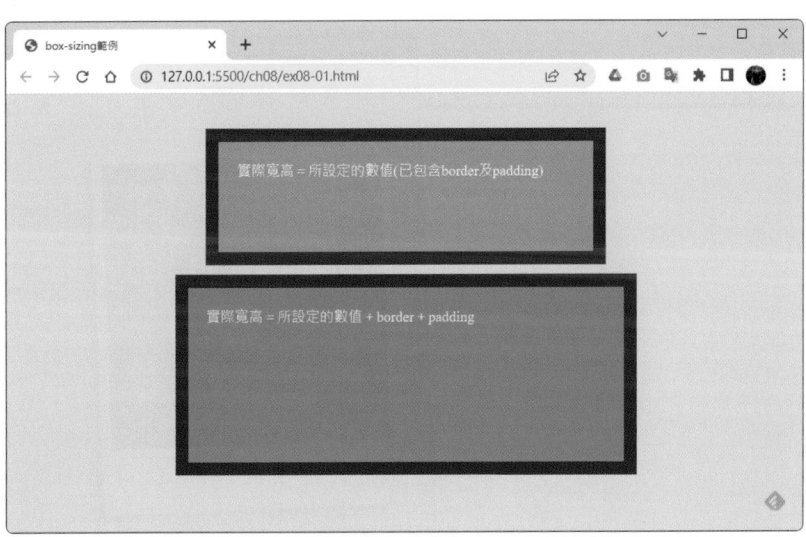

8-1-7 box-shadow(區塊陰影)屬性

box-shadow屬性可以用來**設定區塊的陰影效果**，可以使用的值有：

- h-shadow：水平陰影的位置(可以為負值)，必填。

- v-shadow：垂直陰影的位置(可以為負值)，必填。

- blur：模糊距離，選填。

- spread：陰影尺寸，選填。

- color：陰影顏色，選填。

- inset：將外部陰影改為內部陰影，選填。

設定陰影時，還可以一次定義多個陰影，定義時用逗號區隔即可。語法如下：

```
#ex1 {          /*水平位置，垂直位置，模糊距離，陰影尺寸，陰影顏色*/
    box-shadow: 10px 10px 8px 10px red;
}
#ex2 {
    box-shadow: 5px 5px gray, 10px 10px red, 15px 15px blue; /*3組陰影*/
}
```

以下範例使用區塊陰影屬性製作出相片邊框。

📂ch08\ex08-02.html

```
01~09  略
10  div.polaroid {
11     width: 284px;
12     padding: 10px 10px 10px 10px;
13     border: 1px solid #8f8e8e;
14     background-color: white;
15     box-shadow: 5px 5px gray, 10px 10px #cccccc, 15px 15px #dedede;
16  }
17~25  略
```

8-2　定位方式

在CSS中使用float、position、left、right、top、bottom等屬性，可以改變元素現有位置，讓元素從正常布局中跳脫出來，固定在頁面上的某個位置上。這節就來學習各種與定位相關的屬性吧！

8-2-1　display(元素的顯示層級)屬性

display屬性可以**設定元素顯示的方式**，每個HTML元素都有一個預設的display值，不同的元素屬性會有不同的預設值，常見的顯示類型有**區塊元素**(如<h1~h6>、<p>、<ul>、<ol>、<li>、<dl>、<dt>、<dd>、<table>、<form>、<Pre>)與**行內元素**(如<a>、<strong>、<em>、<img>、<input>、<abbr>、<i>、<label>、<select>、<span>、<b>、
)，若該元素被標示為block就是區塊元素；被標示為inline就是行內元素。語法如下：

```
display:block;        /*元素的顯示型態被設定為區塊元素*/
```

display屬性常見的值如下表所列。

值	說明
inline	不會強迫換行，元素可以水平並排，寬高以標籤中的內容為依據，無法設定屬性。
block	強迫換行，除非有特別設定(使用float與position屬性)，否則無法水平並排，可以用CSS控制寬度與高度。
inline-block	結合inline與block特性，不會強迫換行，可以用CSS控制寬度與高度。
table-cell	以表格方式顯示，類似<td>標籤。
none	不顯示此元素。
flex	彈性版面，所有彈性版面的子元素都會變成彈性項目。
grid	格線式版面，該元素內的子元素都會變成grid子元素。

8-2-2　float(浮動元素)與clear(清除浮動)屬性

float屬性**可以將區塊設定為浮動**，可以設定為靠左浮動或靠右浮動，如同我們常見的文繞圖片排版，任何元素都是可以浮動的，可以使用的值有**left**(靠左浮動)、**right**(靠右浮動)、**none**(預設值，不浮動)。語法如下：

```
float:left;
```

clear屬性可以用來**清除float屬性的作用**，可以使用的值有 **left**(消除左邊的浮動)、**right**(消除右邊的浮動)、**both**(消除左邊及右邊的浮動)、**none**(不消除任何一邊的浮動)，語法如下：

```
clear:left;
```

8-2-3 position(定位元素)屬性

position 屬性可以用來**設定網頁元件要在網頁的哪個位置呈現**。預設狀態下物件的位置是依據資料流排列，也就是跟隨資料排列，如果對物件加入了不同的position之後，就能改變物件所參考的空間對像，然後改變物件的位置。position 屬性可以設定的值如下表所列。

值	說明

absolute	絕對位置，元素會被放在瀏覽器內的某個位置(依 top、bottom、left 及 right 的值而定)。當使用者將網頁往下拉時，元素也會跟著改變位置。
	`position:absolute; /*放置到右上角*/`
	`top:0;`
	`right:0;`
	`width:400px;`

relative	相對位置，元素被放的地方會與預設的地方有所不同，會依照top、bottom、left 及 right 的值而定。
	`position:relative;`
	`top:30px;    /*向下移動30像素*/`
	`left:-20px;  /*向左移動20像素*/`

fixed	元素會被放在瀏覽器內的固定位置(依 top、bottom、left 及 right 的值而定)，當網頁捲動時，物件位置不會改變。
	`position:fixed;/*不論怎麼捲動，物件會停在top:50%、right:0的位置*/`
	`top:50%;`
	`right:0;`

sticky	黏貼定位，結合了 relative 及 fixed 的特性，預設下，元素會被當作 relative，捲動頁面時元素會跟著父元素一起捲動，但是當元素與視窗的距離小於指定的數值時，元素則會轉換為 fixed。sticky 必須指定 top、bottom、left、right 值之一，否則只會處於相對定位。
	`position: sticky;`
	`top: 10px; /*當捲動到一定高度時，會讓元件固定到距離上方10px的地方*/`

static	預設值，元件會由上到下依序顯示。

top、right、bottom、left 這四個方向性的屬性，主要是用來**定義元素的位置要**從什麼方向起算延伸。

以下範例使用了positio屬性的relative及absolute進行圖片的編排，先設定section選擇器的的位置與寬度，再設定img選擇器的寬度與高度，讓它能貼齊section，接著設定text選擇器的位置、高度、邊界、背景色及文字色彩等，這樣就可以呈現出將文字加入照片中的效果。

📁 ch08\ex08-03\ex08-03.html

```
01~12  略
13     section {
14         position:relative;
15         top:10px;          /*向下移動10像素*/
16         width:1200px;
17         margin:10px auto;
18     }
19     img {
20         width:100%;
21         height:auto;
22     }
23     .textbox {
24         position: absolute;
25         top: 10%;          /*下移section高度的10%*/
26         right:0;           /*貼齊section的右側*/
27         padding: 0.5em 1em;
28         margin: 2em 0;
29         background: #2f2f2f;
30         border-left: solid 10px #fed85c;
31     }
32~51  略
```

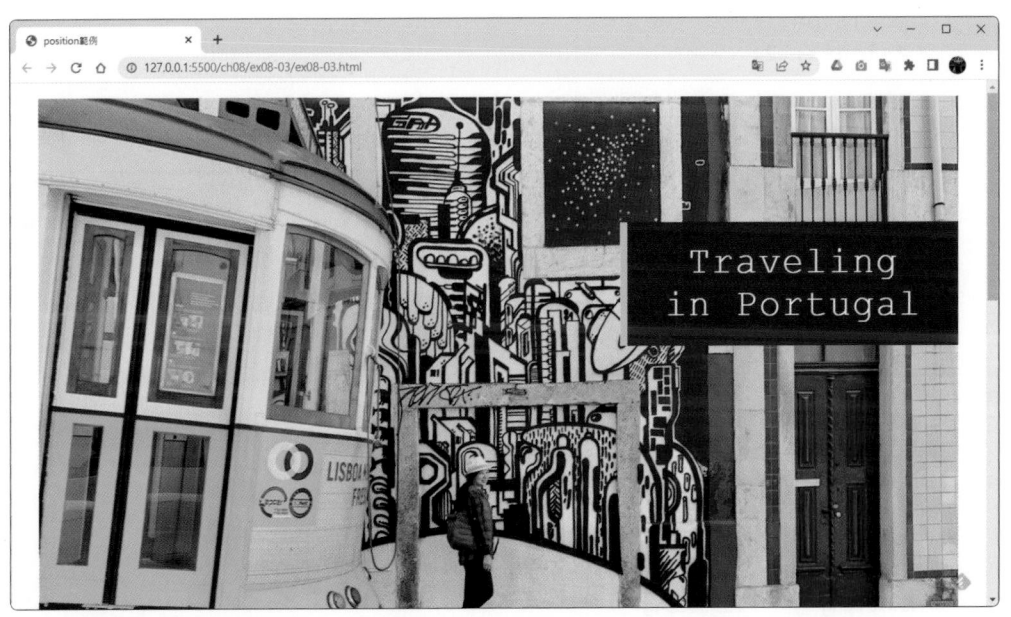

8-2-4 z-index(重疊順序)屬性

z-index屬性可以**控制物件的堆疊順序**，z代表z軸(立體空間)，將重疊的元素依照需求進行層疊排序，數字越大物件將越上層，上層的物件可以覆蓋下層的物件。

使用z-index屬性時，必須要有position屬性，且值要是relative或absolute，z-index才會有作用，可使用的值 auto(預設值，推疊的順序與父層一樣)、數字(根據數字決定堆疊順序，數字越大代表越上層)及inherit(繼承自父層的堆疊順序)。

若要做出堆疊效果，可以先透過position:absolute來指定物件位置使其重疊在一起，再使用z-index做出堆疊效果。語法如下：

```
.box1 {
   position: relative;
   z-index: 2; /*因為box1的值比box2的值大，所以box1會在上層*/
}
.box2 {
   position: relative;
   z-index: 1;
}
```

以下範列使用z-index屬性將兩張圖片堆疊在一起，讓人感覺是一張圖片。

📂ch08\ex08-04\ex08-04.html

```
01~07 略
08 <style>
09    section { text-align: center;}
10    img {display:block; margin:auto;}
11    .sushi1 {   /*該物件會在上層*/
12       position: relative;
13       z-index: 2;
14    }
15    .sushi2 {   /*該物件會在下層*/
16       top:-80px;
17       position: relative;
18       z-index: 1;
19    }
20 </style>
21~28 略
```

sushi01.png

sushi02.png

8-2-5　visibility(顯示或隱藏)屬性

visibility屬性可以**設定元素要顯示或隱藏**，可使用的值有**hidden(不顯示)**及**visible(顯示)**，語法如下：

```
visibility: hidden;      /*不顯示元素在網頁上，但它卻會保留元素的空白位置*/
visibility: visible;     /*顯示元素，預設值*/
```

若不顯示元素，也不想保留元素的空白位置，可以使用「display:none」語法，將元素隱藏，隱藏後就不占用任何空間。

8-3　彈性版面

CSS提供了彈性版面，可以輕鬆編排出網頁版面，這節就來學習如何使用吧！

8-3-1　flexbox(彈性版面)屬性

flexbox屬性可以完成大部分的網頁版面編版，常用於導覽列等直向、橫向排列，能夠輕鬆地讓元素在各種螢幕尺寸下，產生可預期的裝置適應排版方式。

要製作彈性版面時，要先在display屬性中宣告為flex或inline-flex，被宣告的對象會成為彈性容器，並且建立彈性環境，子層則變成彈性項目，並包在彈性容器中。

```
.container {
    display: flex; /*宣告為彈性版面*/
}
```

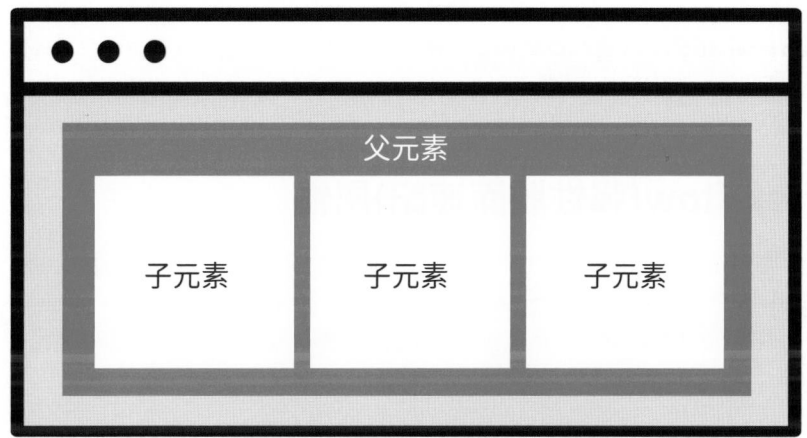

▲ 一個包含三個子元素的彈性容器(藍色區塊)

8-3-2 flex-direction(堆疊方向)屬性

flex-direction 屬性可以**設定容器想要堆疊子元素的方向**，可設定從上到下、從下到上、從左到右及從右到左等方向，語法如下：

```
.flex-container {
   display: flex;
   flex-direction: column;   /*垂直堆疊彈性項目(從上到下)*/
}
.flex-container {
   display: flex;
   flex-direction: column-reverse;   /*垂直堆疊彈性項目(從下到上)*/
}
.flex-container {
   display: flex;
   flex-direction: row;   /*水平堆疊彈性項目(從左到右)*/
}
.flex-container {
   display: flex;
   flex-direction: row-reverse;   /*水平堆疊彈性項目(從右到左)*/
}
```

8-3-3 flex-wrap(換行)屬性

flex-wrap 屬性可**設定子元素是否應該換行**，可使用的值有 wrap(自動換行，由上往下排列)、wrap-reverse(自動換行，由下往上排列)及 nowrap(不會換行，預設值)。語法如下：

```
.container {
   display: flex;
   flex-wrap: wrap;   /*會在排列到父元素的邊緣時，由上往下排列自動換行*/
}
```

8-3-4 flex-flow(彈性版面速記)屬性

flex-flow 屬性是整合 flex-direction 及 flex-wrap 的寫法，語法如下：

```
.container {
   display: flex;
   flex-flow: row wrap;
}
```

8-3-5 justify-content(水平對齊)屬性

justify-content 屬性可以設定子元素的**水平對齊方式**，語法如下：

```
justify-content: start;              /*靠左對齊，預設值*/
justify-content: end;                /*靠右對齊*/
justify-content: center;             /*置中對齊*/
justify-content: space-between;      /*左右對齊*/
justify-content: space-around;       /*分散對齊*/
```

8-3-6　align-items(垂直對齊)屬性

　　align-items屬性可以設定子元素的**垂直對齊方式**，語法如下：

```
align-items: stretch;        /*延伸，會根據父元素高度或內容最多的子元素高度，預設值*/
align-items: flex-start;     /*靠上對齊，從父元素的起始位置開始排列*/
align-items: flex-end;       /*靠下對齊，從父元素的終點開始排列*/
align-items: center;         /*置中對齊，對齊垂直置中的位置*/
align-items: baseline;       /*基線對齊，對齊內容的基線*/
```

8-3-7　align-content(垂直方向對齊)屬性

　　align-content屬性可以在子元素橫跨多行時**設定垂直方向的對齊方式**，不過，當父元素設定為nowrap時，子元素會變成一行，則align-content屬性就會無效。語法如下：

```
align-content: stretch;       /*延伸，預設值*/
align-content: flex-start;    /*靠上對齊，從父元素的起始位置開始排列*/
align-content: flex-end;      /*靠下對齊，從父元素的終點開始排列*/
align-content: center;        /*置中對齊，對齊垂直置中的位置*/
align-content: between;       /*上下對齊*/
align-content: around;        /*分散對齊，所有的子元素都等距排列*/
```

8-3-8　彈性容器中的子元素的屬性

　　上述的屬性都是彈性容器的屬性，而子元素的屬性則如下表所列。

屬性	說明
order	可以重新定義元件的排列順序，順序會依據數值的大小排列，每個子元素預設的order為0，可以為負數。
flex-grow	可以設定一個子元素相對於其他子元素的伸展的比例。
flex-shrink	可以設定一個子元素相對於其他子元素的壓縮的比例。
flex-basis	為子元素的基本大小，預設值為0。
flex	是flex-grow、flex-shrink及flex-basis屬性組合的簡寫，若flex只填了一個值，則代表是伸展比例，若填三個值，則依序代表伸展比例、壓縮比例及基本比例，例如 **flex: 1 0 100px;**。

屬性	說明
align-self	可以個別設定子元素在交錯軸線的位置，與 align-item 相同。若已經在父元素上設定 align-item，但要其中一個子元素的位置需要調整成其他對齊方式時，就可以針對該元素設定 align-self，以覆寫原本 align-item 的屬性。

例如下列語法，有藍、綠兩個區塊在黃色區塊內，將同樣屬性的子元素放到兩個不同寬度的父元素，藍色區塊在父元素寬度足夠的情況下，延展的比例只有1，而綠色則分配到2，所以綠色總長度會比藍色多；藍色區塊在父元素寬度不足的情況下，縮小的比例只有1，而綠色則分配到2，所以藍色的總長度會比綠色多。

```css
.blue{
    flex-grow: 1;          /*伸展比例*/
    flex-shrink: 1;        /*壓縮比例*/
    flex-basis: 100px;     /*基本比例*/
}
.green{
    flex-grow: 2;          /*伸展比例*/
    flex-shrink: 2;        /*壓縮比例*/
    flex-basis: 100px;     /*基本比例*/
}
```

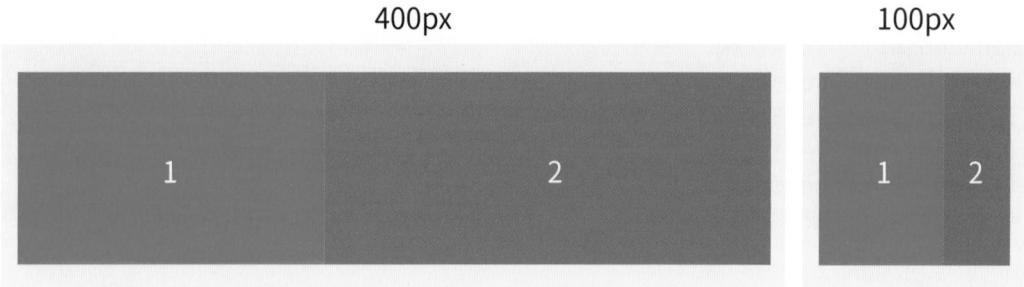

以下範例使用了 flexbox 彈性版面，建立了四欄的相片庫網頁。

📂 ch08\ex08-05.html

```
01~07 略
08  <style>
09      * { box-sizing: border-box; }
10      body {
11          margin: 0;
12          font-family: "Helvetica Neue", "Courier New", monospace;
13      }
14      header {
15          text-align: center;
16          padding: 20px;
17      }
```

```
18    .row {
19        display: flex;
20        flex-wrap: wrap;
21        padding: 0 4px;
22    }
23    .column {
24        flex: 25%;
25        max-width: 25%;
26        padding: 0 4px;
27    }
28    .column img {
29        margin-top: 8px;
30        vertical-align: middle;
31    }
32~63 略
64 <section class="row">
65 <section class="column">
66     <img src="https://picsum.photos/id/318/600/800" style="width:100%">
67     <img src="https://picsum.photos/id/284/500/500" style="width:100%">
68~101 略
```

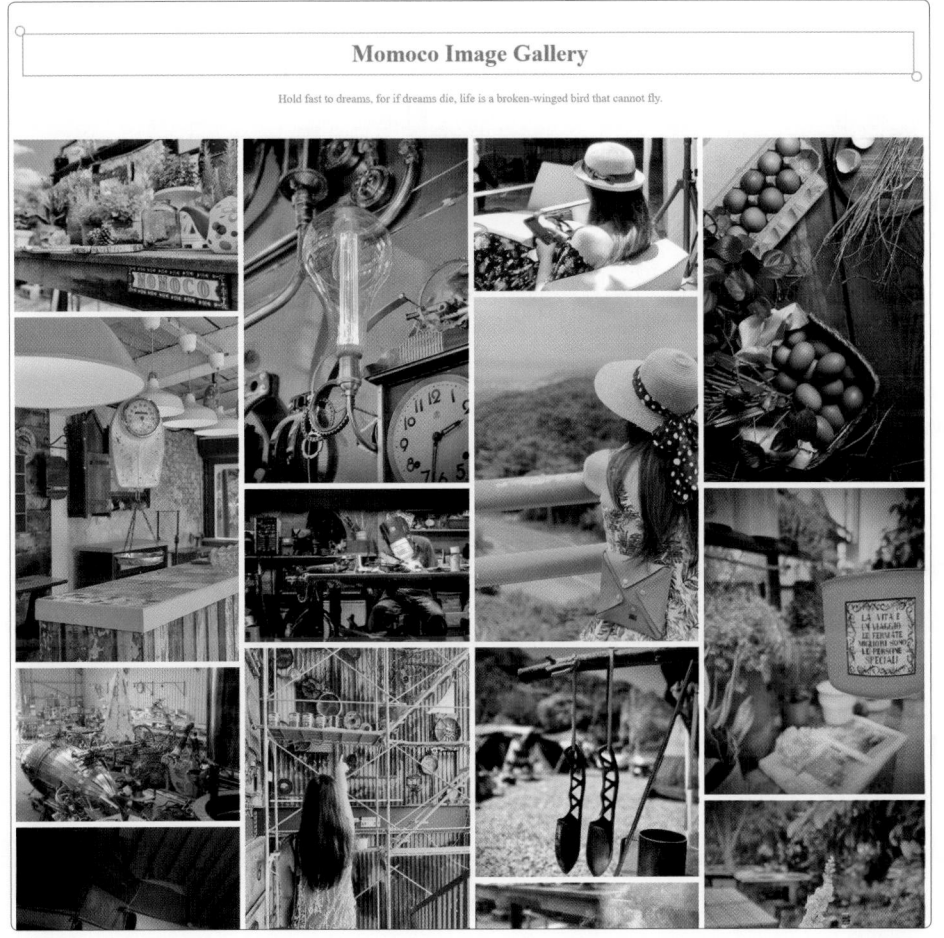

8-4 Grid網格系統

CSS提供了Grid網格系統,可以快速地製作出網頁版面,這節就來學習吧!

8-4-1 Grid基本知識

Grid與flexbox一樣,要有父元素及子元素,**父元素即為網格容器(Grid Container)**,用該容器包覆整體,再於父元素中置入要水平排列的子元素,**子元素即為網格項目(item)**,將網格劃分為區塊的線稱為**網格線**(Grid Line),網格項目之間的空隙則稱為**項目間隔**(Gap)。

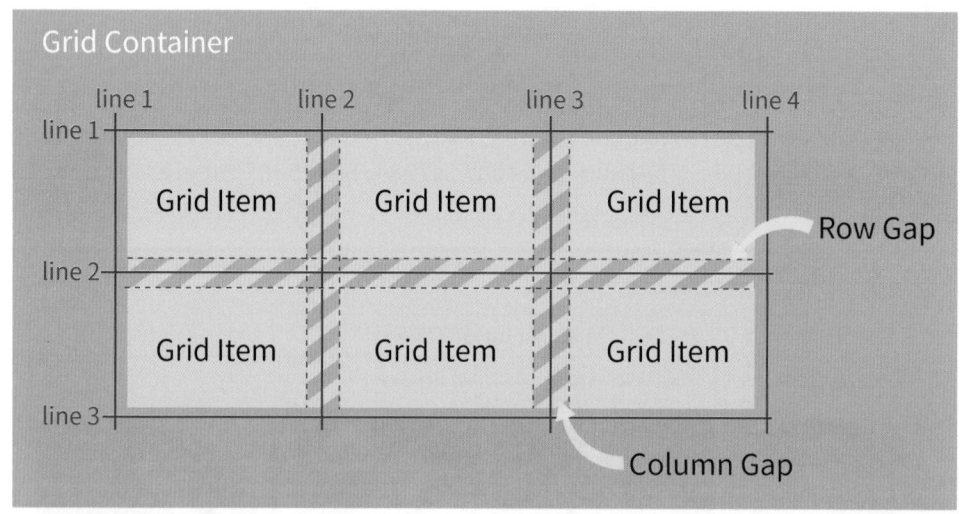

要使用網格布局網頁時,要先在display屬性中宣告為grid或inline-grid,被宣告的對象會成為網格容器,子層則變成網格項目,並包在網格容器中。

```
.container {
    display: grid; /*宣告為網格版面*/
}
```

8-4-2 Grid Container

Grid Container的屬性有grid-template、grid-template-columns、grid-template-rows及grid-template-area等,分別說明如下。

grid-template-columns屬性

grid-template-columns屬性可以**設定子元素的寬度**,在同行內有多個子元素時,就用半形空格隔開需要的子元素數量,並指定每個子元素的寬度,例如下列語法是一行排列4個子元素,每個元素的寬度為250px。

```
.container {        /*子元素會水平排列,四欄*/
    display: grid;
    grid-template-columns: 250px 250px 250px 250px;
}
```

設定時,還可以將線命名,名字加在數值前,語法如下:

```
grid-template-columns: [line1]40px [second-line]25%;
```

設定大小時,可以使用 px、em、rem、%、auto、fr 等單位,還可以混用,例如 grid-template-columns: 100px 3em 40%。

fr 是一個特別的單位,指的是 **fraction(比例)**,可以用比例來設定父元素對應子元素的大小,這樣子元素就會依畫面的寬度自動縮放,1 fr 是指一個格線單位。例如版面要分兩個欄,一個欄位是三分之一,另一個就是三分之二,語法如下:

```
.container {
    display: grid;
    grid-template-columns: 1fr 2fr;
}
```

grid-template-rows屬性

grid-template-rows 屬性可以**設定子元素的高度**,若有多列,就用半形空格隔開需要的子元素數量,語法如下:

```
.container {
    display: grid;
    grid-template-columns: 250px 250px 250px 250px;
    grid-template-rows: 250px 250px 250px 250px;
}
```

設定 grid-template-columns 與 grid-template-rows 時,也可以使用 **repeat(數量, 值)** 來撰寫,語法如下:

```
.container {
    display: grid;
    grid-template-columns: repeat(5,1fr); /*重複5次1fr*/
    grid-template-rows: repeat(5,20%);
}
```

也可以撰寫成下列語法,表示有 10 欄,第一欄是 250px,最後一欄依內容決定。

```
grid-template-columns: 250px repeat(4, 1fr 2fr) auto;
```

也可以使用minmax指定最小值及最大值，語法如下：

```
.container {
    display: grid;
    grid-template-rows: minmax(50px, 100px);
    grid-template-columns: minmax(50px, 100px);
}
```

grid-template屬性

grid-template屬性**可以定義版型的結構**，分別由column及row定義出直排與橫列的格線，項目再依格線安排。撰寫語法時可以結合grid-template-column及grid-template-row屬性，語法如下：

```
/*三列網格布局，其中第一行高250像素*/
grid-template: 250px / auto auto auto;
/*列(row)線的間距/欄(column)線的間距*/
grid-template: 5px 40px auto 40px 5px / 40px 25% 2fr fr;
```

grid-template-area屬性

grid-template-area屬性可以**設定區塊在template上的位置**，並單獨定義每一格的名字，接受一個或多個字串作為值，每個字串(用引號括起來)代表一行。定義完後，子元素的class必須加入grid-area指定區塊，使用「.」可以留空區塊。語法如下：

```
.container {
    display: grid;
    grid-template-columns: 0.25fr 0.25fr 0.25fr 0.25fr;
    grid-template-rows: auto;
    grid-template-areas:
        "header header header"      /*代表header要占據三行*/
        "main main . sidebar"       /*代表main占兩行，而sidebar占一行*/
        "footer footer";            /*代表footer占兩行*/
}
```

grid-auto-flow屬性

grid-auto-flow屬性可以**設定排列的順序**，row預設的排序方式為先欄後列；column為先排列，後排欄位；dense為自動填滿的關鍵字，會依照排序方式，盡量填滿容器，語法如下：

```
container {
    grid-auto-flow: row dense;
}
```

8-4-3　Grid Item

Grid Item(容器項目)就是網格系統內的區塊元件。Grid Item的屬性基本上有 grid-column-star、grid-column-end、grid-row-start 及 grid-row-end，也可以簡化成 grid-column 及 grid-row，這些屬性可以指定子元素的位置。

grid-column-start、grid-column-end、grid-row-start及grid-row-end屬性

grid-column-start 屬性可以設定欄位開始的格線的位置；grid-column-end 屬性可以設定欄位結束的格線的位置；grid-row-start 屬性可以設定列開始的格線的位置；grid-row-end 屬性可以設定列結束的格線的位置。

grid-column-start、grid-column-end、grid-row-start 及 grid-row-end 屬性可以使用以下四種值來設定：

● line：對照到 Grid Container 中定義的線，可以是數字或名字。

● span [number]：所占用的欄位數，只能是正數，方向都是由左至右、由上而下。

● span [name]：item 所在的 grid 名稱。

● auto：自動。

語法如下：

```
.item {
    grid-column-start: 2;        /*起始線從第2條開始*/
    grid-column-end: 4;          /*終點線從第4條結束*/
    grid-row-start: span 4;      /*從起始線1的位置開始占4格的空間*/
    grid-row-end: auto;          /*不設定終點線*/
}
```

grid-column及grid-row屬性

若使用 grid-column 及 grid-row 屬性簡化語法時，要使用斜線(/)隔開屬性。語法如下：

```
.item {
    grid-column: span 2 / span 2; /*占用兩個column及兩個row*/
}
```

grid-area屬性

grid-area 屬性可以一次將 row 及 column 的位置指定完成，順序為 row_start → column_start → row_end → column_end，語法如下：

```
.item {      /*item從第2行第1列開始，跨越2行和3列*/
    grid-area: 2 / 1 / span 2 / span 3;
}
```

grid-area 屬性除了使用格線的位置來指定外，也可以放在某個命名的位置上，語法如下：

```
.item1 { grid-area: header; }
.item2 { grid-area: main; }
.item3 { grid-area: footer; }
```

gap屬性

gap 屬性可以用來**設定子元素之間的空隙寬度**，設定的寬度只會套用在子元素彼此之間的空隙，所有子元素上下左右仍會貼齊父元素格線容器的外框。語法如下：

```
.container {
    display: grid;
    grid-area: 2 / 1 / span 2 / span 3;
    gap: 5px 10px;   /*row的間隔，column的間隔*/
}
```

grid-gap 是 row-gap (設定列之間的間距尺寸) 及 column-gap (欄之間的間距尺寸) 的簡化，撰寫語法時也可以分開撰寫，語法如下：

```
.item {
    row-gap: 5px;
    column-gap: 5px;
}
```

8-4-4 Grid的排序與各種對齊方式

在 grid 容器元素上使用 **justify-items** 屬性可以決定所有的 grid 子元素在水平線 (主軸) 上的對齊方式，而使用 **align-items** 屬性可以設定所有的 grid 子元素在垂直線 (交叉軸) 上的對齊方式。使用方式大致都與 flex 排版的原理相通。

對齊方式	屬性
水平軸對齊	justify-content：整個 grid 範圍。
	justify-items：所有格子統一設定。
	justify-self：一個格式單獨設定。
垂直軸對齊	align-content：整個 grid 範圍。
	align-items：所有格子統一設定。
	align-self：一個格式 單獨設定。

以下範例使用了網格系統建構了網頁版面。

```
01~07 略
08     <link rel="stylesheet" type="text/css" href="ex08-06.css">
09 </head>
10 <body>
11    <div class="container">
12       <div class="grid header">Header</div>
13       <div class="grid sidebar">Sidebar
14          <ul>
15             <li>menu1</li><li>menu2</li><li>menu3</li><li>menu4</li>
17       </div>
18       <div class="grid content">Orange Bird Street Market
19          <hr><hr><hr><hr><hr><hr>
20       </div>
21       <div class="grid extra">Content
22          <hr><hr><hr>
23       </div>
24       <div class="grid related-image">Images</div>
25       <div class="grid related-post">Posts</div>
26       <div class="grid footer">Footer</div>
27    </div>
28 </body>
29 </html>
```

```
01 body {
02    text-align: center;
03    font-family: "Open Sans", Arial, Helvetica, sans-serif;
04 }
05 p {
06    font-size: 1.5rem;
07 }
08 .container {
09    display: grid;
10    grid-template-columns: 0.2fr 0.4fr 0.4fr;
11    grid-column-gap: 10px;
12    grid-row-gap: 15px;
13 }
14 .grid {
15    background-color: #444;
16    color: #fff;
17    padding: 25px;
18    font-size: 2rem;
19 }
```

```
20  .header {
21    grid-column: 1 / 4;
22    grid-row: 1 / 2;
23    background-color: #0489a1;
24  }
25  .sidebar {
26    grid-column: 1 / 2;
27    grid-row: 2 / 5;
28    min-height: 400px;
29    background-color: #6bc263;
30  }
31  .content {
32    grid-column: 2 / 4;
33    grid-row: 2 / 4;
34    min-height: 500px;
35    background-color: #f5c531;
36  }
37  .extra {
38    grid-column: 2 / 4;
39    grid-row: 4 / 5;
40    min-height: 200px;
41    background-color: #88cace;
42  }
43  .related-image {
44    grid-column: 1 / 3;
45    grid-row: 5 / 6;
46    min-height: 150px;
47    background-color: #2BB673;
48  }
49  .related-post {
50    grid-column: 3 / 4;
51    grid-row: 5 / 6;
52    background-color: #fa9dc4;
53  }
54  .footer {
55    grid-column: 1 / 4;
56    grid-row: 6 / 7;
57    background-color: #FFA500;
58  }
59  hr {
60    height: 6px;
61    border: none;
62    background: rgba(0, 0, 0, 0.1);
63  }
64  hr:last-child {
65    margin-right: 60%;
66  }
67  hr.image {
```

```
68     padding-bottom: 50%;
69 }
70 ul {
71     padding: 0;
72     font-size: 1.5rem;
73 }
74 ul li, ol li {
75     color: #404040;
76     border-left: solid 6px #1fa67a;
77     border-bottom: solid 2px #dadada;
78     background: whitesmoke;
79     margin-bottom: 5px;
80     line-height: 1.5;
81     padding: 0.5em;
82     list-style-type: none!important;
83     font-weight: bold;
84 }
```

8-5 變形處理與轉場效果

CSS 提供了變形處理與轉場效果屬性，可以製作出更多樣化的網頁元素，這節就來學習這些屬性吧！

8-5-1 transform(2D、3D變形處理)屬性

transform 屬性可以**讓網頁元素變形，如位移、旋轉、縮放及傾斜等**，可以做到3D 的動畫效果。transform 可使用的值不少，若有多個屬性值，要用空格隔開，較常使用的如下表所列。

屬性值	說明
translate(x, y)	位移，水平跟垂直的移動，x > 0 向右位移，y > 0 向下位移。
scale(x, y)	縮放，x、y 縮放倍率，若只放一個數字就是 x、y 縮放倍率相同。
rotate(deg)	旋轉，單位是 deg 度數，順時鐘為正，逆時針為負。
skew(x, y)	傾斜，x、y 的傾斜角度。

下列語法為將元素右偏移 120 px、向下偏移 120 px，並且旋轉 90 度。

```
.target_object{
    transform: translate(120px, 120px) rotate(90deg);
}
```

8-5-2 transform-origin(變形的起始點)屬性

一般來說變形的起始點都在物件的中心點，若要改變中心點，就需靠 transform-origin 屬性去**設定物件變形的起始點**。transform-origin 屬性可以設定 X 軸及 Y 軸的旋轉位置，語法如下：

```
div {
    transform: rotate(45deg);
    transform-origin: 20% 40%;
}
```

8-5-3 perspective(透視)屬性

transform 屬性可以製件出 2D 效果，若搭配 perspective 屬性，就可以**定義出 3D 視覺的角度**，perspective 屬性的設定值只要設定距離長度即可，其屬性也只需要設定在父元素中，當 perspective 的值越大，代表離螢幕越遠。語法如下：

```
.box1-p {
    perspective: 400px;
}
.box2-t {
    transform: rotateY(45deg);
}
```

8-5-4　perspective-origin(初始位置)屬性

perspective-origin屬性**可以定義X和Y軸為基礎的3D位置**，X軸可以使用left、center、right、%、長度等值；Y軸可以使用top、center、bottom、%、長度等值，預設值為50%。語法如下：

```
div {
    perspective: 100px;
    perspective-origin: 50% -150px;
}
```

8-5-5　transition(轉場效果)

使用transition(轉場效果)能夠做出動畫特效，也就是讓元素從一種樣式轉換為另一種樣式。

transition-property屬性

transition-property屬性可以**設定要變化的屬性**，若有多個屬性時，**使用逗號將不同屬性隔開即可**，語法如下：

```
transition-property: width 0.6s;        /*指定width屬性變化時間0.6秒*/
transition-property: all 0.6s;          /*所有屬性都要套用，預設值*/
```

transition-duration屬性

transition-duration屬性可以**設定轉場效果需要花多少時間完成**，轉場時間越長，動畫效果的呈現越慢，以s為單位(秒)，可以定義小數點，預設值是0s，語法如下：

```
transition-duration: 0.6s;
```

transition-timing-function屬性

transition-timing-function屬性可以**設定轉場的播放速度曲線**，可以使用的值有**linear(均速)、ease(緩入中間快緩出，預設值)、ease-in(緩入)、ease-out(緩出)、ease-in-out(緩入緩出)、cubic-bezier(n,n,n,n)(貝茲曲線自定義速度模式)**等，語法如下：

```
transition-timing-function: linear;
```

transition-delay屬性

transition-delay屬性可以**設定延遲時間**，時間通常以s為單位(秒)，可以定義小數點，預設值是0s，語法如下：

```
transition-delay: 0.6s;
```

transition屬性

transition屬性可以用來**統一設定轉場效果的相關屬性**，撰寫順序是按照上面的順序依次寫成一整行，如下列語法，代表第1、3、4值都是使用預設值，而.5s代表持續期間(duration)。

```
transition: .5s;
```

下列語法為延遲1秒後，啟動5秒的動畫。

```
transition:width 5s linear 1s;
```

以下範例使用了transform屬性將相片邊框旋轉，再使用轉場效果讓相片動起來，當滑鼠游標移至相片上，相片就會緩入緩出的旋轉，這樣相片的呈現就會更有趣了。

📂 **ch08\ex08-07.html**

```
01~16  略
17  div.polaroid:hover {
18      background: #5b5b5b;
19      color:azure;
20      border-radius: 5%;
21      transition: all 1s ease-in-out; /*持續期間1秒，緩入緩出*/
22      transform: rotate(720deg); /*順時針旋轉720度*/
23  }
24  div.rotate_right {
25      float: left;
26      transform: rotate(-5deg);  /*順時針旋轉-5度*/
27  }
28  div.rotate_left {
29      float: left;
30      transform: rotate(8deg);  /*順時針旋轉8度*/
31  }
32~52  略
```

▲ 物件依照所設定的方向旋轉

▲ 將滑鼠移至物件上，變會旋轉整個物件

8-6 媒體查詢

媒體查詢(Media Queries) 可以根據不同媒體類型，定義不同的樣式。除此之外，還常被應用到RWD設計上，這節就來學習媒體查詢吧！

8-6-1 加入媒體查詢

加入媒體查詢時，可以指定媒體的類型，常見的有 all(全部)、screen(螢幕)、print(印表機)、tv(電視)、speech(朗讀裝置)等，而智慧型手機、平板電腦、筆電及桌上型電腦都被定義為「screen」。

在HMTL中可以使用下列三種方式加入媒體查詢的功能，設定時，還可以使用 not、and、only 等來設定條件。

● 直接在CSS中定義

```
@media screen {
    * { font-family: sans-serif; }
}
/*如果螢幕寬度為768px以下，就套用css設定*/
@media screen and (max-width:768px) { .... }
/*如果螢幕寬度為400px以上且768px以下，就套用css設定*/
@media screen and (min-width: 400px) and (max-width: 768px) { .... }
/*如果是彩色螢幕或彩色投影機設備，就套用css設定*/
@media screen and (color), projection and (color) { .... }
/*如果是彩色螢幕不套用 css 設定，印表機才套用*/
@media not screen and (color), print and (color) { .... }
```

● 在CSS內使用@import的方式

```
/*在螢幕寬度500px以上，就會匯入font.css*/
@import url(font.css) screen and (min-width: 500px);
```

● 在HTML中匯入外部樣式檔

```
/*當螢幕寬度在400px~700px之間，就會使用style.css檔案*/
<link rel="stylesheet" media="screen and (min-width: 400px)
    and (max-width: 700px)" href="style.css" />
/*支援的瀏覽器，如果是彩色螢幕，就會讀取style.css；不支援媒體查詢，但支援媒體類型的
瀏覽器，都不會讀取style.css*/
<link rel="stylesheet" type="text/css" href="style.css" media="only
    screen and (color)">
```

8-6-2　媒體特徵

　　有了裝置類型之後，還可以更進一步取得裝置的屬性特徵，這樣就可以進行更多判斷。在撰寫特徵時，必須要使用括號( )包覆。特徵大致可分視窗或頁面尺寸、顯示品質、顏色、互動等，由於特徵眾多這裡就不全部介紹，下表列出一些常用的特徵。

特徵	說明
width	螢幕寬度，max-width(最大寬度)及min-width(最小寬度)。
height	螢幕高度，max-height(最大高度)及min-height(最小高度)。
aspect-ratio	螢幕長寬比例，寫法格式為「長/寬」，如1680/720。 可寫成max-aspect-ratio(最大長寬比)或min-aspect-ratio(最小長寬比)。
orientation	螢幕旋轉方向，portrait(直向)及landscape(橫向)。
device-height	裝置螢幕高度，max-device-height(裝置螢幕高度小於或等於)及min-device-height(裝置螢幕高度大於或等於)。
device-width	裝置螢幕寬度，max-device-width(裝置螢幕寬度小於或等於)及min-device-width(裝置螢幕寬度大於或等於)。
resolution	解析度，單位為dpi、ppx等，max-resolution(最大解析度)及min-resolution(最小解析度)。

8-6-3　用媒體查詢設計RWD版面

　　在ex08-05.html範例中，我們使用彈性版面製作了相本網頁，但該網頁在視窗縮放時，始終維持四欄，圖片並不會隨著視窗大小不同而排版不同，若要改善這個問題，就要使用媒體查詢功能，加入媒體查詢後，網頁就能實現RWD的呈現方式。

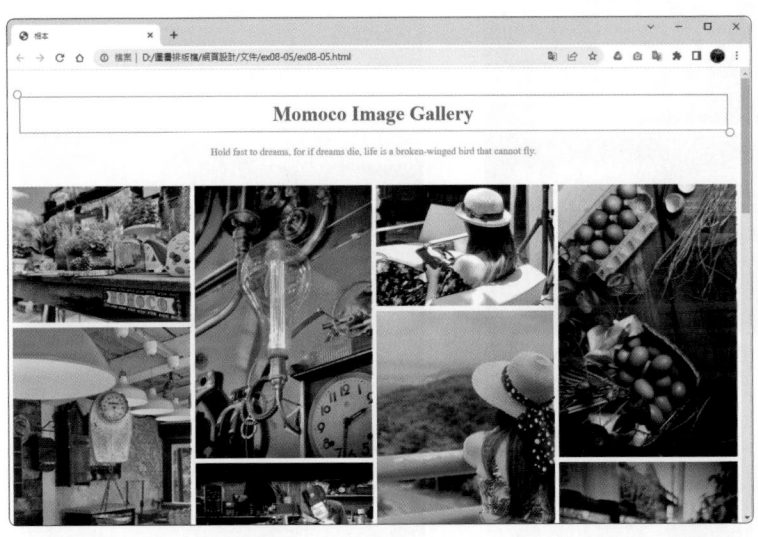

📁 ch08\ex08-08.html

```
01~57 略
58  @media (max-width: 800px) {  /* 如果螢幕寬度為800px以下，就改為兩欄 */
59      .column {
60          flex: 50%;
61          max-width: 50%;
62      }
63  }
64  @media (max-width: 600px) {  /* 如果螢幕寬度為600px以下，兩欄彼此堆疊 */
65      .column {
66          flex: 100%;
67          max-width: 100%;
68      }
69  }
70~113 略
```

自我評量

● 選擇題

(　) 1. 下列關於盒子模式(Box Model)的說明，何者不正確？ (A)盒子模型由內而外分別是內容(content)、內邊距(padding)、框線(border)、外邊距(margin)　(B) padding是內容與外框的留白距離，介於content與border之間的部分　(C) margin的距離，包含在width與height範圍內　(D)框線(border)會影響當初所設定的盒子模型大小寬度與高度。

(　) 2. 下列關於各屬性的說明，何者不正確？ (A) box-shadow屬性可以用來設定區塊的陰影效果　(B) box-sizing屬性可以設定外邊界　(C) border-radius屬性可以設定邊框四個角的弧度　(D) display屬性可以設定元素顯示的方式。

(　) 3. 下列關於各屬性的說明，何者不正確？ (A) clear屬性可以將區塊設定為浮動　(B) visibility屬性可以設定元素要顯示或隱藏　(C) z-index屬性可以控制物件的堆疊順序　(D) position屬性可以用來設定網頁元件要在網頁的哪個位置呈現。

(　) 4. 下列關於彈性版面的說明，何者不正確？ (A)要製作彈性版面時，要先在display屬性中宣告為flex或inline-flex　(B) flex-direction屬性可以設定容器想要堆疊子元素的方向　(C) flex-wrap屬性可設定子元素是否應該換行　(D) justify-content屬性可以設定子元素的垂直對齊方式。

(　) 5. 下列關於Grid網格系統的說明，何者不正確？ (A) Grid要有父元素及子元素　(B)要使用網格布局網頁時，要先在display屬性中宣告為grid或inline-grid　(C) grid-area屬性可可以用來設定子元素之間的空隙寬度　(D)可以用fr單位來設定父元素對應子元素的大小。

● 實作題

1. 請開啟「ch08\ex08-a\ex08-a.html」檔案，幫h1及h2元素設計框線，再幫圖片加上影陰、圓角等設計。

2. 呈上題，美化了網頁後，再使用媒體查詢功能讓網頁內容可以隨著視窗大小而改變。

3. 請開啟「ch08\ex08-b.html」檔案，試著修改transition、transform-origin及transform屬性的值，看看會有什麼變化。

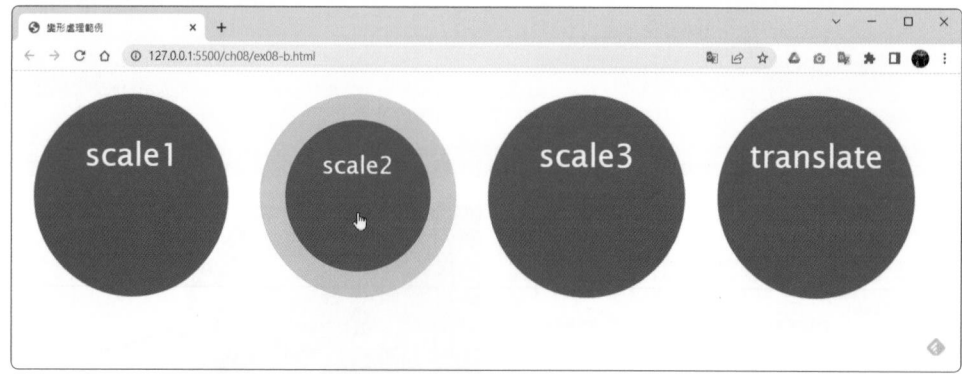

CHAPTER 09

HTML+CSS
網頁設計實作

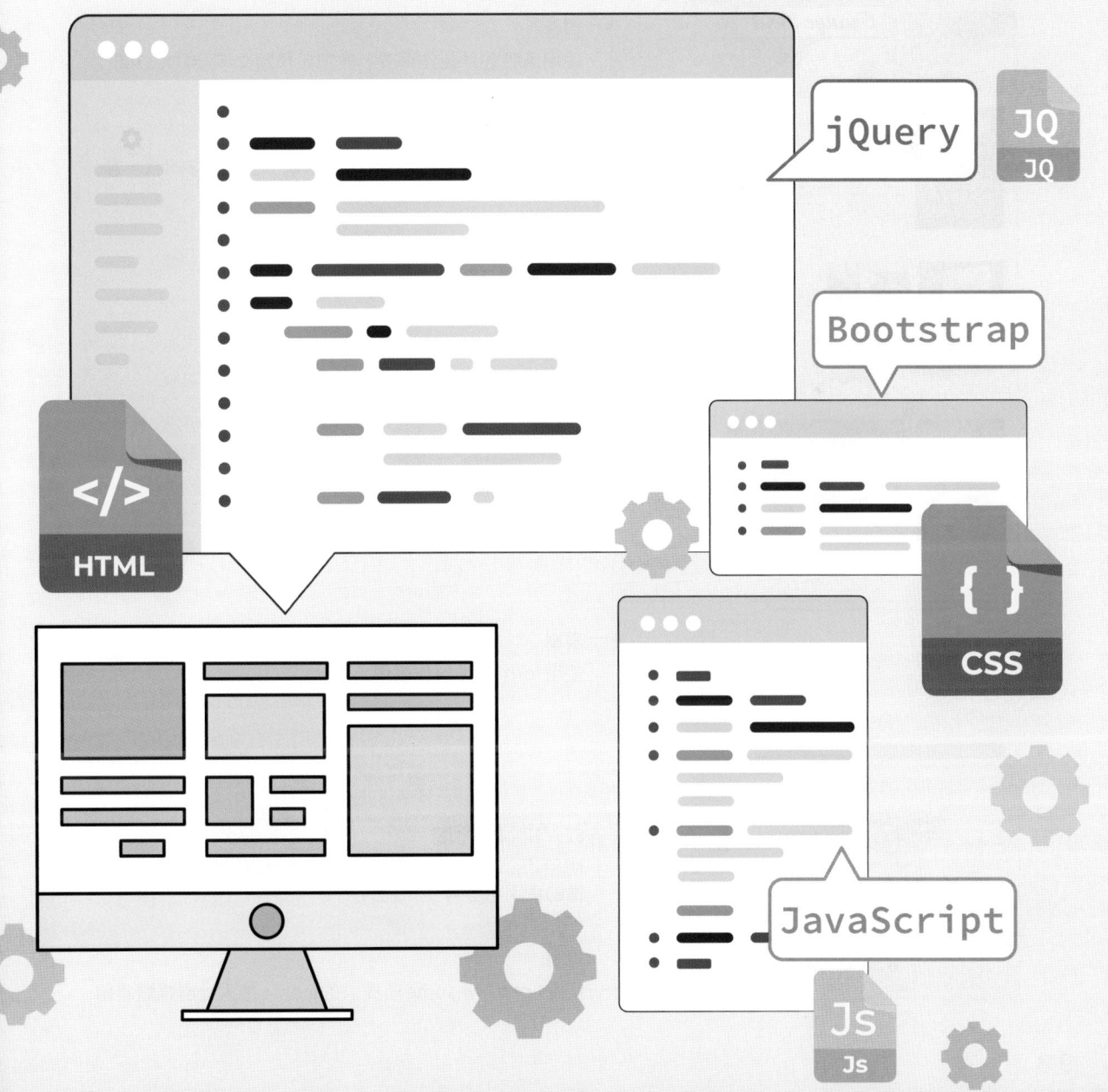

9-1 單欄式網頁設計範例

設計單欄式網頁時，可以使用影像或影片等媒體作為主視覺，進入網站後就會看到主視覺，再於主視覺下加入相關的資訊，即可設計出單欄式網頁。

9-1-1 範例說明

範例規劃了頁首、內容及頁尾等三大部分，並使用媒體查詢功能，讓網頁能自動縮放排列方式。範例檔案：ex09-01\index.html 及 ex09-01\css\style.css。

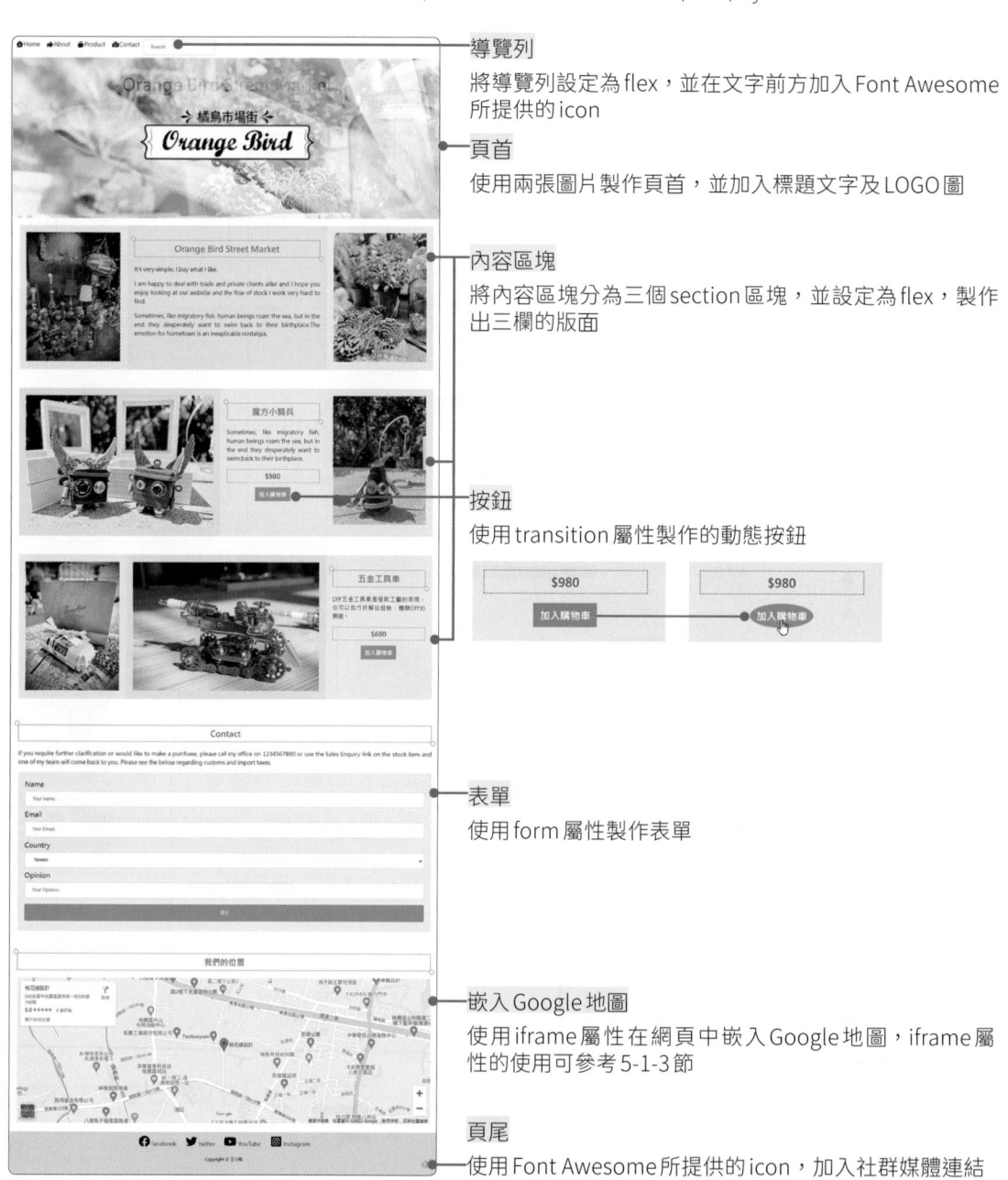

導覽列
將導覽列設定為 flex，並在文字前方加入 Font Awesome 所提供的 icon

頁首
使用兩張圖片製作頁首，並加入標題文字及 LOGO 圖

內容區塊
將內容區塊分為三個 section 區塊，並設定為 flex，製作出三欄的版面

按鈕
使用 transition 屬性製作的動態按鈕

表單
使用 form 屬性製作表單

嵌入 Google 地圖
使用 iframe 屬性在網頁中嵌入 Google 地圖，iframe 屬性的使用可參考 5-1-3 節

頁尾
使用 Font Awesome 所提供的 icon，加入社群媒體連結

HTML的基本架構及載入相關檔案

一個網站會包含很多檔案，建立網站時，先建立一個專用的資料夾來存放相關檔案，本範例的資料夾為「ex09-01」，資料夾裡包含了「css」資料夾，存放 style.css 檔案；「img」資料夾則存放了相關的圖片檔，HTML 檔案命名為「index.html」。

資料夾設定好後，即可開始建立 HTML 的基本架構，設定網頁標題，並加入要載入的相關檔案，此範例載入了 CSS 檔案及 Font Awesome 提供的 CSS 檔案。

```
<!DOCTYPE html>
<html lang="zh-Hant-Tw">
<head>
  <meta charset="UTF-8">
  <meta http-equiv="X-UA-Compatible" content="IE=edge">
  <meta name="viewport" content="width=device-width, initial-scale=1.0">
  <title>Orange Bird Street Market</title>
  <link rel="stylesheet" href="css/style.css">
  <link rel="stylesheet" href="https://cdnjs.cloudflare.com/ajax/libs/
    font-awesome/6.0.0/css/all.min.css">
</head>
```

撰寫網站共通的CSS描述

在開始撰寫相關的 CSS 語法時，可以先在 CSS 檔案中撰寫網站共通的 CSS 描述，例如將寬高設定作用在邊框外緣的範圍內、網站要使用的字體、超連結取消底線等。

```
* {
  box-sizing: border-box;      /*將寬高設定作用在邊框外緣的範圍內*/
}
body {
  font-family:"Noto Sans CJK TC", "Microsoft JhengHei", PingFang,
  STHeiti, sans-serif, serif;
  margin: 0;
}
a {
  text-decoration: none;      /*移除超連結底線*/
}
```

9-1-2　導覽列選單說明

在此範例中我們將導覽列設定為 flex，加入了搜尋框，並在文字前加入 Font Awesome 所提供的 icon，這樣選單就不會那麼單調。

🏠 Home　👍 About　🛍 Product　🗺 Contact　Search

● 導覽列HTML語法

```
<nav>
    <a href="#"><i class="fa-solid fa-house-user fa-fw"></i>Home</a>
    <a href="#"><i class="fa-solid fa-thumbs-up fa-fw"></i>About</a>
    <a href="#"><i class="fa-solid fa-bag-shopping fa-fw"></i>Product</a>
    <a href="#"><i class="fa-solid fa-map-location-dot fa-fw"></i>Contact</a>
    <form>
        <input type="search" placeholder="Search" aria-label="Search">
    </form>
</nav>
```

● 導覽列CSS語法

```
/*導覽列設定*/
nav {
    display: flex;
    background-color: white;
}
nav a {   /*導覽列超連結設定*/
    color: #050505;
    padding: 10px;
    text-align: center;
}
nav a:hover { /*導覽列滑鼠移過超連結設定*/
    color: #089a45;
}
```

　　網路上有許多免費的Icon Font可以使用，如Font Awesome、Fontello、Icomoon、WE LOVE ICON FONTS等，我們使用了Font Awesome所提供的icon。要使用時，先在HTML載入CSS檔案，也可以下載該檔案，放在自己的資料夾中。Font Awesome有許多的版本，可依需求下載要使用的版本。

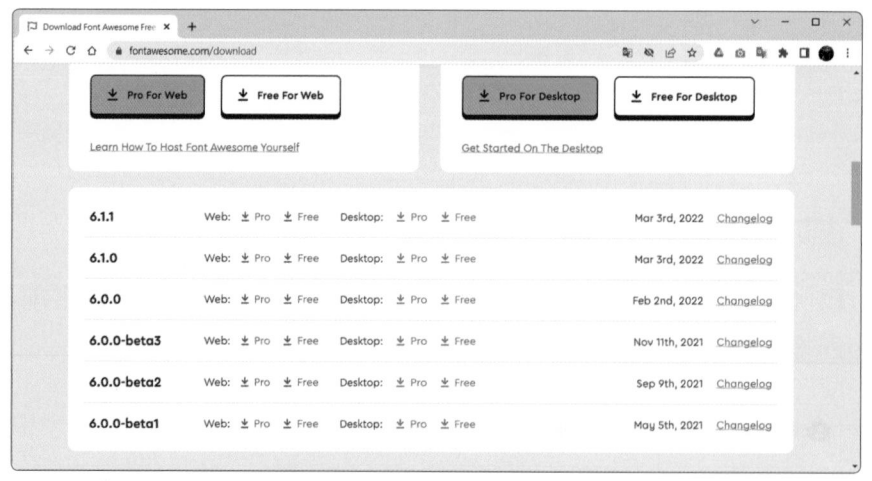

▲ Font Awesome下載頁面 (https://fontawesome.com/download)

在 HTML 載入 CSS 檔案後，接下來只要進入該網站的 icon 頁面中，搜尋想要的圖示，點選該圖示，就會開啟該圖示選項頁。

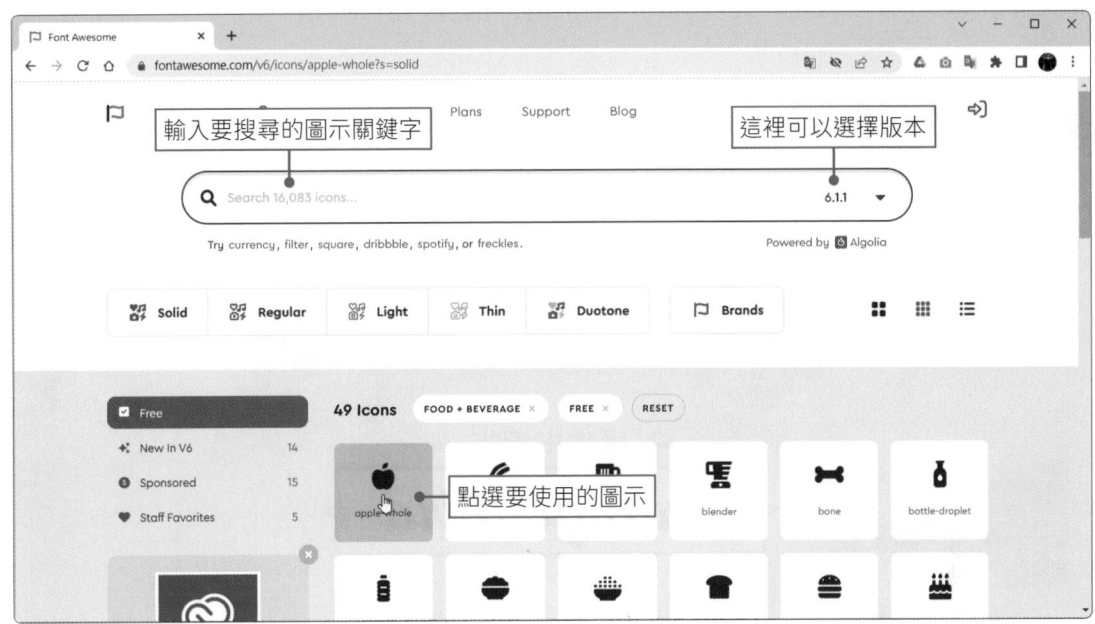

▲ icon 頁面 (https://fontawesome.com/icons)

點選圖示後，會開啟該圖示的頁面，頁面中便可選擇要使用的圖示類型，選擇好後即可複製語法。

複製好語法後，進入 HTML 中，將該語法加到要擺放的元素即可。

```
<a href="#"><i class="fa-solid fa-house-user"></i>Home</a>
```

icon與文字之間若要有點距離，可以加上「fa-fw」，若要放大icon，可以加入「fa-2x」，表示要放大兩倍。

```
<a href="#"><i class="fa-solid fa-house-user fa-fw fa-2x"></i>Home</a>
```

9-1-3 頁首說明

頁首主要包含了兩張圖片、標題文字及LOGO圖片等物件，兩張圖片以濾色模式呈現；標題文字則以覆蓋模式呈現；LOGO圖片則置於兩張圖片的上層。

● 頁首HTML語法

```
<header>
   <nav>
      略
   </nav>
   <h1>Orange Bird Street Market</h1>
   <img class="logo" src="img/logo.png" alt="logo">
</header>
```

● 頁首CSS語法

```
/*頁首*/
header {
   background: no-repeat, center top fixed; /*不重複排列、靠上置中、固定位置*/
   background-image: url("bg02.jpg"), url("bg01.jpg");
   background-size: cover; /*不變形，寬高等比例，在必要時局部裁切*/
   background-blend-mode: screen; /*將兩張圖以濾色模式呈現*/
   height: 500px;
   text-align: center;
}
h1 {
   font-size: 8vmin;
   padding: 8px;
```

```
    text-align: center;
    mix-blend-mode: overlay; /*覆蓋效果*/
}
/*LOGO設定*/
.logo {
    position: relative; /*相對配置*/
}
```

9-1-4　內容區塊說明

範例將內容區塊分為三個 section 區塊，並設定為 flex，製作出三欄的版面。

● 內容區塊 HTML 語法

```html
<section class="row">
    <div class="column side">
        <img src="img/pic01.jpg" width="100%">
    </div>
    <div class="column middle">
        <h2>Orange Bird Street Market</h2>
        <p>略</p>
    </div>
    <div class="column side">
        <img src="img/pic02.jpg" width="100%">
    </div>
</section>
```

● 內容區塊 CSS 語法

```css
/*flexbox設定*/
.row {
    display: flex;
    flex-wrap: wrap;
    justify-content: center;
    align-items: stretch;
}
```

```
/*建立彼此相鄰的3個欄*/
.column {
    padding: 10px;
}
/*小欄*/
.column.side {
    flex: 1;
    background-color: #f2efef;
    padding: 20px;
    margin-bottom: 10px;
    overflow:hidden;
}
/*中欄*/
.column.middle {
    flex: 2;
    background-color: #e8e8e8;
    padding: 20px;
    margin-bottom: 10px;
    overflow:hidden;
}
/*RWD設定*/
@media (max-width: 600px) {
.row {
    -webkit-flex-direction: column;
    flex-direction: column;
    }
}
```

9-1-5 按鈕說明

網頁中的按鈕，使用了transition屬性製作出具有動態效果的按鈕。

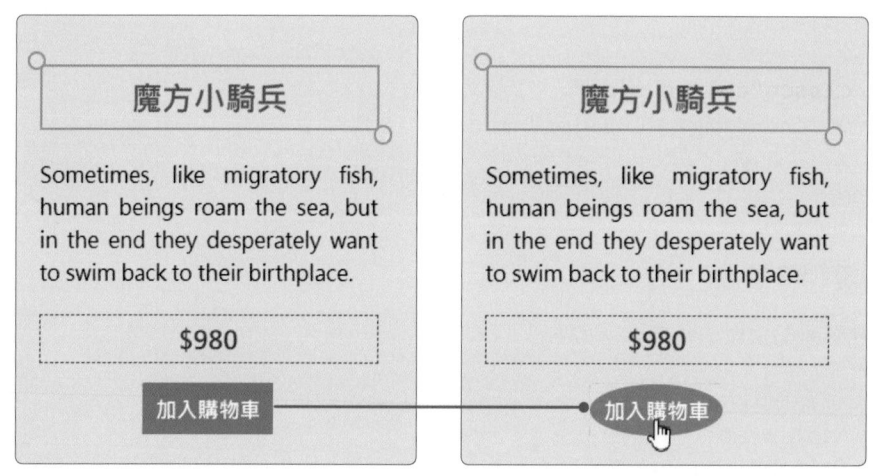

● 按鈕 HTML 語法

```
<h5><a class="button" href="#">加入購物車</a></h5>
```

● 按鈕 CSS 語法

```
.button {
    font-size: 1rem;
    text-align: center;
    background: #3bae8f;
    color: #fff;
    padding: 8px 10px;
    transition: border-radius .5s ease-in;
}
.button:hover {
    background: orangered;
    border-radius: 50%;
}
```

9-1-6 表單說明

表單使用 form 元素製作，再透過 CSS 設定相關的樣式。

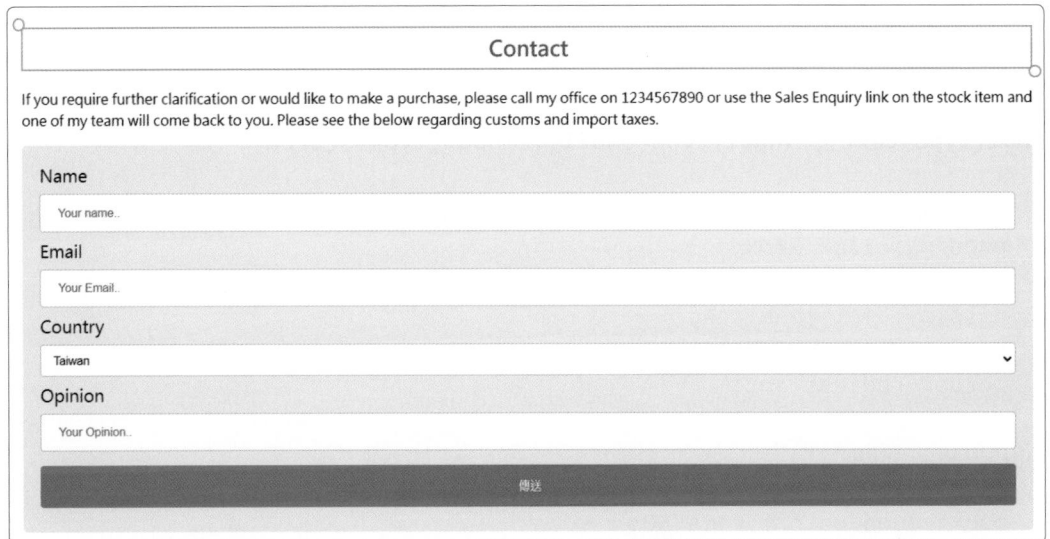

● 表單 HTML 語法

```
<div class="box">
    <form action="/action_page.php">
        <label for="fname">Name</label>
        <input type="text" id="fname" name="name" placeholder="Your name..">
        <label for="mail">Email</label>
        <input type="email" id="mail" name="mail" placeholder="Your Email..">
```

```
        <label for="country">Country</label>
        <select id="country" name="country">
                <option value="taiwan">Taiwan</option>
                <option value="australia">Australia</option>
                <option value="japan">Japan</option>
                <option value="usa">USA</option>
        </select>
        <label for="text">Opinion</label>
        <input type="text" id="text" name="text" placeholder="Your Opinion..">
        <input type="submit" value="傳送">
    </form>
</div>
```

● 表單 CSS 語法

　　預設的 <input> 元素，大部分的按鍵或文字框都比較單調，此時可以透過 CSS 樣式來美化這些元素。設定時，要使用「[ ]」中括號包覆設定，若多個元素要使用相同設定時，可以使用「,」逗號隔開。

```
.box {
    border-radius: 5px;
    background-color: #f2f2f2;
    padding: 20px;
}
form {
    font-size: 1.2rem;
}
input[type=text], input[type=email], input[type=search],
select {
    width: 100%;
    padding: 12px 20px;
    margin: 8px 0;
    display: inline-block;
    border: 1px solid #ccc;
    border-radius: 4px;
}
input[type=submit] {
    width: 100%;
    background-color: #4CAF50;
    color: white;
    padding: 14px 20px;
    margin: 8px 0;
    border: none;
    border-radius: 4px;
    cursor: pointer;
}
input[type=submit]:hover {
    background-color: #45a049;
}
```

知識補充：Google表單

在 HTML 中可以使用 <form> 元素來製作表單，但要讓表單資料儲存到資料庫，就必須搭配 PHP 等程式語言，若要省略這種步驟，其實可以使用 Google 提供的表單服務，直接製作表單，再使用 <iframe> 元素將 Google 表單嵌入到網頁中即可。

9-1-7 頁尾說明

頁尾使用 Font Awesome 所提供的 icon，加入社群媒體圖示，並進行連結設定。

● 頁尾 HTML 語法

```
<footer>
  <a href="#"><i class="fa-brands fa-facebook fa-fw fa-2x"></i>
    facebook</a>
  <a href="#"><i class="fa-brands fa-twitter fa-fw fa-2x"></i>
    twitter</a>
  <a href="#"><i class="fa-brands fa-youtube fa-fw fa-2x"></i>
    YouTube</a>
  <a href="#"><i class="fa-brands fa-instagram-square fa-fw fa-2x"></i>
    Instagram</a>
  <h6>copyright by momoco</h6>
</footer>
```

● 頁尾 CSS 語法

```
footer {
   padding: 10px;
   text-align: center;
   background-color:gainsboro;
}
footer a {
   color: #050505;
   padding: 10px;
   text-align: center;
   text-decoration: none;
}
footer a:hover {
   color: #858685;
}
```

9-2 多欄式網頁設計範例

在網頁設計中，所謂的欄就是往橫向並排的直行，將版面垂直成許多個欄進行編排，常見的多欄式網頁有兩欄或三欄，兩欄的寬度比例大多是「2:1」或「3:1」，也有網站會將兩欄平均分配。

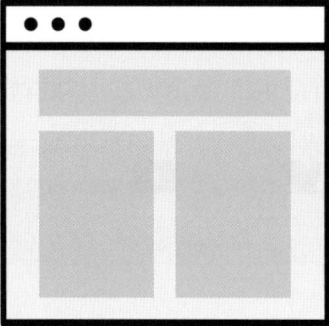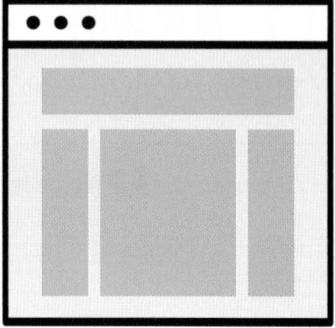

9-2-1 範例說明

範例使用了 Grid 網格系統，規劃了三欄式的網頁，頁面有頁首、導覽列、內容及頁尾等三大部分。範例檔案：ex09-02\index.html 及 ex09-02\css\style.css。

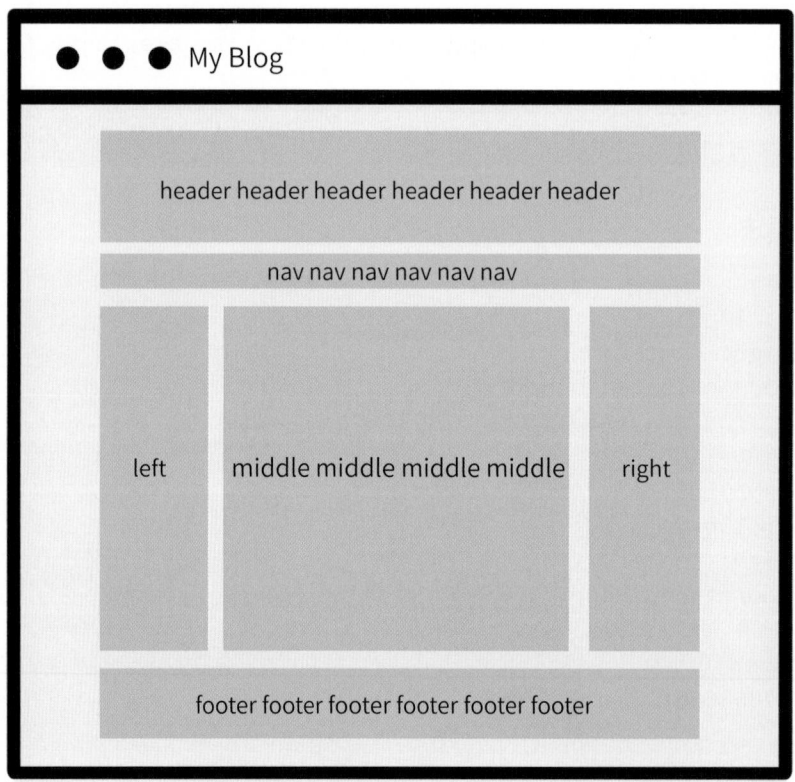

範例中使用了很多border屬性來設計各種框線，讓標題文字能更加明顯，如h1、h2、h3等，除此之外，還在標題前加入了「Font Awesome 6 Free」字體所提供的各種圖示，增加活潑性；導覽列設計了使用了ul及li元素製作三層選單；右側欄則使用了iframe元素，加入Facebook與YouTube的連結。結果畫面如下：

9-2-2 Grid網格說明

範例中的Grid使用了template area屬性來分配item，定義出6×3的空間。範例所使用的各種屬性及語法，大致上在前面的章節都有提及過，若忘了怎麼撰寫時，可隨時翻閱相關內容。

● CSS語法

```css
/*grid容器設定*/
.grid-container {
    display: grid;
    grid-template-areas:
        'header header header header header header' /*header要占據6欄*/
        'nav nav nav nav nav nav' /*nav要占據6欄*/
        /*left占1欄，middle占4欄，right占1欄*/
        'left middle middle middle middle right'
        'footer footer footer footer footer footer'; /*footer要占據6欄*/
    grid-gap: 10px 10px; /*間隔設定*/
}
header {
    grid-area: header;
    略
}
nav {
    grid-area: nav;
    略
}
.left, .middle, .right {
    padding: 10px;
    margin: 10px;
}
.left { /*grid左邊的欄*/
    grid-area: left;
    background-color:#f7e8dd;
    border-left: solid 20px #cebba5;
    border-radius: 10px;
}
.left img {
    border-radius: 50%;
    border: 6px solid rgb(218, 56, 86, 0.3);
    display: block;
    margin: auto;
}
.middle { /*grid中間的欄*/
    grid-area: middle;
    background-color:#f7e8dd;
    border-radius: 10px;
}
```

```css
.middle img {
    height:80%;
    width:100%;
    object-fit:cover;  /*填滿元素的寬度及高度 (維持原比例),超出的會裁剪掉*/
}
.right { /*grid右邊的欄*/
    grid-area: right;
    background-color:#f7e8dd;
    border-top: solid 20px #cebba5;
    border-bottom: solid 20px #cebba5;
    border-radius: 10px;
}
footer {
    grid-area: footer;
    background-color: #D8D2CB;
    padding: 10px;
    text-align: center;
    border-radius: 10px;
}
```

● HTML 語法

```html
<main class="grid-container">
    <header>
        <i class="fa-solid fa-users-viewfinder fa-fw"></i>Momoco BLOG
        <h1>Travel, Camping, Food</h1>
    </header>
    <nav>
        略
    </nav>
    <aside class="left">
        <h3>文章分類</h3>
        略
    </aside>
    <section class="middle">
        <h2>跟我一起卡蹓馬祖</h2>
        略
    </section>
    <aside class="right">
        <h3>Facebook</h3>
        <iframe 略></iframe>
    </aside>
    <footer>
        略
    </footer>
</main>
```

9-2-3 導覽列三層選單製作說明

導覽列使用了ul及li元素製作下拉式三層選單，不過，li元素只能由上到下顯示內容，所以還要再配合display屬性來將選單改成橫向顯示。

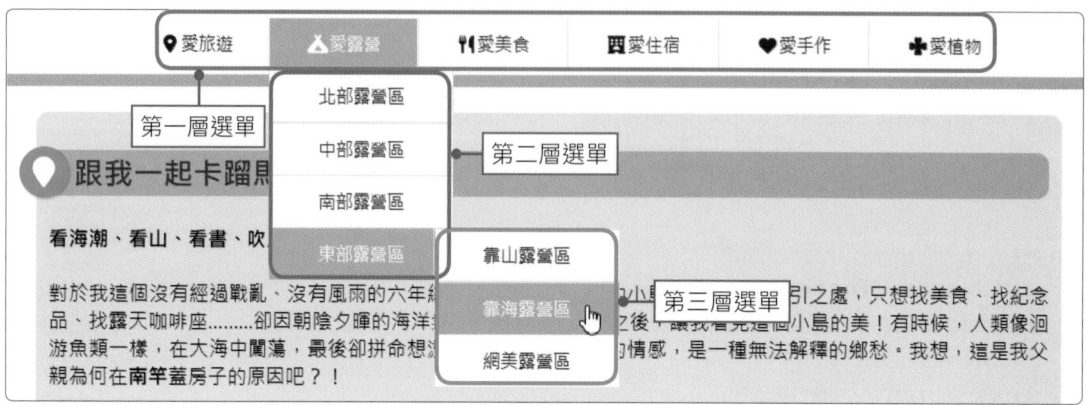

製作選單時，先在HTML建立選單結構，如下語法所示，藍色為第一層選單內容；綠色為第二層選單內容；橘色為第三層選單內容。

```html
<nav>
  <ul class="menu">
    <li><a href="#"><i></i>愛旅遊</a> <!--第一層-->
        <ul> <!--第二層-->
            <li><a href="#">北部景點</a></li>
            <li><a href="#">中部景點</a></li>
            <li><a href="#">南部景點</a></li>
            <li><a href="#">東部景點</a></li>
        </ul>
    </li>
    <li><a href="#"><i></i>愛露營</a> <!--第一層-->
        <ul> <!--第二層-->
            <li><a href="#">北部露營區</a></li>
            <li><a href="#">中部露營區</a></li>
            <li><a href="#">南部露營區</a></li>
            <li><a href="#">東部露營區</a>
                <ul> <!--第三層-->
                    <li><a href="#">靠山露營區</a></li>
                    <li><a href="#">靠海露營區</a></li>
                    <li><a href="#">網美露營區</a></li>
                </ul>
            </li>
        </ul>
    </li>
    <li><a href="#"><i></i>愛美食</a> <!--第一層-->
        <ul> <!--第二層-->
            <li><a href="#">台北美食</a></li>
```

```
                    <li><a href="#">桃園美食</a></li>
                    <li><a href="#">台南美食</a></li>
                    <li><a href="#">高雄美食</a></li>
                    <li><a href="#">花蓮美食</a></li>
                    <li><a href="#">台東美食</a></li>
            </ul>
        </li>
        <li><a href="#"><i></i>愛住宿</a></li> <!--第一層-->
        <li><a href="#"><i></i>愛手作</a></li> <!--第一層-->
        <li><a href="#"><i></i>愛植物</a></li> <!--第一層-->
    </ul>
</nav>
```

HTML 選單結構製作好後，使用 CSS 設定選單的樣式，語法如下：

```
/*導覽列*/
nav {
    grid-area: nav;
    text-align: center;
    font-size: 14px;
    border-bottom: solid 10px #cebba5;
    border-radius: 10px;
}
/*導覽列三層選單設定*/
ul {  /*取消ul預設的內縮及項目符號樣式*/
    margin:0;
    padding:0;
    list-style-type: none;
}
.menu {
    display: inline-block;
}
.menu li {
    position: relative;
    white-space: nowrap;
    border-right: #f7e8dd 1px solid;
}
.menu > li:last-child {
    border-right: none;
}
.menu > li {
    float: left; /*選單第一層由左到右顯示*/
}
.menu a {  /*選單樣式設定*/
    display: block;
    padding: 0 30px;
    background-color: #fff;
    color: #333333;
    text-decoration: none;
```

```
      line-height: 40px;
}
.menu a:hover {  /*滑鼠移入按鈕變色*/
   background-color: #cdbba7;
   color: #ffffff;
}
.menu li:hover > a {  /*滑鼠移入第二層選單，第一層按鈕保持變色*/
   background-color: #cdbba7;
   color: #ffffff;
}
.menu ul {
   border: #f7e8dd 1px solid;
   position: absolute;
   z-index: 99;
   left: -1px;
   top: 100%;
      min-width: 150px;
}
.menu ul li {
   border-bottom: #f7e8dd 1px solid;
}
.menu ul li:last-child {
   border-bottom: none;
}
.menu ul ul {  /*第三層以後的選單出現位置與第二層不同*/
   z-index: 999;
   top: 0;
   left: 90%;
}
.menu ul {  /*隱藏次選單*/
   left: 99999px;  /*設定成最大的負數，將元素放到可視範圍外*/
   opacity: 0;  /*完全透明*/
   -webkit-transition: opacity 0.6s;
   transition: opacity 0.6s;
}
.menu li:hover > ul {  /*滑鼠移入展開選單*/
   opacity: 1;
   -webkit-transition: opacity 0.6s;
   transition: opacity 0.6s;
   left: -1px;
   border-right: 5px;
}
.menu li:hover > ul ul {  /*滑鼠移入時，次選單之後的選單依然隱藏*/
   left: -99999px;
}
.menu ul li:hover > ul {  /*第二層之後的選單位置*/
   left: 90%;
}
```

9-2-4 object-fit(區塊填滿)屬性

範例中使用了之前沒有提到的 **object-fit** 屬性,該屬性可以**設定圖片填滿方式**,用法與 background-size 類似。當強制設定影像大小時,可能會導致影像變形,要解決這樣的問題,就可以使用 object-fit 屬性。object-fit 屬性可使用的值如下表所列。

值	說明
fill	預設值,會強制變形至 CSS 所定義的元素寬及高,不管原始檔的比例。
contain	會增加或減少影像的寬度及高度(維持原比例),直到放得進所定義的元素寬高。
cover	會填滿元素的寬度及高度(維持原比例),會自動裁剪影像。
none	不做任何大小及比例調整。
scale-down	將會選擇設為 none 或 container 兩者間較小的那個物件。

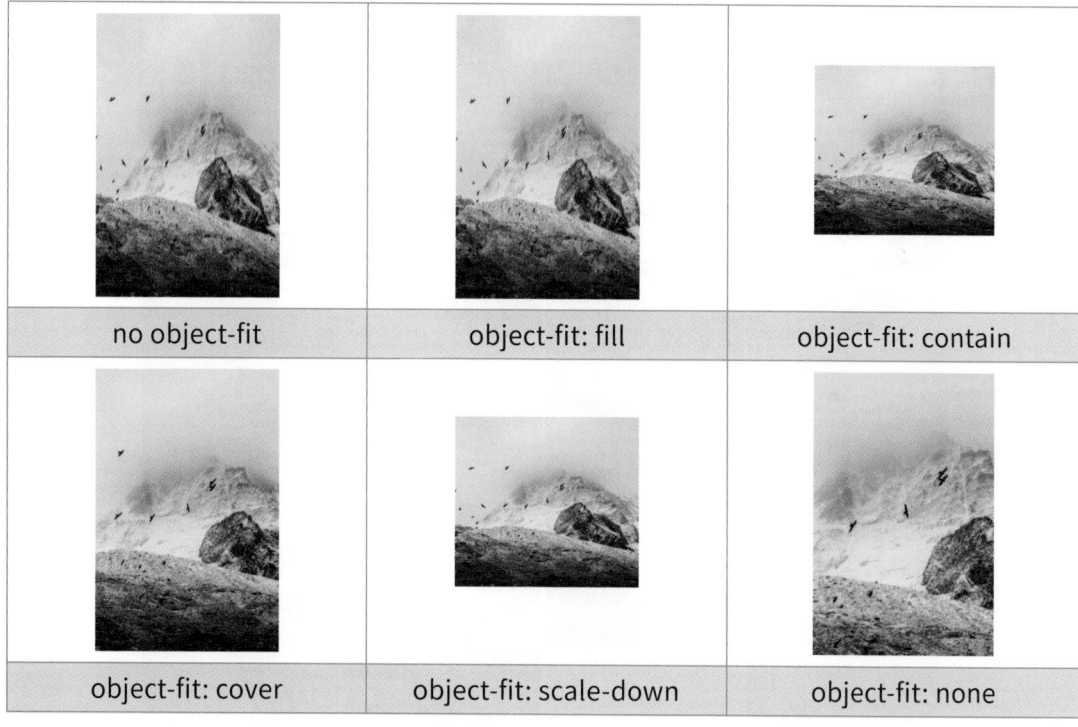

▲ 範例檔案:ch09\object-fit.html

使用 object-fit 屬性時,通常會搭配 **object-position** 屬性一起使用,該屬性可以**設定物件的 x 與 y 位置**。語法如下:

```
object-position: 50% 50%;          /*第一個值為 x 坐標的值,第二個值為 y 坐標的值 */
object-position: right top;
object-position: left bottom;
object-position: 250px 125px;
```

9-3 動畫效果設計範例

使用CSS所提供的屬性即可將元素加上動畫效果,讓網頁更為動態,增加一些可看性,在動畫效果設計範例中,我們將為某些元素加上動畫及互動效果。

9-3-1 範例說明

在動畫效果設計範例中,使用了animation、transform及transition屬性,製作出動畫及互動效果。範例檔案:ex09-03\index.html 及 ex09-03\css\style.css。

CHAPTER 09 HTML+CSS 網頁設計實作

9-3-2 animation動畫效果說明

範例中的頁首使用了 animation 屬性，讓頁首從左上角翻轉下來，當瀏覽者進入網站時，就會執行此項動畫；而頁首中的圓形圖片則會 360 度旋轉。

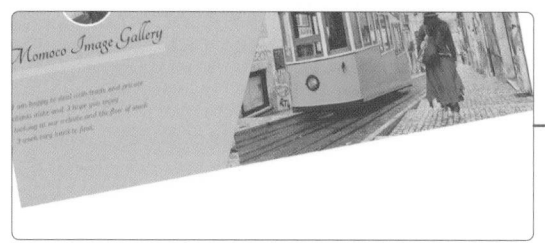 

一般想在網頁中製作動畫，要使用 JavaScript 或 jQuery 才做得到，不過，現在 CSS3 也可以簡單快速地製作出動畫效果了，只要使用 animation 屬性即可做到。

animation 屬性可以讓元素從一個狀態轉換到另一個狀態，藉此來產生動畫效果，而轉換過程，要使用 **@keyframe(關鍵影格)** 來達成效果，@keyframe 可以設定各個狀態間轉換的時間點，以及做了多少變化。

animation 可使用的屬性如下表所列。

名稱	說明
animation-name	定義動畫名稱，要與 keyframe 名稱對應。
animation-duration	動畫執行 1 次所需的時間 (s 秒、ms 毫秒)，可使用的值有： ● normal(正常播放) ● reverse (反向播放) ● alternate (正向播放，再反向播放) ● alternate-reverse (反向播放，再正向播放)
animation-timing-function	動畫效果轉換的速率，如 ease、ease-in、ease-in-out 等，預設為 none。
animation-delay	延遲多久才播放動畫。
animation-iteration-count	播放次數，可設定數字或設定為 infinite 無限。
animation-direction	播放方向與順序，預設 normal。
animation-fill-mode	指定動畫播放完畢的狀態，可使用的值有： ● none (回到最初未播放狀態) ● forwards (停在最後一個狀態) ● backwards (停在第一個狀態) ● both (停留在 animation-direction 最後一個狀態)
animation-play-state	指定動畫播放 (running) 或暫停 (paused)，預設為 running。

使用 animation 屬性時，至少要包含 animation-name 與 animation-duration 兩個屬性，再於 @keyframes 加上要控制屬性變化的設定，可使用 form…to、% 等方式定義每個階段的影格變化，而在 {…} 中定義元素在該影格所套用的樣式，語法如下：

```
@keyframes 動畫名稱 {        /*animation-name*/
   keyframes-selector{     /*關鍵影格選擇器，可以使用 from…to 及 % 百分比 */
   css-styles;             /*CSS 樣式 */
   }
}
```

若想要在每個不同時點設定不同屬性，可以使用 0% ~ 100% 分別設定屬性，若只是想要一個簡單、連續的動畫，則使用 from…to 設定即可，元素裡的多個 animation 屬性時，要用逗號隔開。例如下列語法為將綠色方塊，使用兩秒的時間，從左邊向右移動 500，且無限播放。

```
div {
   background: green;
   animation:move 2s infinite;
}
@keyframes move {
   from { left:0; }
   to { left:500px; }
}
```

animation 的屬性非常的多，撰寫時，也可以將所有的屬性整合在一起，撰寫順序與其預設值如下：

- animation-name: none
- animation-duration: 0s
- animation-timing-function: ease
- animation-delay: 0s
- animation-iteration-count: 1
- animation-direction: normal
- animation-fill-mode: none
- animation-play-state: running

animation 屬性因為有 @keyframe 可以設定，所以可以達成更多更複雜的動畫，而 transition 屬性無法有時間上個別設定的功能，比較類似上述 from…to 的效果，因此動畫效果會比較單一，而該使用哪種方法來撰寫動畫，就要視需求而定了，例如希望載入頁面後直接開始動畫，就用 animation；若轉場動畫牽涉到變形，可以用 transform；沒牽涉到變形，只有樣式改變，則可以用 transition；若希望動畫重複執行，就只能用 animation。

● 頁首的HTML語法

```
<header>
   <div class="box1"></div>
   <div class="container">
      <div class="headerText">
            <h1>Momoco Image Gallery</h1>
            <p>略</p>
      </div>
   </div>
</header>
```

● 頁首的CSS語法

```
header { /*多重背景設定*/
   width: 100%;
   height: 85vh;
   background: linear-gradient(115deg, #fac213 50%, transparent 50%)
      center center / 100% 100%, /*漸層，background-position/漸層寬高*/
      url("bk.jpg") right center / auto 100%;
      /*背景連結，background-position/圖片寬高*/
   animation: example1;              /*動畫名稱，與keyframes名稱對應*/
   animation-duration: 4s;        /*動畫持續時間*/
   animation-iteration-count: 1; /*動畫次數*/
}
@keyframes example1 {
   from { /*第一個關鍵影格，也就是開始的狀態*/
      transform: rotate(-30deg) translateY(-100%);
      opacity: 0;
   }
   to { /*最後一個關鍵影格，結束的狀態*/
      transform: rotate(0deg) translateY(0%);
      opacity: 1;
   }
}

.box1 {
   left: 200px;
   top: 20px;
   background: url("photo.jpg") right center / auto 100%;
   border: 5px white solid;
   border-radius: 50%;
   height: 150px;
   width: 150px;
   position: absolute;
   animation-name: example2;
   animation-duration: 4s;
   animation-iteration-count: infinite;
```

```
    transform-origin: 50% 50%;
}
@keyframes example2 {
    0% {   /*第一個關鍵影格,也就是開始的狀態*/
        transform: rotate(0deg);
    }
    50% {   /*中間影格*/
        transform: rotate(360deg)
    }
    100% {   /*最後一個關鍵影格,結束的狀態*/
        transform: rotate(360deg)
    }
}
```

9-3-3 圖片互動效果說明

　　在動畫效果設計範例中,圖片的部分,使用了 transform 及 transition 屬性,製作出互動效果,當滑鼠游標移至圖片上時,就會出現漸層背景及文字說明,滑鼠移出時則會回到原來的圖片。

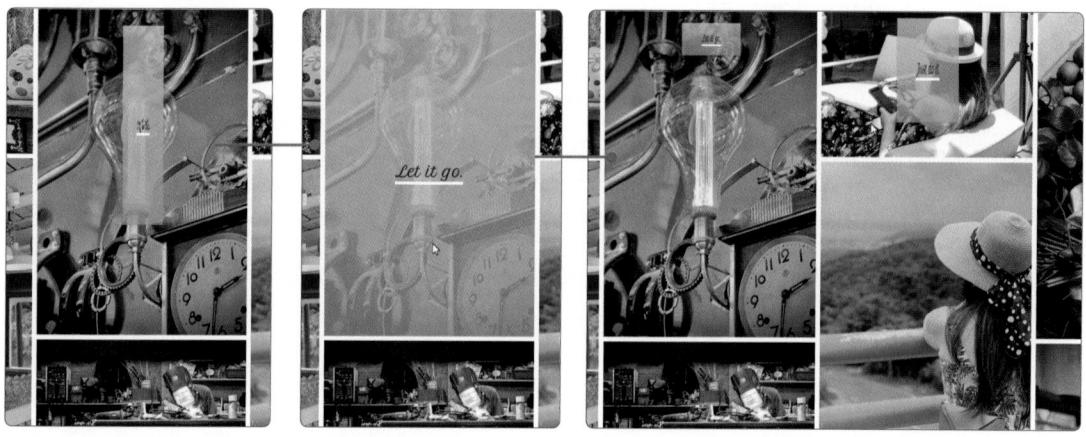

● 圖片的 HTML 語法

```
<div class="box">
    <img src="img/pic01.jpg">
        <div class="overlay">
            <div class="text">Go ahead, make my day.</div>
        </div>
</div>
```

● 圖片的CSS語法

```
.column img {
    margin-top: 8px;
    display: block;
    overflow: hidden;
    width: 100%;
    height: auto;
}
.box {
    position: relative;
    width: 100%;
}
.overlay {
    position: absolute;
    bottom: 100%; /*從上往下*/
    left: 0;
    right: 0;
    background-image: linear-gradient(to top, rgb(250, 112, 154, 0.8) 0%,
    rgb(254, 225, 64, 0.8) 100%);
    overflow: hidden;
    width: 100%;
    height: 0;
    transform: scale(0.5) rotateY(360deg); /*以參考點為中心縮放0.5倍，旋轉360度*/
    transition: all 1.2s;
}
.box:hover .overlay {
    bottom: 0;
    height: 100%;
    transform: scale(1) rotateY(0deg); /*以參考點為中心縮放1倍，旋轉θ度*/
}
.text {
    font-family: 'Petit Formal Script', cursive;
    font-weight: 900;
    white-space: nowrap;
    color: #1f1f1f;
    font-size: 1.5rem;
    border-bottom: 5px solid white;
    position: absolute;
    overflow: hidden;
    top: 50%;
    left: 50%;
    transform: translate(-50%, -50%); /*往右移-50%，往下移-50%*/
}
```

自我評量

● **選擇題**

( ) 1. 下列關於Font Awesome所提供的icon說明，何者不正確？ (A)可以將icon下載為SVG檔案 (B)icon與文字之間若要有點距離，可以加上「fa-fw」語法 (C)若要放大icon，只要加入「fa-2x」語法，表示要放大兩倍 (D)icon只有一種類型可以選擇。

( ) 2. 下列關於在CSS中設定<input>元素屬性時的說明，何者不正確？ (A)要使用「( )」包覆設定 (B)多個元素要使用相同設定時，可以使用「,」逗號隔開 (C)可以透過CSS的border屬性來設計外框 (D)「input[type="submit"]」此語法表示只針對input裡的submit按鈕做設定。

( ) 3. 下列關於object-fit屬性的說明，何者不正確？ (A)可以設定圖片填滿方式 (B)預設值為cover (C)若不做任何大小及比例調整可以設定成none (D)若要自動裁剪影像可以設定成cover。

( ) 4. 下列關於animation屬性的說明，何者不正確？ (A)可以設定動畫效果 (B)須搭配@keyframe(關鍵影格)使用 (C)元素裡有多個animation屬性時，要用「分號」隔開 (D)至少要包含animation-name與animation-duration兩個屬性。

( ) 5. 下列關於@keyframe的說明，何者不正確？ (A)可以控制屬性的變化 (B)可以使用from…to設定變化方式 (C)「@keyframes example {」該語法中的example為元素名稱 (D)可以使用0%～100%分別設定變化方式。

● **實作題**

1. 請開啟「ch09\ex09-02\index.html」檔案，試著將三欄式版面修改為二欄式，並為h1標題加入動畫效果。

CHAPTER 10

JavaScript基本概念

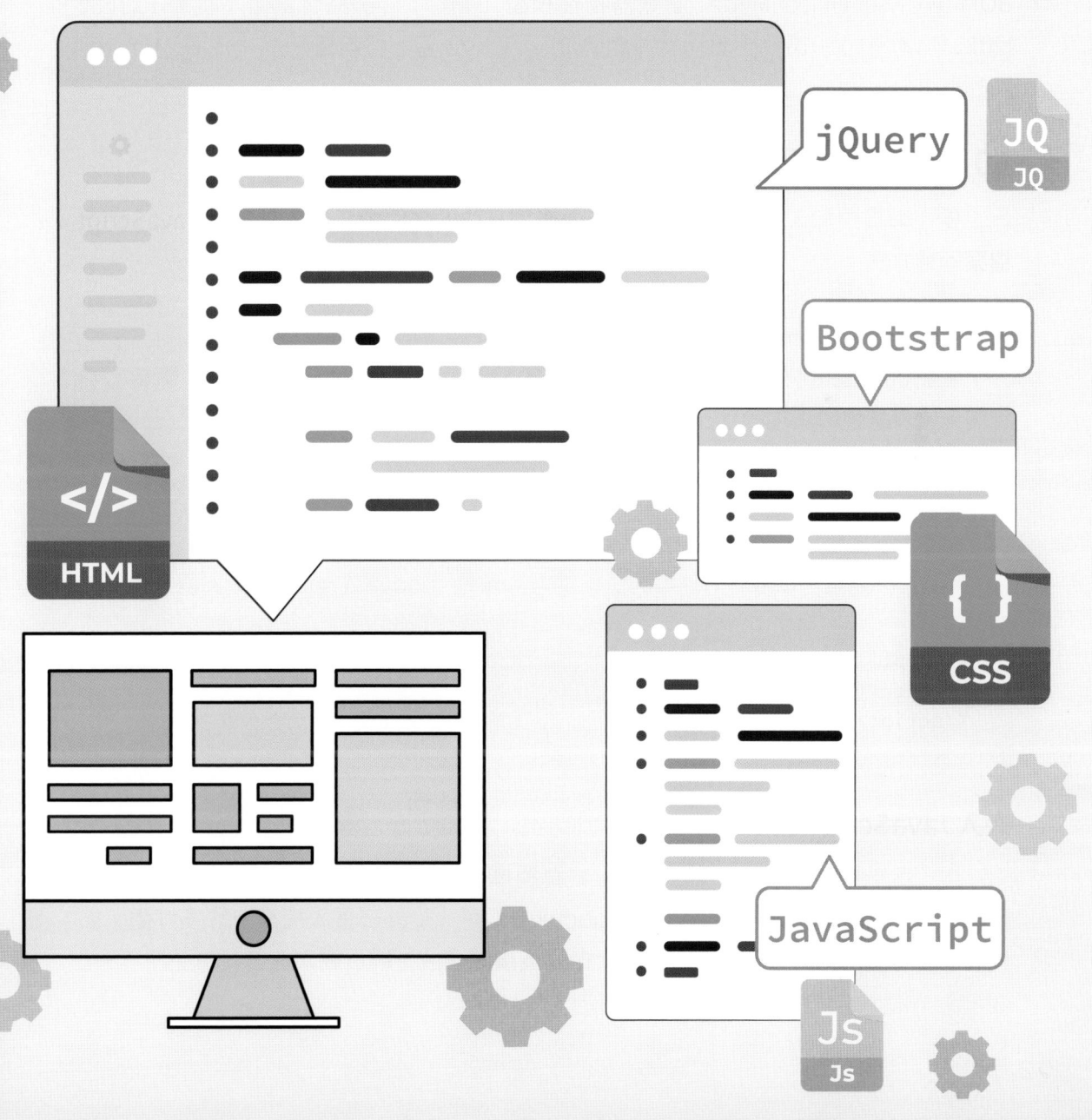

10-1 認識JavaScript

JavaScript是瀏覽器端網頁程式語言，屬於**直譯式語言**(Interpreted Language)，不需事先編譯，即可直接在瀏覽器上執行，可應用於HTML中，為網頁提供動態的互動功能，能夠控制多媒體、動畫等，這節就來認識JavaScript吧！

10-1-1 關於JavaScript

JavaScript是Brendan Eich所發明的，由ECMA International組織來制定標準，命名為ECMAScript (標準編號ECMA-262)，此標準描述了該語言的語法及基本物件 (Array、Function、Object等) 與存取**DOM** (Document Object Model, **文件物件模型**) 與**BOM** (Browser Object Model, **瀏覽器物件模型**) 的能力，JavaScript版本從ES1到ES6 (2015年)，不過2016年後，新版本就改為以年份命名，目前最新版本為ECMAScript 2018。

10-1-2 在網頁中使用JavaScript

要在網頁中加入JavaScript有**直接內嵌到HTML文件中**及**嵌入外部的JavaScript檔案**兩種方式。

直接內嵌到HTML文件

要將JavaScript加入到HTML文件中時，只要使用**\<script\>**元素即可，瀏覽器看到該元素就會執行其中的程式，語法如下：

```
<script>
    JavaScript程式碼
</script>
```

\<script\>元素可以放在HTML的任何地方，像是\<body\>或\<head\>中。語法如下：

```
<head>
    <script>
        alert('Hello world!');
    </script>
</head>
```

嵌入JavaScript檔案

與CSS一樣，可以將JavaScript程式單獨撰寫成一個.js檔案，然後使用嵌入外部檔案的方式，將語法置於\<head\>或\<body\>內即可。從外部置入檔案有許多好處，如程式碼較好閱讀、維護、當JavaScript檔案被讀取過後，網頁載入速度就會更快等。

語法如下：

```
<script src="js/main.js"></script>
```

10-1-3 JavaScript語法規則

JavaScript的程式指令稱為**語句**(Statement)，一個程式由多個語句組成，而瀏覽器會由上到下、由左到右，依序執行這些語句，語句通常使用一或多個關鍵字來描述想執行的命令，而在撰寫時有一些規則是不可不知，說明如下。

程式碼區分大小寫

JavaScript程式碼是會區分大小寫的，所以不能像寫HTML元素一樣，任意混用大小寫，在程式碼中定義的變數大小寫視為不同變數，且JavaScript會自動忽略多餘的空白字元。此外，結構控制敘述與內建函式名稱都必須是小寫英文字母，例如if判斷式不能寫成IF。

結尾分號

JavaScript的每一個語句以「;」分號來作為該行敘述的結束，在敘述結束時記得一定要加上「;」，否則將有可能造成程式的錯誤。

命名規則

在定義變數或函式名稱時，須遵守下列規則：

● 不能使用JavaScript保留字做為名稱。

● 第一個字元不能是數字，可以是英文字母、_ (底線)、$ (錢字符號)，其他字元可以是英文字母、_、$、數字等。

● 使用Camel Case (駝峰式命名法)來為物件、函式、類別命名，第一個字開頭使用小寫英文字母，後續單字開頭則使用大寫英文字母，例如firstName。

```
正確的變數名稱：
var userName = 'Wang';
var user123 = 'Wang momo';
var $ = 123456;
var _ = 456789;
```

```
不正確的變數名稱：
var user-name = 'Wan';          //不能有「-」
var 123User = 'Wang momo';      //不能以數字開頭
```

● 常數通常使用大寫加上 _ (底線)的方式命名。

● 少用簡寫或自己發明的縮寫，要使用有意義、容易理解的名稱。

註解

JavaScript 的註解撰寫方式有兩種，若是單行註解，寫在兩個斜線「//」之後；若是多行註解，則寫在 /* 及 */ 之間。語法如下：

```
// 我是註解，我是註解，我是註解
```

```
/*
我是註解
我是註解
我是註解
*/
```

10-1-4　JavaScript保留字

在 JavaScript 中有一些保留字，不能用於變數或函數名稱，例如 var、function、return 等，因為這些字在 JavaScript 程式碼中有特殊的意義。下表所列為一些常見的保留字。

abstract	arguments	boolean	break	byte
case	catch	char	class	const
continue	debugger	default	delete	do
double	else	enum	eval	export
extends	false	final	finally	float
for	function	goto	if	implements
import	in	instanceof	int	interface
let	long	native	new	null
package	private	protected	public	return
short	static	super	switch	synchronized
this	throw	throws	transient	true
try	typeof	var	void	volatile
while	with	yield	alert	all
Array	Date	eval	function	hasOwnProperty
Infinity	isFinite	isNaN	isPrototypeOf	length
Math	NaN	name	Number	Object
prototype	String	toString	undefined	valueOf
getClass	java	JavaArray	javaClass	JavaObject
JavaPackage	anchor	anchors	area	assign

10-2 常數與變數

了解 JavaScript 基本概念後，接著要學習的第一個概念便是常數與變數，這節就來學習這些概念吧。

10-2-1 認識常數與變數

在設計程式時，有時候會一直重複使用到某個數值或字串，例如計算圓形的周長和面積時，都會用到 π。π 的值固定是 3.14159265358979，不會改變，但如果每次計算都一一輸入「3.14159265358979」，不僅不方便，而且容易出錯。因此，當資料的內容在執行過程中固定不變時，我們會給它一個名稱，將它設為**常數** (Constants)。

常數是用來儲存一個固定的值，在執行的過程中，它的內容不會改變，在程式中使用常數，比較容易識別和閱讀。而**變數** (Variables) 可以在執行程式的過程中，暫時用來儲存資料，它的內容隨時都可以更改。變數是記憶體中的一個位置，用來暫時存放資料，裡面的資料可以隨時取出、放入新的資料。

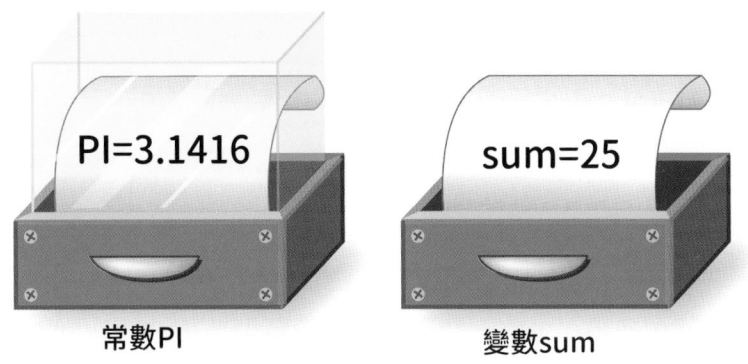

常數PI　　　　　　　　　變數sum

變數就像是資料的容器，例如下面的例子，x、y、z 都是所謂的變數，與數學的變數及運算式的概念很類似。

```
var x = 123;
var y = 456;
var z = x + y;
```

10-2-2 宣告變數

JavaScript 可以使用 var、let 及 const 來宣告和建立一個變數，var 是函式作用域，允許重複宣告，let / const 是區塊作用域，宣告的變數只有在敘述區塊內有效。而所謂的作用域是指變數有效的作用範圍，最大為全域作用範圍，指有效範圍是全部範圍，區塊作用域是指 { } 大括號範圍。在 ES6 版本中，推薦使用 let 及 const 宣告變數，可以解決變數內容被覆蓋。

下列語法使用var宣告變數,在區塊內宣告變數會作用到全範圍。

```
for(var i=0; i<3; i++){
    console.log(i,'Hello');        //依次顯示0 'Hello'、1 'Hello'、2 'Hello'
}
console.log(i);                    //顯示3,區塊內宣告的變數會作用到全範圍
```

下列語法使用let宣告變數,其作用域僅在區塊作用域,一旦離開則會無作用,顯示無定義,而宣告後還是能夠重新賦予新值。

```
for(let i = 0; i<3; i++) {
    console.log(i)                 //顯示0、1、2
}
console.log(i)                     //在 {}外,就存取不到變數i,會顯示錯誤
```

下列語法使用const宣告變數,其作用域僅在區塊作用域,一旦變數宣告為常數後,就無法再賦予新值,所以常用於不容易或不會變動的值,例如圓周率、身分證字號等。

```
const Pi = 3.14159265 ;
console.log(Pi)
```

宣告變數時,還可以一次宣告多個,只要使用逗號分隔即可,語法如下:

```
const M = 3, N = 4;
```

10-2-3 資料型態

變數可以代表著很多類別,這些類別稱之為**資料型態**(Data Type)。在JavaScript中,可以分為兩大類資料型態,如下表所列。

基本資料型態	
類別	**說明**
Number(數值)	可以是整數或小數,例如1、3.14159、-5、0等。JavaScript的數值採取64位元雙倍精確浮點數表示法。
Boolean(布林值)	只包含true與false兩種值。
String(字串)	是由一連串字元所組成,包含文字、數字及符號等。字串必須包覆在'(單引號)或"(雙引號)裡,單引號與雙引號不能混用。例如'Happy'、'Birthday'、"生日快樂"等。
undefined (尚未定義值)	表示值還沒有定義或還未指定。
null(空值)	是一個特殊值,表示這變數裡面沒有東西
Symbol(符號)	表示獨一無二的值。

複合資料型態	
Object(物件)	基本資料型態以外的都是物件型態，例如函式、陣列等。

10-2-4　跳脫字元

因為字串必須包在單引號或雙引號裡面，但是雙引號裡不能有雙引號、單引號裡不能有單引號。此時，可以使用**跳脫字元**(Escape Character) \ (反斜線)，來跳脫引號。常見的使用方式如下表所列。

跳脫字元	意義	跳脫字元	意義	跳脫字元	意義
\0	null字元	\'	單引號	\"	雙引號
\f	換頁符號	\n	換行符號	\r	歸位
\t	Tab鍵	\v	vertical tab	\b	倒退鍵
\f	form feed	\uXXXX	Unicode字元(XXXX為十六進位表示法)		

10-3 運算子

運算式(Expression)是由常數、變數資料和運算子組合而成的一個式子，而「=」、「+」、「*」這些符號是**運算子**(Operator)，被運算的對象則叫做**運算元**(Operand)。這節就來學習JavaScript的運算子。

10-3-1　算術運算子

算術運算子的概念跟數學差不多，可以計算、產生數值。最基本的就是四則運算，利用「+」、「-」、「*」、「/」運算子，進行加、減、乘、除的計算，也可以使用「(」、「)」小括弧，優先計算括弧內的內容。

運算子	語法	範例	結果
+ (取正數)	+ x	+3	
- (取負數)	- x	-3	
+ (加法)	x + y	1+1	2
- (減法)	x - y	2-1	1
* (乘法)	x * y	3*3	9
/ (除法)	x / y	7/2	3.5
% (餘數)	x % y	7 %2	1

運算子	語法	範例	結果
** (指數)	x ** y	7**2	49
++ (遞增)	++運算元 / 運算元++	x = 1; x ++;	2
-- (遞減)	--運算元 / 運算元--	x = 1; x --;	1

10-3-2 字串運算子

在 JavaScript 中，**可使用「+」來進行字串的合併**。例如「'Happy' + 'Birthday'」會將「Happy」和「Birthday」字串，合併為新的字串「HappyBirthday」；「10 + '20'」會得到「'1020'」，因為數值 10 會先被轉換成字串 '10'，然後再將兩個字串合併為一個字串。

10-3-3 指派運算子

指派運算就是**運用「=」符號來設定某一項變數的內容**，但是其敘述方式與我們熟悉的運算方式正好相反。

例如數學的運算式「1+2=3」中，等號左邊是運算式，等號右邊則是運算結果。但在 JavaScript 指派運算中，則必須將等號右邊的運算結果給左邊的變數。例如「x=5」表示將常數 5 指派給變數 x，也就是將 5 存入變數 x。

程式設計的過程中，有時會利用類似「x = x + 1」等敘述，將變數 x 的值加上 1 後，再存回變數 x 中成為新的 x 值。此類的敘述是以變數本身來進行運算，也就是在等號前後都有相同的變數名稱，此時就可以運用複合指派運算子來簡化表示之。例如「x = x + 1」，就可以寫成「x += 1」。還有其他的複合指定運算子的用法，如下表所列。

指派運算子	說明	範例	結果
=	指定	x = 5	5
+=	相加後指定	x += 2	x = 5 + 2 = 7
-=	相減後指定 x	-= 2	x = 5 - 2 = 3
*=	相乘後指定 x	*= 2	x = 5 × 2 = 10
/=	相除後指定 x	/= 2	x = 5 ÷ 2 = 2.5
%=	取相除後餘數再指定 x	% = 2	x = 5 \ 2 = 2
**=	相次方後指定	x **= 2	x=5^2=25
&=	合併後再指定	x &= 2	

假設變數 x 初值皆為 5。

10-3-4　比較運算子

　　比較運算子**可以比較兩筆資料之間的關係**，包括數值、日期時間和字串，當比較的結果成立，會傳回True(真)；當比較結果不成立，會傳回False(假)，下表列出各種比較運算子的說明。

運算子	範例	結果
== (等於)	1 == 2	因為 1=2 不成立，因此傳回 false。
!= (不等於)	1 != '1'	因為 1 != '1' 成立，因此傳回 true。
< (小於)	-3 < 6	因為 -3 < 6 成立，因此傳回 true。
> (大於)	5 > 7	因為 5 > 7 不成立，因此傳回 false。
<= (小於等於)	3 <= 3	因為 3≦3 成立，因此傳回 true。
>= (大於等於)	-7 >= 6	因為 -7≧-6 不成立，因此傳回 false。
<> (不等於)	-3 <> 5	因為 -3≠5 成立，因此傳回 true。
=== (嚴格等於)	1 === '1'	因為 1 === '1' 資料類別不同 (不會自動轉換成數值)，因此傳回 false。
!== (嚴格不等於)	1 !== '1'	因為 1 !== '1' 資料類別不同 (不會自動轉換成數值)，因此傳回 true。

10-3-5　邏輯運算子

　　邏輯運算子是**進行布林值 True(真) 和 False(假) 的運算。**

邏輯運算子	說明	範例	結果
&&	And 運算子，當 x、y 都為真時，結果才是真，其餘都是假。	(3 > 5) && (3 ==1)	false
||	Or 運算子，只要 x 和 y 其中有一個是真的，結果就為真。	(3 > 5) || (3 ==1)	true
!	Not 運算子，會產生相反的結果，如果原本的值為真，則結果為假。	!(3 > 5)	false

10-3-6　位元運算子

　　位元運算子可以進行二進制的位元運算，位元運算子會將數值轉換成二進位值的 0 與 1 進行運算。

運算子	說明	範例	結果
&	And 運算，如果兩個位元都是 1，結果就是 1，否則是 0。	0011 & 1001 (3 & 9)	0001 (1)

運算子	說明	範例	結果
|	Or運算，如果任何一個位元是1，結果就是1，否則是0。	0011 | 1001 (3 | 9)	1011 (11)
^	Xor運算，如果位元不相同，結果是1，否則是0。	0011 ^ 1001 (3 ^ 9)	1010 (10)
~	Not運算，將所有位元的0變成1，1變成0。	1010 (~10)	0101 (-11)
<<	左移，將所有位元向左移n個位置，右邊的位元補入0。	0101 << 1 (5 << 1)	1010 (10)
>>	有號右移，將所有位元向右移n個位置，最左邊的位元補入跟原本最左位元一樣值，保持正負數一致。	0101 >> 1 (5 >> 1)	0010 (2)
>>>	無號右移，與>>相同，但最左邊的位元補0。	0101 >>> 1 (5 >>> 1)	0010 (2)

10-3-7　typeof運算子

typeof運算子**可以判斷變數的資料型別**，可能的類別有：number、string、boolean、object、function及undefined，例如typeof('momo')會傳回「string」；typeof(123)會傳回「number」。

10-3-8　?:條件運算子

?:條件運算子也稱為**三元運算子**，接受兩個運算元作為值且一個運算元作為條件。如果判斷條件為true，運算子回傳值1，false則回傳值2。例如「10 > 9 ? 'yes' : 'no'」，會傳回「'yes'」。語法如下：

```
條件 ？ 值1 ： 值2
```

10-3-9　運算子優先順序

各種運算子在處理上的優先順序是依一般算術規則，例如先乘除後加減，若有些運算要優先處理，可以放在()小括號裡。例如下列語法，計算的順序為4 * 5計算後回傳20，接著計算3 + 20回傳23，再將值設定給a。

```
let a = 3 + 4 * 5;      //23
let a = (3 + 4) * 5;    //35
```

下表為各運算子的優先順序。

順序	類型	運算子
高	括弧、陣列、函數	( )、[ ]、new
	單元運算子	-、++、--、!、~
	乘、除、餘數	*、/、%
	加、減	+、-
	位移(位元)	>>>、>>、<<
	比較	>、>=、<、<=
	相等比較	==、===、!=、!==
	AND(位元)	&
	XOR(位元)	^
	OR(位元)	|
	AND(邏輯)	&&
	OR(邏輯)	||
低	指派	=、+=、-=、*=、/=、%=

詳細的優先順序可以參考MDN的運算子優先性說明(https://developer.mozilla.org/en-US/docs/Web/JavaScript/Reference/Operators/Operator_Precedence)

10-4　流程控制

在 JavaScript 中與許多程式語言一樣有 if...else、switch 選擇結構以及在處理陣列上很常使用的 for、while、do/while 等迴圈結構。

選擇結構是根據是否滿足某條件式，來決定不同的執行路徑，又可以分為單向選擇結構、雙向選擇結構、多向選擇結構等三種。而迴圈結構是指在程式中建立一個可重複執行的敘述區段，電腦便可以在很短的時間內重複執行程式。

10-4-1　使用if與if...else進行流程控制

JavaScript 的流程控制中常常會用到 if 判斷式，if 就是如果的意思，如果判斷式的結果為 true，則執行大括號裡的程式碼。語法如下：

```
if (條件式) {              //條件成立時會執行 { }區塊中的內容
    執行程式碼內容；
}
```

　　if可以搭配else、else if使用，而在 if / else流程控制小括號裡條件成立下，大括號的程式才會被執行。語法如下：

```
if (條件式) {                    //條件成立時會執行{ }區塊中的內容
    條件成立時執行的程式內容;
}
else {                          //否則執行else { }區塊中的內容
    條件不成立時執行的程式內容;
}
```

　　若需要判斷的條件若超過二種或以上，也可以使用else if來增加條件判斷。語法如下：

```
if (條件式1) {
    條件1成立時執行的程式內容;
}
else if (條件式2) {
    條件2成立時執行的程式內容;
}
.......
else (條件式) {
    所有條件都不成立時執行的程式內容;
}
```

　　以下範例為先判斷使用者輸入的數字，再顯示相對應的訊息。

📂ch10\ex10-01.html

```
01~03  略
04  <script>
05  let score = prompt ('請輸入分數', '0');   //將輸入的資料存入變數score中
06  if (score >= 60 && score < 80){ //score大於等於60且小於80
07      document.write('pass，拜託再努力一些些'); //在網頁中顯示訊息
08  }
09  else if(score >= 80 && score < 90){ //score大於等於80且小於90
10      document.write('還行，繼續維持');
11  }
12  else if(score >= 90 && score <= 100){ //score大於等於90且小於等於100
13      document.write('不賴喔！很棒');
14  }
15  else {
16      document.write('這分數不行啦！請再加油'); //以上條件都不符合時顯示此訊息
17  }
18  </script>
19~20  略
```

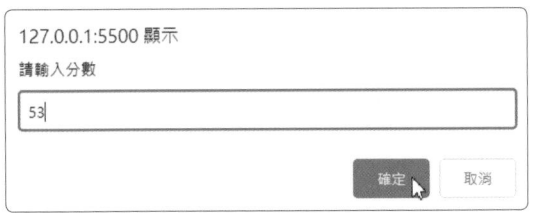 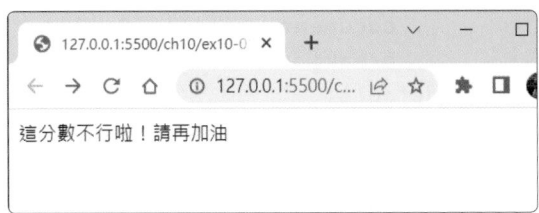

10-4-2 使用switch進行流程控制

當if / else的條件太多時，可以使用switch case來敘述一連串的條件判斷與回應。使用switch**必須先設定好各種條件(case)**，還可以加入default的敘述區塊，效果與else相同，當所有條件均不符合時，就會執行default的程式碼。

switch case不同於if/else語法，沒有大括號限制執行步驟的範圍，所以**每個敘述最後要以break指令來結束**，當JavaScript 執行到break時，就會直接跳出整個switch區塊，繼續往下執行。語法如下：

```
switch（自訂變數）{
    case 條件值1:     //每一個case條件值最後都要加上「:」
        條件值1成立時執行的程式內容;
        break;
    case 條件值2:
        條件值2成立時執行的程式內容;
        break;
    case 條件值3:
        條件值3成立時執行的程式內容;
        break;
    default:
        所有條件都不成立時執行的程式內容;
```

以下範例為判斷使用者輸入的資料，再依判斷結果，跟所有case的值做比較，如果相等就執行這個case區塊的程式碼，都不相等則執行default區塊的程式碼。

📂 **ch10\ex10-02.html**

```
01~06 略
07  <script>
08  let price = prompt ('請輸入購買金額', '0');   //將輸入的資料存入變數price中
09  switch (price) {
10      case '5000':
11          document.write('打7折');
12          break;
13      case '3000':
14          document.write('打8折');
15          break;
16      case '1000':
```

```
17        document.write('打9折');
18        break;
19     default:
20     document.write('沒有折扣');
21  }
```
22~24 略

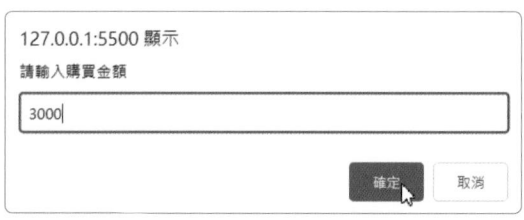
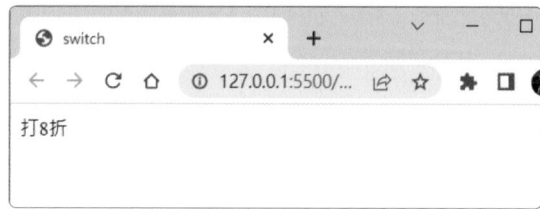

10-4-3 使用while進行流程控制

　　while可以用來**建立條件式迴圈**，當無法確定重複執行的次數時，就必須使用條件式迴圈，不斷測試條件式是否獲得滿足，來判斷是否重複執行。程式會先測試while所接的條件式，當條件式成立時，則執行迴圈中的敘述；若條件式不成立，則跳出迴圈，語法如下：

```
while (條件式) {
    執行的程式內容；
}
```

　　以下範例為輸出0~10的值，變數i的初始值等於0，while的條件為「當i的值小於或等於10」時，就執行「顯示變數i加一個空白字元的值，並執行i++，則變數i就會+1」，所以最後的輸出結果是從0開始連續到10。

📁ch10\ex10-03.html

```
01~06  略
07  <script>
08     let i=0;
09     while (i<=10) {
10        document.write(i + ' ');
11        i++;
12     }
13~15  略
```

10-4-4　使用do…while進行流程控制

　　while還有do…while語法，可以確保迴圈至少被執行一次(第一次)。在條件是否成立之前，迴圈會先執行一次程式碼，然後只要條件為真，迴圈將會重複執行。語法如下：

```
do {
    執行的程式內容;
} while (條件式);
```

　　以下範例與ex10-03.html相同，只是將while改為do…while。

📂ch10\ex10-04.html

```
01~06  略
07  <script>
08  let i=0;
09  do {
10      document.write(i + ' ');
11      i++;
12  }
13  while (i<=10);
14~16  略
```

10-4-5　使用for進行流程控制

　　for可以直接指定迴圈執行的次數，若已經知道迴圈要執行多少次，可以直接使用for迴圈。每次重複執行迴圈時，計數變數會根據變更值自動增減，當計數變數超過終止值時，就會跳離迴圈。語法如下：

```
for (變數起始值 ; 條件式 ; 變數計數方式) {
    執行的程式內容;
}
```

　　以下範例先設定變數i從0開始跑，如果i小於10，則變數i自動+1並繼續執行迴圈，這個設定會持續執行10次，執行結果為0~9。

📂ch10\ex10-05.html

```
01~06  略
07  <script>
08      for(i=0 ; i<10 ; i++){
09          document.write(i + ' ');
10      }
11  </script>
12~13  略
```

10-5 函式

在程式語言中,將每個小問題的解決過程包裝起來,需要使用時再呼叫出來,這個小問題的解決過程即是函式的內容。因此,函式是某個特定功能的程式集合,可以讓一段程式區塊重複使用的程式撰寫方式,執行後可以完成特定的功能並輸出結果。函式具有程式碼可重複使用及便於程式碼管理等優點。

有些程式語言將函式稱為**方法**(method)、**副程式**(subroutine)或**程序**(procedure)。在JavaScript中可以將函式當參數或變數傳遞,這節就來學習吧!

10-5-1 函式的定義方式

函式使用function關鍵字來宣告名稱,通常一個函式會包含**函式名稱、在括號( )中的參數(也可以不放入參數)及在大括號 { } 內需要重複執行的內容,是函式功能的主要區塊**,函式的命名規則與變數及常數一樣,建議採取「動詞+名詞」、字中大寫的格式,語法如下:

```
function 函式名稱(參數1, 參數2, ... , 參數n) {
    執行的程式內容;
    return 傳回值;
}
```

在JavaScript中可以使用以下方式來定義function。

函式宣告

函式宣告(Function Declaration)是最常見的定義方式,在整個程式中同一個範圍之內的任何地方都可以使用這個函數,就算在這個函數定義之前也沒問題。

定義時,函式名稱可以省略,而為了方便以後多次呼叫,若加入名稱,就稱為**具名函式**。例如下列語法,先用function開頭,空格以後接函式名稱與( ),再接一組{ },裡面是要放這個function要執行的程式碼,如此就完成了一個function宣告。最後加入「hello( );」,表示要執行這個函式。

```
function hello(){
    let welcome = '歡迎來到這裡';
    console.log(welcome);
}

hello();      // 呼叫函式
```

函式宣告特色在於,在開始執行程式前,會將程式內容儲存在記憶體中,也就是說我們可以在執行程式前,就去呼叫這個函式來使用,所以呼叫函式可以寫在定義前。

函式表達式

在JavaScript中function就是物件的一種，所以可以將它存在一個變數中，函式表達式(Function Expressions)**透過「=」運算子將函式賦值到宣告的變數上**，所以可以傳入到其他function中，也可以從其他function中回傳回來。

例如下列語法，先宣告sayHello變數，將值存在sayHello變數內，但這個函式並沒有定義名稱，之所以可以這麼做，是因為在函式表達式前已經將它指定到sayHello變數()了，所以可以直接使用這個變數名稱來指稱這個函式，而這種沒有定義名稱的函式，可以稱作**匿名函式**(Anonymous Function 或 Function Literal)。當然，要執行這個函式，只要呼叫sayHello()就可以了。

```
vconst sayHello = function() {
    console.log('Hello');
};

sayHello();    //要在定義後呼叫它
```

函式表達式的呼叫函數須寫在定義之後，因為一開始執行程式時，只會先建立並儲存變數名稱到記憶體中，但程式內容不會一併儲存進去(這時候sayHello的值會是undefined)，所以如果在function定義前就想要執行的話，就會出現錯誤訊息。

10-5-2　函式的參數

有些函式需要傳入某些資料才能執行，而這些資料就稱為**參數**(Parameter)，若有多個參數就**使用逗號隔開**，而在呼叫有參數的函式時，參數的個數及順序都要正確才行，若沒有指定參數的值，則預設值為undefined。

例如計算長方形面積的函式需要寬與高，而寬與高就是參數，語法如下：

```
function getArea(width, height) {
    console.log(width * height);
}
```

10-5-3　函式的return(傳回值)

有些函式需要回覆資料給呼叫程式，而這些資料稱為**傳回值**，不過並非所有函式都有return。在函式中使用return指令會使函式停止執行，並將其運算後的結果回傳(如果有的話)，如果return指令後面沒有敘述，就會回傳undefined。

以下範例為使用者輸入二個數字後，將二個數字相加，再傳回相加結果，並顯示在網頁中。

📂 ch10\ex10-06.html

```
01~06 略
07 <script>
08     function add(a, b) {
09         return a + b;
10     }
11     //使用者輸入資料
12     let number1 = parseFloat(prompt('請輸入第一個數字： '));
13     let number2 = parseFloat(prompt('請輸入第二個數字： '));
14     //執行函式
15     let result = add(number1,number2);
16     //在網頁中顯示結果
17     document.write('第一個數字 + 第二個數字 =  ' + result);
11 </script>
19~20 略
```

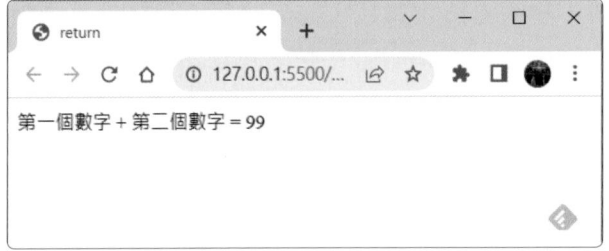

10-5-4 箭頭函式

箭頭函式(Arrow Function)是新語法，允許使用 =>(箭頭)來定義函式，與一般函式相比，可以用更簡短的語法來表示，讓程式碼的可閱讀性提高。基本語法如下：

函數的參數 => 傳回值的內容

下列語法中，第一行是一般函式的寫法，第二行為使用箭頭來定義函式的寫法，是不是簡短多了。

```
const func = function (x) { return x + 1 }   //一般函式的寫法
const func = (x) => x + 1                     //使用箭頭來定義函數
```

　　箭頭函式擁有匿名函數的特性，使用方式與function大致相同，可以傳入參數，也有大括號包起來。

　　跟一般函數一樣，參數可以有預設值、解構賦值、rest參數的功能，若沒有參數或有多個參數，需要在參數部分加上括號()，若傳回值或參數有包含{}，像是物件內容，需要在外圍加上括號()。

```javascript
//若沒有參數或有多個參數，需要在參數部分加上括號()
let sayHello = () => 'Hello';  // 無參數，單一行陳述不需要 {}
let add = (x1, x2) => x1 + x2; // 多個參數
//只有一個參數可以不加括號
var sayHello = hello => hello + '你好嗎'
//若箭頭後面的程式區塊是陳述式或多行函數內容，需要加上大括號{}
let getDate = () => {
  let date = new Date();
  return date.toISOString().substr(0, 10);
}
```

10-6 　陣列

　　一個變數可以用來存放一筆資料，因此，若想要存放多筆相同型態的資料時，其中一種解決方法就是使用多個變數。但當資料的個數很多時，這種方式就很不方便。對於這種情況，可以使用**陣列**(Array)來加以處理。

　　陣列或稱為維度(Dimension)，是一種資料結構，由多筆相同型態的資料所形成的集合。因為陣列佔有一塊連續的記憶體位置，而每個位置都會有一個**索引值**(Index Value)與之對應，故透過索引值便可以存取每個位置內的資料。

10-6-1 　一維陣列

　　陣列結構中最簡單的，是只使用一個索引值的一維陣列。如下圖中以A作為陣列變數的名稱，而陣列A中的各個資料以括號內的索引值來標示，索引值按照順序編號，第1個編號為0、第2個編號為1、…，依此類推。

命名為A的陣列，每個元素的內容為一整數值

宣告陣列

在 JavaScript 中陣列屬於複合資料型態，並沒有規定能放什麼資料進去，可以是原始的資料類型、其他陣列、函式等。

宣告陣列建立陣列是最簡單的方式，就是**使用方括號 [ ]，即可指定某個元素**，如果陣列裡有物件型態的元素也一樣用這種方式取得，方括號是元素的位置，也就是這個元素的所在索引值。語法如下：

```
let arrayName = [item1, item2, item3, ...];
```

也可以使用 **Array() 陣列建構函式來建立陣列**，例如建立一個名為 months 的陣列，陣列中有 5 個元素，接著再一一指定其中的值，語法如下：

```
let months = new Array(5);
months [0] = 'January';
months [1] = 'February';
months [2] = 'March';
months [3] = 'April';
months [4] = 'May';
```

還可以直接在建立時就指派元素值，語法如下：

```
let months = new Array('January','February','March','April','May');
```

存取陣列變數

陣列中包含了多個元素，因此要存取陣列中的元素，必須指定其索引值，才能存取其相對應的元素。在 JavaScript 中可使用索引值來取出陣列的內容，取值的方式是**在陣列名稱後加上中括號 [ ] 和索引數字**，語法如下：

```
let months = ['January','February','March','April','May'];
console.log(months[0]);   //會顯示January
```

若想知道目前陣列中到底有多少元素，可以使用 **length 屬性**來取得，語法如下：

```
let months = ['January','February','March','April','May'];
console.log(months.length);      //會顯示5
```

陣列的動態資料操作

JavaScript 陣列是一種動態資料結構，可對陣列的特定位置進行資料的插入、附加或刪除。如下列語法，先定義 a 陣列「var a = [0, 1, 2, 3, 4, 5]」與 b 陣列 var b = [6, 7, 8, 9, 10]，再使用插入、刪除及合併等屬性來調整陣列。

```
a.push(6);            //將6加入a的最後，陣列變成 [ 0, 1, 2, 3, 4, 5, 6 ]
```

```
a.unshift(6);          //將6加入a的最前，陣列變成 [ 6, 0, 1, 2, 3, 4, 5 ]

a.pop();               //將a最後面元素刪除，陣列變成 [ 0, 1, 2, 3, 4 ]

a.shift();             //將第一個元素刪除，陣列變成 [ 1, 2, 3, 4, 5 ]

a.reverse();           //將元素顛倒排列，陣列變成 [ 5, 4, 3, 2, 1, 0 ]

//指定數字1的後三個元素刪除（包含數字1,2,3），並由6取代，陣列變成 [ 0, 6, 4, 5 ]
a.splice(1, 3, 6);

//將b合併到a後面，陣列變成 [ 1, 2, 3, 4, 5, 6, 7, 8, 9, 10 ]
var newArray = a.concat(b)

var targetIndex = array.indexOf(3)     //從a陣列中找到數字3的index，會輸出3
```

下列範例使用亂數挑選字串陣列的元素，所有的句子都存在一個陣列之中，每此重新載入網頁，就會經由亂數選取一個索引值來挑出句子。Math.random()函式會隨機產生出0~1之間的小數，所以「Math.random()*classic.length」語法會產生一個介於0和classic.length之間的小數；而Math.floor()函式會將所有的小數無條件捨去到比自身小的最大整數，所以「Math.floor(Math.random()*classic.length)」會產生一個介於0和classic.length-1之間的整數，如此就可以用來選取text陣列中的一個元素。

📂ch10\ex10-07.html

```
01~32  略
33  <script>
34      classic = new Array();
35      i = 0;
36      classic[i++] = '人生沒有彩排，每天都是現場直播！';
37      classic[i++] = '大學就是大概學學！';
38      classic[i++] = '人生不能像做菜、把所有的料都準備好才下鍋。';
39      classic[i++] = '生命中最值得投資的是自己。';
40      classic[i++] = '鹹魚翻身，還是鹹魚。';
41      classic[i++] = '情緒性發言大可不必。';
42      classic[i++] = '我就不能講錯一句話？';
43      classic[i++] = '一切假知識比無知更危險。';
44      classic[i++] = '放棄很簡單，堅持最難！';
45      classic[i++] = '願要大、志要堅、氣要柔、心要細。';
46      index = Math.floor(Math.random()*classic.length);
        document.write(classic[index]);   //輸出索引值
48  </script>
49~51  略
```

10-6-2　多維陣列

在陣列結構中，還可以宣告多維陣列，例如以使用兩個索引值來存取陣列中的每筆資料，這種陣列稱為**二維陣列**。

在某些情況下，我們可以使用二維陣列來進行資料的存放。例如希望存放全班同學的國文、英文、數學三個科目的成績時，便可以使用一個二維陣列，第1列陣列存放第1位同學的國文、英文、數學成績；第2列陣列存放第2位同學的國文、英文、數學成績…，依此類推，便可存放全班所有同學的成績。

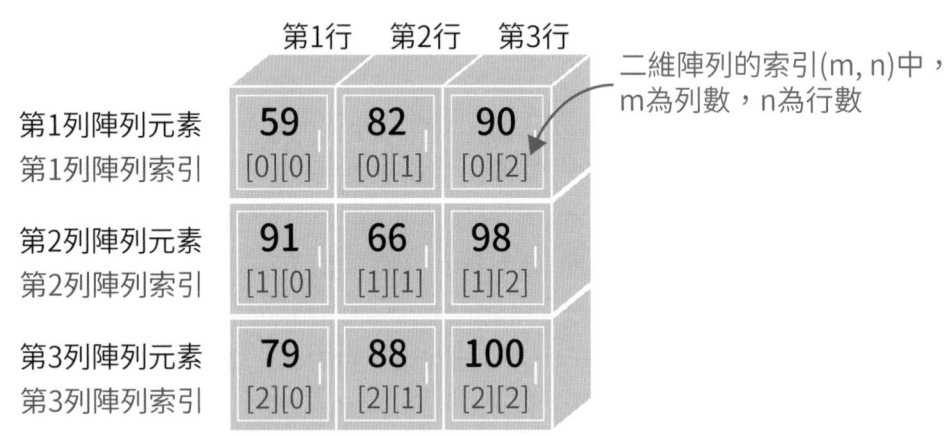

JavaScript 並沒有直接支援二維陣列，無法直接宣告多維陣列，但是可以設定陣列元素的值等於陣列，這樣就能模擬二維陣列的結構，透過陣列巢狀的形式可以定義多維陣列。語法如下：

```
let a = [              //定義二維陣列
    [1.1, 1.2],
    [2.1, 2.2]
];
```

下列語法設計了一個二維陣列，有0、1、2、3等4列，且每列的長度是可變長度，會依使用者的數量自動調配。

```
let a = new Array();
    a[0] = new Array();
    a[1] = new Array();
    a[2] = new Array();
    a[3] = new Array();
```

上述的語法也可以使用迴圈宣告，語法如下：

```
var a = new Array();
for (var i=0 ; i<=2 ; i++)
    a[1] = new Array();
```

要存取多維陣列中的元素時，必須指定其索引值，才能存取其相對應的元素，例如下列語法中的「matrix[1][1]」指令，會取得5。

```
let matrix = [
    [1, 2, 3],
    [4, 5, 6],
    [7, 8, 9]
];

alert( matrix[1][1] ); //會顯示5
```

以下範例為員工電話查詢系統，將資料以多維陣列儲存，使用者輸入姓名，即可查詢該員工電話。

📂ch10\ex10-08.html

```
01~38  略
39  <script>
40      let a = new Array ([''''],
41      ['王小桃', '0900125000'],['徐小泰', '0900123456'], ['陳全華', '0900456789'],
42      ['劉小華', '0900168168'],['林零九', '0900555666'], ['吳好有', '0900777888'],
43      ['王小珠', '0900333222'],['余小樂', '0900999666'], ['李小哲', '0900555111'],
44      ['安小熊', '0900090000'],['鄭小新', '0900111333'], ['蔡依依', '0900666999']);
45      function staff() {
46          let found = false;
47          let txt = staffform.s1.value;
48          for(i = 1; i <= 12; i++ ) {
49              if (a[i][0]==txt) {
50                  found = true;
51                  break;
52              }
53          }
54          if(found) {
55              staffform.s2.value = a[i][1];
56          } else {
57              staffform.s2.value = '沒有這位員工喔！';
58          }
59      }
60  </script>
61  </html>
```

自我評量

● 選擇題

( ) 1. 下列關於 JavaScript 的敘述，何者不正確？ (A) 要將 JavaScript 加入到 HTML 文件中時，只要使用 <script> 元素即可　(B) JavaScript 中有一些保留字，不能用於變數或函數名稱，例如 var、function 等　(C) JavaScript 程式碼是不用區分大小寫　(D) 可以將 JavaScript 程式單獨撰寫成一個 .js 檔案。

( ) 2. 下列關於 JavaScript 宣告變數的敘述，何者不正確？ (A) var 是函式作用域，允許重複宣告　(B) 宣告多個變數時，要使用分號分隔　(C) let 宣告的變數只有在 { } 範圍內有效　(D) const 宣告的變數只有在 { } 範圍內有效。

( ) 3. 下列關於 JavaScript 的運算子敘述，何者不正確？ (A)「x += 1」表示相加後指定　(B)「1 == 2」會傳回 false　(C)「(3 > 5) || (3 ==1)」會傳回 true　(D) 邏輯運算子的優先順序比算術運算子高。

( ) 4. 下列關於 JavaScript 函式的敘述，何者不正確？ (A) 函式名稱不可以省略　(B) 函式使用 function 關鍵字來宣告名稱　(C) 允許使用 =>(箭頭) 來定義函式　(D) 函式具有程式碼可重複使用及便於程式碼管理等優點。

( ) 5. 下列關於 JavaScript 陣列的敘述，何者不正確？ (A) JavaScript 並沒有直接支援二維陣列　(B) 可以使用 Array() 陣列建構函式來建立陣列　(C) 使用 length 屬性可以取得陣列的數量　(D) 使用 shift 屬性可以刪除陣列中的第一個元素。

● 實作題

1. 請開啟「ch10\ex10-a.html」檔案，設計一個可以判斷輸入的數值是否及格，小於 60 為不及格；大於等於 60 為及格。

2. 請開啟「ch10\ex10-b.html」檔案，使用迴圈印出數字 1 到 20。

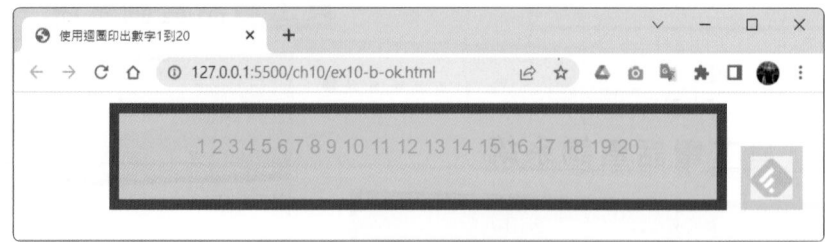

CHAPTER 11

JavaScript物件、
DOM與事件處理

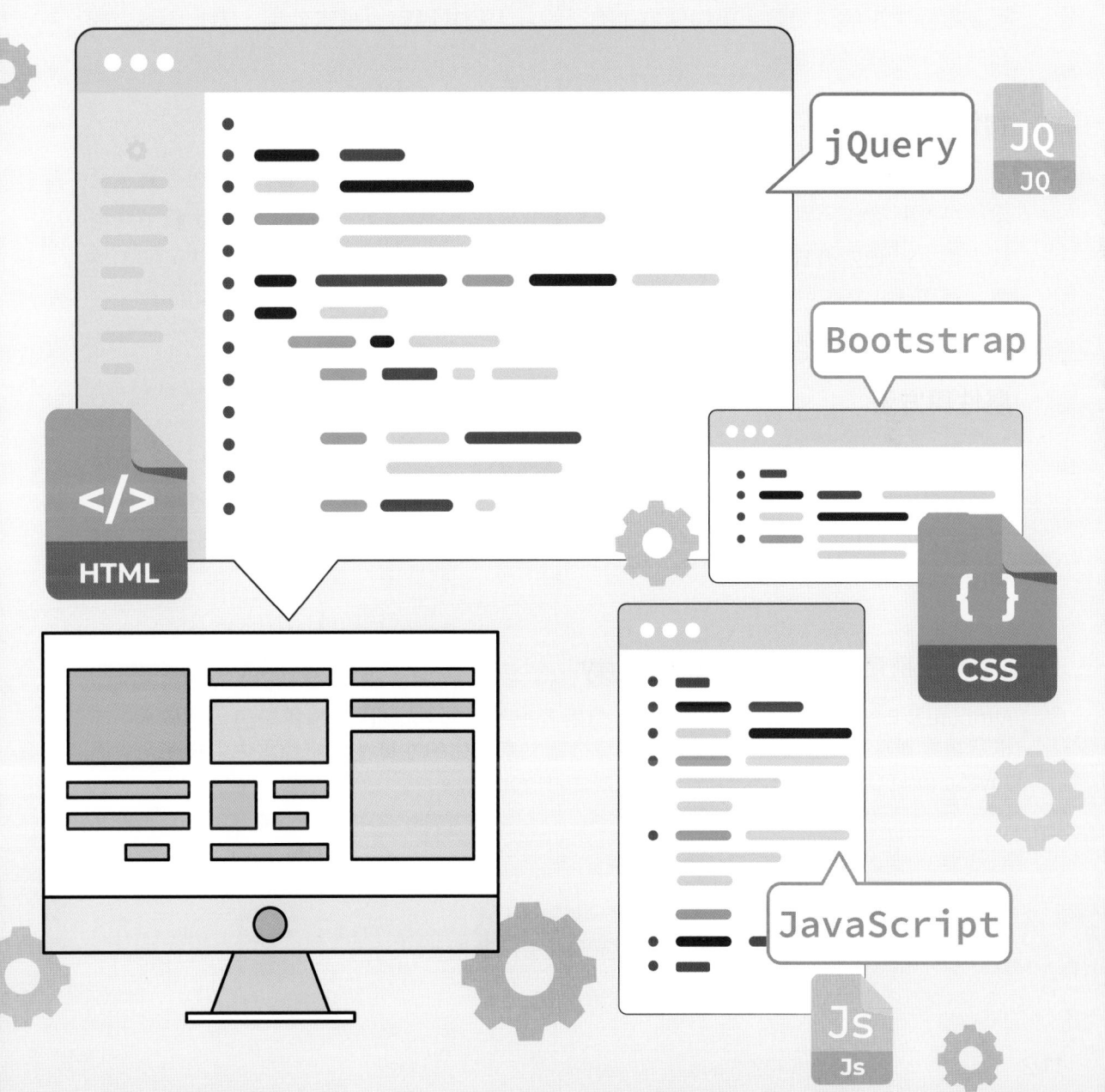

11-1 物件

JavaScript 除了 number、string、boolean、null、undefined 等型別之外，其他幾乎都是物件，這節就來學習物件的相關知識吧！

11-1-1 物件基本概念

我們常聽到的**物件導向程式設計** (Object-Oriented Programming, **OOP**) 就是以物件觀念來設計程式的方法。現實世界中所看到的各種實體，像樹木、建築物、汽車、人，都是**物件** (Object)。

物件導向程式設計是將問題拆解成若干個物件，藉由組合物件、建立物件之間的互動關係，來解決問題。以物件為主進行設計，程式碼可以重複使用，因此能減少開發時間，也較容易維護。

物件與類別

類別 (Class) 可說是物件的「藍圖」，物件則是類別的一個「實體」，類別定義了基本的特性和操作，可以建立不同的物件。舉例來說，「陸上交通工具」類別定義了「搭載人數」、「動力方式」、「駕駛操作」等特性，以這個類別建立出不同的物件，例如機車、汽車、火車、捷運等，這些物件都具備陸上交通工具類別的基本特性和操作，但不同物件之間仍各有差異。

屬性與方法

屬性 (Property) 是物件的特性，例如狗有毛色、叫聲、體重等屬性；**方法** (Method) 則是物件具有的行為或操作，例如狗有叫、跳、睡覺等方法。當一個物件收到來自其他物件的訊息，會執行某個方法來回應。藉由這樣物件之間的互動，可以架構出一個完整的程式。

> **知識補充：Attribute 與 Property**
>
> Attribute 及 Property 都被譯成「屬性」，但兩者是不同的，Attribute 是標記語言的概念，而標記語言本身是一種文字，所以 attribute 這種文字描述的性質在標記語言中常被使用。而 JavaScript 的 Object 是記憶體物件，所以是使用 Property。

物件導向三大特性

物件導向有三大特性，分別是封裝、繼承及多型。

- **封裝 (Encapsulation)**：是將屬性與方法定義在物件裡，外部程式可以透過定義好的介面跟物件溝通，但無法得知物件內部的細節為何，此作法是將資訊隱藏，讓修改程式更具便利性。

- **繼承 (Inheritance)**：是從現有類別衍生出新的類別，新類別又叫作子類別，被繼承的類別叫作父類別。子類別除了可以直接利用繼承而來的屬性和方法，也可以將繼承的屬性和方法**覆蓋 (Override)** 成新的定義，或是增加新的屬性和方法。每個子類別又可以衍生出新的類別，如此可以重複使用程式碼，節省程式的開發時間。

- **多型 (Polymorphism)**：是指當不同的物件接收到相同的訊息時，會以不同形式的方法來進行處理。多型中單一物件實例，可以被宣告成多種型別，主要是為了開發出可擴充的程式，讓程式開發人員在撰寫程式時更有彈性。

11-1-2　JavaScript的物件導向

　　JavaScript 雖然是物件導向程式語言，不過它與 C++、Java 等其他物件導向程式語言是有差別的，因為 JavaScript 沒有真正的類別 (Class)，但可以使用 **Class** 語法來定義類別，該語法並不是要引入新的物件導向繼承模型到 JavaScript 中，而是提供一個更簡潔的語法來建立物件和處理繼承。

　　JavaScript 是以原型為基礎的物件導向，每個物件都有一個 **prototype** (原型)，物件可以從原型上繼承屬性和方法，達到重複使用程式碼的效果，這就是所謂的**原型繼承 (Prototypal Inheritance)**。除此之外，原型還能繼承其他物件，因此可以繼承一層又一層的屬性和方法，這就是所謂的**原型鏈 (Prototype Chain)**。

　　在 JavaScript 中使用函式來當作類別的建構子來定義物件，稱為**建構式函式 (Constructor Functions)**，透過建構式函式，可以根據需要用更有效率的方式來產生許多物件，而這些物件都已經包含所定義好的屬性和方法。

11-1-3　物件宣告

　　一個物件可以被比喻成一份列有多個值 (value) 的清單，清單上每個物件的格式為「屬性:屬性值」，所有的屬性、屬性值均以冒號作為區隔，基本上，在 JavaScript 中，物件就是屬性、方法與事件的集合。要宣告時，可以使用以下方式：

- **物件實字**：是最常用也最方便的語法，用 {} 就可以宣告一個物件，語法如下：

```
let myObj = {
    name: 'Momoco Wang',        //屬性為name，屬性值為Momoco Wang
    nationality: 'Taiwan',      //屬性為nationality，屬性值為Taiwan
};
```

● **物件建構式**：直接定義一個物件的模型，再用new的運算式去實體化物件，語法如下：

```
function User(name, age){        //User 的物件有 name 及 age 屬性
   this.name = name;             //this.屬性名稱 = 初始資料
   this.age = age;
}
this.hi = function() {           //hi 是方法
   console.log('hi!hi');
}
```

● **class**：ES6提供了class來宣告一個物件，此語法的語意結構比較嚴謹易讀。在宣告時，初始化物件屬性寫在constructor( )裡，一個class只能有一個constructor。語法如下：

```
class User{
   constructor (name, age){       //定義了原本在物件內的屬性及值
      this.name = name;
      this.age = age;
   }
   getName(){                     //宣告方法
      return this.name
   }
}
```

11-1-4　取得物件屬性

在JavaScript中，要存取物件的屬性可以用「.」運算子來存取物件的屬性，語法如下：

```
objectName.propertyName
```

例如：

```
let myObj = {};
//建立一個叫 interest 的屬性，值是 draw
myObj.interest = 'draw';
//取得物件屬性
let myinterest = myObj.interest;
```

也可以使用「[ ]」運算子來存取物件的屬性，使用這種方法，在中括號裡可以是一個變數，語法如下：

```
objectName['propertyName']
```

例如：

```
let myObj = {};
let propertyName = 'interest';
//建立一個叫interest的屬性，值是draw
myObj[propertyName] = 'draw';
//會輸出draw
console.log(myObj[propertyName]);
```

11-1-5　物件的方法

JavaScript中的物件方法是一個含有函式定義的屬性，用來做一些與該物件有關的動作，例如document.write()會顯示資料的內容，其中write()函式就是物件「document」的方法。

要呈現的文字內容放在()小括號中，若用單引號或雙引號將字串包起來，瀏覽器會自動把當成字串來呈現，若要呈現的文字內容是變數，則不能直接放在引號中，必須用逗號或加號來連接變數字串。

```
//單純的顯示字串
document.write('這是測試內容');
//加入HTML標籤以及變數字串
let TestString='王小桃';
document.write('Welcome<br>'+TestString);
```

11-1-6　物件的繼承

在JavaScript中，繼承的定義是「讓一個物件取得另一個物件的屬性與方法」，繼承系統會透過原型鏈來連接到其它物件的功能。

prototype

prototype是JavaScript物件中的一種屬性，透過指定prototype屬性，便可以指定要繼承的目標。例如下列語法範例是一個簡單的物件繼承關係，將不同的物件藉由prototype串連在一起，形成一個原型鏈，尋找一個物件有沒有某個屬性或方法時，就是尋著原型鏈往上找，直到找到為止，若找不到就會輸出undefined。

```
//建立fu函式，該函式有a與b屬性
let fu = function () {
    this.a = 1;
    this.b = 2;
}
let obj = new f(); // {a: 1, b: 2}   //建立一個obj物件
```

```
//將 fu 函式的原型增加屬性
f.prototype.b = 3;
f.prototype.c = 4;
console.log(obj.a);        //若 obj 有屬性「a」，就輸出1
console.log(obj.b);        //若 obj 有屬性「b」，就輸出2

//obj 沒有屬性「c」，所以至 obj 原型找，找到屬性「c」，所以輸出4
console.log(obj.c);

console.log(obj.d);        // 找不到任何屬性，回傳 undefined
```

每個物件內部都有一個 __proto__ 屬性，指向一個物件繼承的原型。也可以用 Object.getPrototypeOf( ) 方法取得一個物件的繼承原型，語法如下：

```
Object.getPrototypeOf(myobj) === myobj.__proto__
```

extends與super()

extends 是告訴 JavaScript 現在建立的這個類別要根據哪個類別而來；而透過 super( ) 來說明**要繼承哪些屬性進去**。super( ) 只能在建構式函式裡呼叫，若類別有繼承別的類別，要透過 this 宣告類別的屬性，先在建構式函式裡宣告 super( )，並且在 this 之前宣告。

下列語法為建立好一個 class 之後，以這個 class 為基礎，新建一個類似的 class，它可以繼承屬性及方法，語法如下：

```
class Animal {
    constructor(name) {
        this.name = name;
    }
    sayHi() { console.log(this.name, 'Hello'); }
}

class AnimalFish extends Animal {
    constructor(name) {
        super(name);        //要先 super()
        this.sayHi();
    }
}
```

11-1-7 物件的多型

在 JavaScript 中，可以透過原型鏈的方式，在子類別中重寫覆蓋 (Override) 掉父類別中的方法或屬性，來達成多型的做法。多型可以讓繼承自同一父類別的類別擁有相同的函式，但是可以依不同的子類別去重新定義這個函式。

例如下列語法，當向兩種animal發出eat訊息時，會分別呼叫eat方法，就會產生不同的執行結果，這樣的程式碼更有彈性了，即使日後要增加其他的animal，food函式仍舊不會做任何改變。

```javascript
let food = function(animal){
    if(animal.eat instanceof Function){
    animal.eat();
  }
}

let rabbit = {
    eat: function() {
    alert('我喜歡carrot')
  }
}

let dog = {
    eat: function() {
    alert('我喜歡meat')
  }
}

food(rabbit);        // 輸出我喜歡carrot
food(dog);           // 輸出我喜歡meat
```

11-2　BOM與DOM

JavaScript並沒有提供網頁的操作方法，前端開發者在網頁的操作方法都是操作平台所提供的，也就是「瀏覽器」。前端開發者透過JavaScript去呼叫BOM及DOM所提供的API來控制瀏覽器的行為跟網頁的內容。這節就來學習BOM與DOM吧！

11-2-1　認識BOM

BOM(Browser Object Model, **瀏覽器物件模型**)是瀏覽器提供的物件，可以透過JavaScript直接與瀏覽器溝通或操作，其中**window物件**是BOM的核心。我們可以透過window一些方法來控制BOM，例如跳轉到另一個頁面、後退、前進、取得螢幕大小、彈跳視窗等。

最常見的例子就是「alert()警告對話框」，例如「alert('一段文字');」是開啟瀏覽器的對話框，其完整語法為「window.alert('一段文字';)」。因為window物件是**全域物件**(Global Object)，因此window關鍵字，都會省略不寫，這就是瀏覽器環境的BOM提供給JavaScript控制的功能之一。

11-2-2　window物件

window物件是瀏覽器最頂層物件，所有的全域變數、函式、物件，其實都屬於window物件，其下有 **document (DOM)**、**history**、**location**、**navigator**、**screen** 等子屬性。window物件不須經過宣告，就可直接使用，常見的window物件如下表所列。

類型	屬性與方法	說明
控制視窗	window.status='Welcome'	取得或變更視窗狀態列文字。
	w=window.outerWidth	取得視窗大小。
	h=window.outerHeight	
	window.resizeTo(800,500)	變更視窗大小。
	window.moveTo(400,250)	移動視窗位置。
	window.scrollTo(250,0)	捲動視窗到特定座標。
	window.scrollBy(0,150)	捲動特定的像素。
	window.print()	列印視窗內容。
	window.open('page.html', _blank)	在新視窗開啟網頁。
	window.history.back()	回上一頁。
	window.history.forward()	到下一頁。
對話框	window.alert('HiHi')	顯示警示對話方塊。
	ok=window.confirm('確定嗎？')	確認對話框，若按「確定」，就傳回true。
	name=window.prompt('姓名:')	顯示輸入視窗，name為輸入的字串。
計時器	window.setInterval(code,time);	每隔一段時間執行指定的程式碼。
	window. clearInterval(time);	清除setInterval函式設定的定時器。
	window.setTimeout(code,time);	每隔一段時間執行指定的程式碼。

11-2-3　認識DOM

DOM(Document Object Model, **文件物件模型**)是 JavaScript 用來控制「網頁」的節點與內容的標準，有W3C所制定的標準來規範。DOM是一個以**樹狀結構**來表示HTML文件的模型，讓我們可以方便的存取樹中的**節點**(node)來改變其結構、CSS樣式或內容等。DOM的基本運作流程如下：

1. 瀏覽器載入 html 網頁，同時載入了 CSS、JavaScript 等。
2. 瀏覽器分析網頁內容，依據各個標籤的父元素與子元素的內容，建立 DOM 模型。
3. 載入的 JavaScript 開始依據 DOM 模型，在特定的元素之間與使用者互動。

在DOM中，每個元素(Element)、文字(Text)等都是一個節點，而節點通常分為：

● **文件節點(Document node)**：樹的最頂端，代表整個網頁，也稱為文件物件。

● **元素節點(Element node)**：文件內的各個元素，如<h1>、<div>、<p>等，存取模型樹資料的方式為尋找某個元素，找到後，就可以存取該元素的屬性或文字。

● **屬性節點(Attribute node)**：是各個元素內的相關屬性。

● **文字節點(Text node)**：元素開始與結束標籤之間的文字，如在<title>My Blog</title>中的My Blog就是<title>元素的Text。

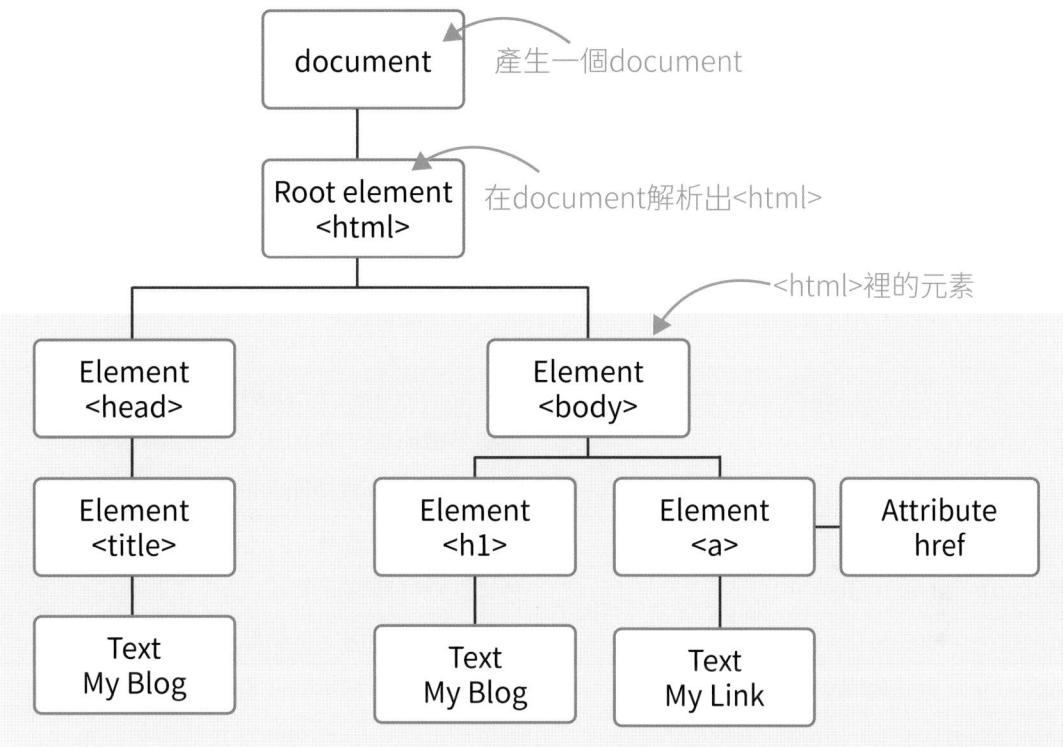

透過JavaScript就可以去操控「樹狀圖中的每一個元素」，例如想要取得「document裡面的某個Element」，就可以使用下面的語法：

```
document.getElementById()
```

11-2-4　document物件

DOM的document是window物件的子物件之一，可以透過物件的屬性與方法存取HTML文件的元素，如圖片、超連結、表格、表單等，常見的屬性與方法如下表所列。

屬性	說明
document.activeElement	回傳目前焦點的元素物件。
document.anchors	所有連結所集合成的物件。
document.alinkColor	設定 <a> 元素在滑鼠點擊瞬間的顏色。
document.linkColor	設定 <a> 元素的文字顏色。
document.vlinkColor	設定 <a> 元素拜訪過的顏色
document.bgColor	設定文件背景的顏色。
document.cookie	設定文件的 Cookie 資料。
document.documentElement	取得根元素的物件。
document.forms	文件中所有表單集合成的物件。
document.images	文件中所有圖片集合成的物件。
document.inputEncoding	文件的編碼格式。
document.title	文件的標題。
document.URL	文件的網址。
document.body.background	設定背景圖片。

方法	說明
document.open( )	根據參數所指定的 MIME 類型開啟新文件。
document.close( )	關閉以 open() 方法開啟的文件資料流。
document.createAttribute( )	替元素物件新增屬性。
document.createElement( )	替文件物件新增元素。
document.createTextNode( )	替文件物件新增文字節點。
document.getElementById( )	取得 id 參數所指定的元素。
document.getElementsByClassName( )	取得 ClassName 參數所指定的所有元素。
document.getElementsByName( )	取得 Name 參數所指定的元素。
document.getElementsByTagName( )	取得標籤名稱為參數所指定的所有元素。
document.write( )	將字串輸出至網頁。
document.writeln( )	以主動換行的方式,將字串輸出至網頁。
document.querySelector( )	取得「第一個」符合條件的元素集合。
document.querySelectorAll( )	取得「所有」符合條件的元素集合。

　　以下範例使用了confirm()方法,顯示一個含有訊息、確定按鈕及取消按鈕的對話框,使用者在對話框中按下確定按鈕,會傳回「你按下了確定按鈕」;按下取消按鈕會傳回「你按下了取消按鈕」。

　　getElementById('demotext')是document的方法,會依照參數demotext找到id='demotext'的HTML元素,而innerHTML= text則為指定HTML內容。

🗁 ch11\ex11-01.html

```
01~29  略
30  <div>
31      <p>請按下試試看按鈕顯示對話框</p>
32      <button onclick="myConfirm()">試試看</button>
33      <p id="demotext"></p>
34      <script>
35          function myConfirm() {
36          let text;
37          if (confirm('請按下按鈕') == true) {
38              text = '你按下了確定按鈕';
39          } else {
40              text = '你按下了取消按鈕';
41          }
42          document.getElementById('demotext').innerHTML = text;
43      }
44  </script>
45  </div>
46  </body>
47  </html>
```

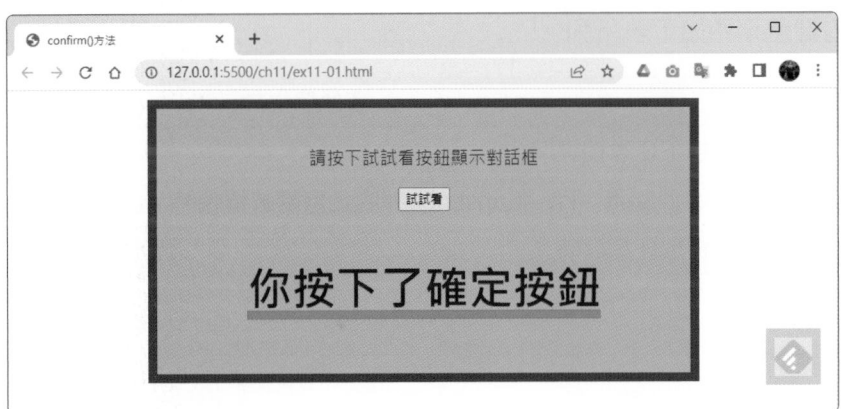

11-3 事件

事件 (Event) 是由系統轉化使用者的動作或系統訊息而得來的。例如當使用者點擊了按鈕，才會啟動對話框，而「點擊按鈕」就被稱為「事件」，「啟動對話框的顯示」這個動作，則是負責處理事件的「事件處理函式」。

11-3-1 事件的類型

JavaScript 的事件處理主要有 windows 事件、鍵盤事件、滑鼠事件、表單事件及觸控事件等。

windows 事件

常見的 windows 事件如下表所列。

事件	事件發生於
blur	使用者離開某一欄，失去焦點時。
load	瀏覽器載入網頁時。
unload	瀏覽器離開網頁時。
focus	使用者的輸入焦點進入某一欄，得到焦點時。
scroll	當瀏覽器視窗捲動時。
resize	當瀏覽器視窗改變大小時。
error	當瀏覽器發生錯誤時。
afterprint	列印文件之後。
beforeprint	列印文件之前。
message	使用者收到訊息時。

鍵盤事件

常見的鍵盤事件如下表所列。

事件	事件發生於
keydown	按下任意按鍵時。
keypress	除了 Shift、Fn、CapsLock 外的任意鍵被按住時。
keyup	釋放任意鍵時。

滑鼠事件

常見的滑鼠事件如下表所列。

事件	事件發生於
mouseover	使用者將滑鼠游標移過元素時。
mouseout	使用者將滑鼠從元素移開時。
mouseup	使用者在元素上放開滑鼠按鍵時。
mousedown	使用者在元素上按下滑鼠按鍵時。
click	使用者按下某個按鈕，點選某一個物件時。
mousewheel	使用者將滑鼠滾輪移動且焦點在控制項時。
drag	使用者拖曳元素時。
dragend	拖曳操作結束時。
dragenter	被拖曳的元素移入目標範圍時 (觸發一次)。
dragstart	使用開始拖曳元素時。
dragleave	被拖曳的元素移出目標範圍時 (觸發一次)。
dragover	被拖曳的元素正在目標範圍上被拖曳時 (會一直觸發)。
drop	元素在目標範圍上被釋放時。

表單事件

常見的表單事件如下表所列。

事件	事件發生於
formchange	使用者修改表單欄位時。
select	使用者選擇某一欄的內容時。
submit	使用者確定送出表單時。
focus	當焦點移至表單欄位時。
blur	當焦點從表單欄位移開時。
contextmenu	使用者點選滑鼠右鍵時，並顯示快顯功能表 (將 contextmenu 事件的值設為 false 時，便可以取消滑鼠右鍵的功能，也就是不會出現快顯功能表了)。
forminput	使用者輸入時。
input	使用者輸入時。
invalid	元素無效時。

觸控事件

常見的觸控事件如下表所列。

事件	事件發生於
touchstart	手指觸控到一個 dom 元素時。
touchmove	手指在一個 dom 元素上滑動時。
touchend	手指從一個 dom 素上移開時。

11-3-2 事件綁定方式

網頁中的事件都需要一個函式來回應，這類函數通常稱為**事件處理函式**，而這些函式都在即時監聽著是否有事件發生，所以也稱**事件監聽函數**。例如點擊動作使用 click 事件監聽、當滑鼠移過某個區塊時，可以使用 mouseover 監聽；要改變表單中的某個欄位時，可使用 change 監聽，當偵測到使用者的動作，就會觸發某一個特定的 function 執行。

在 JavaScript 中，有幾種常用的綁定事件方法，說明如下。

寫在 HTML 標籤上

綁定事件時，可以直接將事件寫在 HTML 標籤上，稱為**內聯模型** (Inline Model)，不過此種方法雖然方便，但是程式碼一多時就會很亂，而且也難維護，因此不建議使用此種方式綁定。綁定事件處理函式時，屬性的名稱是「on + 事件名稱」，屬性值則是任何的 JavaScript。

```html
<button onclick="console.log('hello!');"> Say Hello! </button>
```

建立函式

先建立函式，再註冊此函式給事件，例如先建立 sayHello() 函式，再將該函式註冊給按鈕的 onclick 事件。

● JS

```js
function sayHello(){
   alert('Hello');
};
```

● HTML

```html
<button type="button" onclick="sayHello()">Hi</button>
```

以下範例為變更<img>的src屬性來改變HTML的圖片，先建立函式，再將函式註冊給button，就會依照參數myimg找到id="myimg"的HTML元素。

📁**ch11\ex11-02.html**

```
01~15  略
16  <body>
17      <img id="myimg" src="https://picsum.photos/id/628/450/250"><br><br>
18      <button onclick="mountain()">山景</button>
19      <button onclick="ocean()">海景</button>
20      <script>
21          function mountain() {
22              document.getElementById('myimg').src = 'https://picsum.
                photos/id/558/450/250';
23          }
24          function ocean() {
25              document.getElementById('myimg').src = 'https://picsum.
                photos/id/640/450/250';
26          }
27      </script>
28  </body>
29  </html>
```

使用.onclick綁定事件

使用.onclick綁定事件時，一個事件只能綁定一個函式，若同時綁定很多個.onclick事件，只會讀取最後一個事件，前面的事件都會被覆蓋掉。

以下範例透過btn.onclick = function()觸發事件發生。

📂 ch11\ex11-03.html

```
01~15  略
16  <body>
17      <img id="myimg" src="https://picsum.photos/id/628/450/250"><br><br>
18      <input type="button" class="btnOcean" value="button">
19      <script>
20          let btn = document.querySelector('.btnOcean');
21          btn.onclick = function(){
22              document.getElementById('myimg').src = 'https://picsum.
                photos/id/558/450/250';
23          }
24      </script>
25  </body>
26  </html>
```

使用addEventListener()

JavaScript提供了**addEventListener()事件處理函式**，可以用來綁定元素的事件處理函式，且可以重複指定多個事件處理函式給同一個元素的同一個事件。addEventListener()基本上有三個參數，分別是事件名稱、事件處理函式(事件觸發時執行的function)及Boolean值，由Boolean指定事件是否應該在捕獲階段或冒泡階段執行，若不指定則預設為「冒泡」。語法如下：

```
target.addEventListener(event, function, useCapture)
```

以下範例使用addEventListener觸發事件發生，當滑鼠游標移至圖片上時會換另一張圖片；滑鼠游標移開時再換另一張圖片。

📂ch11\ex11-04.html

```
01~15  略
16  <body>
17      <img id="myimg" src="https://picsum.photos/id/628/450/250"><br><br>
18      <script>
19        document.getElementById('myimg').addEventListener('mouseover',
           mouseOver);
20        document.getElementById('myimg').addEventListener('mouseout',
           mouseOut);
21        function mouseOver() {
22            document.getElementById('myimg').src = 'https://picsum.
              photos/id/640/450/250';
23        }
24        function mouseOut() {
25            document.getElementById('myimg').src = 'https://picsum.
              photos/id/558/450/250';
26        }
27      </script>
28  </body>
29  </html>
```

removeEventListener()

若要解除事件的註冊，可以使用removeEventListener()，語法一樣有事件名稱、事件處理函式及捕獲或冒泡等三個參數。但是需要注意的是，addEventListener()可以同時針對某個事件綁定多個函式，所以透過removeEventListener()解除事件時，第二個參數的函式必須要與先前在addEventListener()綁定的函式是同一個「實體」。

11-3-3 事件流程的事件捕獲與事件冒泡

事件流程(Event Flow)指的是**網頁元素接收事件的順序**，可以分成**捕獲**(Event Capturing)與**冒泡**(Event Bubbling)等階段。

當觸發事件時，會從最外層的根節點開始往內傳遞到目標，也就是「**捕獲階段**」，接著會再由內往外回傳回去，稱為「**冒泡階段**」。任何事件在傳遞時，都會先捕獲，再冒泡。這也是為什麼，當觸發底層節點的事件同時，上層所有的節點也會被觸發。如下列語法，當使用者點擊 li 元素時，事件觸發的順序是：

● 捕獲階段：document→\<html\>→\<body\>→\<ul\>→\<li\>。

● 冒泡階段：\<li\>→\<ul\>→\<body\>→\<html\>→document。

```html
<html>
<head>
    <title>事件流程example</title>
</head>
<body>
    <ul>
        <li></li>
    </ul>
</body>
</html>
```

e.stopPropagation

若要終止事件傳遞時，可以使用**e.stopPropagation()**，這樣事件傳遞就會停在設置的地方，若在捕獲階段會阻止事件往下傳遞；若在冒泡階段會阻止事件向上傳遞。

下列語法可以阻止事件繼續往上冒泡，父元素的監聽函式就不會收到孫元素的事件傳遞。e.stopPropogation()是告訴瀏覽器，除了這個function的事件外，都不要啟動冒泡事件。

```javascript
let box = document.querySelector('.box');
box.addEventListener('click', function(e) {
    alert('click box');
   },false
);

let bodybox= document.querySelector('.body');
bodybox.addEventListener('click', function(e) {
    e.stopPropogation();        //終止冒泡事件
    alert('click body');
   },false
);
```

e.preventDefault

若要取消預設觸發行為時，可以使用 **e.preventDefault**，取消原本標籤預設的功能，常運用在 a 連結的 href、Form 表單的 submit 上等。

如下列語法直接告訴 function 第一件要執行的內容，並且在後方寫入想要進行的語法，這樣的好處是，可以自訂想要執行的功能，就不會受到預設值的影響。

```
let list = document.querySelector('a');
list.addEventListener('click',function(e) {
    e.preventDefault();        //取消預設觸發行為
  },false
);
```

11-4　JavaScript範例實作

學會了 JavaScript 後，接著將 HTML+CSS+JavaScript 整合在一起，進行網頁的製作。範例檔案：ex11-05\index.html、ex11-05\css\style.css 及 ex11-05\js。

11-4-1　響應式導覽列

範例中的導覽列使用了 CSS 與 JavaScript 製作出響應式導覽列，導覽列可以隨著視窗大小轉換，當視窗小於 600px 時，只保留 Home，其餘連結都隱藏並顯示選單鈕。當使用者點擊選單鈕時，就會執 JavaScript 函式，切換選單顯示的方式。

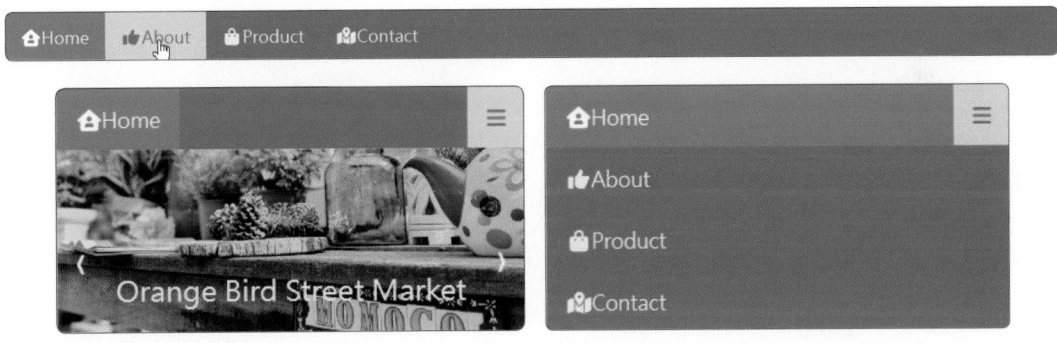

● HTML

```
<nav id="myTopnav">
  <a href="#" class="active"><i class="fa-solid fa-house-user
  fa-fw"></i>Home</a>
  <a href="#"><i class="fa-solid fa-thumbs-up fa-fw"></i>About</a>
  <a href="#"><i class="fa-solid fa-bag-shopping fa-fw"></i>Product</a>
  <a href="#"><i class="fa-solid fa-map-location-dot fa-fw">
  </i>Contact</a>
```

```
    <!--點擊這個連結實際上就只會執行navFunction-->
    <a href="javascript:void(0);" class="icon"
    onclick="navFunction()"><i class="fa fa-bars"></i>
</nav>
<script src="js\nav.js"></script>
```

● CSS

```
/*導覽列設定*/
nav {
    display: flex;
    overflow: hidden;
    background-color: #089a45;
}
nav a {    /*導覽列超連結設定*/
    float: left;
    display: block;
    color: whitesmoke;
    padding: 14px 16px;
    text-decoration: none;
    text-align: center;
    font-size: 17px;
}
nav a:hover {  /*導覽列滑鼠移過超連結設定*/
    background-color: #ddd;
    color: #089a45;
}
nav a.active {
    background-color: #04AA6D;
    color: white;
}
nav .icon {
    display: none;
}
/*導覽列媒體查詢設定*/
@media screen and (max-width: 600px) {
    nav a:not(:first-child) {display: none;}
    nav a.icon {
        float: right;
        display: block;
    }
}
@media screen and (max-width: 600px) {
    nav.responsive {position: relative;}
    nav.responsive .icon {
        position: absolute;
        right: 0;
        top: 0;
```

```
    }
    nav.responsive a {
        float: none;
        display: block;
        text-align: left;
    }
}
```

● JavaScript (ex11-05\js\nav.js)

```
function navFunction() {
    var topNav = document.getElementById('myTopnav');
    if (topNav.className === 'nav') {
        topNav.className += ' responsive';
    } else {
        topNav.className = 'nav';
    }
}
```

11-4-2　圖片輪播

　　範例中頁首使用圖片輪播的方式製作，五張圖片放在容器中，在圖片的左右兩邊都有箭頭，用來切換要顯示的圖片，在圖片下方加入了圓點，點擊圓點也可以切換要顯示的圖片。

● HTML

```
<header class="slideshow-container">
   <div class="mySlideshows fade">
      <img src="img/slide01.jpg" style="width:100%">
      <div class="text">Orange Bird Street Market</div>
   </div>
   <div class="mySlideshows fade">
      <img src="img/slide02.jpg" style="width:100%">
      <div class="text">Orange Bird Street Market</div>
   </div>
   <div class="mySlideshows fade">
      <img src="img/slide03.jpg" style="width:100%">
      <div class="text">Orange Bird Street Market</div>
   </div>
   <div class="mySlideshows fade">
      <img src="img/slide04.jpg" style="width:100%">
      <div class="text">Orange Bird Street Market</div>
   </div>
   <div class="mySlideshows fade">
      <img src="img/slide05.jpg" style="width:100%">
      <div class="text">Orange Bird Street Market</div>
   </div>
   <div> <!--控制左右移動，當觸及時會啟動plusSlides的function-->
      <a class="prev" onclick="plusSlides(-1)">&#10092;</a>
      <a class="next" onclick="plusSlides(1)">&#10093;</a>
   </div>
   <!--包覆圓點的元件，每一個span都是一個點，觸及後會啟動currentSlide的function-->
   <div style="text-align:center">
      <span class="dot" onclick="currentSlide(1)"></span>
      <span class="dot" onclick="currentSlide(2)"></span>
      <span class="dot" onclick="currentSlide(3)"></span>
      <span class="dot" onclick="currentSlide(4)"></span>
      <span class="dot" onclick="currentSlide(5)"></span>
   </div>
</header>
<script src="js\mySlides.js"></script>
```

● CSS

```
.mySlideshows {     /*將所有的圖片區塊都消失不見*/
   display: none;
}
.slideshow-container {
   max-width:100%;
   height:auto;
   position: relative;
   margin: 0 auto;
}
```

```css
.prev, .next {        /*左右按鈕*/
   cursor: pointer;
   position: absolute;
   top: 45%;
   width: auto;
   margin-top: -22px;
   padding: 16px;
   color: white;
   font-weight: bold;
   font-size: 20px;
   transition: 0.6s ease;
   border-radius: 0 10px 10px 0;
   user-select: none;
}
.next {        /*將下一張按鈕放在左側*/
   right: 0;
   border-radius: 10px 0 0 10px;
}
.prev:hover, .next:hover {
   background-color: rgba(244, 248, 7, 0.8);
}
.text {        /*圖片說明文字*/
   color: #f2f2f2;
   font-size: 1.5rem;
   padding: 50px 12px;
   position: absolute;
   bottom: 8px;
   width: 100%;
   text-align: center;
}
.dot {        /*圓點按鈕*/
   cursor: pointer;
   height: 15px;
   width: 15px;
   margin: 0 5px;
   background-color: #989898;
   border-radius: 50%;
   display: inline-block;
   transition: background-color 0.8s ease;
}
.active, .dot:hover {
   background-color: #282828;
}
.fade {        /*圖片變暗消失的效果*/
   animation-name: fade;
   animation-duration: 2s;
}
```

```css
@keyframes fade {
   from {opacity: .4}
   to {opacity: 1}
}
@media only screen and (max-width: 300px) {
   .prev, .next,.text {font-size: 11px}
}
```

● JavaScript (ex11-05\js\mySlides.js)

```javascript
//網頁匯入時，就會被執行，設定slideIndex變數，紀錄接下來要顯示的位置，執行showSlides(n)
let slideIndex = 1;
showSlides(slideIndex);
//當左右移動鍵被碰到，就會執行，往左是-1，往右是+1
function plusSlides(n) {
   showSlides(slideIndex += n);
}
//觸及圓點後，會執行這個變數，slideIndex等於圓點的位置，執行showSlides(n)
function currentSlide(n) {
   showSlides(slideIndex = n);
}
function showSlides(n) {
   //設定會用到變數，i迴圈用的，slides抓每一個圖片的區塊，dots每一個點點
   let i;
   let slides = document.getElementsByClassName('mySlideshows');
   let dots = document.getElementsByClassName('dot');
   //設定只要超過輪播圖片的數量，就回到最初或是最後
   if (n > slides.length) {slideIndex = 1}
   if (n < 1) {slideIndex = slides.length}
   //將CSS中圖片區塊的display取消
   for (i = 0; i < slides.length; i++) {
      slides[i].style.display = 'none';
   }
   //清除所有圓點按鈕的'.active'
   for (i = 0; i < dots.length; i++) {
      dots[i].className = dots[i].className.replace(' active', '');
   }
   //將要出現的圖片顯示，以及現在停留在哪一張圖的圓點變色
   slides[slideIndex-1].style.display = 'block';
   dots[slideIndex-1].className += ' active';
}
```

上述的圖片輪播方式為手動切換，若要改為自動切換時，可以使用下列程式碼。

● JavaScript (ex11-05\js\mySlidesAuto.js)

```javascript
let slideIndex = 0;
showSlides();
```

```
function showSlides() {
    let i;
    let slides = document.getElementsByClassName('mySlideshows');
    let dots = document.getElementsByClassName('dot');
    for (i = 0; i < slides.length; i++) {
        slides[i].style.display = 'none';
    }
    slideIndex++;
    if (slideIndex > slides.length) {slideIndex = 1}
    for (i = 0; i < dots.length; i++) {
        dots[i].className = dots[i].className.replace(' active', '');
    }
    slides[slideIndex-1].style.display = 'block';
    dots[slideIndex-1].className += ' active';
    setTimeout(showSlides, 3000); //每3秒自動更新
}
```

知識補充：setTimeout

JavaScript提供了定時器方法，可以用來在經過指定的時間後，執行某些功能，或是來延遲執行某些程式碼，或者以固定的時間間隔，重複執行某些程式碼。JavaScript提供了setTimeout()及setInterval()方式來設定定時器。

● **setTimeout()**：在指定的時間後(毫秒)，執行某些程式碼，程式碼只會執行一次。

```
setTimeout("alert('Hello')",3000); //開啟頁面的三秒後，開啟對話框
```

● **setInterval()**：會依照固定的頻率，重複呼叫同一個函式，定時器不會自動停止，除非呼叫clearInterval()來手動停止或關閉瀏覽器視窗。

```
var timerId = setInterval(timer, 3000); //每隔3000毫秒，呼叫一次timer
```

```
clearInterval(timerId); //依據timerId，停止指定的timer
```

11-4-3 回到網頁頂端

範例中加入了一個TOP按鈕,該按鈕在使用者捲動網頁時才會出現,當使用者按下按鈕,即可回到網頁的頂端。

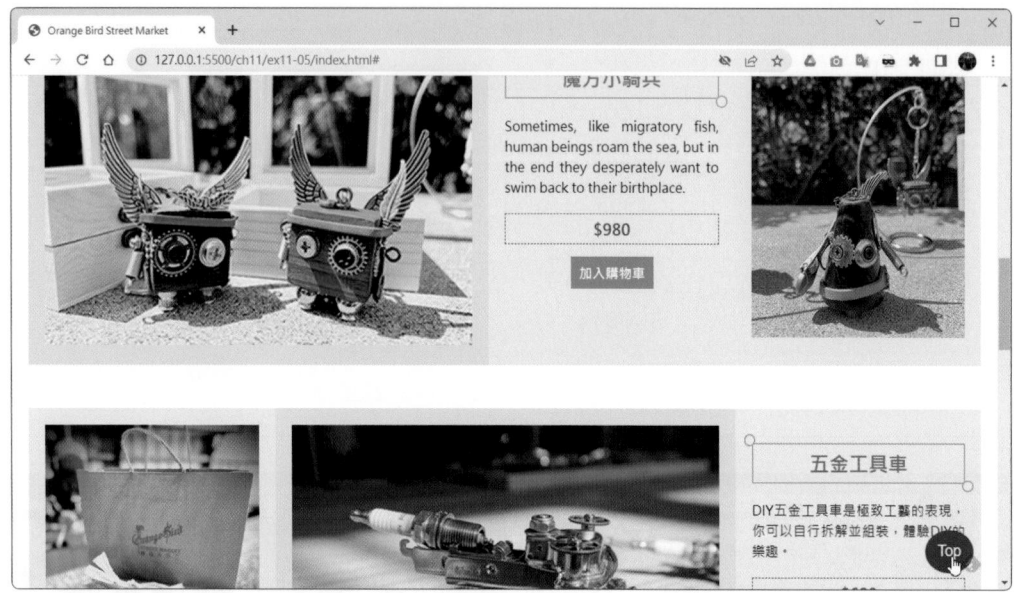

● HTML

```
<button onclick="topFunction()" id="myTop" title="top">Top</button>
<script src="js\topbutton.js"></script>
```

● CSS

```
#myTop {
    display: none;
    position: fixed;
    bottom: 20px;
    right: 30px;
    z-index: 99;
    font-size: 18px;
    border: none;
    outline: none;
    background-color: #970303;
    color: white;
    cursor: pointer;
    padding: 15px;
    border-radius: 50%;
}
#myTop:hover {
    background-color: #424242;
}
```

● JavaScript (ex11-05\js\topbutton.js)

```javascript
var mybutton = document.getElementById('myTop');
//使用者往下捲動頁面到大於20px時，出現TOP按鈕
window.onscroll = function() {scrollFunction()};
function scrollFunction() {
    if (document.body.scrollTop > 20 ||
        document.documentElement.scrollTop > 20) {
        mybutton.style.display = 'block';
    }
    else {
        mybutton.style.display = 'none';
    }
}
//使用者按下TOP按鈕時，回到頁面頂端
function topFunction() {
    document.body.scrollTop = 0;
    document.documentElement.scrollTop = 0;
}
```

11-4-4　測試響應式網頁

　　網頁製作好後，可以使用Google瀏覽器來預覽網頁在各裝置中的呈現結果，Google瀏覽器提供了**開發者工具**(Chrome Dev Tools)，只要按下F12鍵，即可進入開發者頁面，這裡能夠所見即所得的修改網頁，還可以協助建立響應式頁面及行動裝置模擬測試，非常方便。

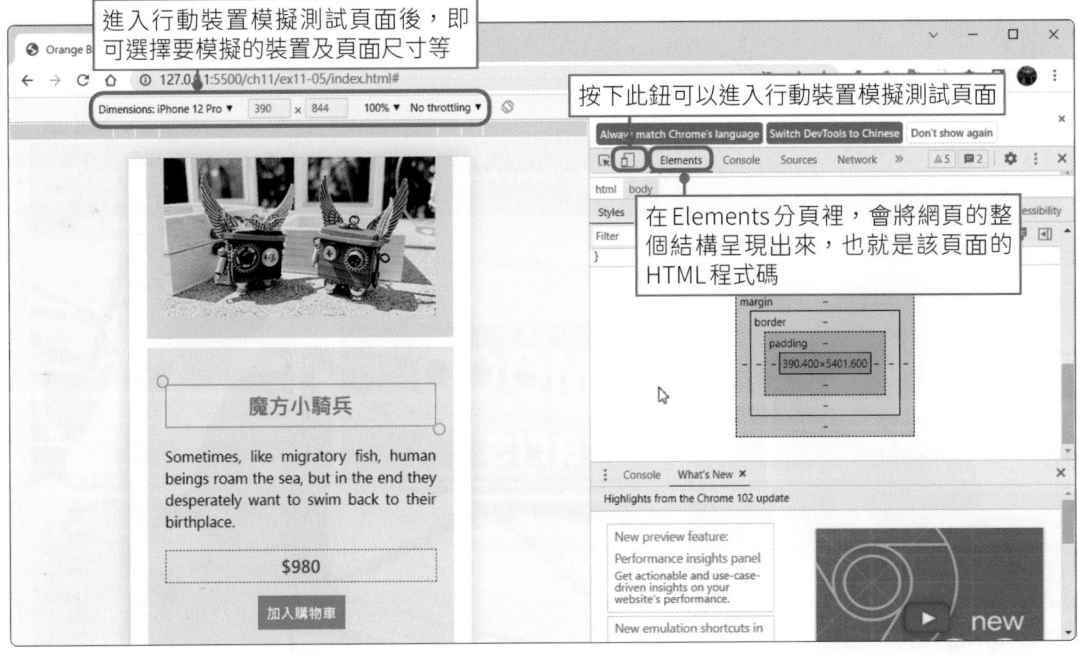

自我評量

● 選擇題

(　　) 1. 下列何者不是「物件導向程式設計」的特性？ (A)機密性　(B)封裝性　(C)繼承性 (D)多型性。

(　　) 2. 下列關於JavaScript的物件宣告說明，何者不正確？ (A)格式為「屬性:屬性值」 (B)直接定義一個物件的模型，再用new的運算式去實體化物件　(C)用 [] 就可以宣告 一個物件　(D)使用class類別宣告一個物件。

(　　) 3. 下列關於BOM與DOM的說明，何者不正確？ (A) window物件是BOM的核心 (B) BOM(瀏覽器物件模型)是瀏覽器提供的物件　(C)在DOM中，每個Element、文字 等都是一個節點　(D)元素節點是樹的最頂端，代表整個網頁，也稱為文件物件。

(　　) 4. 下列關於document物件的說明，何者不正確？ (A) document.documentElement 屬性可以取得根元素的物件　(B) document.bgColor屬性可以設定文字的顏色 (C) document.write( )方法可以將字串輸出至網頁　(D) document.getElementById( ) 方法可以取得id參數所指定的元素。

(　　) 5. 下列關於事件的說明，何者不正確？ (A) mouseover事件發生於使用者將滑鼠游標移 過元素時　(B) drag事件發生於拖曳操作結束時　(C) click事件發生於使用者按下某個 按鈕　(D) touchstart事件發生於手指觸控到一個dom元素時。

● 實作題

1. 請開啟「ch11\ex11-a\index.html」檔案，完成以下設定。

■ 當使用者進入網頁後，自動產生一個 歡迎光臨的畫面。

■ 在網頁最上方加入計時器，顯示現在 的時間。

CHAPTER 12

jQuery

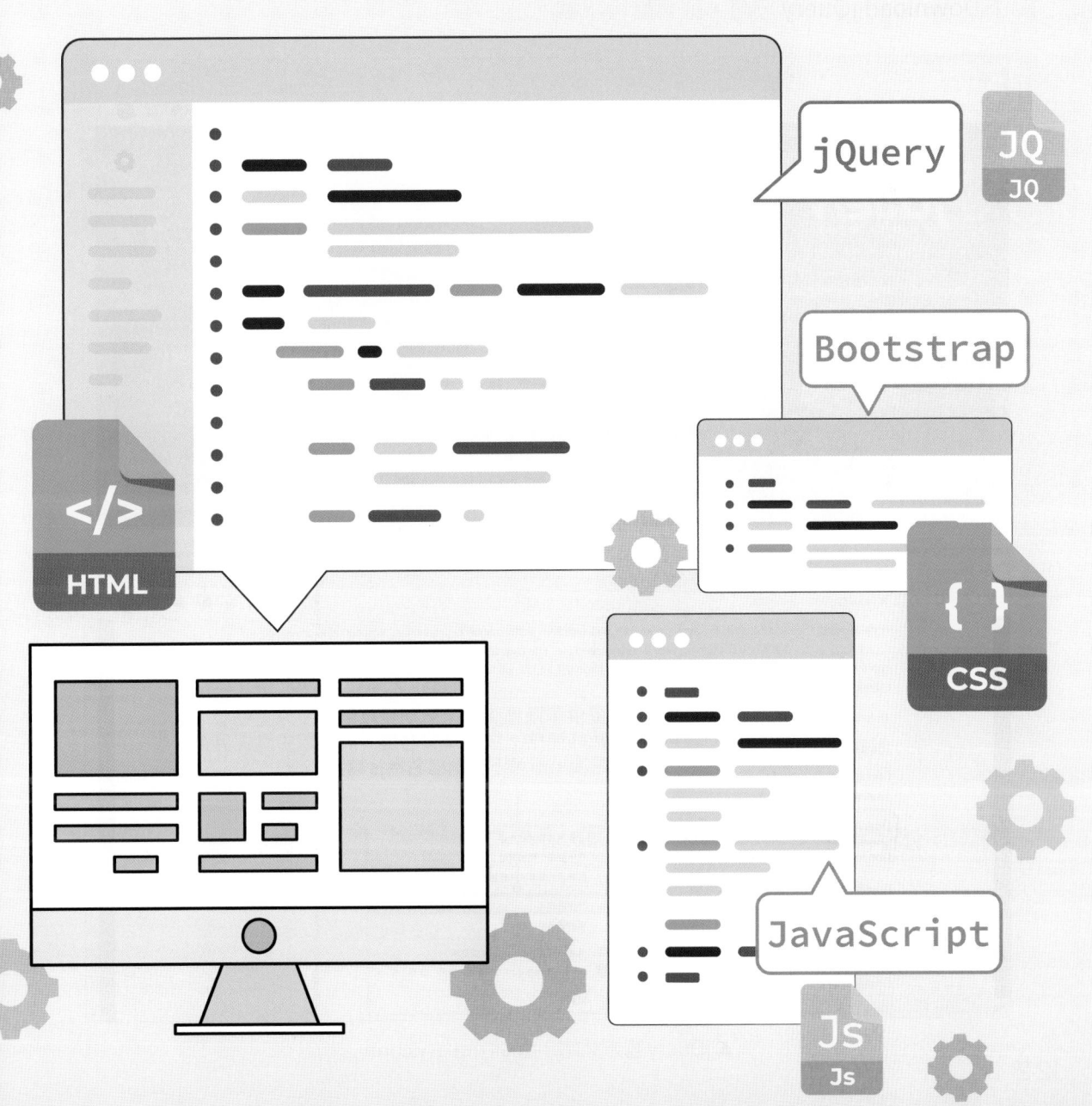

12-1 jQuery基本概念

jQuery簡化了 JavaScript 的語法，強化了 JavaScript 功能，讓開發者可以更輕鬆的製作網站。

12-1-1 jQuery的使用

要使用jQuery時，有兩種方式，分別說明如下。

下載jQuery檔案

jQuery官方網站提供了 jQuery 檔案，可以直接下載使用，只要進入官方網站，按下 Download jQuery 按鈕，即可進行下載。

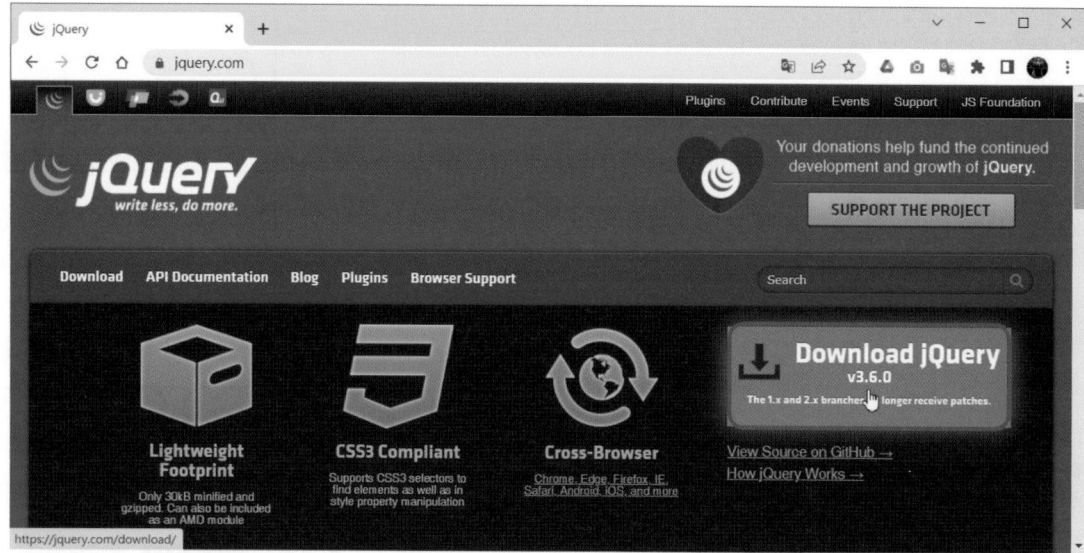

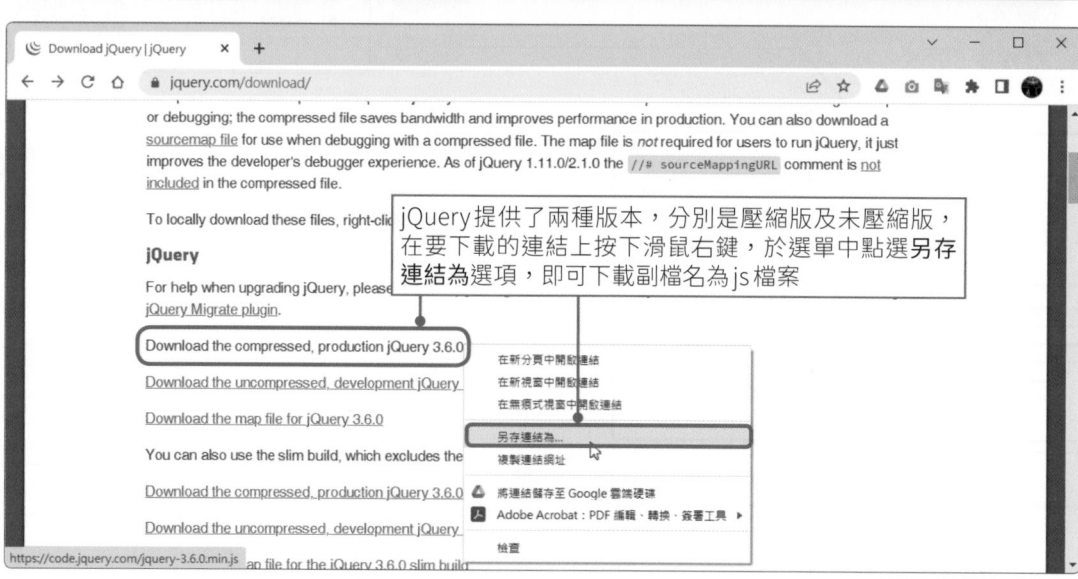

▲ jQuery官方網站 (https://jquery.com)

檔案下載完成後，將檔案放到與html檔案相同的資料夾內，並在html的
<head></head>中定義使用下載的js檔案。

```
<head>
    <script src="jquery-3.6.0.min.js"></script>
</head>
```

透過CDN載入jQuery

除了下載檔案外，還可以使用Content Delivery Network (CDN)，引用網路上的js
檔案，不需要下載檔案。網路上有許多CDN可以使用，如jQuery.com、Google及微
軟等。

● jQuery.com

```
<head>
    <script src="https://code.jquery.com/jquery-3.6.0.min.js"></script>
</head>
```

● Google

```
<head>
    <script src="https://ajax.googleapis.com/ajax/libs/jquery/3.6.0/
    jquery.min.js"></script>
</head>
```

● 微軟

```
<head>
    <script src="https://ajax.aspnetcdn.com/ajax/jQuery/jquery-3.6.0.min.js">
    </script>
</head>
```

12-1-2 jQuery的語法

jQuery的語法設計使得許多操作變得更容易，如操作document、選擇DOM元
素、建立動畫效果、處理事件等。jQuery語法是以$()為開頭，也可以寫成jQuery()，
若使用一些JavaScript外掛也剛好有$()時，就可以改寫成完整語法jQuery()，這樣就
不會相衝突，基本語法如下：

```
$(selector).action()        //$(對象).行為(參數/任務)
```

從上列語法可以看出jQuery的語法較為簡潔，例如在JavaScript中使用
getElementById、getElementsByTagName、getElementsByClassName等取得一個
元素，而jQuery只要直接使用selector即可取得。

```
len obj1 = document.getElementById("mytimer");      //JavaScript的寫法
len obj2 = $("#mytimer");                           //jQuery的寫法
```

在 jQuery 中，還可以連續地使用函數，將他們串接起來，例如下列語法：

```
$("#text").css("color", "blue");
$("#text").css("background-color", "red");
```

可以串接成：

```
$("#text").css("color", "blue").css("background-color", "red");
```

12-2 jQuery選擇器

jQuery最重要的技術就是「選擇器」，使用選擇器即可取得HTML元素，接著就可以對它們作一些事。這節就來學習jQuery的選擇器吧！

12-2-1 基本選擇器

jQuery的基本選擇器，如下表所列。

選擇器	範例	說明
全體選擇器	$("*")	所有元素。
元素選擇器	$("p")	標籤為 <p> 的元素。
類別選擇器	$(".boxtext")	class 屬性值為 boxtext 的元素。
id 選擇器	$("#boxtext")	id 屬性值為 boxtext 的元素。
群組選擇器	$("#box,#boxtext")	以逗點分隔，符合其中之一即可。
子代選擇器	$("ul > li")	找到該 ul 位置之子層級的 li 元素。
後代選擇器	$(h1 #header)	找到 h1 元素，且 id=header。
兄弟或相鄰選擇器	$("div+p")	<div>區塊</div><p>段落1</p><p>段落2</p> 選到第一個 <p>
同層全體選擇器	$("div~p")	<div>區塊</div><p>段落1</p><p>段落2</p> 選到所有 <p>

看到這裡，有沒有發現標籤、id 及類別選擇器的使用概念與 CSS 選擇器很像。例如：

```
$("#boxtext a");    //jQuery，取得id為boxtext的元素其內部的所有連結 <a>
#boxtext a {        //CSS
    ...
}
```

12-2-2　篩選選擇器

　　jQuery 的篩選選擇器可以幫助我們方便的篩選出要的目標元素。篩選選擇器的用法與 CSS 中的偽元素相似，以「:」冒號開頭。

基本篩選器

篩選器	篩選對象	範例
:not(selector)	除此以外的其他元素。	$("div:not("#box")")
:first	第一個元素。	$("p:first")
:last	最後一個元素。	$("p:last")
:odd	奇數元素。	$("p:odd")
:even	偶數元素。	$("p:even")
:eq(index)	索引值等於 <index> 的元素。	$("p:eq(5)")
:gt(index)	索引值大於 <index> 的所有元素。	$("p:gt(5)")
:lt(index)	索引值小於 <index> 的所有元素。	$("p:lt(5)")
:header	所有 <h1> ~ <h6> 的元素。	$(":header")
:focus	目前聚焦的元素。	$(":focus")

內容篩選器

篩選器	篩選對象	範例
:contains(text)	文字內容包含 text 的元素。	$(":contains("Hi")")
:empty	空元素 (沒有孩子)。	$(":empty")
:parent	非空元素 (有孩子)。	$(":parent")
:has(<selector>)	內容包含某個元素。	$("div:has("li")")

可見篩選器

篩選器	篩選對象	範例
:hidden	隱藏的元素。	$("h1:hidden")
:visible	可見的元素。	$("table:visible")

屬性篩選器

篩選器	篩選對象	範例
[attribute]	有該屬性的元素。	$("[href]")

篩選器	篩選對象	範例
[attribute=value]	有該屬性值的元素。	$("[href="#"]")
[attribute!=value]	有該屬性但沒有該屬性值的元素。	$("[href!="#"]")
[attribute^=value]	有該屬性且以該值開頭的元素。	$("[name^="user"]")
[attribute$=value]	有該屬性且以該值結尾的元素。	$("[href$=".png"]")
[attribute*=value]	有該屬性且屬性值包含此字串的元素。	$("[name*="wang"]")
[attribute|=value]	有該屬性值或以 - 字元連接並的元素。	$("[class|="box"]")
[attribute~=value]	在多個屬性值中存在該屬性值。	$("[class~="username"]")
[attribute1=value] [attribute2=value]	符合所有選擇器的元素。	$("[class="first"] [class="second"]")

Child篩選器

選擇器	篩選對象	範例
:first-child	只能選擇父元素的第一個子元素，等同於 nth-child (1)。	$("p:first-child")
:last-child	只能選擇父元素的最後一個子元素。	$("p:last-child")
:nth-child(n)	選擇父元素之下的第n個子元素。	$("li:nth-child(2)")
:first-of-type	元素的同種類元素之中第1個子元素。	$("p:first-of-type")
:last-of-type	元素的同種類元素之中最後1個子元素。	$("p:last-of-type")
:nth-of-type(n)	元素的同種類元素之中第n個子元素。	$("li:nth-of-type(2)")
:nth-last-child(n)	元素之下倒數第n個子元素。	$("li:last-of-type(2)")
:nth-last-of-type(n)	元素的同種類元素之中，倒數第n個子元素。	$("li:nth-last-of-type(2)")
:only-child	元素之下僅有 1 個的子元素。	$("p:only-child")
:only-of-type	元素的同種類元素之中，僅有 1 個的子元素。	$("p:only-of-type")

表單篩選器

篩選器	篩選對象	範例
:input	所有 input 元素。	$(":input")
:text	所有 text input 元素。	$(":text")
:password	所有 password input 元素。	$(":password")
:radio	所有 radio button 元素。	$(":radio")
:checkbox	所有 checkbox 元素。	$(":checkbox")
:submit	所有 submit button 元素。	$(":submit")

篩選器	篩選對象	範例
:button	所有 button 元素。	$(":button")
:reset	所有 reset 元素。	$(":reset")
:image	所有 image 元素。	$(":image")
:file	所有 file 元素。	$(":file")
:checked	所有被選取的 radio button 或 checkbox 元素。	$(":checked")
:selected	所有下拉式選單裡被選擇的元素。	$(":selected")
:enabled	所有啟用元素。	$(":enabled")
:disabled	所有停用元素。	$(":disabled")

12-3 CSS與DOM的處理

jQuery能透過CSS選擇器、函數串接等，將CSS樣式更換成不同樣貌，還能用很簡短的程式碼操作DOM元素的新增、刪除與修改等。

12-3-1 變更及取得元素的方法

jQuery 要變更及取得元素內容是很容易的事，常用的處理方法如下表所列。

方法	說明
.html()	回傳第一個符合元素的HTML內容，等同於JavaScript的innerHTML。
.text()	回傳所有符合元素裡的所有純文字內容(HTML標籤會被移除)，等同於JavaScript的textContent與innerText。
.replaceWith()	置換元素的內容。
.remove()	移除指定元素。
.empty()	移除元素的所有子節點。
.prepend()	在指定元素的開頭插入內容，例如a.append(b)，表示將b加入a的內容前。
.append()	在指定元素的最後插入內容，例如a.append(b)，表示將b加入a的內容後。
.val()	設定與查詢HTML表單元素value屬性，等同於JavaScript的value。
.before()	在指定元素同層級的上方加入HTML元素。
.after()	在指定元素同層級的下方加入HTML元素。
.clone()	複製所選元素，包含子節點、文本和屬性。
.wrap()	將指定的元素包覆在每個選定元素周圍。
.wrapAll()	將指定的元素前後加上對應的HTML元素(多個元素一次加入)。

12-3-2　存取元素的屬性值

jQuery 存取元素的屬性值常用的處理方法如下表所列。

方法	說明

.attr()	取出及設定屬性。例如設定 \<img> 元素的圖片寬度為 600，語法如下：
	`$("img").attr("width", "600")`
	要設定多個屬性和值時，使用逗號分隔即可，語法如下：
	`$("img").attr(width: "600", height: "400"});`

.removeAttr()	移除屬性。例如下列語法是移除 \<a> 元素的 target 屬性： `$("a").removeAttr("target")`
.addClass()	新增一個或多個類別(不會覆蓋移除原有的 class)，只做增加類別，要新增多個類別時，使用空格分隔。例如下列語法為將類名增加到第一個 \<h1> 元素中。 `$("h1:first").addClass("intro note");`
.removeClass()	僅移除類別(保留其他 class)，多類別使用空格分隔，如果沒有參數，則該方法將從被選元素中刪除所有類。例如下列語法為從所有 \<h1> 元素中刪除 intro 類別。 `$("h1").removeClass("intro");`

.css()	取出或設定 CSS 樣式。例如下列語法為取出 CSS 之 color 值：
	`.css("color")`
	下列語法為設定 h1 的字型色彩：
	`$("h1").css("color", "#FFF");`
	若要設定多個 CSS 屬性時，所有屬性要包覆在「{ }」範圍內，每個屬性值要用「""」包覆，每一組設定之間要用「,」隔開。
	`$("h1").css({`
	`   "background-color": "#FF0",`
	`   "color": "#FFF"`
	`   "font-family": "Arial",`
	`   "font-size": "4rem",`
	`});`

.toggleClass()	開關 CSS 樣式，例如下列語法為增加或移除 class=main。 `$("p").toggleClass("main");`

關於上述的 DOM 元素方法，你可以開啟以下範例，按下各種方法按鈕，看看會有什麼變化。

📁 ch12\ex12-01.html

```
01~37 略
38  <script src="https://code.jquery.com/jquery-3.6.0.min.js"></script>
```

```
39  <script>
40      $(function() {
41          $("#demo1").on("click",function(){
42              $("#box1").html("<h2>我很漂亮 / 我很帥</h2>").css("background-
                color","pink");
43          });
44          $("#demo2").on("click",function(){
45              $("#box2").prepend("<h2>出現在子元素之前</h2>");
46              $("#box2 h2:first").css("color","seagreen");
47          });
48          $("#demo3").on("click",function(){
49              $("#box2").append("<h2>出現在子元素之後</h2>");
50              $("#box2 h2:last").css("color","#33A7A5");
51          });
52          $("#demo4").on("click",function(){
53              $("#box3").before("<h2>出現在元素之前</h2>");
54              $("#box2 + h2").css("color","#CC2828");
55          });
56          $("#demo5").on("click",function(){
57              $("#box3").after("<h2>出現在元素之後</h2>");
58              $("#box3 + h2").css("color","#A733A3");
59          });
60          $("#demo6").on("click",function(){
61              $("#box1").remove();
62          });
63      });
64  </script>
65  </head>
66  <body>
67      <div id="box1">
68          <h2>Layer1 content</h2>
69      </div>
70      <div id="box2" style="height: 270px">
71          <h2>Layer2 content</h2>
72      </div>
73      <div id="box3">
74          <h2>Layer3 content</h2>
75      </div>
76      <input type="button" id="demo1" value="html()">
77      <input type="button" id="demo2" value="prepend()">
78      <input type="button" id="demo3" value="append()">
79      <input type="button" id="demo4" value="before()">
80      <input type="button" id="demo5" value="after()">
81      <input type="button" id="demo6" value="remove()">
82  </body>
83  </html>
```

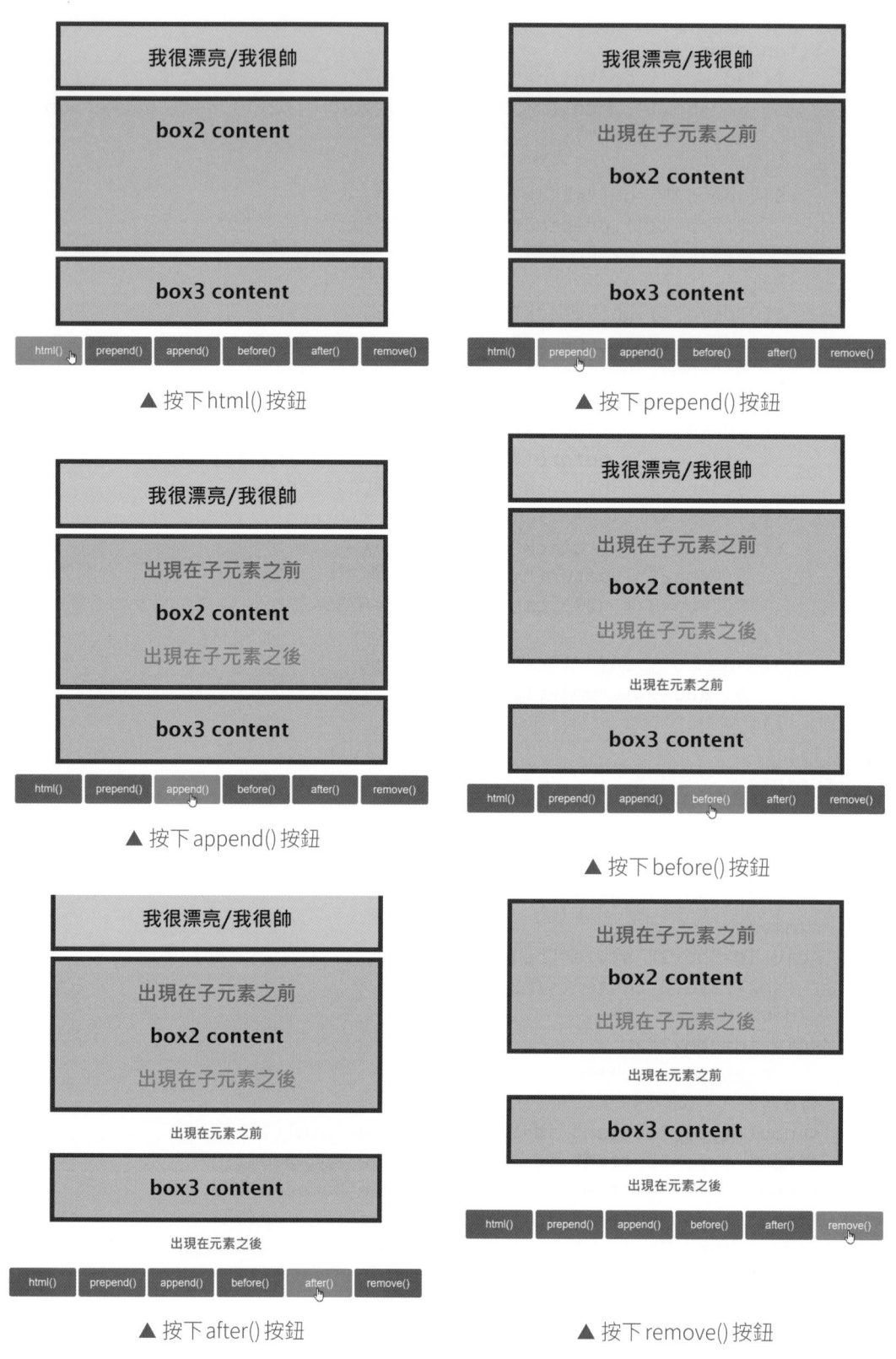

▲ 按下 html() 按鈕

▲ 按下 prepend() 按鈕

▲ 按下 append() 按鈕

▲ 按下 before() 按鈕

▲ 按下 after() 按鈕

▲ 按下 remove() 按鈕

12-4 事件

jQuery提供了許多處理DOM事件的方法，而語法也比JavaScript簡潔，這節就來學習事件吧！

12-4-1 事件的類型

jQuery常見的事件類型有載入事件、滑鼠事件、瀏覽器事件、鍵盤事件及表單事件等。

載入事件

事件	說明
.ready	DOM載入完成後(不等待其他資源載入)觸發該事件。

滑鼠事件

事件	說明
.click()	設定元素被點擊時觸發該事件。
.dblclick()	設定元素被滑鼠雙擊時觸發該事件。
.hover()	設定元素移入、移出時觸發該事件。
.mouseover()	設定滑鼠停在元素上時觸發該事件。
.mouseout()	設定滑鼠移出元素上時觸發該事件。
.mouseenter()	設定滑鼠停在元素上時觸發該事件(包含範圍內的子元素)。
.mouseleave()	設定滑鼠移出元素上時觸發該事件(包含範圍內的子元素)。
.mousedown()	設定元素被按下時觸發該事件。
.mousemove()	設定滑鼠在元素上方移動時觸發該事件。
.mouseup()	設定滑鼠離開元素上方時觸發該事件。

瀏覽器事件

事件	說明
.resize()	設定瀏覽器視窗大小改變時觸發該事件。
.scroll()	設定瀏覽器視窗被捲動時觸發該事件。

鍵盤事件

事件	說明
.keydown()	按下鍵盤按鍵時觸發該事件。
.keypress()	鍵盤輸入時觸發該事件。
.keyup()	放開鍵盤按鍵時觸發該事件。

表單事件

事件	說明
.submit()	送出表單資料時觸發該事件。
.change()	當表單元素內容改變時觸發該事件。
.focus()	當表單元素取得焦點時觸發該事件。
.focusin()	當表單元素取得焦點時觸發該事件 (包含子元素)。
.blur()	當焦點離開表單元素時觸發該事件。
.focusout()	當焦點離開表單元素時觸發該事件 (包含子元素)。
.select()	表單元素的值被選取時觸發該事件。
.reset()	當重設表單時發發該事件。

12-4-2 事件處理

要觸發一個事件要有指定選取對象、指派事件、傳遞一個函式等三個步驟，白話文就是「是誰？在什麼時候？做了什麼事情？」。jQuery 事件觸發有以下方式。

使用事件名稱直接觸發

使用事件名稱直接觸發只有在 DOM 元素已經存在時才會有作用，在網頁讀取完畢時，若 DOM 元素還不存在，那就無法使用。下列語法為帶有參數的事件，綁定所有段落觸發 click 事件時，將文字顏色改為紅色：

```
$("p").click(function() {
    $(this).css("color", "red");
});
```

下列語法為不帶有參數的事件，觸發所有段落的 click 事件：

```
$("p").click();
```

使用on( )方法觸發

.on()方法是將某個選擇器元素一次全部載入相同的事件，語法如下：

```
.on(events [, selector ] [, data ], handler)
```

當選擇器省略時，事件處理函式稱為**直接綁定**，會發生在選定的元素上，也就是呼叫該事件的元素。如下列語法將table與td都載入click事件：

```
$("table td").on("click", function (e) {
    alert($(this).html())
})
```

當提供選擇器參數時，事件處理程序稱為**委派綁定**，事件不被綁定元素所使用，而只對綁定元素的後代選擇器使用，委派綁定的優點在於可以處理來自後代元素的事件，也就是程式後來產生的後代DOM元素。如下列語法將table下的td元素都載入click事件。

```
$("table").on("click", "td",function(e){
    alert( $(this).html() );
});
```

on()可以多個事件綁定一個事件處理函式，各事件類型以空格隔開，語法如下：

```
$("#btn").on("click mouseover", function(e){
    alert("你按了按鈕！");
});
```

on()的第三個參數，可以用來傳資料到事件處理函式，在回呼函數中可用e.data.屬性名稱取值，語法如下：

```
$("#btn").on("click", {"name":"Momoco"},function(e){
    alert( e.data.name + "按了按鈕！");  //顯示Momoco按了按鈕！
});
```

移除事件處理函式

要移除事件處理函式時，可以使用off ()，移除元素的所有事件，語法如下：

```
$("h1").off();                 //移除所有h1元素的事件處理
$("h1").off("click");          //移除所有h1元素的click事件處理
$("h1").off("click", "#demo"); //移除#demo的click事件委任
```

以下範例使用了 mouseenter 及 mouseleave 事件，來改變文字色彩及內容。

📁ch12\ex12-02.html

```
01~43  略
44  <script src="https://code.jquery.com/jquery-3.6.0.min.js"></script>
45  <script>
46      $(document).ready(function() {
47        $("#bg-text").on({
48          mouseover: function () {  //滑鼠移入
49              $(this).css("color" , "yellow");
50              $(this).text("Bonjour! Momoco");
51          },
53          mouseleave: function(){   //滑鼠移出
53              $(this).css("color" , "#ffffff");
54              $(this).text("MOMOCO Paris");
55          }
56        });
57      });
58  </script>
59  </head>
60~64  略
```

▲ 滑鼠移入後改變文字色彩及文字內容

12-5 特效與動畫

　　jQuery 提供了許多特效(Effects)與動畫(Animation)的方法，這節將介紹一些常用的特效與動畫。

12-5-1 特效的使用

　　jQuery 常用的基本特效如下表所列。

方法	說明
.show()	顯示隱藏的元素，語法如下： `$(selector).show([duration] [,complete])` duration 以毫秒(ms)為單位，預設為400ms，也可以使用slow(600ms)、normal、fast(200ms) 等三種字串設定速度。
.hide()	隱藏元素，語法如下： `$(selector).hide([duration] [,complete])`
.toggle()	切換顯示或隱藏元素，語法如下： `$(selector).toggle([duration] [,complete])`
.fadeIn()	以淡入的特效來顯示元素，語法如下： `$(selector).fadeIn([duration] [,complete])`
.fadeOut()	以淡出的特效來隱藏元素，語法如下： `$(selector).fadeOut([duration] [,complete])`
.fadeToggle()	以淡化方式切換顯示或隱藏元素，語法如下： `$(selector).fadeToggle([duration] [,easing] [,complete])`
.fadeTo()	動態漸變調整元素的透明度，語法如下： `$(selector).fadeTo(duration, opacity [,complete])` opacity 是不透明度值0~1。
.slideUp()	元素向上滑出消失，語法如下： `$(selector).slideUp([duration] [,complete])`
.slideDown()	元素向下滑入顯示，語法如下： `$(selector).slideDown([duration] [,complete])`
.slideToggle()	以滑動方式切換顯示或隱藏元素，語法如下： `$(selector).slideToggle([duration ] [,complete])`
.delay()	延遲執行，語法如下： `$(selector).delay(duration [,queueName])`

下列範例改寫了 ex12-02.html 範例，將 mouseenter 事件加入滑動效果，讓文字先變換色彩及文字內容，再加入滑動效果，先向上滑動，然後再向下滑動。

🗀 ch12\ex12-03.html

```
01~48  略
49  $(this).css("color" , "yellow");
50  $(this).text("Bonjour! Momoco").slideUp(1000).slideDown(1000);
51~64  略
```

12-5-2 自訂動畫

使用 .animate() 函式可以自行定義動畫效果，設定樣式物件、持續時間、動畫速率、完成後的回呼函式，語法如下：

```
$(selector).animate(properties [,duration] [,easing] [,complete])
```

.animate() 只支援「可數字化」的屬性，如 margin、padding、width、height、left 等。要指定相對值時，可以在數值前加上 += 來增加該值，或是用 -= 來減少該值，中間不能有空格。另外，還有 hide、show、toggle 三字串屬性值可用於動畫中，設定物件隱藏、顯示或切換。

　　自訂動畫時，還可以同時自訂多個動畫效果，如下列語法為元素向右滑動的同時，放大元素高度。

```
$(this).animate({left:" =30px",height:" =40px"},2000)
```

　　上述語法中，向右滑動與高度變大是同時發生的，若想讓元素先向右滑動再變高，只需將程式碼拆分即可，這樣有執行有先後順序的動畫效果，稱為「動畫佇列」。

```
$(this).animate({left:" =30px"},1000)
       .animate({height:" =40px"},1000)
```

　　以下範例使用 animate 函式製作了動畫效果，改變元素的寬度大小、透明度、文字大小、框線粗細等。

📂ch12\ex12-04.html

```
01~44  略
45  $(document).ready(function(){
46      $("#bg-text").animate({
47          width: "75%",
48          opacity: 1,
49          marginLeft: "10%",
50          fontSize: "4em",
51          borderWidth: "10px"
52      }, 2000 , function(){
53          $(this).css("color","yellow")
54      });
55  });
56~62  略
```

stop()

使用.animate()時，還可以搭配stop()方法，設定動畫在執行過程中，停止動畫的執行，如果動畫已執行完成，則無法停止。jQuery中的淡入淡出、滑動、動畫效果，都是可以使用stop()方法。語法如下：

```
$(selector).stop([clearQueue] [,jumpToEnd])
```

clearQueue及jumpToEnd引數都是布林值(true或false)，預設為false。clearQueue為是否清空未執行完的動畫佇列；jumpToEnd為是否直接將正在執行的動畫跳轉到末狀態。

以下範例使用了stop()方法，當使用者按下停止按鈕時，會停止動畫的執行。

🗁 ch12\ex12-05.html

```
01~43 略
44 <script>
45    $(document).ready(function(){
46        $("#start").click(function() {
47            $("div").animate({width: "+=200px"}, 2000);
48        });
49        $("#stop").click(function() {
50            $("div").stop();
51        });
52    });
53 </script>
54~60 略
```

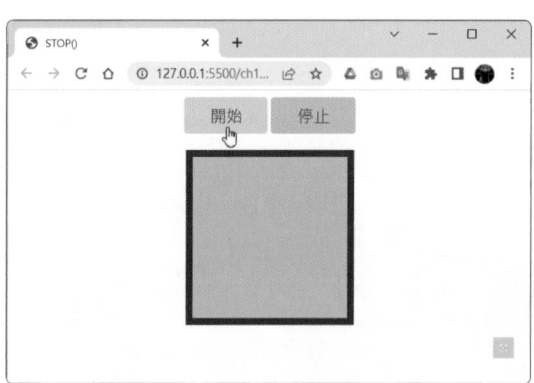
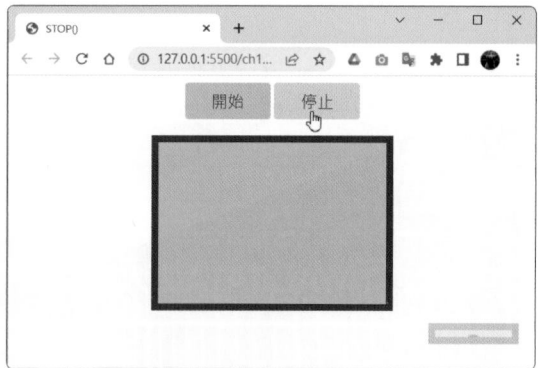

12-6 jQuery範例實作

　　學會了jQuery後，這節我們將HTML、CSS及jQuery整合在一起，使用jQuery製作圖片輪播、顯示字卡及TOP按鈕等。範例檔案：ex12-06\index.html、ex12-06\css\main.css。

———圖片輪播

「極致機械工藝聯盟 Major League of Mechanical Art TAIWAN」於2006年，初始於桃花緣設計，在二十年前，有幸參與國家計劃，在歐洲習得文化創意產業的經驗模式，並深耕在地，延續對於機械工藝美學的熱誠與執著，於2019年正式以品牌及直營方式，並計畫籌組「極致機械工藝聯盟」，旨在連結國內金屬相關加工職人及團隊，全面串聯專精於特色及個性商品之各領域專業職人，展開完整的經營計畫，深探台灣技職及人才水準與國際接軌，提供交流互助與展示舞台，促使新一代年輕力量無懈地跟進與傳承，讓台灣的美好持續發生，能量推向世界，發光發熱。

我們持續發揮高度創意，並表達我們對設計和極致工藝的熱愛，研究探索及創新技術，將歷經20年所累積的創作能量及創造力，開發以生活型態為主軸的個性及特色商品，範圍擴及生活用品，汽機車文化精品，生活美學，家具家飾，皮件金工，時尚美型生活，傳統工藝，工匠手作，創客空間，裝置藝術，極致工藝，冀能將文化熔合創意及技術，帶來更豐富的生活美學及樂趣。

———疊加效果

桃花緣設計 徐正泰

CEO & Founder

團隊投入各項創作藝術、機械工藝美學及多樣化商品開發，並創設自有品牌，冀能將文化結合創意，帶來更豐富的生活美學及樂趣。

Read More

大岩打檔 黃新斌

Director

集特技師，賽車手，機車維修工程師及手工車創作師於一身，黃新斌滿溢的熱情和幹勁，就如同他泰雅族身份一樣，綻放強烈陽光。

Read More

桃花緣設計 徐義貿

Director

不以規矩，不能成方圓，這是工作奉行的圭臬。他擅長異材質的結合，及利用對金屬的理解，能夠控制金屬色彩及質感，進而創作。

Read More

Top ———TOP 按鈕

在開始製作網頁時,別忘了先將js檔案定義在html的<head></head>中。

```
<script src="https://code.jquery.com/jquery-3.6.0.min.js"></script>
<script src="js/jquery-main.js"></script>
```

12-6-1 圖片輪播

範例中頁首使用圖片輪播的方式製作,將五張圖片放入陣列中,再使用隨機方式輪播五張圖片。

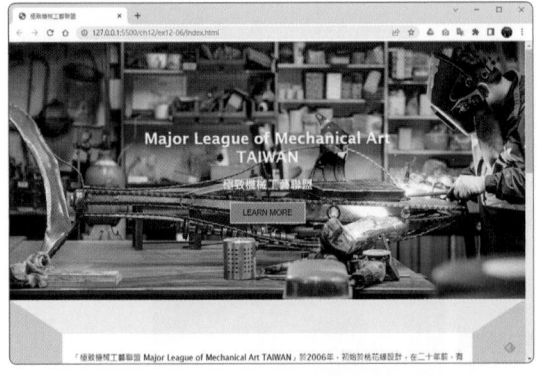

● HTML

```
<header>
   <div class="header-text">
     <h1>Major League of Mechanical Art TAIWAN</h1>
     <h2>極致機械工藝聯盟</h2>
     <button>LEARN MORE</button>
   </div>
</header>
```

● CSS

```
header {
   background-image: linear-gradient(rgba(0, 0, 0, 0.5),
   rgba(0, 0, 0, 0.5)), url("bk.jpg");
```

```
height: 80%;
background-position: center;
background-repeat: no-repeat;
background-size: cover;
position: relative;
transition: background-image 1s ease-in-out;
}
```

● jQuery (jquery-main.js)

```
$(function(){
    var showArr =['img/1.jpg','img/2.jpg','img/3.jpg','img/4.jpg',
        'img/5.jpg']; //圖片陣列
    setInterval(function(){        //定時更換背景
        $("header").css("backgroundImage","url("+showArr[fRandomBy(0,4)]+")");
    },2500);
    function fRandomBy(under, over){ //設定隨機數的範圍
        switch(arguments.length){
            case 1: return parseInt(Math.random()*under+1);
            case 2: return parseInt(Math.random()*(over-under+1) + under);
            default: return 0;
        }
    }
});
```

12-6-2　疊加效果

　　範例中卡片區塊使用了hover事件，當滑鼠游標移至卡片區塊時，會改變區塊顏色，並於圖片加入疊加效果，當使用者將滑鼠游標移至圖片上時，會顯示透明區塊及文字。

● HTML

```html
<div class="column">
    <div class="card">
        <div class="image-frame">
                <img src="img\professional-t.jpg" alt="Tac" style="width:100%">
                <div class="image-caption">
                        <h4>桃花緣設計 徐正泰</h4>
                        <p>CEO & Founder</p>
                </div>
        </div>
        <div class="container">
                <h2>桃花緣設計 徐正泰</h2>
                <p class="title">CEO & Founder</p>
                <p>略</p>
                <a href="#"><i class="fa-brands fa-facebook fa-fw fa-2x">
                </i></a>
                <a href="#"><i class="fa-brands fa-instagram-square
                fa-fw fa-2x"></i></a>
                <p><button class="button">Read More</button></p>
        </div>
    </div>
</div>
```

● CSS

```css
.column {
    float: left;
    width: 33.3%;
    margin-bottom: 20px;
    padding: 0 8px;
}
@media screen and (max-width: 650px) {
    .column {
        width: 100%;
        display: block;
    }
}
.card {
    box-shadow: 0 4px 8px 0 rgba(0, 0, 0, 0.2);
}
.container {
    padding: 0 16px;
}
.container::after, .row::after {
    content: "";
    clear: both;
    display: table-cell;
}
```

```
.title {
   color: grey;
}
.button {
   border: none;
   outline: 0;
   display: inline-block;
   padding: 8px;
   color: white;
   background-color:lightseagreen;
   text-align: center;
   cursor: pointer;
   width: 100%;
   font-size: 1rem;
   transition: border-radius .5s ease-in;
}
.image-frame {
   position: relative;
}
.image-caption {
   display: none;
   opacity: 0.8;
   background-color: gainsboro;
   width: 100%;
   position: absolute;
   top: 30%;
   padding: 10px;
}
```

● jQuery (jquery-main.js)

```
$(document).ready(function(){
   $(".card").hover(function(){
      $(this).css("background-color", "#f0f0f0");
      }, function(){
      $(this).css("background-color", "white");
   });
});

$(document).ready(function() {
   $(".image-frame").hover(function(){
      $(".image-caption",this).slideToggle("slow");
   }, function(){
      $(".image-caption",this).slideToggle("slow");
   });
});
```

12-6-3 回到網頁頂端

範例中加入了一個TOP按鈕，該按鈕在使用者捲動網頁時才會出現，當使用者按下按鈕，即可回到網頁的頂端。

● HTML

```
<button id="myTop" title="top">Top</button>
```

● CSS

```
#myTop {
    display: none;
    position: fixed;
    bottom: 20px;
    right: 30px;
    z-index: 99;
    font-size: 18px;
    border: none;
    outline: none;
    background-color: orangered;
    color: white;
    cursor: pointer;
```

```
    padding: 15px;
    border-radius: 10px;
     }
#myTop:hover {
    background-color: #424242;
}
```

● jQuery (jquery-main.js)

```
$(function(){
     $("#myTop").click(function(){    //按下top的事件處理
     jQuery("html,body").animate({scrollTop:0},1000);
   });
   $(window).scroll(function() {        //下滑到300時，就出現top按鈕
     if ( $(this).scrollTop() > 200){
           $('#myTop').fadeIn();
     } else {
           $('#myTop').fadeOut();
     }
   });
});
```

網頁設計必學技術

●●● 自我評量

● 選擇題

( ) 1. 下列關於 jQuery 語法的說明，何者不正確？ (A) 以 $() 為開頭　(B) 語法無法連續地使用函數　(C) 開頭可以寫成 jQuery()　(D) 基本語法為 $(selector).action()。

( ) 2. 下列關於 jQuery 選擇器的說明，何者不正確？ (A) $("*") 可以選取所有元素　(B) $("p") 表示選取 p 元素　(C) $("#boxtext") 表示類別屬性值為 boxtext 的元素　(D) $(".boxtext") 表示 class 屬性值為 boxtext 的元素。

( ) 3. 下列關於 jQuery 篩選選擇器的說明，何者不正確？ (A) 以「$」冒號開頭　(B) hidden 篩選對象為隱藏的元素　(C) first-child 篩選對象為父元素的第一個子元素　(D) nth-last-child(n) 篩選對象為元素之下倒數第 n 個子元素。

( ) 4. 下列關於 jQuery 的敘述，何者不正確？ (A) replaceWith 可置換元素內容　(B) append 可在指定元素的最後插入內容　(C) attr() 可以取出及設定屬性　(D) before 在指定元素同層級的下方加入 HTML 元素。

( ) 5. 下列關於 jQuery 的敘述，何者不正確？ (A) on() 可以多個事件綁定一個事件處理函式，各事件類型以空格隔開　(B) .mouseout() 事件為滑鼠停在元素上時觸發該事件　(C) fadeToggle() 方法是以淡化方式切換顯示或隱藏元素　(D) slideDown() 方法是以元素向下滑入顯示。

● 實作題

1. 請開啟「ch12\ex12-a\ex12-a.html」檔案，使用 jQuery 製作可折疊式的選單。

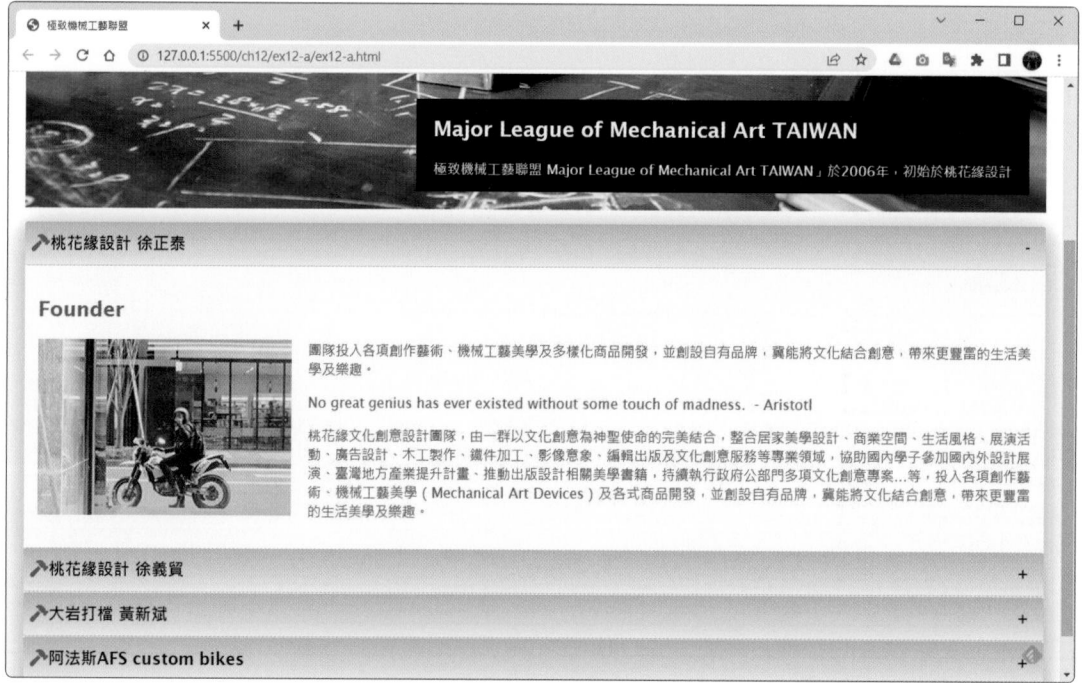

CHAPTER 13

jQuery Mobile

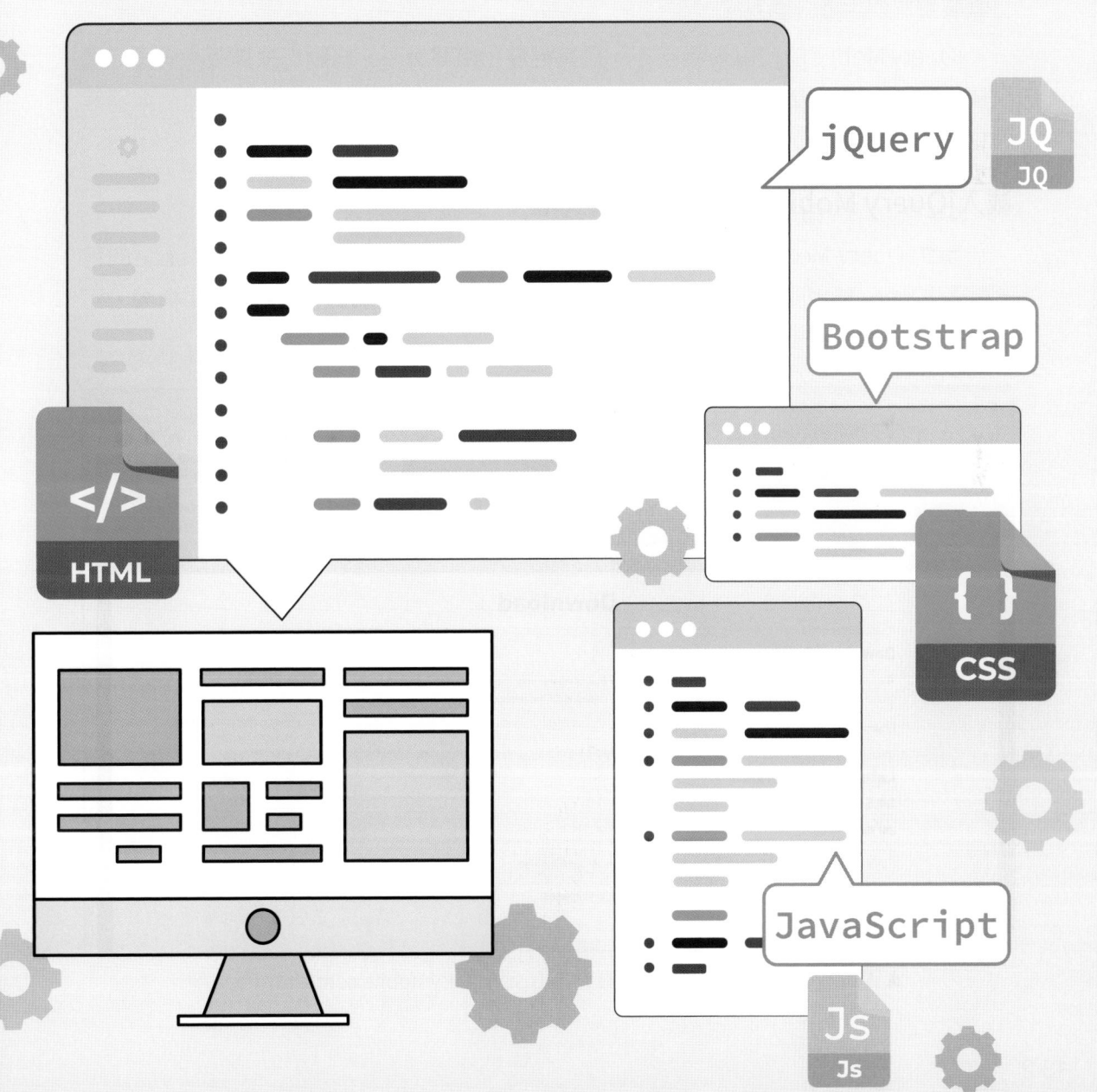

13-1 jQuery Mobile基本概念

jQuery Mobile是建立在jQuery函式庫之上的**使用者介面系統**(User Interface System, **UI**)，因為使用宣告方式建立使用介面，所以不須撰寫JavaScript，只要使用HTML元素，就可以建立統一的使用介面，這節就先來認識jQuery Mobile吧！

13-1-1 jQuery Mobile的使用

jQuery Mobile提供了許多工具可以開發出行動裝置App應用程式的頁面，以往的網頁應用程式介面，大部分的瀏覽方式不適合行動式裝置使用，常會導致顯示錯亂或畫面過大等問題。因此，jQuery推出jQuery Mobile函式庫，希望能夠統一市面上常見行動裝置的使用者介面系統。

jQuery Mobile以jQuery為核心，具有輕量化檔案大小、自動切換排版、支援滑鼠與觸碰事件、提供強大的佈景主題系統、多樣化的UI、跨平台、跨裝置、跨瀏覽器等特色。

載入jQuery Mobile的函式庫與樣式檔

製作jQuery Mobile頁面時，通常會先載入jQuery的函式庫、jQuery Mobile的程式檔及jQuery Mobile的CSS樣式檔。而jQuery Mobile官方網站提供了相關檔案，可以直接下載使用。

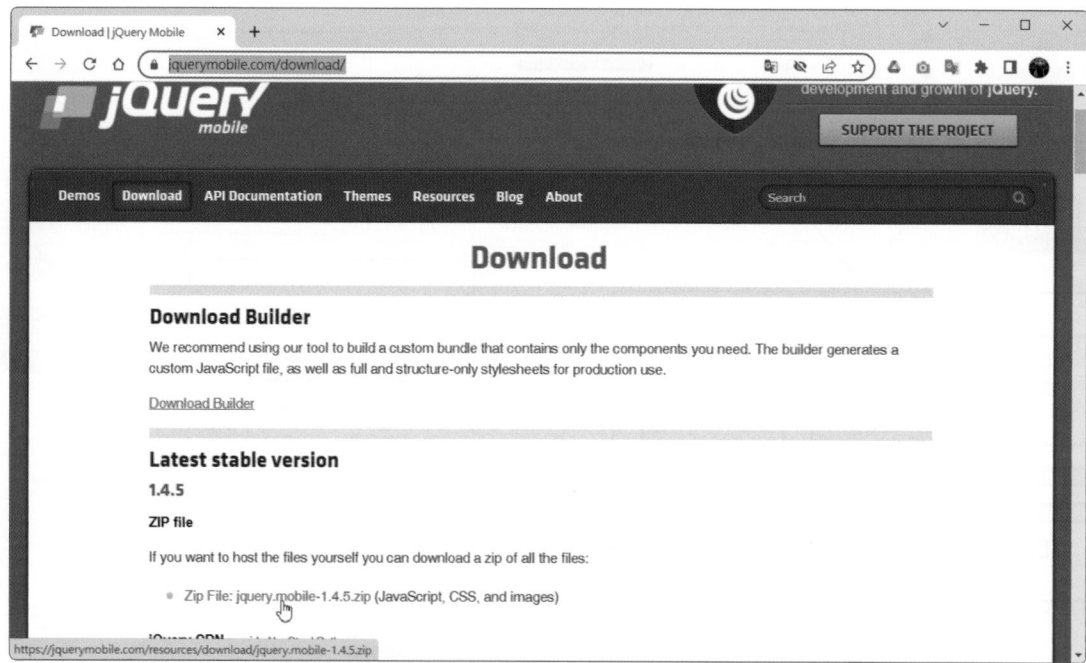

▲ jQuery Mobile官方網站下載頁面 (https://jquerymobile.com/download/)

檔案下載完成並解壓縮後，會看到相關的js與css檔案，說明如下：

● demos 資料夾：為 jQuery Mobile 的範例頁面。

● images 資料夾：為 jQuery Mobile 使用的圖形檔，在製作頁面時會使用到。

● 其他 js 與 css 檔：這部分可視需求加入 jQuery Mobile 頁面中使用。

　　在 html 的 <head></head> 中定義要使用的檔案。

```
<head>
    <link rel="stylesheet" href="jquery.mobile-1.4.5.css">
    <script src="jquery-2.2.4.min.js"></script>
    <script src="jquery.mobile-1.4.5.js"></script>
</head>
```

透過CDN載入jQuery Mobile

除了下載檔案外，還可以使用 CDN 來載入，引用網路上的 js 檔案，如 jQuery.com、Google 及微軟等。

● jquerymobile.com

```
<head>
    <link rel="stylesheet" href="https://code.jquery.com/mobile/1.4.5/
    jquery.mobile-1.4.5.min.css"/>
    <script src="https://code.jquery.com/jquery-2.2.4.min.js"></script>
    <script src="https://code.jquery.com/mobile/1.4.5/jquery.
    mobile-1.4.5.min.js"></script>
</head>
```

● Google (https://developers.google.com/speed/libraries)

```
<head>
    <link rel="stylesheet" href="https://ajax.googleapis.com/ajax/libs/
    jquerymobile/1.4.5/jquery.mobile.css">
    <link rel="stylesheet" href="https://ajax.googleapis.com/ajax/libs/
    jquerymobile/1.4.5/jquery.mobile.min.css">
    <script src="https://ajax.googleapis.com/ajax/libs/jquerymobile/
    1.4.5/jquery.mobile.js"></script>
    <script src="https://ajax.googleapis.com/ajax/libs/jquerymobile/1.4.5
    /jquery.mobile.min.js"></script>
</head>
```

● 微軟 (https://docs.microsoft.com/zh-tw/aspnet/ajax/cdn/)

```
<head>
    <link rel="stylesheet" href="https://ajax.aspnetcdn.com/ajax/jquery.
    mobile/1.4.5/jquery.mobile.structure-1.4.5.css">
```

```
<link rel="stylesheet" href="https://ajax.aspnetcdn.com/ajax/jquery.
    mobile/1.4.5/jquery.mobile.structure-1.4.5.min.css">
<script src="https://ajax.aspnetcdn.com/ajax/jquery.mobile/1.4.5/
    jquery.mobile-1.4.5.js"></script>
<script src="https://ajax.aspnetcdn.com/ajax/jquery.mobile/1.4.5/
    jquery.mobile-1.4.5.min.js"></script>
</head>
```

13-1-2 jQuery Mobile的頁面結構

jQuery Mobile的頁面主要以page為單位，每個page可分成header、main及footer三個區域。在一個HTML檔案中可以放多個page，不過每次只會顯示一個page。

以下範例為單頁的jQuery Mobile基本頁面的撰寫方式，頁面以<div>標示各部分，並在main區塊加入jQuery Mobile所設定好的樣式class="ui-content"，該樣式會讓頁面有內邊距及外邊距。

📁ch13\ex13-01.html

```
01  <!DOCTYPE html>
02  <html lang="zh-Hant-Tw">
03  <head>
04      <meta charset="UTF-8">
05      <meta http-equiv="X-UA-Compatible" content="IE=edge">
06      <meta name="viewport" content="width=device-width, initial-scale=1.0">
07      <title>極致機械工藝聯盟</title>
```

```
08      <!--引入jQuery Mobile的css及js檔-->
09      <link rel="stylesheet"href="https://code.jquery.com/mobile/1.4.5/
        jquery.mobile-1.4.5.min.css"/>
10      <script src="https://code.jquery.com/jquery-2.2.4.min.js">
        </script>
11      <script src="https://code.jquery.com/mobile/1.4.5/jquery.
        mobile-1.4.5.min.js"></script>
12  </head>
13  <body>
14      <!--每個page可分成header、main與footer三個區域-->
15      <div data-role="page">
16          <div data-role="header">
17              <h1>極致機械工藝聯盟</h1>
18          </div>
19          <div data-role="main" class="ui-content">
20              <p>略</p>
21              <img src="professional-t.jpg" alt="Tac"  style="width:100%">
22          </div>
23          <div data-role="footer">
24              <h4>All rights reserved.</h4>
25          </div>
26      </div>
27  </body>
28  </html>
```

💬 知識補充

目前行動裝置的瀏覽器都已支援HTML5，所以也可以將div改成HTML5的語意標籤，語法如下：

```
<main data-role="page">
    <header data-role="header">
        <h1>頁首</h1>
    </header>
    <article data-role="main">
        <p>內容</p>
    </article>
    <footer data-role="footer">
        <p>頁尾</p>
    </footer>
</main>
```

jQuery Mobile 的 page 是使用 id 進行區隔，且 id 不能重複，如下列語法：

```
<div id="page1" data-role="page">
   <div data-role="main" class="ui-content"></div>
</div>
<div id="page2" data-role="page">
   <div data-role="main" class="ui-content"></div>
</div>
<div id="page3" data-role="page">
   <div data-role="main" class="ui-content"></div>
</div>
```

13-1-3 data-role

jQuery Mobile 在頁面中使用 **data-role 屬性**定義所代表的角色，下表為常見的
data-role 屬性值。

屬性值	說明	屬性值	說明
page	頁面	button	按鈕
header	頁首	controlgroup	群組按鈕
main	內容區塊	listview	檢視清單
footer	頁尾	collapsible	單一可摺疊區塊
navbar	導覽列	collapsible-set	群組可摺疊區塊
dialog/popup	對話方塊	tabs	頁籤
panel	側邊欄	slider	滑桿

13-1-4 data-position

data-position 屬性可以**將頁面中的頁首及頁尾固定在畫面中**，這樣當頁面在捲動
時，頁首及頁尾不會跟著捲動。語法如下：

```
<div data-role="page">
   <div data-role="header" data-position="fixed">
      <h1>header</h1>
   </div>
   <div role="main" class="content">
      <p>content</p>
   </div>
   <div data-role="footer" data-position="fixed">
      <p>footer</p>
   </div>
</div>
```

13-1-5　頁面佈景主題

　　jQuery Mobile提供了內建的佈景主題，可以套用在頁面及元件上，每個主題都有不同的按鈕、線條、內容色塊等顏色。要使用時，只要在頁面或元件標籤中加上**data-theme屬性**及要使用的主題即可，主題分為a(淺色主題)、b(深色主題)及c(線條主題)。

📂 **ch13\ex13-02.html**

```
01~12  略
13     <div data-role="page" id="page1" data-theme="a">
14     <div data-role="header" data-position="fixed">
15        <h1>極致機械工藝聯盟</h1>
16     </div>
17     <div data-role="main" class="ui-content">
18        <p>略</p>
19        <img src="professional-t.jpg" alt="Tac" style="width:100%">
20     </div>
21     <div data-role="footer" data-position="fixed">
22        <h4>All rights reserved.</h4>
23     </div>
24     </div>
25     </body>
26     </html>
```

13-1-6 頁面連結與切換效果

jQuery Mobile的page之間的切換，可以使用href屬性，直接切換到單一檔案中的指定page Id，指定時要加入 #，語法如下：

```
<div data-role="main" class="ui-content">
   <a href="#pagetwo">聯盟成員</a>
</div>
```

若要連結到同網站的其他頁面時，語法如下：

```
<a href="pagetwo.html">聯盟成員</a>
```

data-add-back-btn與data-back-btn-text

jQuery Mobile還提供了 **data-add-back-btn 屬性**，可以設定是否加入回上一頁按鈕，該屬性要加在頁面中的header頁首中，在按鈕上預設會顯示 Back 文字，若要自訂文字內容，可以使用 **data-back-btn-text 屬性**來自訂，語法如下：

```
<div data-role="header" data-add-back-btn="true" data-back-btn-text="回上一頁">
```

data-transition

頁面切換時，可以使用 **data-transition 屬性**來設定切換效果，可以使用的屬性值如下表所列。

屬性值	說明
fade	淡入效果(預設)。
flip	翻轉。
flow	縮小移出，新頁面縮小移入後放大。
pop	新頁面跳出展開。
slide	由右至左滑出，新頁面由右至左滑入。
slidedown	由上至下滑出，新頁面由上至下滑入。
slidefade	由右至左淡出，新頁面由右至左淡入。
slideup	由下至上滑出，新頁面由下至上滑入。
turn	以頁面為中心翻轉。
none	無特效。

以下範例共包含了3個頁面，在第1頁中使用了 <a> 來連結其他頁面，並加入 data-transition 屬性，讓頁面切換時有動態效果。第2個頁面設定了 data-add-back-btn="true" 屬性，從首頁進入此頁時，在頁首會加入「Back」按鈕。

　　第3個頁面設定了data-add-back-btn="true"屬性及data-back-btn-text="返回"屬性，從首頁進入此頁時，在頁首會加入自訂文字的「返回」按鈕。

📁 **ch13\ex13-03.html**

```
01~12  略
13     <div data-role="page" id="page1">
14        <div data-role="header" data-position="fixed">
15           <h1>極致機械工藝聯盟</h1>
16        </div>
17        <div data-role="main" class="ui-content">
18           <p>略</p>
19           <img src="professional-t.jpg" alt="Tac" style="width:100%">
20           <p><a class="ui-btn" href="#page2" data-transition="slide">
              大岩打檔 黃新斌</a></p>
21           <p><a class="ui-btn" href="#page3" data-transition="flow">桃花
              緣設計 徐義貿</a></p>
22~26  略
27     <div data-role="page" id="page2">
28        <div data-role="header" data-position="fixed" data-add-back-btn="true">
29           <h1>大岩打檔 黃新斌</h1>
30        </div>
31~38  略
39     <div data-role="page" id="page3">
40        <div data-role="header" data-position="fixed" data-add-back-btn=
           "true" data-back-btn-text="返回">
41           <h1>桃花緣設計 徐義貿</h1>
42        </div>
43~52  略
```

13-2 jQuery Mobile UI元件

jQuery Mobile提供了按鈕、群組按鈕、導覽列、檢視清單等**使用者介面**(User Interface, UI)元件,善用這些元件,即可快速地製作出網頁介面。

13-2-1 按鈕元件

在jQuery Mobile中,可以透過<button>、<input>及帶有data-role="button"的<a>元素來建立按鈕。語法如下:

```
<button class="ui-btn">按钮</button>
<input type="button" value="按钮">
<a href="#" data-role="button">按钮</a>
```

表單按鈕適合用在表單中,而若要操作換頁,建議使用具有**data-role="button"**屬性的超連結按鈕,因超連結具有重新導向功能,不需要程式碼即可達成換頁效果。

除此之外,預設下,在頁首及頁尾中加入<a>元素時,即會自動顯示為按鈕,而在內容區的超連結則一定要設定屬性才會成為按鈕。若<a>元素在頁首標題文字之前,按鈕會顯示在文字左方;若在標題文字之後,按鈕會顯示在文字右方;若只有一個<a>元素,不管是放在標題文字的上或下,文字都會顯示在左方。語法如下:

```
<div data-role="header" data-position="fixed">
    <a href="#">上一頁</a>
    <h1>極致機械工藝聯盟</h1>
    <a href="#">下一頁</a>
</div>
```

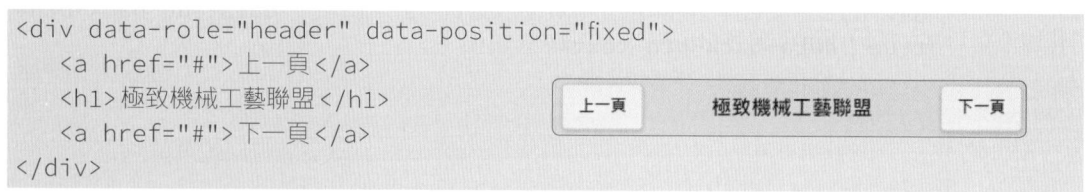

在內容區要設定按鈕時,超連結按鈕必須指定**data-role="button"屬性**,才會轉變成按鈕外觀,否則就只是文字超連結。

data-icon

設定按鈕時,可以使用**data-icon屬性**來定義按鈕圖示,其可用的種類屬性值如下表所列。

屬性值	說明	屬性值	說明	屬性值	說明
action	動作	carat-l	向左	location	定位
alert	注意	carat-r	向右	lock	上鎖
arrow-l	左箭頭	carat-u	向下	mail	郵件
arrow-d	下箭頭	check	選取	navigation	導覽
arrow-d-l	下左箭頭	clock	時鐘	phone	電話

屬性值	說明	屬性值	說明	屬性值	說明
arrow-d-r	下右箭頭	cloud	雲端	minus	減號
arrow-r	右箭頭	comment	評論	plus	加號
arrow-u	上箭頭	delete	刪除	power	電源
arrow-u-l	上左箭頭	edit	編輯	recycle	回收
arrow-u-r	上右箭頭	eye	眼睛	refresh	重新整理
audio	音訊	forbidden	禁止	search	搜尋
back	後退	forward	前進	shop	購物
bars	橫槓	gear	齒輪	star	星號
bullets	子彈	grid	網格	tag	標籤
calendar	日曆	heart	愛心	user	使用者
camera	照相機	home	首頁	video	視訊
carat-d	向下	info	訊息		

data-iconpos

　　使用 data-iconpos 屬性可以設定按鈕圖示的位置，可以使用 left(文字左方，預設)、right(文字右方)、top(文字上方)、bottom(文字下方)、notext(取消文字，只顯示圖示) 等屬性值，語法如下：

```
a href="#" data-role="button" data-icon="info" data-iconpos="left">注意</a>
```

data-inline

　　使用 data-inline 屬性可以將按鈕放置於同行，不管是連結按鈕或表單按鈕，在預設下，寬度都會佔據整列，若不需要這麼寬的按鈕，就可以使用 data-inline="true" 屬性，將按鈕寬度縮小到剛好容納圖示與文字內容。

▲ 按鈕元件範例請參考 button.html

13-2-2 群組按鈕元件

將同一組按鈕放在一個區塊內，再加上 data-role="controlgroup" 屬性，即可將按鈕組成一個群組，預設下群組按鈕會垂直顯示，若要水平顯示群組按鈕，則可以加上 data-type="horizontal" 屬性，語法如下：

```
<div data-role="controlgroup">
   <a href="#" data-role="button" data-icon="clock">時鐘</a>
   <a href="#" data-role="button" data-icon="phone">電話</a>
   <a href="#" data-role="button" data-icon="mail">郵件</a>
   <a href="#" data-role="button" data-icon="calendar">日曆</a>
</div>
   <div data-role="controlgroup" data-type="horizontal">
   <a href="#" data-role="button" data-icon="search">搜尋</a>
   <a href="#" data-role="button" data-icon="info">訊息</a>
   <a href="#" data-role="button" data-icon="search">搜尋</a>
   <a href="#" data-role="button" data-icon="cloud">雲端</a>
</div>
```

▲ 範例檔案：button.html

13-2-3 導覽列元件

使用 data-role="navbar" 屬性，可以將區塊內的選項設定為導覽列，導覽列會自動以螢幕寬度為，所有選項寬度會平分整個寬度來顯示，選項則可以使用 ul 及 li 元素來製作。

📂 ch13\ex13-04.html

```
01~15  略
16  <div data-role="navbar">
17     <ul>
18        <li><a href="#page1" class="ui-button-active">徐正泰</a></li>
19        <li><a href="#page2" class="ui-button-active">黃新斌</a></li>
20        <li><a href="#page3" class="ui-button-active">徐義貿</a></li>
21     </ul>
22  </div>
```

23~71　略

13-2-4　檢視清單元件

使用**data-role="listview"屬性**，可以<li>或<ol>元素中的選項轉為檢視清單，若檢視清單中的選項不使用<a>元素，那清單就是一般表列文字。在預設下，清單顯示時，寬度會占滿整個畫面，若要讓清單的區塊與邊界有距離，可以使用**data-inset="true"屬性**。語法如下：

```
<ul data-role="listview" data-inset="true">
    <li>DIY工具車</li>
    <li>魔方小騎兵</li>
</ul>
```

若要將清單分組，則可以在<li>元素中加入**data-role="list-divider"屬性**，這樣該選項就會成為選項分組的標題。語法如下：

```
<ul data-role="listview" data-inset="true">
    <li data-role="list-divider">DIY工具車</li>
    <li>連結工具車</li>
    <li>戰鬥工具車</li>
    <li data-role="list-divider">魔方小騎兵</li>
    <li>大魔方</li>
    <li>小魔方</li>
</ul>
```

在清單中還可以加入第二個連結按鈕，只要在<li>元素中加入第二個連結即可，再使用**data-split-icon屬性**設定按鈕圖示，使用**data-split-theme屬性**設定樣式。除此之外，在清單中還可以加入縮圖及相關文字，語法如下：

```
<ul data-role="listview" data-inset="true" data-split-icon="shop"
   data-split-theme="a">
   <li>
      <a href="#">
      <img src="pic05.jpg">
      <h2>連結DIY工具車</h2>
      <p>可自行DIY的工具車，組合出自己喜歡的模型</p></a>
      <a href="#">shop</a>
   </li>
</ul>
```

下列範例使用了檢視清單元件製作商品列表，並將商品分組顯示，加入縮圖及購物按鈕。

📁**ch13\ex13-05.html**

```
01~22 略
23 <div data-role="main" class="ui-content">
24    <ul data-role="listview" data-inset="true" data-split-icon="shop"
         data-split-theme="a">
25       <li data-role="list-divider">DIY工具車</li>
26       <li>
27          <a href="#">
28          <img src="pic05.jpg">
29          <h2>連結DIY工具車</h2>
30          <p>可自行DIY的工具車，組合出自己喜歡的模型</p></a>
31          <a href="#">shop</a>
32       </li>
33       <li>
34          <a href="#">
35          <img src="pic05.jpg">
36          <h2>戰鬥DIY工具車</h2>
37          <p>可自行DIY的工具車，組合出自己喜歡的模型</p></a>
38          <a href="#">shop</a>
39       </li>
40       <li data-role="list-divider">魔方小騎兵</li>
41       <li>
42          <a href="#">
43          <img src="pic03.jpg">
44          <h2>方頭魔方小騎兵</h2>
45          <p>外表逗趣可愛，自用送禮兩相宜</p></a>
46          <a href="#">shop</a>
47       </li>
```

```
48          <li>
49            <a href="#">
50            <img src="pic03.jpg">
51            <h2>圓頭魔方小騎兵</h2>
52            <p>外表逗趣可愛，自用送禮兩相宜</p></a>
53            <a href="#">shop</a>
54          </li>
55        </ul>
56      </div>
57~62   略
```

13-2-5　對話方塊元件

jQuery Mobile可以使用**data-role="popup"**及**datat-role="dialog"**兩種方式製作對話方塊，popup是位於同一頁面內的div區塊，會隨同該頁面載入，dialog則是獨立的頁面，載入時原頁面會被丟入頁面堆疊中。

jQuery Mobile的對話方塊的結構與一般頁面一樣，有header、main及footer，在內容區中還可以放一個具有data-rel="back"屬性的按鈕用來關閉對話方塊。還可以使用data-transition屬性來指定對話方塊出現時的特效。

```
<a href="#" data-role="button" data-rel="popup" data-transition="fade">開啟</a>
<a href="#" data-role="button" data-rel="dialog" data-transition="fade">開啟</a>
```

在開啟對話方塊後，可以使用data-overlay-theme屬性，來設定網頁的覆蓋背景色彩，預設下會覆蓋透明色，使用data-overlay-theme = "a"則為覆蓋淺色背景，使用data-overlay-theme = "b"則為覆蓋深色背景。

```
<div data-role="popup" id="myPopup" class="ui-content" data-overlay-theme="b">
```

以下範例修改了ex13-05.html範例，加入了對話方塊元件製作購買資訊內容，使用者點選購物按鈕後，就會彈出對話方塊，對話方塊中設定了背景覆蓋模式及方塊大小樣式，還加入了二個連結按鈕。

📁 ch13\ex13-06.html

```
01~30 略
31  <a href="#purchase" data-rel="popup" data-position-to="window"
    data-transition="pop">shop</a>
32~55 略
56  <div data-role="popup" id="purchase" data-theme="a" data-overlay-
    theme="b" class="ui-content" style="max-width:340px; padding-
    bottom:2em;">
57      <h3>購買資訊</h3>
58      <p>現在購買有優惠，甜甜價，不要錯過了。</p>
59      <a href="#" data-rel="back" class="ui-shadow ui-btn ui-corner-
    all ui-btn-b ui-icon-check ui-btn-icon-left ui-btn-inline ui-
    mini">Buy: $599</a>
60      <a href="#" data-rel="back" class="ui-shadow ui-btn ui-corner-all
    ui-btn-inline ui-mini">取消</a>
61  </div>
62~68 略
```

💬 知識補充

- ui-shadow：陰影樣式
- ui-corner-all：圓角樣式
- ui-btn：按鈕樣式
- ui-btn-b：按鈕為黑色背景白色文字
- ui-btn-icon-left：圖示在按鈕的左邊
- ui-btn-inline：在同一行中顯示按鈕
- ui-icon-check：勾選圖示
- ui-mini：元素縮小樣式

13-2-6　摺疊式內容區塊元件

jQuery Mobile 提供了單一摺疊式內容區塊及群組摺疊式內容區塊。

單一摺疊式內容區塊

只要在一個區塊容器中加入 data-role="collapsible" 屬性，即可將該容器設定為單一摺疊式內容區塊，預設下該區塊內容會先展開，若要摺疊起來，可以使用 data-collapsed="true" 屬性，這樣整個內容區塊就只會顯示設定的標題，當按下標題時可展開內容，再按一下即可摺疊。

群組摺疊式內容區塊

要將多個摺疊式區塊設為一個群組時，可以使用 data-role="collapsible-set" 屬性，當開啟一個區塊時，其他區塊會自動摺疊起來。預設下摺疊區塊使用 + 與 - 圖示來代表展開與摺疊，若要更換圖示時，可以使用 data-collapsed-icon 及 data-expanded-icon 屬性。

```
<div data-role="collapsible" data-collapsed-icon="arrow-d"
   data-expanded-icon="arrow-u">
```

預設下，摺疊區塊是有邊距及圓角的，若要取消的話，只要加入 data-inset="false" 屬性即可。

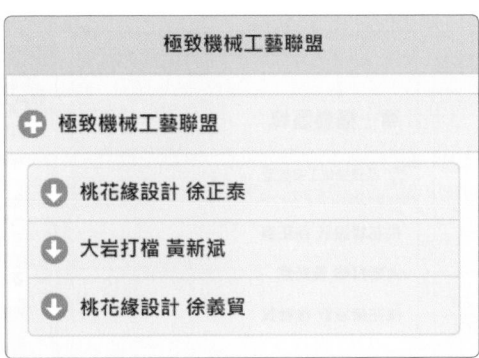

以下範例使用了群組摺疊式內容區塊將單一摺疊式內容區塊整合在一起。

🗁 ch13\ex13-07.html

```
01~16 略
17 <div data-role="main" class="ui-content">
18     <h2>單一摺疊區塊</h2>
19     <div data-role="collapsible" data-inset="false">
20         <h2>極致機械工藝聯盟</h2>
21         <h3>桃花緣設計 徐正泰</h3>
22         <h3>大岩打檔 黃新斌</h3>
```

```
23      <h3>桃花緣設計 徐義貿</h3>
24    </div>
25    <h2>群組摺疊區塊</h2>
26    <div data-role="collapsible-set">
27      <div data-role="collapsible" data-collapsed-icon="arrow-d"
         data-expanded-icon="arrow-u">
28        <h2>桃花緣設計 徐正泰</h2>
29        <p>略</p>
30        <img src="professional-t.jpg" alt="Tac" style="width:100%">
31      </div>
32      <div data-role="collapsible" data-collapsed-icon="arrow-d"
         data-expanded-icon="arrow-u">
33        <h2>大岩打檔 黃新斌</h2>
34        <p>略</p>
34        <img src="professional-a.jpg" alt="abin" style="width:100%">
36      </div>
37      <div data-role="collapsible" data-collapsed-icon="arrow-d"
         data-expanded-icon="arrow-u">
38        <h2>桃花緣設計 徐義貿</h2>
39        <p>略</p>
40        <img src="photo.jpg" alt="hsu" style="width:100%">
41      </div>
42    </div>
43  </div>
44~49  略
```

13-2-7 網格元件

jQuery Mobile 提供了 Grid 網格元件，可以使用在響應式設計上，且支援 CSS 版面配置，可以省去撰寫 CSS 的時間。jQuery Mobile 的 Grid 結構，是由 1~5 個 div 所組成，網格的寬度為 100%，沒有邊框、背景、邊距或填充。

網格外層使用 ui-grid- 樣式，例如 ui-grid- 接著字母 a 代表 2 欄，接著 d 代表 5 欄；內層使用 ui-block- 樣式，而 ui-block- 代表每個欄位，要以 ui-block-a/b/c/d/e 順序方式分配，例如 ui-block-a 代表第 1 欄、ui-block-b 代表第 2 欄，依此類推。

網格	欄數數	寬度	樣式
ui-grid-solo	1	100%	ui-block-a
ui-grid-a	2	50% / 50%	ui-block-a|b
ui-grid-b	3	33% / 33% / 33%	ui-block-a|b|c
ui-grid-c	4	25% / 25% / 25% / 25%	ui-block-a|b|c|d
ui-grid-d	5	20% / 20% / 20% / 20% / 20%	ui-block-a|b|c|d|e

若要建置一個 5 欄的 Grid，其語法如下：

```
<div class="ui-grid-d">
    <div class="ui-block-a">a</div>
    <div class="ui-block-b">b</div>
    <div class="ui-block-c">c</div>
    <div class="ui-block-d">d</div>
    <div class="ui-block-e">e</div>
</div>
```

上述語法為 5*1 網格，若要建立多欄多列時，只要重複 ui-block 樣式即可，例如下列語法為建立 2*2 網格：

```
<div class="ui-grid-a">
    <div class="ui-block-a">1*1</div>
    <div class="ui-block-b">1*2</div>
    <div class="ui-block-a">2*1</div>
    <div class="ui-block-b">2*2</div>
</div>
```

若要讓網格成為響應式設計，可以隨著欄位多寡自行調整寬度時，加上 class="ui-responsive" 即可，語法如下：

```
<div class="ui-grid-a" ui-responsive>
    <div class="ui-block-a">1*1</div>
    <div class="ui-block-b">1*2</div>
</div>
```

　　以下範例使用網格建立了1個1欄版面及2*4版面，且網格內容會隨著螢幕尺寸不同，而自行調整。

📂 ch13\ex13-08.html

```
01~23  略
24  <article data-role="main" class="ui-content">
25      <div class="ui-grid-solo">
26          <div class="ui-block-a">
27              <img src="https://picsum.photos/id/628/550/300">
28          </div>
29      </div>
30      <div class="ui-grid-a ui-responsive">
31          <div class="ui-block-a">
32              <img src="https://picsum.photos/id/419/250/125">
33          </div>
34          <div class="ui-block-b">
35              <img src="https://picsum.photos/id/43/250/125">
36          </div>
37          <div class="ui-block-a">
38              <img src="https://picsum.photos/id/436/250/125">
39          </div>
40          <div class="ui-block-b">
41              <img src="https://picsum.photos/id/520/250/125">
42          </div>
43~54  略
55  </div>
56~63  略
```

13-3 jQuery Mobile表單

　　jQuery Mobile表單元件大部分都直接使用HTML5的表單元素，jQuery Mobile函式庫會自動將其轉換成適合行動裝置觸控操作的表單元件，這節就來學習表單的使用吧！表單範例請參考form.html檔案。

13-3-1　表單基本概念

　　在jQuery Mobile中加入表單的語法與HTML是一樣的，基本結構如下：

```
<form method="post" action="login.php">
   <label for="name">姓名：</label>
   <input type="text" name="name" id="name">
   <input type="submit" data-inline="true" value="送出">
</form>
```

　　在預設下，jQuery Mobile的表單使用Ajax來傳送表單，若要以http方式傳送，只要在<form>元素中加入 **data-ajax="false"屬性**即可，語法如下：

```
<form method="post" action="login.php" data-ajax="false">
```

　　建立表單時，每一個表單欄位應該搭配一個<label>元素，再使用for屬性綁定表單欄位的id屬性，而id屬性不能重複。

```
<label for="name">姓名：</label>
<input type="text" name="name" id="name">
```

13-3-2　文字輸入

　　要使用文字輸入欄位時，只要在<input>元素中設定type即可，常見的文字輸入欄位有單行文字(text)、密碼(password)、電子郵件(email)、電話(tel)、網址(url)、數字(number)及文字搜尋(search)等。

　　設定文字輸入欄位時，還可以加上 **data-clear-btn = "true"屬性**，在欄位中加入一個清除按鈕，來清除輸入框的內容，語法如下：

```
<label for="name">姓名</label>
<input type="text" name="name" id="name" data-clear-btn="true">
```

13-3-3 日期時間

　　使用日期時間最大的好處就是，這些欄位會自動加上日曆或時間選取器，讓使用者方便輸入，常見的日期時間的type值有data、datetime、time、datetime-local、month、week等。

13-3-4 滑桿

　　要加入滑桿時，只要使用<input type = "range">即可加入水平滑桿，加入value屬性可以設定滑桿的初始值，min及max屬性可以設定最小及最大值。

　　除此之外，還可以使用data-highlight="true"將選定的範圍加上顏色，使用data-show-value="true"可以在滑桿上加上目前數值，使用data-mini="true"可以將外型設為縮小顯示，而使用data-theme可以設定元件要使用的配色方式。

13-3-5 切換開關

　　要加入切換開關時，只要在<select>元素中加入data-role="slider"屬性即可，可以使用觸控或拖拉的方式來切換。

```
<select name="slider1" id="slider1" data-role="slider">
    <option value="off">Off</option>
    <option value="on">On</option>
</select>
```

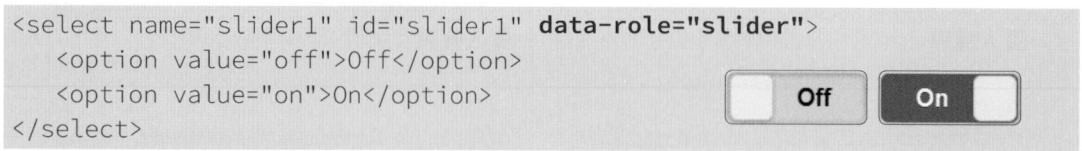

13-3-6　單選與複選按鈕

　　使用選項按鈕時，先在<fieldset>設定**data-role="controlgroup"**屬性，將多個選項群組起來，讓使用者從清單中選取項目。若要排列選項可以使用**data-type="horizontal"**水平排列或**data-type="vertical"**垂直排列。

　　要將某個選項設定為預設值時，只要加入**checked=""**屬性就可以將選項預設為選取狀態。要加入單選按鈕時，只要使用**<input type = "radio">**即可，而複選按鈕則可以使用**<input type = "checkbox">**，將選項設為核取方塊。

● 單選

```
<fieldset data-role="controlgroup">
   <legend>請選擇</legend>
   <label for="love">我愛你</label>
   <input type="radio" name="choice" id="love" value="愛" checked="">
   <label for="nolove">我不愛你</label>
   <input type="radio" name="choice" id="nolovee" value="不愛">
</fieldset>
```

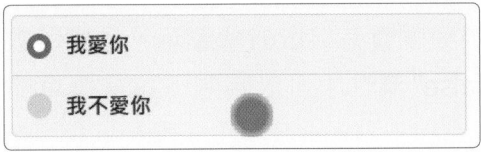

● 複選

```
<fieldset data-role="controlgroup" data-type="horizontal">
   <label for="red">我愛红色</label>
   <input type="checkbox" name="favcolor" id="red" value="red">
   <label for="black">我愛黑色</label>
   <input type="checkbox" name="favcolor" id="black" value="black">
   <label for="blue">我愛藍色</label>
   <input type="checkbox" name="favcolor" id="blue" value="blue">
   <label for="green">我愛綠色</label>
   <input type="checkbox" name="favcolor" id="green" value="green">
   <label for="pink">我愛粉紅色</label>
   <input type="checkbox" name="favcolor" id="pink" value="pink">
</fieldset>
```

13-3-7 下拉式選單

要建立下拉式選單時，可以使用 **<select>** 元素為選項容器，使用 **<option>** 元素定義選項。基本語法如下：

```
<label for="select-native-1">請選擇要施打的疫苗：</label>
<select name="select-native-1" id="select-native-1">
    <option value="B">BNT</option>
    <option value="M">莫德納</option>
    <option value="A">AZ</option>
</select>
```

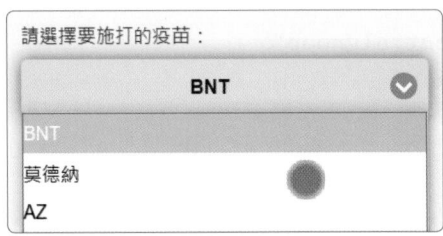

下拉式選單也可以將選項製作成可複選的核取方塊，只要使用<select>元素中的 **multiple** 屬性，在選項旁就會有核取方塊圖示，且選取數會呈現在按鈕上。而加上 **data-native-menu="false"** 屬性，可以關閉下拉式選單的原生樣式，改以jQuery Mobile樣式呈現。

```
<fieldset>
    <label for="food">選擇你喜歡的食物</label>
    <select name="food" id="food" multiple="multiple" data-native-menu="false">
        <option value="food1">苦瓜</option>
        <option value="food2">茄子</option>
        <option value="food3">香菜</option>
        <option value="food4">蒜頭</option>
        <option value="food5">青椒</option>
        <option value="food6">芋頭</option>
    </select>
</fieldset>
```

13-3-8　取得表單欄位值

　　使用輸入表單資料後，可以透過jQuery物件的**val()方法**，取得表單欄位值，取得方式如下表所列。

欄位	語法

文字
日期
滑桿
	`//文字欄位`
	`<input type="text" name="欄位名稱" id="索引值" value="">`
	`//jQuery取得文字欄位的值`
	`$("#索引值").val();`

切換開關
下拉式選單
	`//切換開關`
	`<select name="欄位名稱" id="索引值" data-role="slider">`
	　`<option value="選項1">選項1</option>`
	　`<option value="選項2">選項2</option>`
	`</select>`
	`//jQuery取得切換開關欄位的值`
	`$("#索引值 option:checked").val();`

選項按鈕	`//選項按鈕`
	`<input type="radio" name="欄位名稱" id="索引值1" value="選項1">`
	`<label for="索引值1">選項1</label>`
	`<input type="radio" name="欄位名稱" id="索引值2" value="選項2">`
	`<label for="索引值3">選項2</label>`
	`//jQuery取得選項按鈕欄位的值`
	`$("input[name=欄位名稱]:checked").val();`

核取方塊	`//核取方塊按鈕`
	`<input type="checkbox" name="欄位名稱" id="索引值1" value="選項1">`
	`<label for="索引值1">選項1</label>`
	`<input type="checkbox" name="欄位名稱" id="索引值2" value="選項2">`
	`<label for="索引值3">選項2</label>`
	`//jQuery取得核取方塊欄位的值`
	`$("input[type="checkbox"]:checked").each(function(){`
	　`checkboxSave += $(this).val() + ' ';`
	`});`

　　以下範例使用val()方法，取得使用者填入的資料。

📂 ch13\ex13-09.html

```
01~10 略
11  <script>
12    $(document).on("pagecreate", "#page", function() {
13      $("#button1").on("click", function() {
14        var msg = "姓名=" + $("#username").val() + "\n";
15            msg += "日期與時間=" + $("#inputdate").val() + "\n";
16            msg += "密碼=" + $("#pswd").val() + "\n";
17            msg += "目前進度=" + $("#points").val() + "\n";
```

```
19          msg += "你喜歡我對嗎？=" + $("#slider1").val() + "\n";
19          msg += "你說啊=" + $("input[name=lovechoice]:checked").
            val()+ "\n";
20          msg1=" 顏色=";
21          $('input[type="checkbox"]:checked').each(function(){
22              msg1 += $(this).val() + "";
23          });
24          msg += msg1+"\n";
25          msg += "食物:" + $("#food option:checked").val();
26          alert(msg);
27      });
28   });
29 </script>
30~79 略
80 <button id="button1">送出</button>
81~89 略
```

13-4 jQuery Mobile事件

jQuery Mobile 提供了觸控、捲動、方向及頁面等事件，可以讓使用者與頁面進行互動，這節就來學習事件的使用吧！

13-4-1 觸控事件

觸控是行動裝置上操作最重要的行為，jQuery Mobile 提供了 tap（點擊）、taphold（長按）、swipe（滑動）、swipeleft（往左滑）、swiperight（往右滑）等事件。

事件	說明

tap	點擊後觸發事件，例如當使用者點擊\<h1\>元素後，隱藏\<h1\>元素。
	
	```$("h1").on("tap",function(){```
	　　```$(this).hide();```
	```});```

taphold	長按後觸發事件，例如當使用者長按\<h1\>元素後，隱藏\<h1\>元素。
	
	```$("h1").on("taphold",function(){```
	　　```$(this).hide();```
	```});```

swipe	當頁面垂直或水平滑動時觸發該事件(水平方向超過30px，垂直方向小於75px)，相關的屬性有：
	● scrollSupressionThreshold：預設值為10px，超過預設值時，將停止滑動。
	● durationThreshold：預設值為1000ms，滑動時間超過設定時，不會觸發事件。
	● horizontalDistanceThreshold：預設值30px，水平滑動超過設定時，才會觸發事件。
	● and verticalDistanceThreshold：預設值為75px，垂直滑動小於設定時，才會觸發事件。
	
	```$(document).on("mobileinit", function(){```
	　```$.event.special.swipe.scrollSupressionThreshold ("10px")```
	　```$.event.special.swipe.durationThreshold ("1000ms")```
	　```$.event.special.swipe.horizontalDistanceThreshold ("30px");```
	　```$.event.special.swipe.verticalDistanceThreshold ("75px");```
	```});```

swipeleft	當頁面滑動到左邊方向時觸發事件，例如往左滑動時，隱藏\<h1\>元素。
	
	```$("h1").on("swipeleft",function(){```
	　　```$(this).hide();```
	```});```

swiperight	當頁面滑動到右邊方向時觸發事件，例如往右滑動時，隱藏\<h1\>元素。
	
	```$("h1").on("swiperight",function(){```
	　　```$(this).hide();```
	```});```

13-4-2 捲動事件

jQuery Mobile提供了scrollstart及scrollstop兩種事件。

事件	說明

scrollstart	頁面開始捲動時觸發事件。
	`$(document).on("scrollstart",function(){`
	`    alert("開始scrolling!");`
	`});`

scrollstop	頁面停止捲動時觸發事件。
	`$(document).on("scrollstop",function(){`
	`    alert("停止scrolling!");`
	`});`

13-4-3 方向事件

jQuery Mobile提供了**orientationchange事件**，該事件會在行動裝置在水平及垂直方向改變時觸發，例如當手機方向從水平方向切換到垂直方向時，就會觸發該事件。通常會將orientationchange事件設定在windows物件上，並取得**orientation**屬性值來顯示目前方向，語法如下：

```
$(window).on("orientationchange",function(){
    alert("頁面方向為：" + e.orientation);
});
```

13-4-4 初始化事件

jQuery Mobile提供了mobileinit初始化事件，它會在jQuery Mobile載入後，並在所有元件建立、事件觸發之前執行該事件。初始化事件處理程式必須放在載入jQuery Mobile函式庫前，這樣才能夠執行初始化動作。語法如下：

```
<script src="https://code.jquery.com/jquery-2.2.4.min.js"></script>
<script>
    $(document).on("mobileinit", function() {
        //初始化設定的程式碼內容
    });
</script>
<script src="https://code.jquery.com/mobile/1.4.5/jquery.mobile-
    1.4.5.min.js"></script>
```

在程式碼中可以使用 **$.mobile** 物件設定屬性，例如下列語法，將預設的頁面切換方式變更為flow。

```
<script>
  $(document).on("mobileinit", function() {
    $.mobile.defaultPageTransition = "flow";
  });
</script>
```

13-5 行動網頁實作範例

學會了jQuery Mobile後，接著就來進行實作，該範例共有HOME(index.html)、商品(product.html)及連絡我們(contact.html)三個頁面，分別獨立製作，再將所有網頁連結起來，成為一個網站。範例會用到的所有檔案皆位於ex13-10資料夾中。

13-5-1 載入相關檔案

範例中載入了自訂的CSS檔案、自訂的主題CSS檔案、自訂的js檔案及jQuery Mobile相關檔案，這些要載入的檔案皆撰寫於<head></head>元素之間，其中ex13-10.js檔案為初始事件，所以該檔案必須放在jQuery Mobile函式庫前。

```
<head>
  <meta charset="UTF-8">
  <meta http-equiv="X-UA-Compatible" content="IE=edge">
  <meta name="viewport" content="width=device-width,
  initial-scale=1.0">
  <title>橘鳥市場街</title>
```

```
<link rel="stylesheet" href="themes/custom-theme-c.css">
<link rel="stylesheet" href="themes/jquery.mobile.icons.min.css">
<link rel="stylesheet" href="css/style.css">
<link rel="stylesheet" href="https://code.jquery.com/mobile/1.4.5/
    jquery.mobile-1.4.5.min.css"/>
<script src="http://code.jquery.com/jquery-1.11.1.min.js"></script>
<script src="js\ex13-10.js"></script>
<script src="https://code.jquery.com/mobile/1.4.5/jquery.mobile-
    1.4.5.min.js"></script>
</head>
```

13-5-2 初始化事件撰寫

範例中使用了初始化事件(js\ex13-10.js)，設定了頁面切換方式及以深色主題覆蓋背景，還使用了方向事件，當使用者轉換裝置的方向時，會顯示訊息。

```
$(document).on("mobileinit", function() {
    $.mobile.defaultPageTransition = "flip"; //頁面切換方式
    $.mobile.popup.prototype.options.overlayTheme = "b"; //以深色覆蓋背景
});
$(document).on("pagecreate",function(){
    $(window).on("orientationchange",function(){
        alert("行動裝置方向已改變");
    });
});
```

13-5-3　使用ThemeRoller自訂主題色彩

在v1.4.5版本中僅提供了淡色系的主題a及暗色系的主題b，若想要自訂色彩，可以使用jQuery Mobile所提供的ThemeRoller線上編輯工具自訂主題，該工具可以設定頁面中各元件的背景色彩及邊框樣式等。

進入ThemeRoller網站後，按下版本按鈕，可以先選擇要使用的版本。

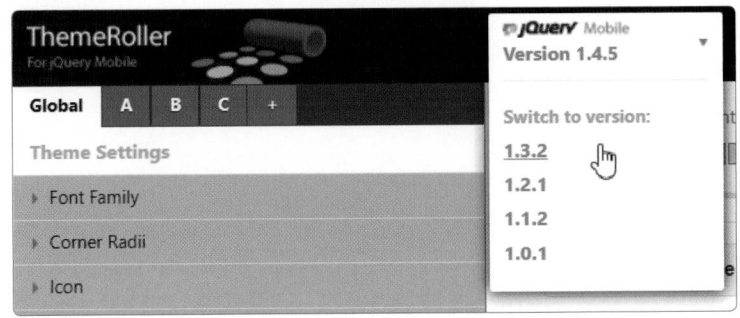

頁面的左邊是樣式檢視器，在此可以設定各元件的樣式，在頁面的上方還有顏色選擇器，可以直接將顏色塊拖曳到預覽區內的元件，元件就會立即套用效果，在效果預覽區中有A、B、C三個主題。

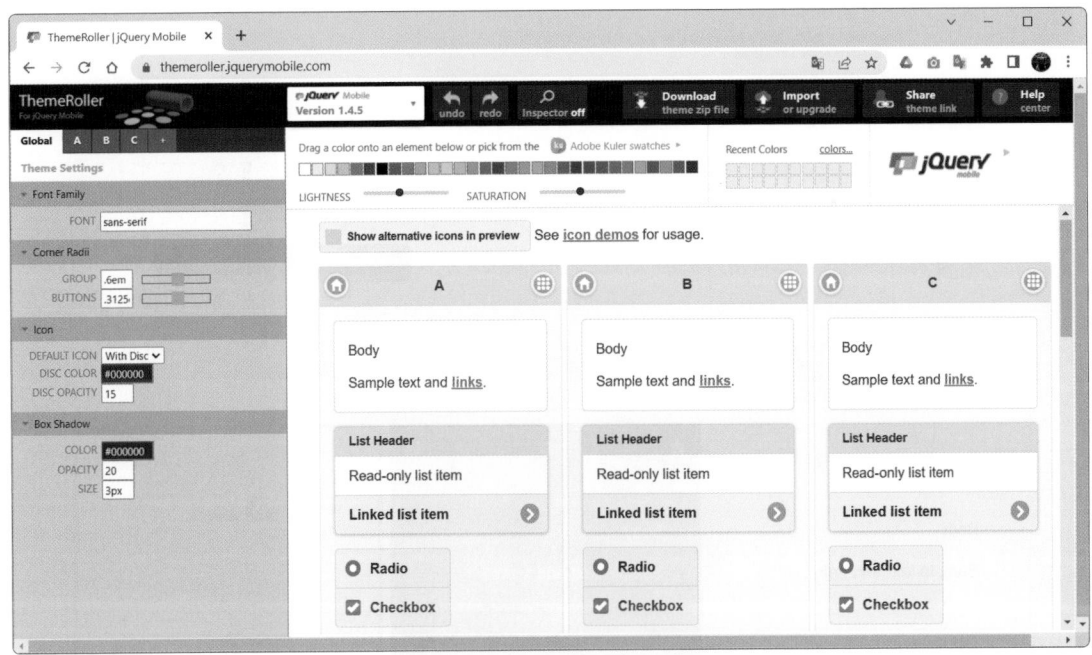

▲ ThemeRoller網站 (https://themeroller.jquerymobile.com)

接著我們就開始自訂主題，自訂主題前，要先匯入預設主題的 a 與 b 主題。

01 按下 **Import** 按鈕，開啟視窗 Import Theme 視窗，點選右上角的 **Import Default Theme**，即可匯入預設的主題。

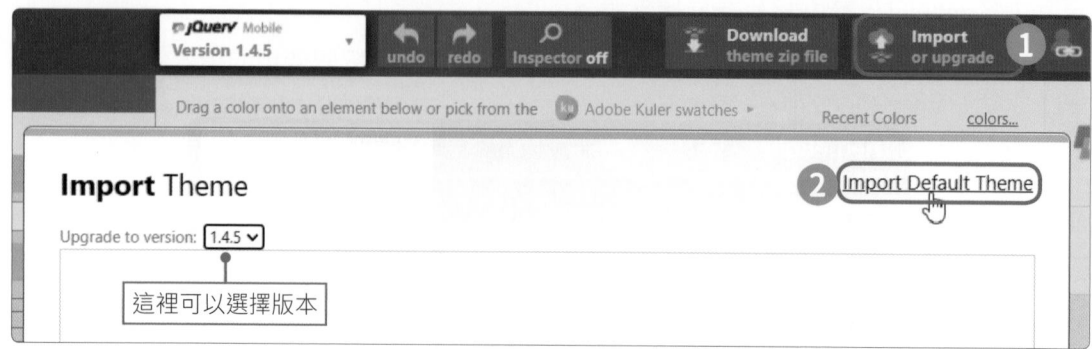

02 預設的主題匯入後，按下 **Import** 按鈕，即可將預設的主題匯入到預覽區中。

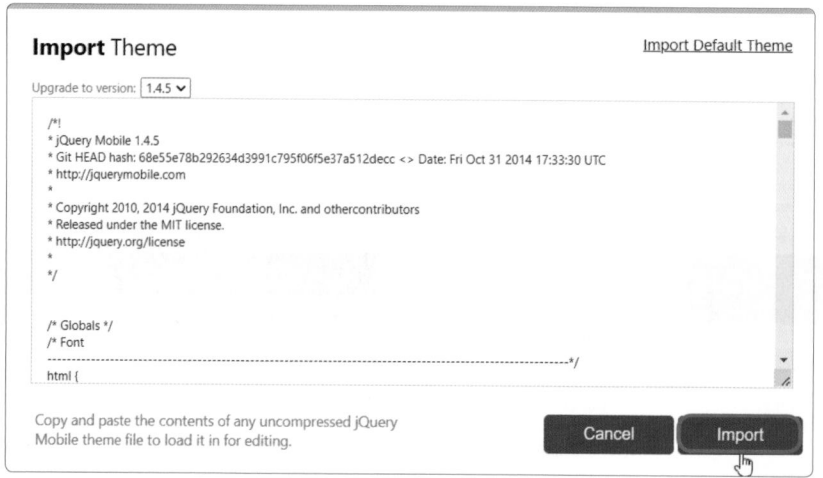

03 接著在預覽區按下 **Add swatch**，新增一個主題。

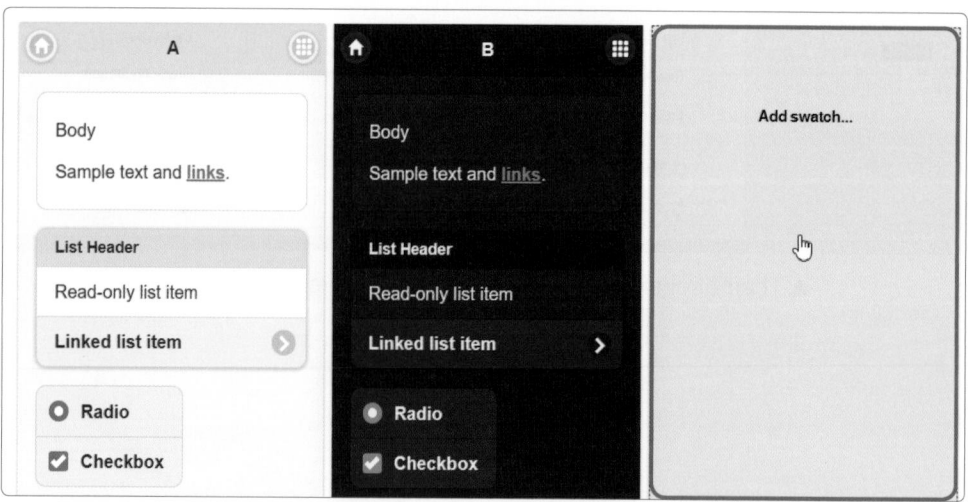

　　主題 c 新增完畢後，就可以開始設定該主題的樣式了，在左邊的樣式檢視器中，點選 c 標籤，再點選要設定的元件標籤頁，即可針對該元件進行樣式設定。

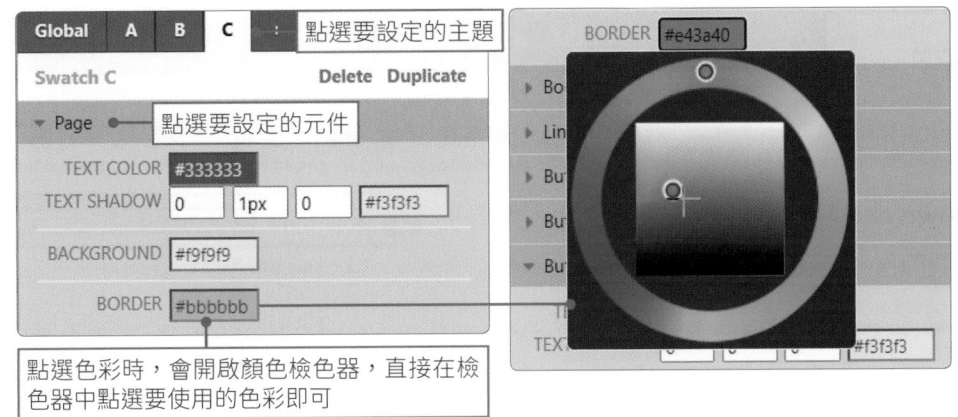

設定時，預覽區會立即顯示效果。

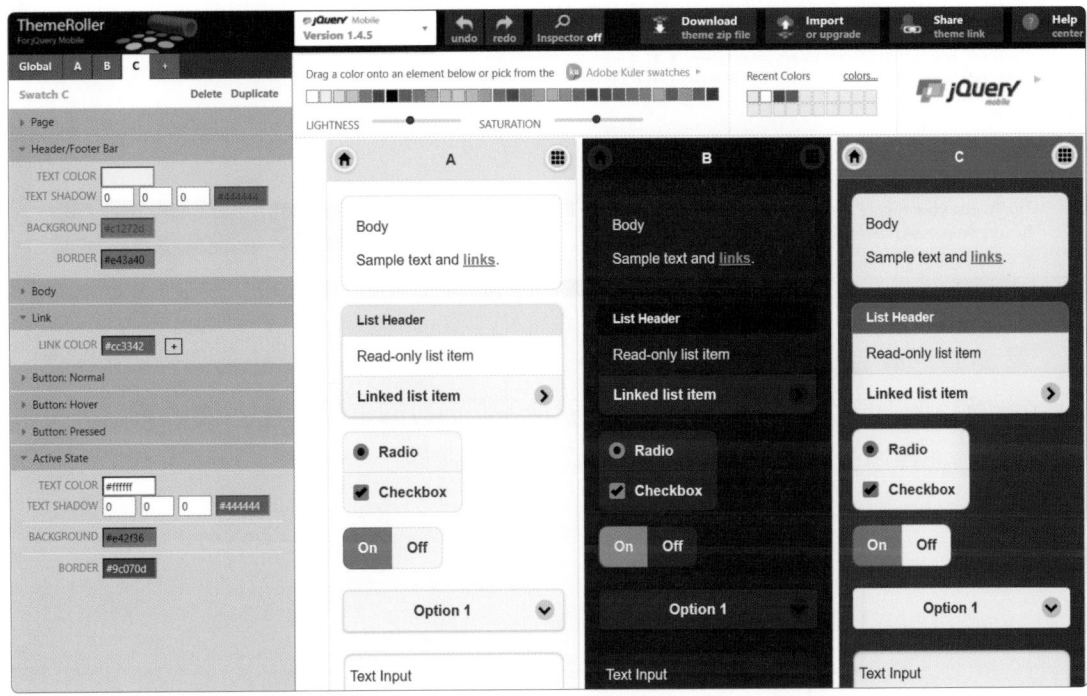

　　若要編輯全域樣式時，可以點選 Global 標籤，這裡可以設定套用在所有不同色彩搭配的共同樣式。

主題設定完成後，按下上方的 Download theme zip file 按鈕，開啟視窗後，輸入主題名稱 (取名 custom-theme-c)，接著按下 Download ZIP 按鈕，下載檔案。

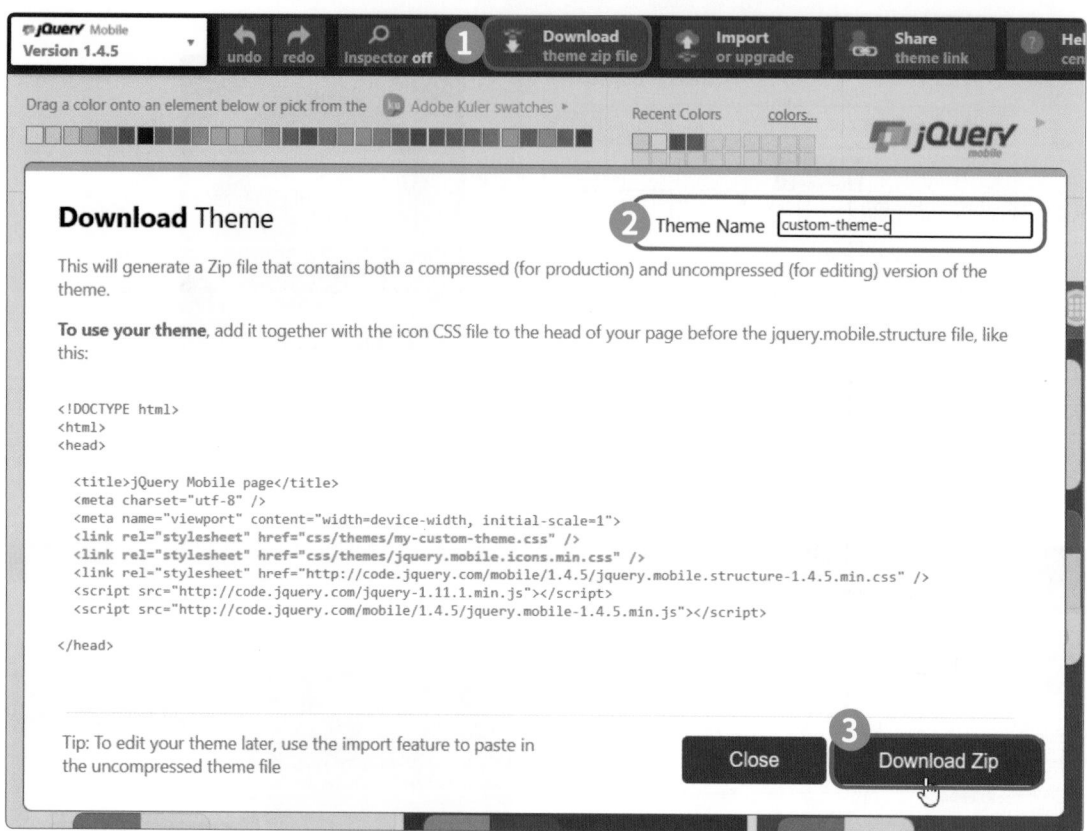

壓縮檔下載完成後，解開壓縮檔，內含網頁檔 index.html 及 themes 資料夾，themes 資料夾中的 custom-theme-c.css 就是我們自訂的主題，將 themes 資料夾複製到相關位置，再將該檔案載入，就可以指定使用該主題了。

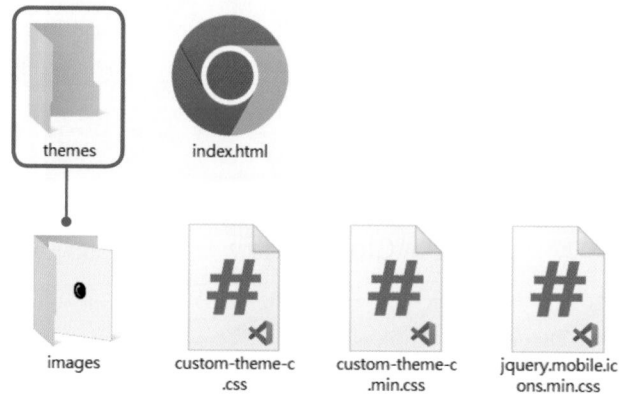

```
<link rel="stylesheet" href="themes/custom-theme-c.min.css">
<link rel="stylesheet" href="themes/jquery.mobile.icons.min.css">
```

13-5-4 HOME頁面製作說明

在HOME頁面中，將導覽列設計在頁尾，使用了自訂的主題c，而頁面中的三張圖片，加入了縮圖超連結，使用者點選圖片後，會以popup方式彈出大圖，要關閉大圖時，只要再空白處或按下右上角的按鈕，即可關閉大圖視窗。

HOME頁面程式碼如下：

```
<body>
    <section data-role="page" id="page1" data-theme="c">
        <header data-role="header" data-position="fixed">
            <h1>橘鳥市場街</h1>
        </header>
        <article data-role="main" class="ui-content">
            <div>
                <img src="img\slide02.jpg" style="width:100%">
                <h2>Orange Bird Street Market</h2>
                <p>It's very simple, I buy what I like.</p>
                <p>略</p>
                <p>略</p>
            </div>
            <div class="ui-grid-b">
                <div class="ui-block-a">
                    <a href="#popup1" data-rel="popup" data-position-to="window"
                        data-transition="fade">
                    <img class="popphoto" src="img/popup1.jpg"
                        style="width:100%"></a>
                </div>
```

```
        <div class="ui-block-b">
            <a href="#popup2" data-rel="popup" data-position-to="window"
                data-transition="fade">
                <img class="popphoto" src="img/popup2.jpg"
                    style="width:100%"></a>
        </div>
        <div class="ui-block-c">
            <a href="#popup3" data-rel="popup" data-position-to="window"
                data-transition="fade">
                <img class="popphoto" src="img/popup3.jpg"
                    style="width:100%"></a>
        </div>
    </div>
    <div data-role="popup" id="popup1" data-corners="false">
        <a href="#" data-rel="back" class="ui-btn ui-corner-all
        ui-shadow ui-btn-a ui-icon-delete ui-btn-icon-notext
        ui-btn-right">Close</a>
        <img class="popphoto" src="img/popup1.jpg"
            style="max-height:512px;">
    </div>
    <div data-role="popup" id="popup2" data-corners="false">
        <a href="#" data-rel="back" class="ui-btn ui-corner-all
        ui-shadow ui-btn-a ui-icon-delete ui-btn-icon-notext
        ui-btn-right">Close</a>
        <img class="popphoto" src="img/popup2.jpg"
            style="max-height:512px;">
    </div>
    <div data-role="popup" id="popup3" data-corners="false">
        <a href="#" data-rel="back" class="ui-btn ui-corner-all
        ui-shadow ui-btn-a ui-icon-delete ui-btn-icon-notext
        ui-btn-right">Close</a>
        <img class="popphoto" src="img/popup3.jpg"
            style="max-height:512px;">
    </div>
</article>
<footer data-role="footer" data-position="fixed">
    <navbar data-role="navbar" data-mini="true">
        <ul>
        <li><a href="index.html" data-icon="home"
        class="ui-button-active ui-btn-active">HOME</a></li>
        <li><a href="product.html" data-icon="shop"
        class="ui-button-active">商品</a></li>
        <li><a href="contact.html" data-icon="phone"
        class="ui-button-active">連絡我們</a></li>
        </ul>
    </navbar>
</footer>
</section>
</body>
</html>
```

知識補充

- ui-btn-a：按鈕為灰色背景黑色文字
- ui-btn-icon-notext：只顯示圖示
- ui-button-active：滑鼠按下樣式
- ui-icon-delete：刪除圖示
- ui-btn-right：將圖示放在按鈕的右邊
- ui-btn-active：滑鼠按下樣式

13-5-5　商品頁面製作說明

在商品頁面中，使用了 listview 元件製作了商品列表，使用者點選商品後，會彈出 popup 對話方塊。

```
<article data-role="main" class="ui-content">
   <div>
      <ul data-role="listview" data-inset="true" data-split-theme="a">
         <li data-role="list-divider">五金DIY工具車</li>
         <li>
            <a href="#purchase" data-rel="popup" data-transition="pop">
            <img src="img/pic03.jpg">
            <h2>連結DIY工具車</h2>
            <p>可自行DIY的工具車，組合出自己喜歡的模型</p></a>
            </li>
         <li>
            <a href="#purchase" data-rel="popup" data-transition="pop">
            <img src="img/pic04.jpg">
            <h2>戰鬥DIY工具車</h2>
```

```
            <p>可自行DIY的工具車,組合出自己喜歡的模型</p></a>
         </li>
         略
   </div>
   <div data-role="popup" id="purchase" class="ui-content"
      style="max-width:340px; padding-bottom:2em;">
      <h3>購買資訊</h3>
      <p>現在購買有優惠,甜甜價,不要錯過了。</p>
      <a href="#" data-rel="back" class="ui-shadow ui-btn
         ui-corner-all ui-btn-b ui-icon-check ui-btn-icon-left
         ui-btn-inline ui-mini">Buy: $599</a>
      <a href="#" data-rel="back" class="ui-shadow ui-btn
         ui-corner-all ui-btn-inline ui-mini">取消</a>
   </div>
</article>
```

13-5-6 連絡我們頁面製作說明

在連絡我們頁面中,使用collapsible-set及collapsible元件製作了商家資料,使用表單元件製作留言欄位,還嵌入了Google地圖。

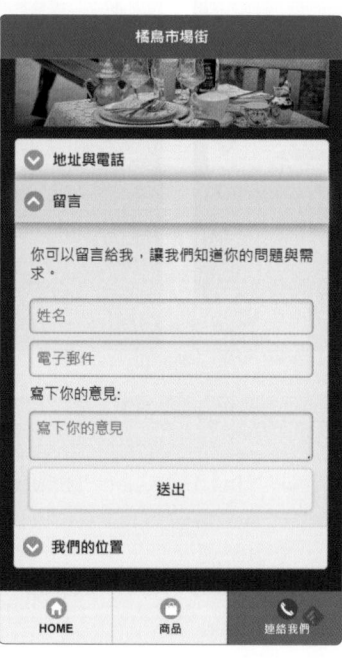

```
<body>
   <section data-role="page" id="page3" data-theme="c">
      <header data-role="header" data-position="fixed">
         <h1>橘鳥市場街</h1>
      </header>
      <article data-role="main" class="ui-content">
```

```
<img src="img\slide03.jpg" style="width:100%">
<div data-role="collapsible-set">
    <div data-role="collapsible" data-collapsed-icon="carat-d"
        data-expanded-icon="carat-u">
        <h2>地址與電話</h2>
        <p>330桃園市桃園區國際路一段530巷165號</p>
        <p>03-3620102</p>
        <img src="img/photo.jpg" style="width:100%">
        <a href="https://zh-tw.facebook.com/taohuayuan">
        <i class="fa-brands fa-facebook fa-fw fa-2x"></i></a>
        <a href="#"><i class="fa-brands fa-instagram-square
        fa-fw fa-2x"></i></a>
    </div>
    <div data-role="collapsible" data-collapsed-icon="carat-d"
        data-expanded-icon="carat-u">
        <h2>留言</h2>
        <p>你可以留言給我，讓我們知道你的問題與需求。</p>
        <form method="post" action="demoform.php">
            <div>
                <label for="username" class="ui-hidden-accessible">
                姓名:</label>
                <input type="text" name="username" id="username"
                placeholder="姓名">
                <label for="usermail" class="ui-hidden-accessible">
                E-mail:</label>
                <input type="email" name="usermail" id="usermail"
                placeholder="電子郵件">
                <label for="usertext">寫下你的意見:</label>
                <textarea rows="6" name="usertext" id="usertext"
                placeholder="寫下你的意見"></textarea>
                <button id="button1">送出</button>
            </div>
        </form>
    </div>
    <div data-role="collapsible" data-collapsed-icon="carat-d"
    data-expanded-icon="carat-u">
        <h2>我們的位置</h2>
        <iframe src="https://www.google.com/maps/embed?pb=!
        1m14!1m8!1m3!1d3616.796118260121!2d121.2933866!3d24.9730
        504!3m2!1i1024!2i768!4f13.1!3m3!1m2!1s0x34681f248d54035
        1%3A0x1aa61e316733f0d6!2z5qGD6Iqx57ej6Kit6KiI5LqL5q
        Wt5pyJ6ZmQ5YWs5Y-4!5e0!3m2!1szh-TW!2stw!4v1656317917294!5m2!
        1szh-TW!2stw" width="100%" height="150" style="border:0;"
        allowfullscreen="" loading="lazy" referrerpolicy="no-
        referrer-when-downgrade"></iframe>
    </div>
</div>
</article>
```

● 選擇題

(　　) 1. 下列關於 jQuery Mobile 的說明，何者不正確？ (A) 頁面主要以 page 為單位　(B) page 是使用 id 進行區隔，且 id 不能重複　(C) page 可分成 header、main 及 footer 三個區域　(D) 一個 HTML 檔案只能有一個 page。

(　　) 2. 下列關於屬性的說明，何者不正確？ (A) data-position 屬性可以將頁面中的頁首及頁尾固定在畫面中　(B) 使用 data-theme 屬性可以設定佈景主題　(C) 使用 data-back-btn-text 屬性可以設定是否加入回上一頁按鈕　(D) 使用 data-transition 屬性可以設定頁面切換效果。

(　　) 3. 下列關於 jQuery Mobile 元件的說明，何者不正確？ (A) data-icon 屬性來定義按鈕圖示的位置　(B) 超連結按鈕必須指定 data-role="button" 屬性，才會轉變成按鈕外觀，否則就只是文字超連結　(C) data-role="navbar" 屬性可以將區塊內的選項設定為導覽列　(D) data-role="popup" 屬性可以製作出對話方塊。

(　　) 4. 下列關於 jQuery Mobile 表單的說明，何者不正確？ (A) 使用 <input type = "range"> 即可加入水平滑桿　(B) 使用 <input type = "checkbox"> 可以將選項設為單選按鈕　(C) 要建立下拉式選單時，可以使用 <select> 元素為選項容器，使用 <option> 元素定義選項　(D) 透過 jQuery 物件的 val() 方法，可以取得表單欄位值。

(　　) 5. 下列關於 jQuery Mobile 事件的說明，何者不正確？ (A) tap 事件會在點擊後觸發　(B) swipe 事件會在垂直或水平滑動時觸發　(C) scrollstart 事件會在頁面開始捲動時觸發　(D) mobileinit 事件會在行動裝置水平及垂直方向改變時觸發。

● 實作題

1. 請使用 jQuery Mobile 製作一個行動網頁，網頁至少要有 3 頁，內容形式不拘，請發揮你的創意。

Bootstrap基本概念

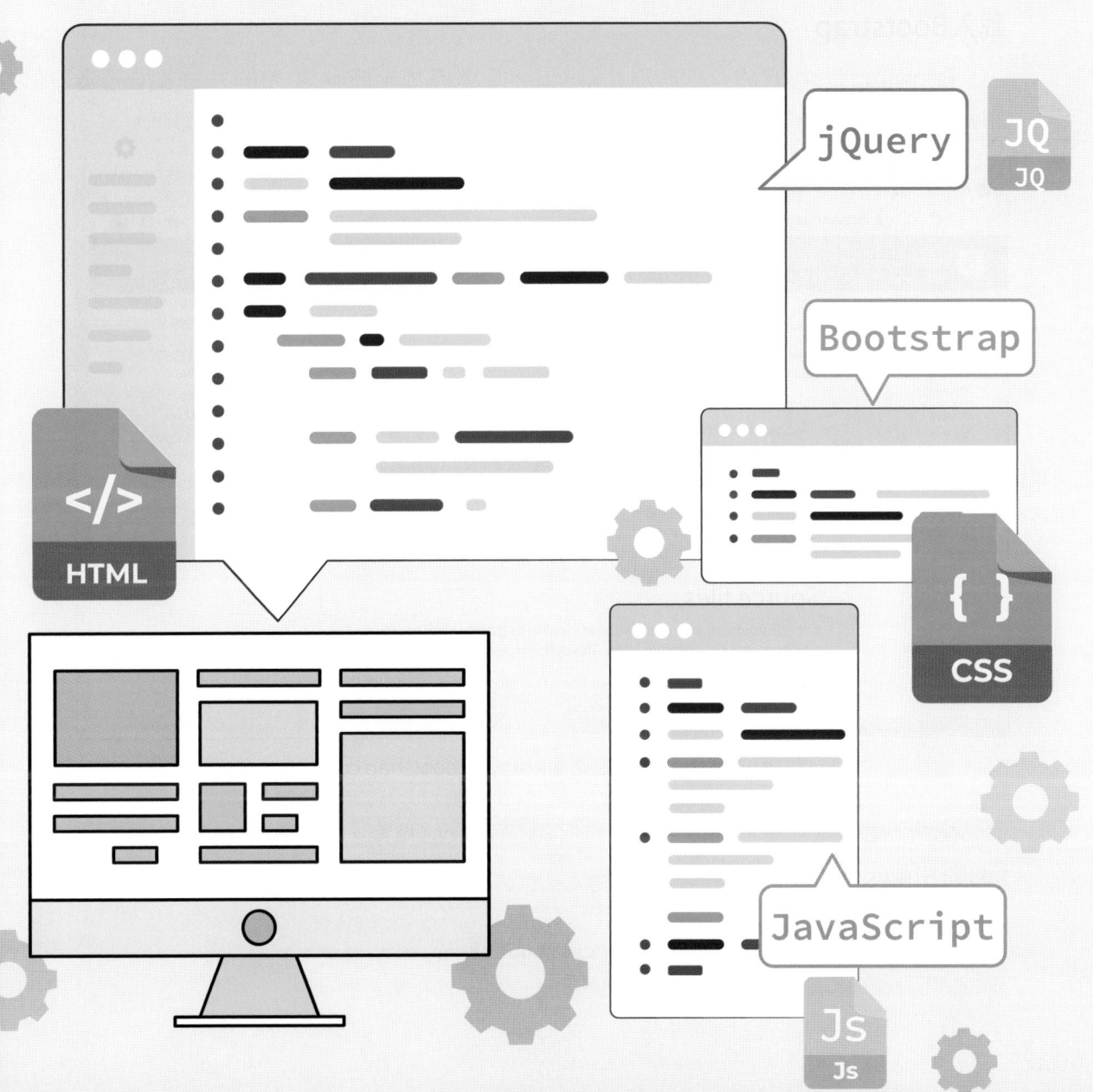

14-1 認識Bootstrap

Bootstrap是一個基於HTML、CSS及JavaScript的前端框架，許多人用它來開發RWD網站，只需要配置適當的HTML架構，再加上許多事先定義樣式及元件，像是按鈕、導覽列及互動視窗等，就能完成許多複雜的功能與樣式，能減少網頁開發者撰寫程式碼的時間，是相當方便的工具。

14-1-1 載入Bootstrap

Bootstrap原先是Twitter開發人員內部使用的框架，於2011年，Twitter將其改為Open Source，讓所有人都可以免費使用。

載入Bootstrap

Bootstrap是由HTML、CSS及JavaScript撰寫而成，因此載入的方式與CSS及JavaScript檔案的方式一樣，先至官方網站下載檔案，再將其載入到HTML即可。

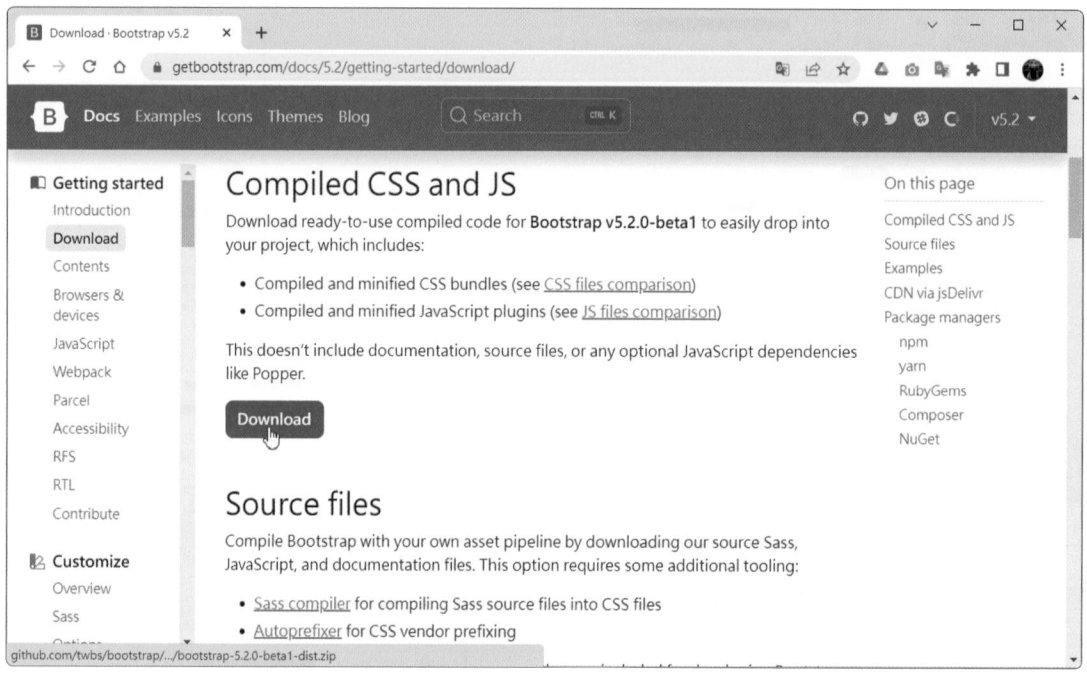

▲ Bootstrap官方網站 (https://getbootstrap.com)

檔案下載完成並解壓縮後，會看到相關的js與css檔案，接著在html的\<head>\</head>中載入 bootstrap.min.css 樣式檔。

```
<head>
    <link rel="stylesheet" href="css/bootstrap.min.css">
</head>
```

在</body>前載入 bootstrap.bundle.min.js 檔。

```
  <script src="js/bootstrap.bundle.min.js"></script>
</body>
```

透過CDN載入

除了下載檔案外，還可以使用CDN來載入，在<head>加入CSS程式碼，或是到官網複製寫好的HTML標籤內容。請注意瀏覽器是由上而下載入檔案，後面載入的會覆蓋掉前面載入的，所以若發生衝突時，要以自己撰寫的CSS為主的話，自己撰寫的檔案要放在Bootstrap後。

```
<link href="https://cdn.jsdelivr.net/npm/bootstrap@5.2.0/dist/css/
bootstrap.min.css" rel="stylesheet" integrity="sha384-gH2yIJqKdNHPEq0n4Mqa/
HGKIhSkIHeL5AyhkYV8i59U5AR6csBvApHHNl/vI1Bx" crossorigin="anonymous">
```

在</body>前載入js檔。

```
<script src="https://cdn.jsdelivr.net/npm/bootstrap@5.2.0/dist/js/
bootstrap.bundle.min.js" integrity="sha384-A3rJD856KowSb7dwlZdYEkO39Gagi
7vIsF0jrRAoQmDKKtQBHUuLZ9AsSv4jD4Xa" crossorigin="anonymous"></script>
```

14-1-2 Bootstrap文件的使用

Bootstrap官方網站提供了非常完整的資料，在載入Bootstrap之後，接下來就可以在需要的時候，到官方文件上去尋找現成的元素，再把文件上的HTML複製到專案中，再進行修改。進入官網的 **Docs** 頁面後，這裡的文件包羅萬象，可以先快速瀏覽以下幾個選項：

● **Content (內容)**：介紹HTML的預設樣式，如字體大小、圖片、表格的處理等。例如可以在 **Images**，找到圖片的樣式。Bootstrap已經預先寫好了CSS class，只要把class加到<img>元素即可。

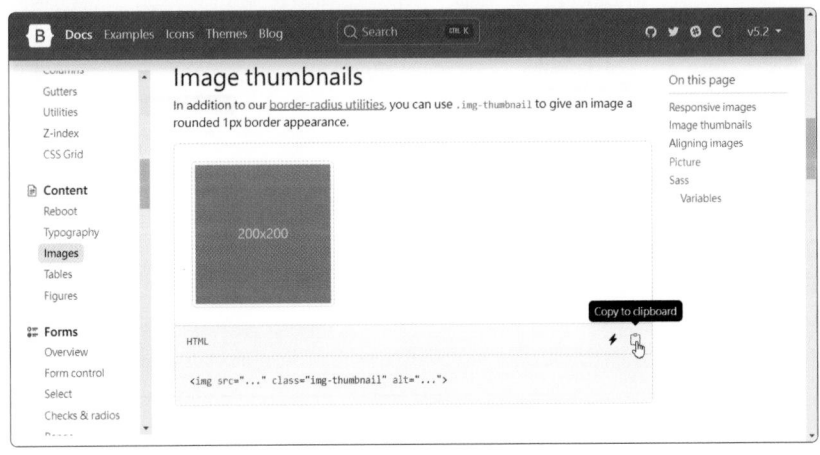

- **Components (元件)**：是Bootstrap的核心，把網頁常用的元件(如導覽列、下拉選單、警告訊息、按鈕)都事先做好，使用者可以直接複製貼上。

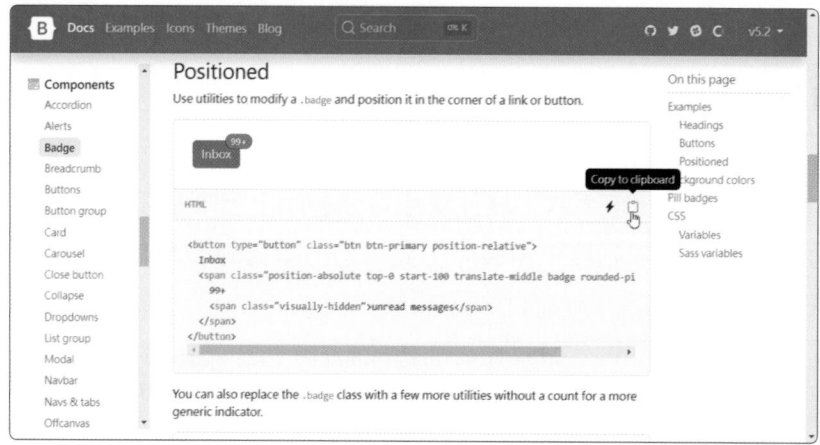

- **Layout (排版)**：提供了各種RWD排版方式，如斷點、容器、Grid等。

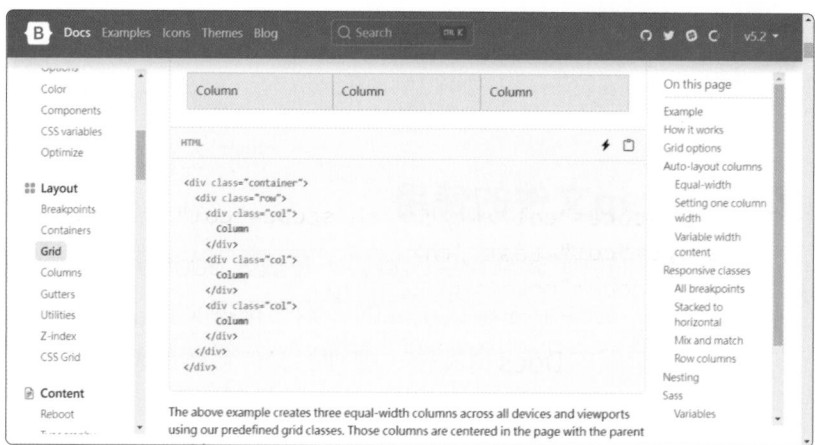

- **forms (表單)**：提供了表單元件樣式。

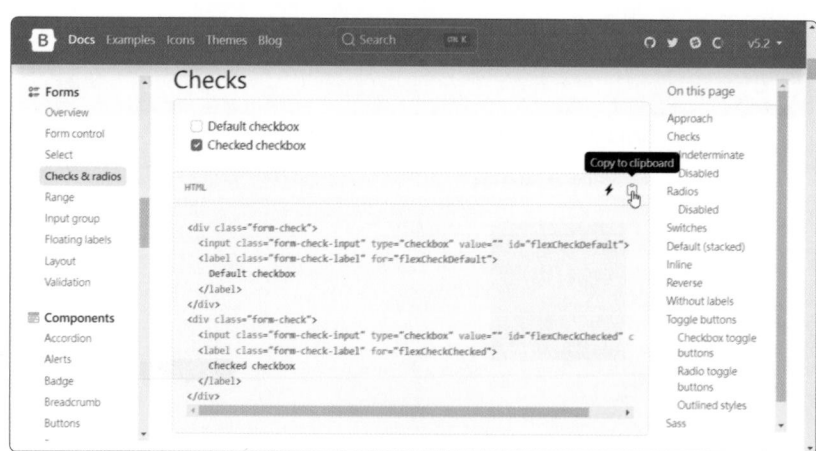

　　以下範例從Bootstrap文件中複製了Tables(表格)樣式，並在<h1>中套用Bootstrap現成的class，該樣式具有響應式功能，<h1>會自動隨著使用者的螢幕大小做出變化。

📂ch14\ex14-01.html

```
01  <!DOCTYPE html>
02  <html lang="zh-Hant-Tw">
03  <head>
04      <meta charset="UTF-8">
05      <meta http-equiv="X-UA-Compatible" content="IE=edge">
06      <meta name="viewport" content="width=device-width, initial-scale=1.0">
07      <title>Bootstrap範例</title>
08      <link href="https://cdn.jsdelivr.net/npm/bootstrap@5.2.0/dist/
        css/bootstrap.min.css" rel="stylesheet" integrity="sha384-
        gH2yIJqKdNHPEq0n4Mqa/HGKIhSkIHeL5AyhkYV8i59U5AR6csBvApHHNl/vI1Bx"
        crossorigin="anonymous">
09      <link rel="stylesheet" href="ex14-01.css">
10  </head>
11  <body>
12      <h1 class="display-3">Hello, Bootstrap</h1>
13      <table class="table table-dark table-striped">
14        <thead>
15          <tr>
16            <th scope="col">#</th><th scope="col">First</th><th
              scope="col">Last</th>
17            <th scope="col">Handle</th>
18          </tr>
19        </thead>
20        <tbody>
21          <tr>
22            <th scope="row">1</th>
23            <td>Mark</td><td>Otto</td><td>@mdo</td>
24          </tr>
25          <tr>
26            <th scope="row">2</th>
27            <td>Jacob</td><td>Thornton</td><td>@fat</td>
28          </tr>
29          <tr>
30            <th scope="row">3</th>
31            <td colspan="2">Larry the Bird</td><td>@twitter</td>
32          </tr>
33        </tbody>
34      </table>
```

```
35  <script src="https://cdn.jsdelivr.net/npm/bootstrap@5.2.0/
    dist/js/bootstrap.bundle.min.js" integrity="sha384-A3rJD85
    6KowSb7dwlZdYEkO39Gagi7vIsF0jrRAoQmDKKtQBHUuLZ9AsSv4jD4Xa"
    crossorigin="anonymous"></script>
36  </body>
37  </html>
```

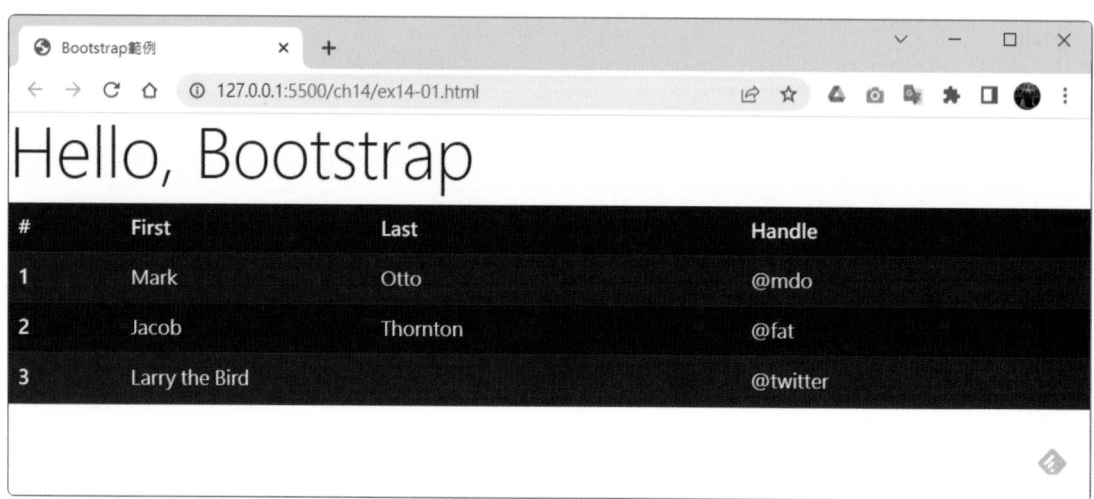

14-1-3 Bootstrap Icon

　　Bootstrap Icon 提供了免費且開源的圖示，該圖示庫有 1,600 多個，圖示皆為 SVG 格式，要使用時，可以至官方網站下載字體樣式檔案 (https://github.com/twbs/icons/releases/tag/v1.9.1)，或是使用 CDN 方式載入。

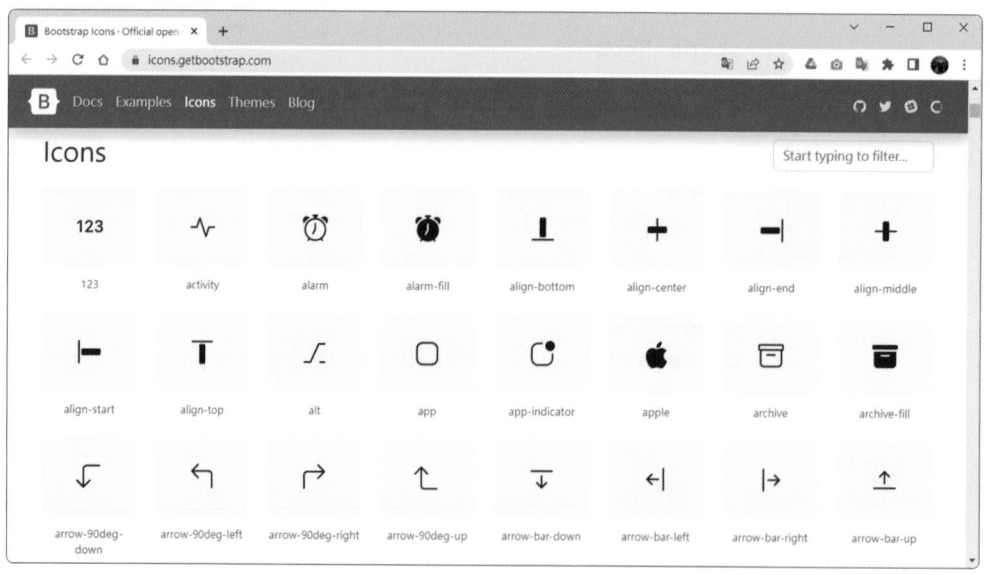

▲ Bootstrap Icon 官方網站 (https://icons.getbootstrap.com)

CDN載入

使用CDN載入時，只要將程式碼加入在 <head> 中即可，或使用 @import 方式載入 CDN。

```
<link rel="stylesheet" href="https://cdn.jsdelivr.net/npm/bootstrap-icons@1.9.1/font/bootstrap-icons.css">
```

```
@import url("https://cdn.jsdelivr.net/npm/bootstrap-icons@1.9.1/font/
   bootstrap-icons.css");
```

Bootstrap Icon的使用

要在網頁中加入 Bootstrap icon 時，除了可以直接下載 icon 的 SVG 檔外，還可以使用以下方式 (範例檔案：icon.html)：

● **直接嵌入**：在官網找到喜歡的圖示後，進入該圖示頁面，複製 HTML 語法，再將語法貼到網頁中，就會立即顯示該圖示。若要調整圖示的大小，只要修改 width 及 height 的值即可。

● **使用 <i> 元素**：在 HTML 中加入 <i class="bi-class-name"></i> 語法，其中 class-name 為圖示的名稱，例如要加入 twitter 圖示，語法為 <i class="bi-twitter"></i>，若要更改圖示大小及色彩時，可以使用 font-size 及 color 屬性。

14-2 Bootstrap網格系統

Bootstrap最大的特點就是行動版優先、擁有響應式設計，而這主要是透過網格系統(Grid System)來達成的。這節就來學習網格系統吧！

14-2-1 斷點

斷點(Breakpoints)是用於控制版面如何在不同的裝置，或viewport大小進行響應式的變化。Bootstrap是利用CSS的媒體查詢依裝置的各個寬度來套用對應的CSS樣式以達到不同的排版效果，而這些媒體查詢設定的寬度就是Breakpoints。Bootstrap有六個預設的斷點，如下表所列。

斷點	裝置	寬度尺寸	類別名稱
X-Small (None)	手機(直式)	<576px	col-*
Small (sm)	手機(橫式)	≥ 576px	col-sm-*
Medium (md)	平板	≥ 768px	col-md-*
Large (lg)	桌機	≥ 992px	col-lg-*
Extra large (xl)	桌機(大螢幕)	≥ 1200px	col-xl-*
Extra extra large (xxl)	桌機(更大螢幕)	≥ 1400px	col-xxl-*

14-2-2 容器

容器(Containers)是Bootstrap中最基本的布局外框元素，使用網格系統時一定要搭配使用。Bootstrap定義了三種容器類別，說明如下：

.container

.container類別為固定寬度，就是每一個斷點都會有不同的固定寬度，且會預設左右的內距。語法如下：

```
<div class="container">
   <!-- Content here -->
</div>
```

.container-fluid

.container-fluid類別為流動式版面，可以橫跨可視區域的整個寬度，就是每個斷點下都沒有設定寬度，會呈現滿版的布局。語法如下：

```
<div class="container-fluid">
   <!-- Content here -->
</div>
```

.container-{breakpoint}

.container-{breakpoint}類別為在斷點前會保持在100%寬度,直到達到指定斷點為止。例如.container-sm在達到sm斷點之前的寬度都是100%,之後依md、lg、xl及xxl來設定。

各container的斷點及對應的max-width,可參考下表。

	xs <576px	sm ≥576px	md ≥768px	lg ≥992px	xl ≥1200px	XXl ≥1400px
.container	100%	540px	720px	960px	1140px	1320px
.container-sm	100%	540px	720px	960px	1140px	1320px
.container-md	100%	100%	720px	960px	1140px	1320px
.container-lg	100%	100%	100%	960px	1140px	1320px
.container-xl	100%	100%	100%	100%	1140px	1320px
.container-xxl	100%	100%	100%	100%	100%	1320px
.container-fluid	100%	100%	100%	100%	100%	100%

14-2-3 網格

Bootstrap的網格(Grid)讓網頁開發者只需要套用網格的類別,就可以讓HTML的元素隨著螢幕尺寸而改變,就能呈現想要的網頁布局。Bootstrap的網格採用flexbox來規劃,由row及column所組成,row裡可以包含很多row,而column最大可以擴增至12個,也就是說它會讓網頁寬度平均分割為12等分,若一個row超過12個Column,則會斷行放置多出來的Column。

網格最外層為.row,內層為.col,基本語法如下:

```
<div class="container">
   <div class="row">
      <div class="col">
         Column
      </div>
      <div class="col">
         Column
      </div>
      <div class="col">
         Column
      </div>
   </div>
</div>
```

column	column	column

設定網格時，可以使用 .col 類別設定欄位的寬度，不過要記住，總數就是 12，例如 8+4、6+6、3+3+3+3、4+4+4 等。若 co1 沒有指定數字，則 12 個欄位會優先指定給有數字的 .col，再將剩餘的 column 平均給未指定數字的 .col。

例如下列語法，定義第一個 row 有四個區塊，這四個區塊會平均分配容器的寬度，第二個 row 有二個區塊，第一個區塊占 8/12，第二個區塊佔 4/12。

```
<div class="container">
    <div class="row">
        <div class="col">col</div>
        <div class="col">col</div>
        <div class="col">col</div>
        <div class="col">col</div>
    </div>
    <div class="row">
        <div class="col-8">col-8</div>
        <div class="col-4">col-4</div>
    </div>
</div>
```

col	col	col	col

col-8		col-4

建構網格時除了可以使用 col 及 col-* 外，還可以使用 **col-{breakpoint}** 及 **col-{breakpoint}-*** 斷點方式來設定，且兩種可混合使用。

例如下列語法，斷點設定在 sm(576px) 和 md(768px)，column 預設為以 12 顯示 (螢幕尺寸 <576px)；當螢幕尺寸為 sm 以上時 (≧576px 且 <768px)，column 以 6 來顯示；當螢幕尺寸為 md 以上時 (≧768px)，column 以 3 來顯示。

```
<div class="container">
    <div class="col-12 col-sm-6 col-md-3"></div>
    <div class="col-12 col-sm-6 col-md-3"></div>
    <div class="col-12 col-sm-6 col-md-3"></div>
</div>
```

間距

當使用 grid 來編排頁面時，.col-* 區塊的左右兩邊皆會產生 padding (padding: 0 0.75rem)，而當兩個 .col-* 區塊碰在一起時，就形成了 **間距** (Gutter)，但最外圍的左右兩邊因為 Bootstrap 在 .row 的預設下，外部兩邊分別加上了負值的 margin(margin: 0 -0.75rem)，所以將 .col-* 的最外側這兩邊的 padding 給補足了。

　　要設定間距時，可以使用**g*-***，其中前者的*****，標示x軸或y軸的水平或垂直空間，也可以省略表示「垂直及水平」，後者的 * 標示0~5的數值表示距離，數值越大間距越大，**.g-0**表示取消間距。

　　只要將g*-*加入.row中，其內部的.col-*不需要再另外加入，語法如下：

```html
<div class="container">
   <div class="row g-2">
      <div class="col">
         Column
      </div>
      <div class="col">
         Column
      </div>
   </div>
</div>
```

垂直與水平對齊

　　在Bootstrap中，可以使用**.align-item-***來改變元素的**垂直對齊方式**，使用**.justify-content-***則可以設定**水平對齊方式**。語法如下：

```html
<div class="row align-items-start">      <!-- 垂直靠上對齊 -->
<div class="row align-items-center">     <!-- 垂直置中對齊 -->
<div class="row align-items-end">        <!-- 垂直靠下對齊 -->

<div class="row justify-content-start">      <!-- 水平靠左對齊 -->
<div class="row justify-content-center">     <!-- 水平靠中對齊 -->
<div class="row justify-content-end">        <!-- 水平靠右對齊 -->
<div class="row justify-content-around">     <!-- 水平均分對齊，兩側留間格 -->
<div class="row justify-content-between">    <!-- 水平均分對齊，兩側為子項目 -->
<div class="row justify-content-evenly">     <!-- 水平均分對齊，所有間格一致寬 -->
```

換行

　　在Bootstrap中，只要超過12個column，就會自動進行換行，也可以使用**.w-100**類別，做出換行效果。

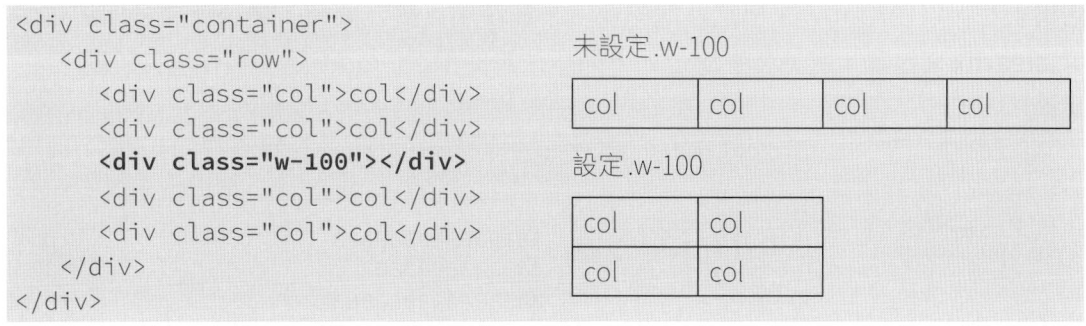

排序

在Bootstrap中，可以使用 **.col.order-*** 來控制column的順序，提供了order-0~order-5及order-first(order: -1)、order-last(order: 6)，若沒有設定order值時，預設值是0，值愈小會被排列在愈前面。例如下列語法，排序的結果為col1→col3→col2。

```
<div class="container">
   <div class="row">
      <div class="col">col1</div>
      <div class="col order-5">col2</div>
      <div class="col order-1">col3</div>
   </div>
</div>
```

column位移

在Bootstrap中，提供了 **.offset-*** 及 **offset-{breakpoint}-*** 方式設定column位移，.offset-* 主要就是設定margin-left，例如下列語法，設定區塊占用4個column且向右位移位移4個column。

```
<div class="row">
   <div class="col-md-4">1</div>
   <div class="col-md-4 offest-md-4">2</div>
</div>
<div class="row">
   <div class="col-md-3 offset-md-3">3</div>
   <div class="col-md-3 offset-md-3">4</div>
</div>
```

1	2
3	4

獨立column

column是採用flex:0 0 auto，並以width指定比例做為空間計算，所以在一般的結構下也可以使用.row來指定區塊的寬度，在使用浮動元素時，建議外層多增加並使用 **.clearfix** 來包覆，避免發生錯位。下列語法為使用col-md-6類別製作出文繞圖。

```
<div class="clearfix">
<img src="..." class="col-md-6 float-md-end mb-3 ms-md-3" alt="...">
   <p>...</p>
   <p>...</p>
</div>
```

aaaaaaaaaaaaaaa
aaaaaaaaaaaaa
aaaaaaaaaaaaaaa
aaaaaaaaaaaaaaa   圖

以下範例使用Grip建置了一個響應式網頁，該網頁內容說明如下：

● 頁首使用Bootstrap Icon加入了相機圖示。

● 在頁首下使用container類別建立了三個row，每個row裡有col-sm-8與col-sm-4 的div元素，當瀏覽器尺寸≧576px時，會自動變成二欄式版面；當瀏覽器尺寸 <576px時，就會變回預設占滿所有欄位的版面配置。

● 在第二個row中的第二個div元素套用了order-sm-first類別，當瀏覽器尺寸≧576px 時，圖片的位置就會被排序到前面，如此就可以形成之字形的版面配置。

● 在row中加入了align-items-center，將div元素垂直置中。

為了讓網頁美觀，還加入了其他類別，這些類別的使用，在下一節將會說明。

🗁 ch14\ex14-02\ex14-02.html

```
01~11 略
12  <body>
13    <header>
14      <h1 class="display-4"><i class="bi bi-camera"></i></h1>
15      <h1 class="display-5">Momoco BLOG </h1>
16      <h1 class="display-3">Travel, Camping, Food</h1>
17    </header>
18    <div class="container py-3 mb-3">
19      <div class="row align-items-center">
20        <div class="col-sm-8 py-3">
21          <h1 class="display-5">跟我一起卡蹓馬祖</h1>
22          <h3 class="text-info">看海潮、看山、看書、吹風、喝咖啡，別忘了發
                呆</h3>
23          <p>略</p>
24          <button class="btn btn-outline-info">Read More</button>
25        </div>
26        <div class="col-sm-4 py-3">
27          <img src="img/photo01.jpg" class="img-fluid img-thumbnail">
28        </div>
29      </div>
30      <div class="row align-items-center" style="background-
          color:#f3f2f2;">
31        <div class="col-sm-8 py-3">
32          <h1 class="display-5">法國巴黎</h1>
33          <h3 class="text-danger">令人陶醉的巴黎Bonjour!</h3>
34          <p>略</p>
35          <button class="btn btn-outline-danger">Read More</button>
36        </div>
37        <div class="col-sm-4 py-3 order-lg-first">
38          <img src="img/photo02.jpg" class="img-fluid img-thumbnail">
39        </div>
40      </div>
```

```
41      <div class="row align-items-center">
42          <div class="col-sm-8 py-3">
43              <h1 class="display-5">葡萄牙里斯本</h1>
44              <h3 class="text-warning">美麗又復古的黃色電車</h3>
45              <p>略</p>
46              <button class="btn btn-outline-warning">Read More</button>
47          </div>
48          <div class="col-sm-4 py-3">
49              <img src="img/photo03.jpg" class="img-fluid img-thumbnail">
50          </div>
51      </div>
52~57  略
```

14-3 類別的使用

　　Bootstrap最大的優勢就是提供了許多經常會使用到的類別，讓網頁開發者減少許多撰寫CSS樣式的時間，這節就來看看該如何使用這些類別吧！(範例檔案：bootstrap-class.html)

14-3-1 間距類別

　　間距類別可以讓元素之間有間距，在 ex14-02.html 範例中，若沒有在元素中加入間距類別，那所有的區塊就會黏在一起。

　　間距類別的格式為屬性 方向 - 中斷點 - 大小，例如 mt-sm-4，代表當螢幕尺寸≧576px時，設定頂部(top)的外距(margin)大小為4。

屬性	說明	屬性	說明
m	設定 margin	p	設定 padding
方向	**說明**	**方向**	**說明**
t	top	b	bottom
s	start	e	end
x	left 及 right	y	top 及 bottom
空白	top、bottom、left、right		
中斷點	**說明**	**中斷點**	**說明**
無	< 576px 時就開始套用該類別	sm	≧576px 時就開始套用該類別
md	≧768px 時就開始套用該類別	lg	≧992px 時就開始套用該類別
lx	≧1200px 時就開始套用該類別	xxl	≧1400px 時就開始套用該類別

大小	說明	大小	說明
0	設定 margin 或 padding 為 0	4	設定 margin 或 padding 為 1.5rem
1	設定 margin 或 padding 為 0.25rem	5	設定 margin 或 padding 為 3rem
2	設定 margin 或 padding 為 0.5rem	auto	設定 margin 為 auto
3	設定 margin 或 padding 為 1rem		

14-3-2 顏色與透明度類別

Bootstrap 的顏色類別屬性語法為**元件-顏色**，若要設定文字的顏色，使用 **text-顏色**；若要設定背景顏色，使用 **bg-顏色**，文字跟背景也可以合併使用，語法為 **text-bg-顏色**，顏色的部分有 primary(藍色)、success(綠色)、info(藍綠色)、warning(黃色)、danger(紅色)、secondary(灰色)、dark(黑色)、light(淺灰色) 可以使用。例如在 ex14-02.html 範例中，我們幫文字加上了顏色類別。

```
<h3 class="text-danger">令人陶醉的巴黎 Bonjour!</h3>
```

```
<h3 class="text-bg-warning">美麗又復古的黃色電車</h3>
```

法國巴黎
令人陶醉的巴黎Bonjour!

葡萄牙里斯本
美麗又復古的黃色電車

漸層背景色

使用背景色彩時，還可以加上 **.bg-gradient** 類別，背景色彩就會以線性漸變方式呈現。

透明度

若要為文字顏色加上透明度時可以使用 **text-opacity-{amount}** 類別，背景顏色則要使用 **bg-opacity-{amount}** 類別，不過要注意，使用透明度前，一定要有顏色類別，語法如下：

```
<h3 class="text-danger text-opacity-50">
```

```
<div class="row align-items-center bg-danger bg-opacity-10">
```

14-3-3 文字類別

Bootstrap與文字相關的類別還不少,下表列出較常使用的類別。

類別	說明
.h1~6	h1的font-size為2.5rem,h2為2rem,之後每降一個層級就減去0.25rem。
.small	原尺寸縮小80%。
.text-muted	文字色彩變淺。
.display-1~6	超大文字,1為最大。
.lead	前導文字,將文字加大加粗(font-size: 1.25rem及font-weight: 300)。
.mark	標記文字,黃底標記效果。
.text-start .text-center .text-end	文字對齊,start靠左對齊;center置中對齊;end靠右對齊。
.fs-1~.fs-6	文字大小,共有六種大小,.fs-1為最大,.fs-6為最小。
.fw-*	字體粗細及斜體,可使用.fw-bold(粗體)、.fw-semibold(半粗體)、.fw-normal(正常)、.fw-italic(斜體)等。
.lh-*	控制段落行間的高度,可使用.lh-1(行高1)、.lh-sm(行高1.25)、.lh-bas(行高1.5)、.lh-lg(行高2)。

14-3-4 圖片類別

Bootstrap提供**.img-fluid**類別,**可以將圖片設定為響應式模式**,會套用max-width:100%;及height:auto;兩個屬性,讓圖片隨著父元素的寬度自動縮放,而最大寬度為圖片的原尺寸。

 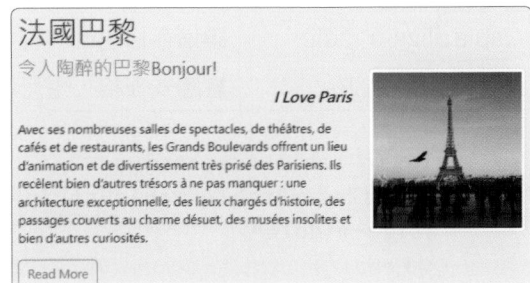

▲ 當父元素的寬度變寬時,圖片會跟著放大;當父元素的寬度縮小時,圖片會跟著縮小

若要幫圖片加上框線,可以使用**.img-thumbanil**類別,它會在圖片四周加上1px的白色框線。要讓圖片呈現圓角時,可以使用**.rounded**類別,它會將圖片的四個角設為**border-radius:0.25rem**。

使用 **.float-start** 及 **.float-end** 類別可以設定圖片靠左及靠右對齊，若要讓圖片置中對齊可以使用 **.mx-auto** 及 **.d-block** 兩個類別。

```
<img src="photo.jpg" class="img-fluid img-thumbnail rounded mx-auto d-block">
```

14-3-5　表格類別

Bootstrap 提供了表格類別，設定表格外觀及效果，常用的類別如下表所列。

類別	說明
.table	會自動套用 Bootstrap 提供的表格樣式，像是寬度、框線、背景色彩等。
.table-striped	奇數列及偶數列自動產生交替色彩。
.table-striped-columns	奇數欄及偶數然自動產生交替色彩。
.table-bordered	四邊框線為 border:1px solid #dee2e6，可使用 border-{color} 設定色彩。
.table-borderless	清除框線。
.table-顏色	加入網底色彩，可以使用在 \<table\>、\<tr\>、\<td\> 及 \<th\> 等元素，如 table-warning，表示加入黃色網底。
.table-hover	滑鼠游標移至表格列時會顯示變色效果。
.table-active	指定某欄或某列的色彩，以突顯該欄或列。
.table-sm	讓表格的儲存格緊縮。
.table align-middle	讓儲存格內的內容垂直置中對齊。
.table-responsive	響應式表格，還可以加上 sm、md、lg、xl、xxl 等斷點。

```
<div class="table-responsive">
   <table class="table table-striped table-hover table-bordered table
     align-middle">
     <thead>
        <tr class="table-dark text-center">
        <th></th><th></th><th></th>
     </thead>
     <tbody>
        <tr class="table-warning"></tr>
        <tr class="table-danger"></tr>
        <tr class="table-info">
     </tbody>
```

14-3-6　框線類別

　　Bootstrap 提供了框線類別可以幫元素加上框線、色彩、寬度、圓角等，如下表所列。

類別	說明
.border	顯示框線，若要隱藏則使用.border-0。
.border-top	顯示上方框線，若要隱藏則使用.border-top-0。
.border-end	顯示右方框線，若要隱藏則使用.border-end-0。
.border-bottom	顯示下方框線，若要隱藏則使用.border-bottom-0。
.border-start	顯示左方框線，若要隱藏則使用.border-start-0。
.border-顏色	設定框線顏色，如 border-warning，表示框線為黃色。
.border-1~5	設定框線寬度，數值越大寬度越寬，級距差為 1px。
.border-opacity-*	設定框線透明度。
.rounded	設定圓角，可使用rounded-top、rounded-end、rounded-bottom、rounded-start 等單獨設定四邊的圓角，使用rounded-circle設定為圓形、rounded-pill設定為橢圓形，加上數值則可以設定圓角的尺寸，例如.rounded-2，數值0~5，0為沒有圓角。

```
<h3 class="border border-3 border-opacity-50 border-info
    border-start-0 rounded-end">文章列表</h3>
```

14-3-7 浮動、位置、display類別

使用浮動類別可以設定元素的浮動對齊方式,而使用位置類別可以改變元素的 position 屬性,display 類別可以用來切換元素是否要顯示。

浮動類別	說明	浮動類別	說明
.float-start	靠左浮動	.float-end	靠右浮動
.floatnone	不浮動	.clearfix	清除浮動

位置類別	說明
position-{value}	提供static、relative、absolute、fixed、sticky等五種常用模式。還提供top、bottom、start、end等定位參數,可以搭配translate製作偏移。

display 類別	說明
.d-{value}	可使用的值有none、inline、inline-block、block、grid、table、table-cell、table-row、flex、inline-flex。
.d-{breakpoint}-{value}	用於響應式中斷 sm、md、lg、xl、xxl,例如class="d-none d-lg-block"語法,為當螢幕尺寸於 lg 時隱藏元素。

```
<div class="position-relative py-5 mb-5 text-center bg-secondary
    bg-gradient text-white">
  <div class="position-absolute top-0 start-50 translate-middle">
    <img src="https://picsum.photos/id/64/100/100" class="img-fluid
      border border-5 border-white rounded-circle">
  </div>
</div>
```

14-3-8 大小類別

Bootstrap 提供了 .w-* 與 .h-* 類別設定元素占父元素寬度與高度的百分比,設定值有25、50、75、100及auto(預設值),還可以使用相對於viewport (瀏覽器目前網頁的範圍)設定寬度與高度。

```
<div class="w-25">Width 25%</div>
<div class="h-75">Height 75%</div>
<div class="vw-100">Width 100vw</div>
<div class="vh-100">Height 100vh</div>
```

14-3-9　表單類別

在Bootstrap中加入<form>元素後，會預先套用基本的樣式，在<input>、<textarea>及<select>中加入 **.form-control** 類別後，欄位寬度會被設定為100%，每個元素可搭配<label>元素加上說明標籤，再加入 **.form-label** 類別(提供margin-bottom間隔)，會有更好的視覺效果。(範例檔案：bootstrap-form.html)

input輸入元素

使用<input>元素要宣告正確的type類型屬性，Bootstrap才會套用正確的樣式，所以不太須要再加入什麼類別。

```
<form>
   <div class="mb-3">
      <label for="inputdate" class="form-label">日期與時間</label>
      <input type="date" id="inputdate"
         placeholder="輸入日期與時間" class="form-control">
   </div>
   <div class="mb-3">
      <label for="usrnm" class="form-label">帳號</label>
      <input type="text"id="usrnm" placeholder="帳號"
         class="form-control">
   </div>
   <div>
      <label for="pswd" class="form-label">密碼</label>
      <input type="password" id="pswd" placeholder="密碼"
         class="form-control">
   </div>
</form>
```

輸入群組

輸入群組是以區塊元素為容器，加上 **.input-group** 類別後，再於容器中加入<input>元素，即可在欄位中加入文字或其他元素。

　　而附加內容顯示的文字要加入 .input-group-text 類別，這裡要注意的是 <label>須在輸入群組之外。使用 .input-group-sm 類別可以將輸入群組設定為小型尺寸，.input-group-lg 類別則為大型尺寸。下列語法，在輸入欄位的右側加入了文字，並設定尺寸。

```
<label for="usermail" class="form-label">電子郵件</label>
<div class="input-group mb-3">
    <input type="text" class="form-control" placeholder="電子郵件">
    <span class="input-group-text" id="usermail">@example.com</span>
</div>

<div class="input-group input-group-lg mb-3">
    <span class="input-group-text">$USD</span>
    <input type="text" class="form-control">
    <span class="input-group-text">.00</span>
</div>
```

電子郵件

| 電子郵件 | @example.com |

| $USD | | .00 |

在輸入欄位中附加核取方塊、單選鈕、按鈕、下拉式選單

　　在輸入群組中還可以直接附加核取方塊、單選鈕、按鈕及下拉式選單，且可以附加多個，語法如下：

```
<!--附加核取方塊-->
<div class="input-group mb-3">
    <div class="input-group-text">
        <input type="checkbox" class="form-check-input">
    </div>
    <input type="text" class="form-control" placeholder="附加核取方塊">
</div>
<!--附加單選鈕-->
    <div class="input-group mb-3">
        <div class="input-group-text">
            <input type="radio" class="form-check-input">
        </div>
    <input type="text" class="form-control" placeholder="附加單選鈕">
</div>
```

| ☐ | 附加核取方塊 |

| ○ | 附加單選鈕 |

```html
<!--附加按鈕-->
<div class="input-group mb-3">
    <input type="text" class="form-control" placeholder="輸入要搜尋的關鍵字">
    <button class="btn btn-danger" type="button" id="button1">搜尋</button>
</div>
```

輸入要搜尋的關鍵字	搜尋

```html
<!--附加下拉式選單-->
<div class="input-group mb-3">
    <button class="btn btn-danger dropdown-toggle " type="button"
        id="button1" data-bs-toggle="dropdown">搜尋</button>
    <ul class="dropdown-menu">
        <li><a class="dropdown-item" href="#">美食</a></li>
        <li><a class="dropdown-item" href="#">旅遊</a></li>
        <li><a class="dropdown-item" href="#">露營</a></li>
    </ul>
    <input type="text" class="form-control" placeholder="輸入要搜尋的關鍵字">
</div>
```

美食
旅遊
露營

搜尋

搜尋 ▼　輸入要搜尋的關鍵字

select元素

　　<select>元素可以使用.form-select來綁定選單的外觀，一樣可以設定元素的尺寸，使用.form-select-lg及.form-select-sm即可，預設下選單為單選，若要複選則須加入multiple屬性。

```html
<label for="food" class="form-label">選擇你喜歡的食物</label>
    <select id="food" class="form-select form-select-lg mb-3">
        <option value="food1">苦瓜</option>
        <option value="food2">茄子</option>
        略
    </select>
```

選擇你喜歡的食物

苦瓜	⌄

苦瓜
茄子
香菜
蒜頭
青椒
芋頭

radio與checkbox元素

<radio>及<checkbox>元素都是使用.form-check來綁定外觀，而<input>及<label>元素可以使用.form-check-input及.form-check-label類別。

```
<!--單選鈕-->
<div class="form-check">
    <label for="love" class="form-check-label">我愛你</label>
    <input class="form-check-input" type="radio" name="choice" id="love"
        value="愛" checked>
</div>
<div class="form-check">
    <label for="nolove" class="form-check-label">我不愛你</label>
    <input class="form-check-input" type="radio" name="choice"
        id="nolove" value="不愛">
</div>
<!--核取方塊-->
<div class="form-check">
    <label for="black" class="form-check-label">黑色</label>
    <input class="form-check-input" type="checkbox" value="black" checked>
</div>
<div class="form-check">
    <label for="red" class="form-check-label">紅色</label>
    <input class="form-check-input" type="checkbox" value="red">
</div>
<div class="form-check">
    <label for="green" class="form-check-label">綠色</label>
    <input class="form-check-input" type="checkbox" value="green">
</div>
```

switch元素

<switch>為切換開關元素，是核取方塊的變化，使用時只要再加上.form-switch類別即可。

```
<div class="form-check form-switch">
    <label for="black" class="form-check-label">黑色</label>
    <input class="form-check-input" type="checkbox" value="black" checked>
</div>
```

range元素

<range>元素可以呈現滑桿，讓使用者直接使用滑桿輸入資料。使用時只要再加上.form-range類別，若要設定範圍最大最小值時，可以使用min及max屬性，step屬性則可以設定範圍每次調整的間隔值。

```
<label for="range1" class="form-label">目前進度</label>
<input type="range" class="form-range" min="0" max="5" step="0.5"
  id="range1">
```

目前進度

浮動標籤

將輸入元素加入 .form-floating 浮動標籤類別，可以讓標籤文字浮動到欄位的頂部，當使用者在點選欄位時，標籤文字就會縮小並自動往欄位上方移動。

帳號
123456789

禁用狀態

在表單元素中加入 disabled 屬性時，表示該元件禁止使用，此時元件的外觀及欄位的文字會呈現灰色狀態。

密碼
密碼

以下範例使用各種類別及表單元件製作了登入頁面。

ch14\ex14-03.html

```
01~11  略
12     <section class="container">
13       <div class="row">
14         <div class="col-sm-9 col-md-7 col-lg-5 mx-auto">
15           <div class="bg-light border-0 shadow rounded-3 my-5 p-4 p-sm-5">
16             <p class="text-center mb-5 fw-light fs-3">Orange Bird
                  Street Market</p>
17             <form>
18               <div class="form-group input-group mb-3">
19                 <div class="input-group-prepend">
20                   <span class="input-group-text">
                       <i class="bi bi-envelope-fill"></i></span>
21                 </div>
22                 <input name="" class="form-control" placeholder=
                     "Email address" type="email">
23               </div>
24               <div class="form-group input-group mb-3">
25                 <div class="input-group-prepend">
26                   <span class="input-group-text"><i class="bi
                           bi-lock-fill"></i></span>
```

```
27                        </div>
28                        <input class="form-control" placeholder="Password"
                             type="password">
29                      </div>
30                    <div class="form-check mb-3">
31                      <input class="form-check-input" type="checkbox"
                           value="" id="PasswordCheck">
32                      <label class="form-check-label"
                           for="PasswordCheck">記住密碼</label>
33                    </div>
34                    <button class="btn btn-primary btn-login text-uppercase
                         fw-bold" type="submit">Sign in</button>
35                    <hr class="my-4">
36                    <button class="btn btn-secondary btn-google btn-login
                         text-uppercase fw-bold mb-3" type="submit">
                         <i class="bi bi-google"></i>Sign in with Google</button>
37                    <button class="btn btn-secondary btn-facebook btn-
                         login text-uppercase fw-bold mb-3" type="submit">
                         <i class="bi bi-facebook"></i>Sign in with
                         Facebook</button>
38                    <button class="btn btn-secondary btn-twitter
                         btn-login text-uppercase fw-bold mb-3"
                         type="submit"><i class="bi bi-twitter">
                         </i>Sign in with twitter</button>
```

39~46　略

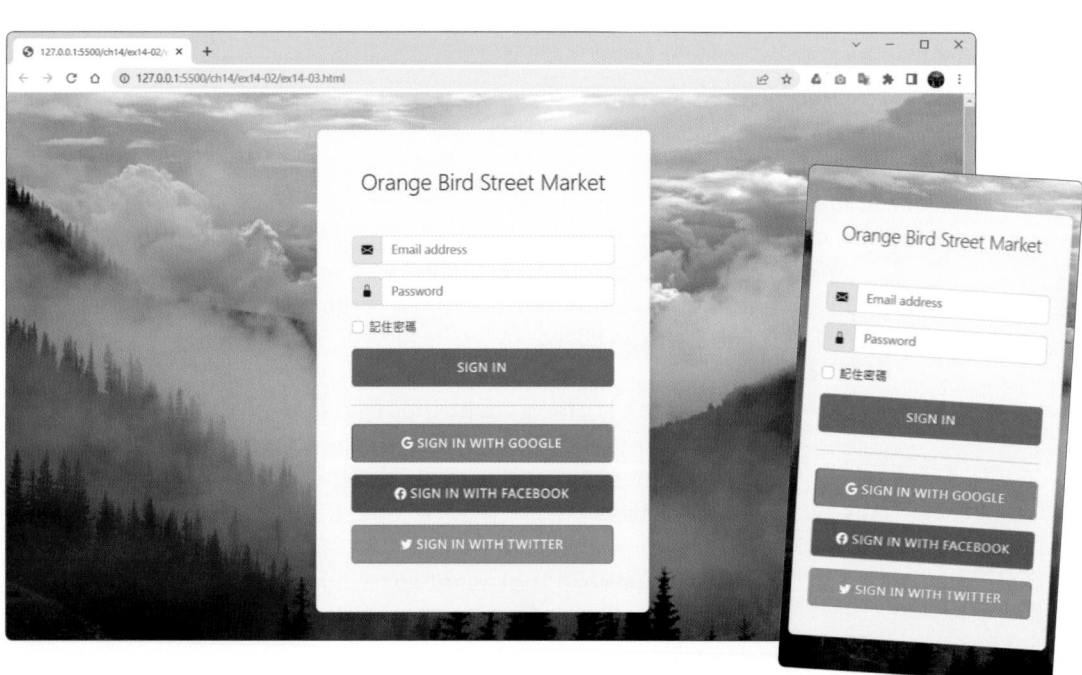

●●● 自我評量

● 選擇題

(　) 1. 下列關於Bootstrap的網格說明，何者不正確？ (A)斷點(Breakpoints)是用於控制版面如何在不同的裝置，或viewport大小進行響應式的變化　(B)容器(Containers)是Bootstrap中最基本的布局外框元素，但使用網格系統時不一定要搭配使用 (C).container-fluid類別為流動式版面　(D)網格最外層為.row，內層為.col。

(　) 2. 下列關於Bootstrap的網格說明，何者不正確？ (A)可以使用.col.order-*來控制column的順序　(B)可以使用.offset-*及offset-{breakpoint}-*方式設定column位移 (C)設定網格時，可以使用.col類別設定欄位的寬度，欄數沒有限制　(D)建構網格時除了可以使用col及col-*外，還可以使用col-{breakpoint}及col-{breakpoint}-*斷點方式來設定，且兩種可混合使用。

(　) 3. 下列關於Bootstrap的類別說明，何者不正確？ (A)加入p-3類別，表示要設定margin為1rem　(B)加入text-danger類別，表示要設定文字色彩　(C)使用.img-fluid類別，可以將圖片設定為響應式模式　(D)加入.fw-bold類別，表示要將文字設為粗體。

(　) 4. 下列關於Bootstrap的表格及框線類別說明，何者不正確？ (A)加入.table-striped類別，表示要設定奇數列及偶數列自動產生交替色彩　(B)加入.table-sm類別，表示要讓表格的儲存格緊縮　(C)加入.border-top-0類別，表示要隱藏上框線　(D)加入.border-1~5類別，表示要設定框線寬度，數值越大寬度越小。

(　) 5. 下列關於Bootstrap的表單類別說明，何者不正確？ (A)<radio>及<checkbox>元素都是使用.form-label來綁定外觀　(B)加入.form-control類別後，欄位寬度會被設定為100%　(C)<select>元素可以使用.form-select來綁定選單的外觀　(D)在表單元素中加入disabled屬性時，表示該元件禁止使用。

● 實作題

1. 請開啟「ch14\ex14-a.html」檔案，使用Bootstrap製作一個相片牆網頁。

2. 請開啟「ch14\ex14-b.html」檔案，在登入資訊頁面的左邊加入圖片。

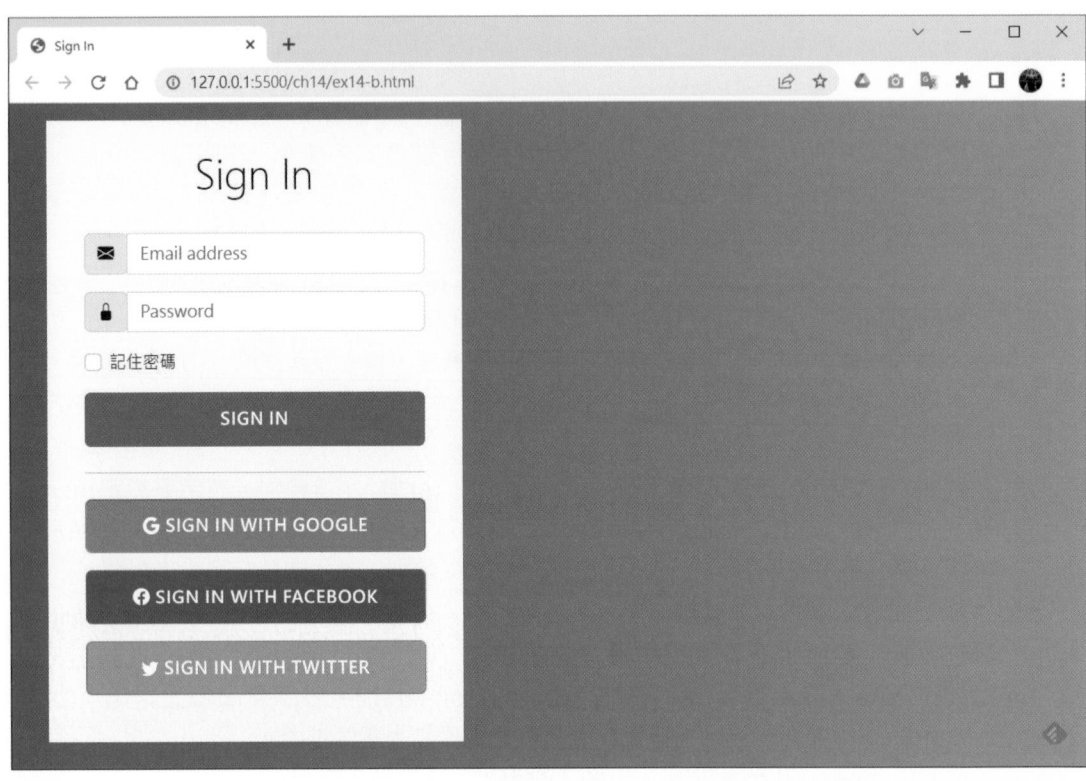

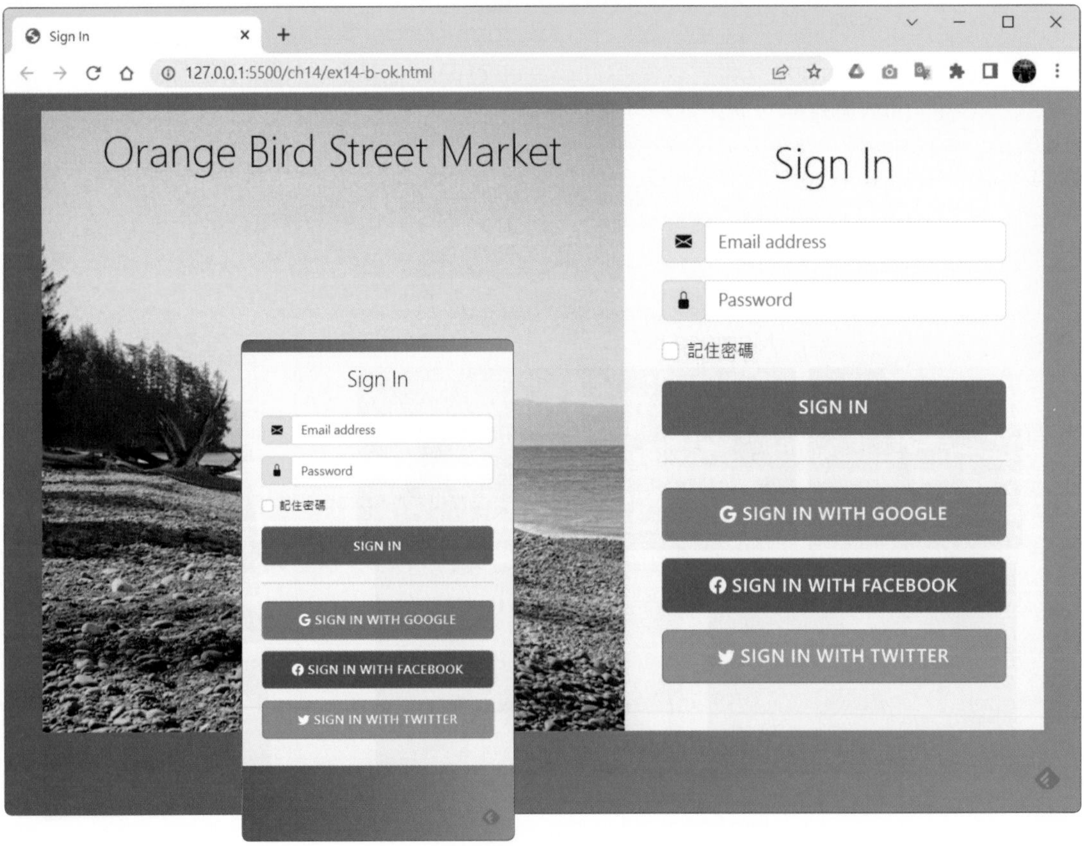

CHAPTER 15

Bootstrap元件

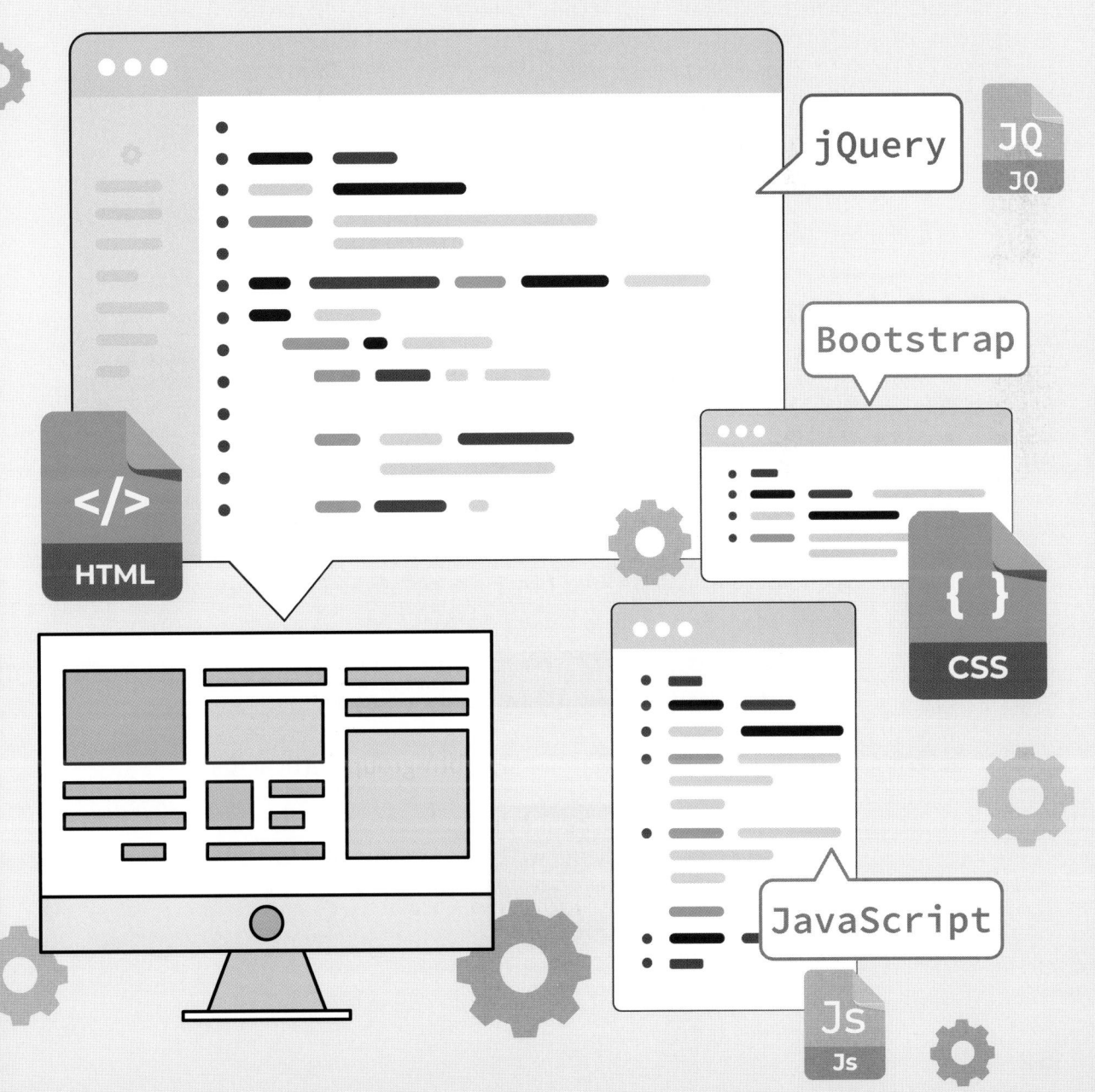

15-1 Button元件

Bootstrap提供了許多與Button(按鈕)相關的元件,如單一按鈕、按鈕群組、關閉按鈕及下拉式選單等,這節就來學習如何使用吧。(範例檔案:button.html)

15-1-1 Button

在Bootstrap中將<button>元素搭配**.btn**類別,再使用**.btn-顏色**或**.btn-outline-顏色**類別設定基本樣式,即可快速地完成按鈕外觀設定。除此之外,也可以使用在<a>或<input>元素中。語法如下:

```
<a class="btn btn-primary" href="#" role="button">Link</a>
<button class="btn btn-warning" type="submit">Button</button>
<input class="btn btn-danger" type="button" value="Input">
<input class="btn btn-success" type="submit" value="Submit">
<input class="btn btn-dark" type="reset" value="Reset">
```

設定按鈕時,還可以使用**.btn-sm**及**.btn-lg**類別來設定按鈕的大小。

15-1-2 Button Group

將多個按鈕透過一個父容器組合起來,再加入**.btn-group**類別,就可以讓所有按鈕放置在同一列成為**按鈕群組**(Button Group),而群組裡的按鈕可以個別設定不同樣式,還可以使用**.btn-group-sm**及**.btn-group-lg**類別設定按鈕的大小。

```
<div class="btn-group" role="group">
   <button type="button" class="btn btn-primary">第一個按鈕</button>
   <button type="button" class="btn btn-danger">第二個按鈕</button>
   <button type="button" class="btn btn-warning">第三個按鈕</button>
</div>
```

第一個按鈕　第二個按鈕　第三個按鈕

若要將按鈕群組設定為垂直顯示時,可以使用**.btn-group-vertical**類別。

第一個按鈕
第二個按鈕
第三個按鈕

15-1-3　Close Button

Close Button(關閉按鈕)是用來關閉視窗,只要加入 **.btn-close** 類別,就會顯示關閉按鈕。

```
<button type="button" class="btn-close"></button>
```

15-1-4　Dropdowns

Dropdowns(下拉式選單)就是單個按鈕與清單的組合,當按下按鈕後,就會顯示清單內容。要設定時,先將父容器加入 **.dropdown** 類別,再將按鈕或連結包含進去,成為下拉式選單,按鈕則加入 **.dropdown-toggle** 類別及 **data-bs-toggle="dropdown"** 屬性。

設定下拉式清單中的選項時,只要加上 **.dropdown-menu** 及 **.dropdown-item** 類別即可;若要設定下拉式清單中的標題,可以在標題元素加入 **.dropdown-header** 類別,若要設定分隔線,可以加入 **.dropdown-divider** 類別。

預設下選單的展開方向是向下展開,若要指定方向可以使用 **.dropup**(向上展開)、**.dropend**(向右展開)及 **.dropstart**(向左展開)類別來設定。

```
<div class="dropdown dropend">
   <button type="button" class="btn btn-danger dropdown-toggle"
    data-bs-toggle="dropdown">產品選單</button>
   <ul class="dropdown-menu">
     <li><p class="dropdown-header">選項A</p></li>
     <li><a class="dropdown-item" href="#">選項A-1</a></li>
     <li><a class="dropdown-item" href="#">選項A-2</a></li>
     <li><hr class="dropdown-divider"></li>
     <li><p class="dropdown-header">選項B</p></li>
     <li><a class="dropdown-item" href="#">選項B-1</a></li>
     <li><a class="dropdown-item" href="#">選項B-2</a></li>
   </ul>
</div>
```

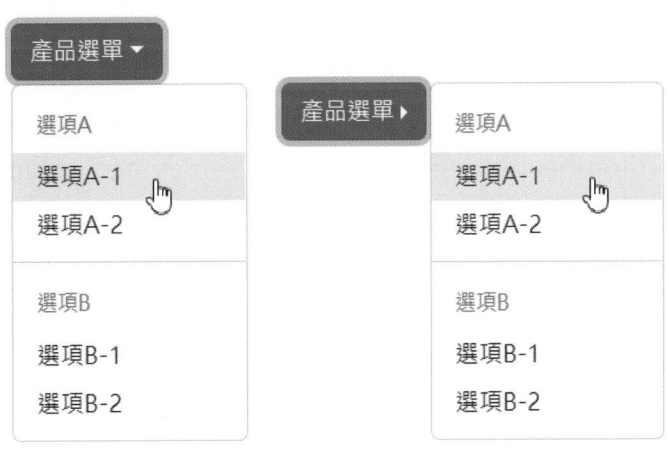

15-2 Collapse與Accordion元件

Collapse(摺疊)與Accordion(手風琴)元件都可以用來顯示或隱藏元素，這節就來學習這些元件吧。(範例檔案：components1.html)

15-2-1 Collapse

Collapse(摺疊)元件通常會使用<a>或<button>元素觸發摺疊效果，只要綁定 **data-bs-toggle="collapse"** 屬性即可，再加入 **data-bs-target="#id"** 屬性，將元素與摺疊內容連結起來。預設下，摺疊內容是隱藏的，若要顯示，可以加入 **.show** 類別。

```
<a class="btn btn-primary" data-bs-toggle="collapse"
   href="#collapseExample1" role="button">桃花緣設計 徐正泰</a>
<button class="btn btn-danger" type="button" data-bs-toggle="collapse"
   data-bs-target="#collapseExample">大岩打檔 黃新斌</button>
<div class="collapse" id="collapseExample1">
   <div class="card card-body">
      略
   </div>
</div>
<div class="collapse" id="collapseExample2">
   <div class="card card-body">
      略
   </div>
</div>
```

15-2-2 Accordion

Accordion(手風琴)是Collapse元件延伸而來的，可以製作出垂直摺疊效果，製作時，先在父容器加入 **.accordion** 類別，而清單項目使用 **.accordion-item** 類別；項目標題使用 **.accordion-header**；要隱藏的區塊元素加入 **.accordion-collapse** 類別；要顯示的內容則加入 **.accordion-body** 類別；而 **data-bs-parent** 屬性是確保在顯示某一項目時，指定父元素下的所有元素都是收合的。

而區塊內的互動子元素，可以使用button，只要加入 **.accordion-button** 類別，並指定 **data-bs-toggle="collapse"** 屬性即可。

```
<div class="accordion" id="accordionExample">
   <div class="accordion-item">
      <h2 class="accordion-header" id="headingOne">
      <button class="accordion-button" type="button"
         data-bs-toggle="collapse" data-bs-target="#collapseOne">
         桃花緣設計 徐正泰</button>
      </h2>
   <div id="collapseOne" class="accordion-collapse collapse show"
      data-bs-parent="#accordionExample">
      <div class="accordion-body">
         <p>略</p>
         <p>略</p>
      </div>
   </div>
   </div>
   <div class="accordion-item">
      略
   </div>
   <div class="accordion-item">
      略
   </div>
```

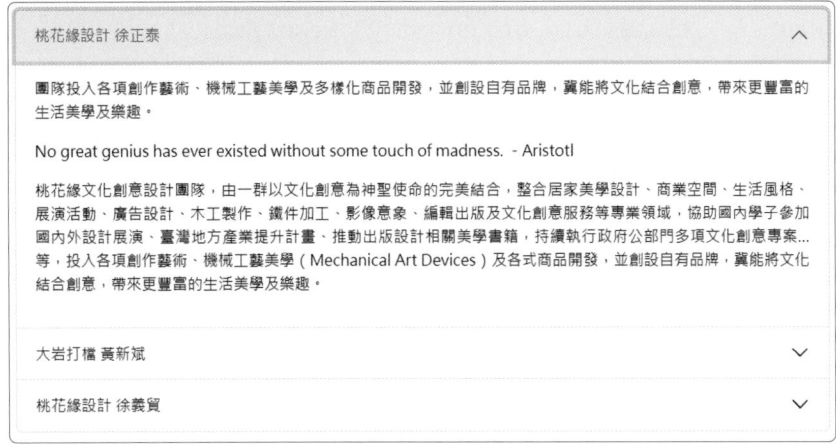

在預設下，Accordion元件是有框線及圓角的，若要取消可以加入.accordion-flush類別。

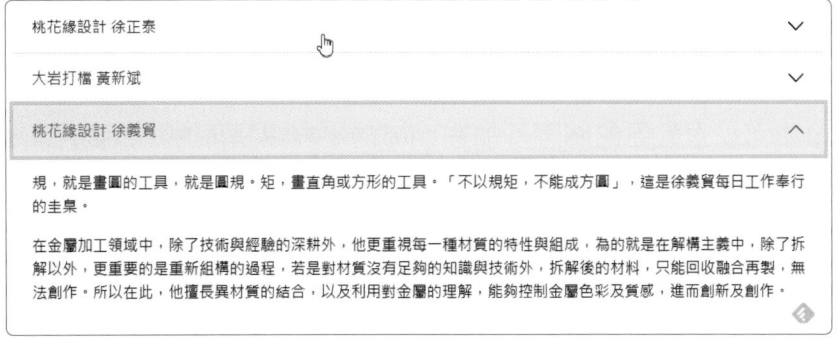

15-3 Card元件

　　Card(卡片)是一個靈活且可擴展的內容容器,可以包含頁首、頁尾、主體,還可以放置圖片、標題及文字內容,能與其他元件或類別組合使用,這節就來學習如何使用吧! (範例檔案:card\card.html)

15-3-1 基本的Card

　　一個基本的Card是用 .card 類別來建立的,主體內容則使用 .card-body 類別,若要加入頁首,可以使用 .card-header 類別,加入頁尾,可以使用 .card-footer 類別,標題文字則使用 .card-title 類別,文字使用 .card-text 類別,這樣就可以構成一個最基本的Card。

```
<div class="card" style="width: 18rem;">
    <div class="card-header">極致機械工藝聯盟</div>
    <div class="card-body">
        <h5 class="card-title">桃花緣設計 徐正泰</h5>
        <p class="card-text">略</p>
        <a href="#" class="btn btn-primary">Read</a>
    </div>
    <div class="card-footer">2023</div>
</div>
```

極致機械工藝聯盟

桃花緣設計 徐正泰
極致機械工藝聯盟連結國內金屬相關加工職人及團隊,全面串聯專精於特色及個性商品之各領域專業職人。

Read

2023

15-3-2 在Card中加入圖片

　　在Card中可以很輕鬆的將圖片加在card的上方或是下方,只要加入 .card-img-top 或 .card-img-bottom 類別即可。

```
<div class="card">
    <img class="card-img-top" src="professional-t.jpg" alt="Card image"
        style="width:100%">
```

```
    <div class="card-body">
        <h4 class="card-title">桃花緣設計 徐正泰</h4>
        <p class="card-text">略</p>
        <a href="#" class="btn btn-primary">See Profile</a>
    </div>
</div>
<div class="card">
    <div class="card-body">
        <h4 class="card-title">魔方小騎兵</h4>
        <p class="card-text">橘鳥市場街商品，外表逗趣可愛，自用送禮兩相宜。</p>
        <a href="#" class="btn btn-primary">See Profile</a>
    </div>
    <img class="card-img-bottom" src="pic03.jpg" alt="Card image"
        style="width:100%">
</div>
```

製作 card 時，還可以將圖片設定為 card 的背景，在圖片上就可以疊加其他元素，只要加入 **.card-img-overlay** 類別即可。

```
<div class="card">
    <img class="card-img-top" src="" alt="Card image">
    <div class="card-img-overlay">
        <h4 class="card-title">桃花緣設計 徐正泰</h4>
        <p class="card-text">略</p>
        <a href="#" class="btn btn-primary">
            See Profile</a>
    </div>
</div>
```

15-3-3　在Card中加入List Group

List Group(列表群組)是一種垂直或水平之連續排列的清單群組，父元素使用 .list-group 類別，子元素使用 .list-group-item 類別。子元素支援 .active 與 .disabled 效果，使用a當子元素時，可以加入 .list-group-item-action 類別，就會有 hover 特效。使用 .list-group-numbered 類別，則可以在清單加入編號。

預設下，列表群組是有框線及圓角，加入 .list-group-flush 類別，即可清除，要將列表加上色彩時，可以使用 .list-group-item-顏色 類別。

```
<div class="card">
    <img class="card-img-top" src="pic03.jpg" style="width:100%">
    <div class="card-body">
        <h4 class="card-title">魔方小騎兵</h4>
        <p class="card-text">橘鳥市場街商品，外表逗趣可愛，自用送禮兩相宜。</p>
    </div>
    <div class="list-group list-group-flush">
        <a href="#" class="list-group-item list-group-item-action
            list-group-item-danger">戰鬥DIY工具車</a>
        <a href="#" class="list-group-item list-group-item-action
            list-group-item-success">連結DIY工具車</a>
        <a href="#" class="list-group-item list-group-item-action
            list-group-item-warning">魔方小騎兵 ( 大 )</a>
    </div>
</div>
```

15-3-4　Card樣式

要設定Card的文字及背景色彩時，只要使用.text-bg-顏色類別即可，使用.border-顏色類別，可以設定邊框色彩。

```
<div class="card text-bg-light border-warning mb-3">
   <div class="card-header">極致機械工藝聯盟</div>
   <div class="card-body">
      <img src="professional-t.jpg" class="mx-auto d-block">
      <h4 class="card-title pt-3">桃花緣設計 徐正泰</h4>
      <p class="card-text">略</p>
      <a href="#" class="btn btn-primary">See Profile</a>
   </div>
   <div class="card-footer">2023</div>
</div>
```

15-3-5　Card的布局

在製作多張卡片時，可以使用Card Group或Grid來布局Card的排列方式。Card Group是將容器加入 .card-group 類別，即可將多個.card組成一個群組，呈現一排的排列方式，在群組中的card會具有相同寬度和高度。

使用Grid布局card可以控制欄位數與響應式斷點，但Card的高度會依內容多寡而不同，此時可以加入.h-100類別，讓Card的高度一致。

以下範例使用了Grid來布局Card的排列方式，先製作一個圖片在左邊的crad，先將row的間距取消，並使用.col-md-*類別讓card在md斷點處保持水平對齊。接著再將內容的row加入row-cols-1及row-cols-md-4類別，讓一個row可以呈現4個card，當到md斷點時，crad便會自動換行。

📂ch15\ex15-01\ex15-01.html

```
01~11  略
12  <body>
13      <div class="card mb-3">   <!--圖片在左的card-->
14        <div class="row g-0">
15          <div class="col-md-5">
16            <img src="略" class="img-fluid">
17          </div>
18          <div class="col-md-7">
19            <div class="card-body text-bg-danger">
20              <h2 class="card-title display-6">略</h2>
21              <p class="card-text">略</p>
22              <p>略</p>
23              <a href="#" class="btn btn-warning">了解更多</a>
24            </div>
25          </div>
26        </div>
27      </div>
28      <div class="container mt-2">
29        <div class="row row-cols-1 row-cols-md-4 g-4">
30          <div class="col">
31            <div class="card testimonial-card h-100">
32              <div class="card-up aqua-gradient"></div>
33                <div class="avatar mx-auto white">
34                  <img src="略" class="rounded-circle img-fluid">
35                </div>
36              <div class="card-body text-center">
37                <h4 class="card-title font-weight-bold">略</h4>
38                <hr>
39                <p><i class="bi bi-quote" style="font-size: 1.5rem;
                     color: cornflowerblue;"></i>略</p>
40              </div>
41            </div>
42          </div>
<!--重複建立30~42程式碼，即可完成多張card的製作，範例為一個row有4個card-->
43~141 略
```

Major League of Mechanical Art TAIWAN

極致機械工藝聯盟於2006年，初始於桃花緣設計，在二十年前，有幸參與國家計劃，在歐洲習得文化創意產業的經驗模式，並深耕在地，延續對於機械工藝美學的熱誠與執著，在2019年正式以品牌及直銷方式，並計畫籌組「極致機械工藝聯盟」，旨在連結國內金屬相關加工職人及團隊，全面串聯專精於特色及個性商品之各領域專業職人，展開完整的經營計畫，深探台灣技職及人才水準與國際接軌，提供交流互助與展示舞台，促使新一代年輕力量無懼地跟進與傳承，讓台灣的美好持續發生，能量推向世界，發光發熱。

了解更多

桃花緣設計 徐正泰

❝ No great genius has ever existed without some touch of madness. - Aristotl

桃花緣設計 徐義賢

❝擅長異材質的結合，以及利用對金屬的理解，能夠控制金屬色彩及質感，進而創新及創作。

大岩打檔 黃新斌

❝集特技師、賽車手、機車維修工程師及手工車創作師於一身，黃新斌滿滿的熱情和幹勁，就如同泰雅族身份一樣，綻放強烈陽光。

阿法斯AFS

❝在台灣手工車界，是先驅者也是導師，流著正統搖滾樂的浪漫血液，但卻同時具備科學技術特質。

Ami Silan

❝上帝創造每一個人都有屬於自己的任務要完成，這句話對阿邁·貼嵐來說是最好的印證。

MINI SHOP

❝MINI SHOP本著客戶至上與實現夢想的精神，一輛迷你奧斯汀需要的專業與熱情，相信以MINI SHOP多年投入維修、翻新經驗是想加入老咪朋友的好選擇。

謝萌峰 十八木人

❝十木人是一個愛與分享的專業細木作教學空間，讓你和我能在安全、愉快、享受的氛圍下感受不一樣的木生活。

林光祥 曙光咖啡

❝曙光咖啡一直相信好的義式咖啡機，應該具備的條件是，溫度穩定好調整，結構簡單、維修方便又經濟，才能讓大家的咖啡夢想延續很久很久。

Major League of Mechanical Art TAIWAN

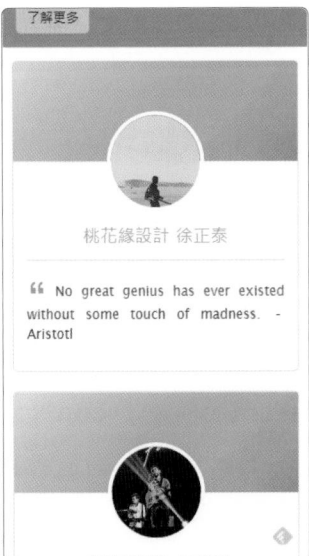

15-4 Carousel元件

Carousel(輪播)元件常用於圖片輪播,而使用該元件時,還會使用到CSS 3D轉場與JavaScript控制替換,這節就來學習如何使用吧。

15-4-1 單純圖片輪播

製作圖片輪播時,可以先建立一個容器,並加入 .carousel 類別,另外再為該容器加上id(該值須是唯一),在容器內就可以放置所有需要的內容。放置輪播內容的容器,要加入 .carousel-inner 類別,在此容器之下可放入多個項目,並將項目加入 .carousel-item 類別,每個項目裡可以放置圖片或文字等內容,且要將 .active 類別加入到其中一個 .carousel-item 上,如此才能正常輪播。

若放置的是 <img>,那麼可以使用 .d-block 類別及 .w-100 類別,寬度要與父元素同寬,否則圖片會顯示不完整,可能會導致轉場出現問題。在預設下轉場是5秒變換一次,及滑鼠懸停時會暫停轉場動作,輪播時若要有轉場效果可以加入 .slide 類別。

```
<div id="carouselExample" class="carousel slide" data-bs-ride="carousel">
    <div class="carousel-inner">
        <div class="carousel-item active">
            <img src="..." class="d-block w-100" alt="...">
        </div>
        <div class="carousel-item">
            <img src="..." class="d-block w-100" alt="...">
        </div>
        <div class="carousel-item">
            <img src="..." class="d-block w-100" alt="...">
        </div>
    </div>
</div>
```

15-4-2 在輪播元件中加入控制按鈕

使用 Carousel 元件時,還可以在左右兩邊加入控制按鈕,讓使用者可以切換,建立控制按鈕時,可以使用 <button> 元素或將 <a> 元素設定為 role="button"。

加入 .carousel-control-prev 及 .carousel-control-next 類別,再加入 data-bs-slide="prev" 及 data-bs-slide="next" 屬性,即可進行觸發行為,加入 .carousel-control-prev-icon 及 .carousel-control-next-icon 類別,便會顯示控制按鈕圖示。

如下列語法使用 <button> 元素在 Carousel 元件的左右兩邊加入控制按鈕,而 data-bs-target 屬性裡的id必須與父容器相同。

```
<div id="carouselExample" class="carousel slide" data-bs-ride="carousel">
略
<button class="carousel-control-prev" type="button"
   data-bs-target="#carouselExample" data-bs-slide="prev">
   <span class="carousel-control-prev-icon"></span>
</button>
<button class="carousel-control-next" type="button"
   data-bs-target="#carouselExample" data-bs-slide="next">
   <span class="carousel-control-next-icon"></span>
</button>
```

　　除了左右兩邊的控制按鈕外，還可以加入導覽圖示，只要在主容器加入 .carousel-indicators 類別即可，再使用 data-slide-to=* 屬性，告知導覽到第幾項目，最小值為 0，data-bs-target 屬性裡的 id 必須與父容器相同。

```
<div class="carousel-indicators">
   <button type="button" data-bs-target="#carouselExample"
      data-bs-slide-to="0" class="active"></button>
   <button type="button" data-bs-target="#carouselExample"
      data-bs-slide-to="1"></button>
   <button type="button" data-bs-target="#carouselExample"
      data-bs-slide-to="2"></button>
</div>
```

15-4-3　加入字幕

　　輪播圖片中若要顯示字幕時，可以加入 .carousel-caption 類別，讓字幕呈現在 img 的上層。若字幕不想呈現在行動裝置上時，可以加入 .d-none 及 .d-md-block 類別，這樣當使用行動裝置瀏覽時，就不會出現字幕。

```
<div class="carousel-item">
   <img src="photo.jpg" alt="paris">
   <div class="carousel-caption d-none d-md-block">
      <h4>Bonjour!</h4>
      <p>Avec ses nombreuses salles de spectacles</p>
   </div>
</div>
```

15-4-4　轉場效果

　　預設下，輪播的轉場效果為從右滑動，若要更改為淡入淡出的轉場效果，只要在父容器加入 .carousel-fade 類別即可。若要更改各項目的轉場時間，則可以加入 data-bs-interval="1000" 屬性（單位為毫秒）。

以下範例使用了 Carousel 元件，製作圖片輪播，加入了左右控制及導覽列，也為每張圖片加上字幕，並設定轉場時間。

📁 ch15\ex15-02\ex15-02.html

```
01~13 略
14 <div id="carouselExample" class="carousel slide" data-bs-ride="carousel">
15     <div class="carousel-indicators">
16         <button type="button" data-bs-target="#carouselExample"
               data-bs-slide-to="0" class="active"></button>
17         <button type="button" data-bs-target="#carouselExample"
               data-bs-slide-to="1" ></button>
18         <button type="button" data-bs-target="#carouselExample"
               data-bs-slide-to="2"></button>
19     </div>
20     <div class="carousel-inner">
21         <div class="carousel-item active" data-bs-interval="5000">
22             <img src="img/carousel01.jpg" class="d-block w-100" alt="馬祖">
23             <div class="carousel-caption d-none d-md-block">
24                 <h4>馬祖北竿芹壁村</h4>
25                 <p>Every night in my dreams.</p>
26             </div>
27         </div>
28         <div class="carousel-item" data-bs-interval="3000">
29             <img src="img/carousel02.jpg" class="d-block w-100" alt="巴黎">
30             <div class="carousel-caption d-none d-md-block">
31                 <h4>巴黎浪漫街頭</h4>
32                 <p>I see you, I feel you.</p>
33             </div>
34         </div>
35         <div class="carousel-item">
36             <img src="img/carousel03.jpg" class="d-block w-100" alt="里斯本">
37             <div class="carousel-caption d-none d-md-block">
38                 <h4>里斯本復古電車</h4>
39                 <p>That is how I know you go on.</p>
40             </div>
41         </div>
42     </div>
43     <button class="carousel-control-prev" type="button"
           data-bs-target="#carouselExample" data-bs-slide="prev">
44         <span class="carousel-control-prev-icon"></span>
45         <span class="visually-hidden">Previous</span>
46     </button>
47     <button class="carousel-control-next" type="button"
           data-bs-target="#carouselExample" data-bs-slide="next">
48         <span class="carousel-control-next-icon"></span>
49         <span class="visually-hidden">Next</span>
50     </button>
```

```
51  </div>
```
52~91略

15-5 Navs&Tabs/Navbar/Pagination元件

Navs(導覽)&Tabs(標籤)、Navbar(導覽列)及Pagination(分頁導覽)等元件常使用在網站選單,這節就來學習這些元件吧。

15-5-1 Navs&Tabs

Navs(導覽)元件搭配Tabs(標籤)元件可以製作出水平導覽選單,可以使用<ul>及<li>元素設定導覽項目,標籤式的導覽項目要在<ul>元素中加上.nav及.nav-tabs類別,而按鈕式的導覽項目要在<ul>元素加上.nav及.nav-pills類別,在<li>元素加上.nav-item類別,若項目要設定為啟用,可以加入.active類別,若要停用則加入.disabled類別。

製作導覽元件時,可以使用.justify-content-center(置中對齊)及.justify-content-end(靠右對齊)類別設定水平對齊方式,若要讓導覽元件垂直顯示,則可以使用.flex-column類別。若導覽選單下還有選項時,可以加入dropdown元件。

以下範例建立了一個標籤式的導覽元件,使用<ul>及<li>製作導覽項目,再加入dropdown元件製作第二層選單。

📂ch15\ex15-03.html

```
01~26 略
27  <ul class="nav nav-tabs justify-content-center">
28      <li class="nav-item">
29          <a class="nav-link active" data-bs-toggle="tab" href="#">我的旅遊</a>
30      </li>
31      <li class="nav-item">
32          <a class="nav-link" data-bs-toggle="tab" href="#">我的美食</a>
33      </li>
34      <li class="nav-item dropdown">
35          <a class="nav-link dropdown-toggle" data-bs-toggle="dropdown"
             href="#" role="button">我的露營</a>
36          <ul class="dropdown-menu">
37              <li><a class="dropdown-item" href="#">北部露營區</a></li>
38              <li><a class="dropdown-item" href="#">中部露營區</a></li>
39              <li><a class="dropdown-item" href="#">南部露營區</a></li>
40              <li><hr class="dropdown-divider"></li>
41              <li><a class="dropdown-item" href="#">花東露營區</a></li>
42          </ul>
43      </li>
44      <li class="nav-item">
45          <a class="nav-link" data-bs-toggle="tab" href="#">我的住宿</a>
46      </li>
47  </ul>
```

48~93　略

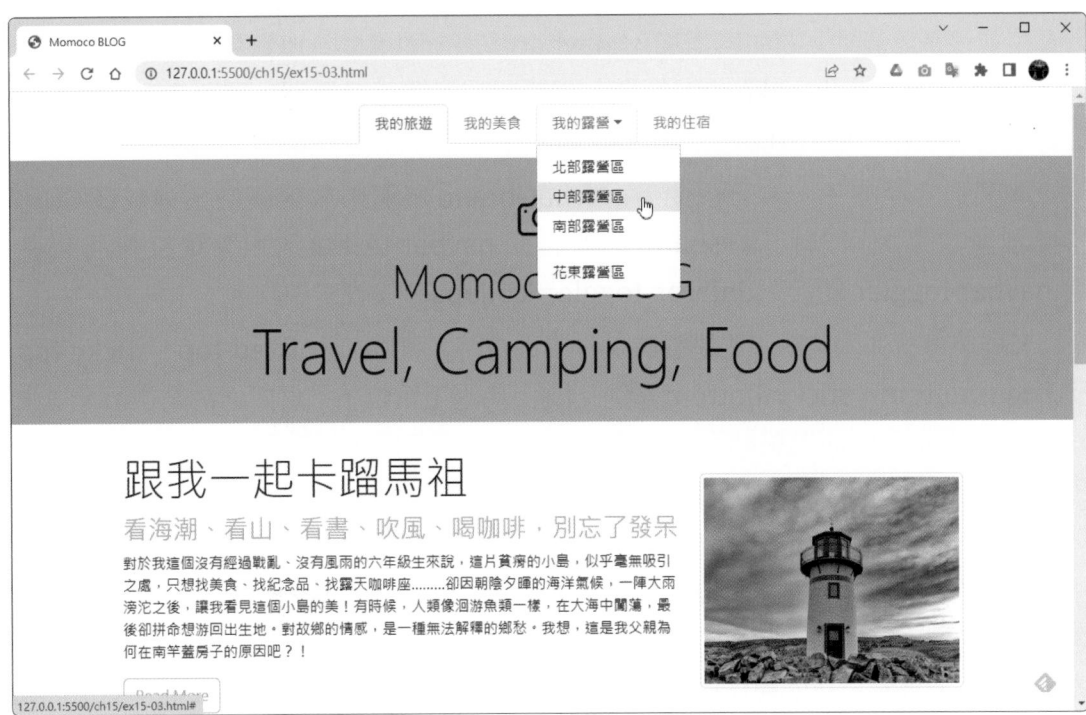

若將 <ul class="nav nav-tabs justify-content-center"> 語法中的 nav-tabs 改為 **nav-pills**，那麼導覽元件會以按鈕方式呈現。

15-5-2　Navbar

Navbar(導覽列)元件是nav元件的再進化，可以將nav結構設計成選單，還能加入圖片或表單等元件，在主容器加入 .navbar 類別，即可成為導覽列元件，還可以加入 .navbar-expand-{breakpoint} 類別，讓導覽列以響應式呈現，選單會依斷點來決定要水平呈現還是垂直呈現。

導覽列元件的子元素可以使用 .navbar-brand 類別來放置網站名稱或LOGO，若要放置文字，可以使用 <span> 元素加上 .navbar-text 類別。導覽按鈕可以使用 .navbar-toggler 類別及 .data-bs-toggle="collapse" 屬性來製作。

若要將導覽列固定顯示在網頁的上方或下方時，可以加入 .fixed-top、sticky-top 及 .fixed-bottom、sticky-bottom 類別。fixed 為固定定位，不管如何捲動視窗，物件就是不會移動；sticky 為黏貼定位，預設定位在父層空間，當視窗捲動到該物件位置時，物件會跟著移動，但僅限於「在父層空間內」移動。

以下範列使用Navbar元件製作了導覽列，並將導覽列固定在上方，在導覽列左邊加入了LOGO與文字，在最右邊加入了搜尋表單元件，當瀏覽器的寬度≥768px時，會以水平方式顯示；當瀏覽器的寬度<768px時，會將網站名稱以外的項目收合到導覽按鈕中，展開導覽按鈕就會以垂直方式顯示導覽列選單。

📂 ch15\ex15-04.html

```
01~25 略
26  <nav class="navbar sticky-top navbar-expand-md bg-light">
27    <div class="container-fluid">
28      <a class="navbar-brand" href="#">
29      <img src="chat-square-heart-fill.svg" alt="" width="30"
            height="24" class="d-inline-block align-text-top">MOMOCO</a>
30      <button class="navbar-toggler" type="button"
            data-bs-toggle="collapse" data-bs-target="#navbarContent">
31        <span class="navbar-toggler-icon"></span>
32      </button>
33      <div class="collapse navbar-collapse" id="navbarContent">
34        <ul class="navbar-nav me-auto mb-2 mb-lg-0">
35          <li class="nav-item">
36            <a class="nav-link active" href="#">我的旅遊</a>
37          </li>
38          <li class="nav-item">
39            <a class="nav-link" href="#">我的美食</a>
40          </li>
41          <li class="nav-item dropdown">
42            <a class="nav-link dropdown-toggle" href="#"
               id="navbarDropdown" role="button"
               data-bs-toggle="dropdown">我的露營</a>
```

```
43                    <ul class="dropdown-menu">
44                        <li><a class="dropdown-item" href="#">北部露營區</a></li>
45                        <li><a class="dropdown-item" href="#">中部露營區</a></li>
46                        <li><a class="dropdown-item" href="#">南部露營區</a></li>
47                        <li><hr class="dropdown-divider"></li>
48                        <li><a class="dropdown-item" href="#">花東露營區</a></li>
49                    </ul>
50                </li>
51            </ul>
52            <form class="d-flex" role="search">
53                <input class="form-control me-2" type="search"
                      placeholder="Search" aria-label="Search">
54                <button class="btn btn-outline-danger"
                      type="submit">Search</button>
55            </form>
56        </div>
57    </div>
58 </nav>
59~103 略
```

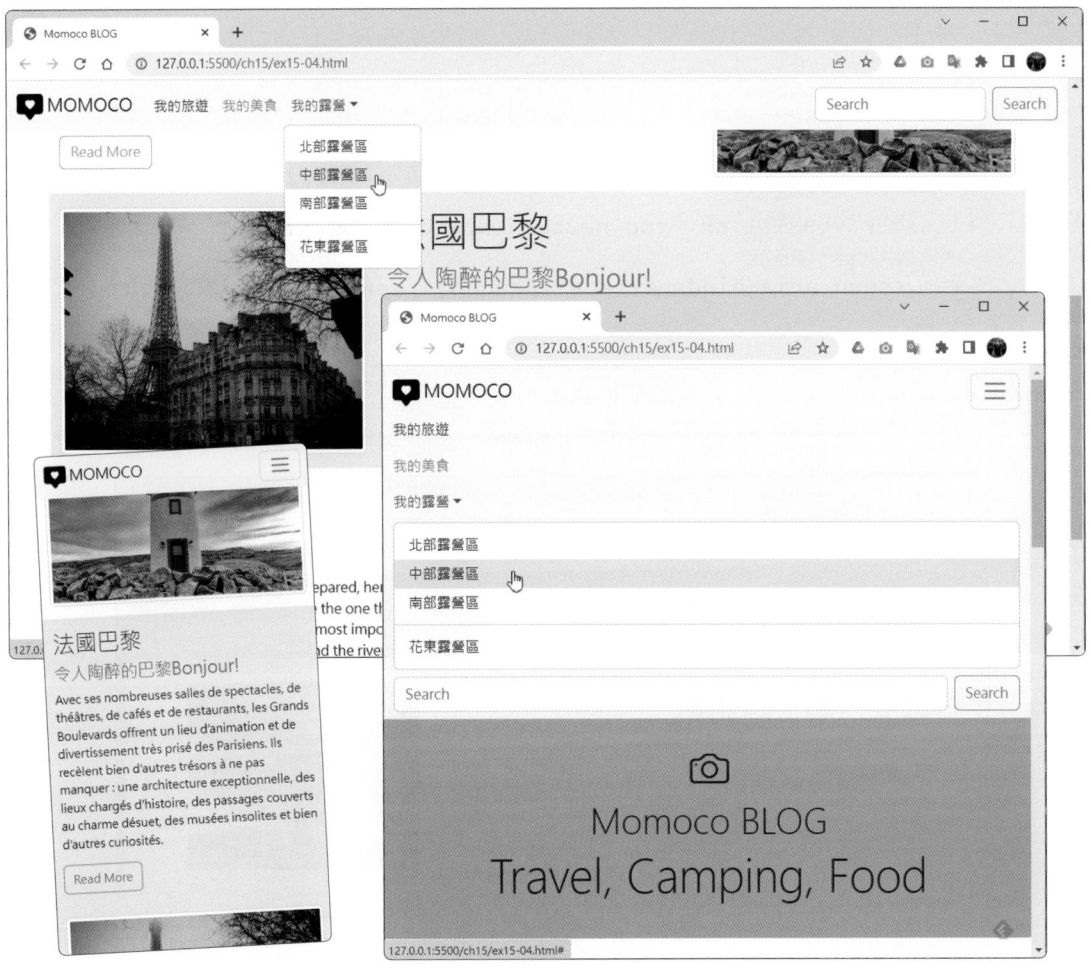

15-5-3 Pagination

Pagination(分頁導覽)元件常用在多篇文章項目的分頁導覽,使用者只要點擊分頁,就可以切換到不同的頁面。

在主容器加入 .pagination 類別,即可設定為分頁導覽元件,還可以加入 .pagination-{lg|sm} 類別,設定分頁的尺寸,子元素加上 .page-item 及 .page-link 類別,即可製作頁數,加上 .active 類別,則表示為目前啟用的頁數。

以下範例使用 Pagination 元件製作分頁導覽,並將元件設為大尺寸並置中對齊,在左右兩邊加入圖示。

📂 ch15\ex15-05.html

```
01~77 略
78  <ul class="pagination pagination-lg justify-content-center">
79    <li class="page-item">
80      <a class="page-link" href="#" aria-label="Previous">
81        <span aria-hidden="true">&laquo;</span>
82      </a>
83    </li>
84    <li class="page-item"><a class="page-link" href="#">1</a></li>
85    <li class="page-item"><a class="page-link" href="#">2</a></li>
86    <li class="page-item"><a class="page-link" href="#">3</a></li>
87    <li class="page-item"><a class="page-link" href="#">4</a></li>
88    <li class="page-item"><a class="page-link" href="#">5</a></li>
89    <li class="page-item">
90      <a class="page-link" href="#" aria-label="Next">
91        <span aria-hidden="true">&raquo;</span>
92      </a>
93    </li>
94  </ul>
```

15-6 Tooltip/Popover/Modal/Offcanvas元件

Tooltip (工具提示)、Popover (彈出提示)、Modal (互動視窗)與Offcanvas (重疊側邊欄)元件可以製作出觸發物件後,顯示一個提示框及視窗,這節就來學習這些元件吧。

15-6-1 Tooltip

Tooltip (工具提示)元件可以製作出提示框,當使用者將滑鼠游標移至按鈕或超連結上時,就會顯示工具提示。工具提示框需依靠第三方函式庫 popper.js 進行定位,必須在 bootstrap.js 之前引入 popper.min.js,或是使用已經包含 popper.js 的 bootstrap.bundle.min.js/bootstrap.bundle.js,這樣工具提示框才會正常運作。

要使用時加入 **data-bs-toggle="tooltip"** 屬性來啟用工具提示,使用 **data-bs-placement=" "** 屬性可以設定工具提示的顯示位置,可使用的值有 **top**、**bottom**、**right**、**left**,元素中要有 **title** 屬性,用來設定工具提示的文字。

以下範例使用 Tooltip 元件製作提示框,使用者將滑鼠游標移至按鈕後,在上方會出現提示框,並加入 JavaScript 程式碼將工具提示加以初始化。

🗁 ch15\ex15-06.html

```
01~69 略
70  <button type="button" class="btn btn-outline-info"
      data-bs-toggle="tooltip" data-bs-placement="top"
      title="閱讀更多">Read More</button>
80~100 略
101 <script src="https://cdn.jsdelivr.net/npm/bootstrap@5.2.0-
    beta1/dist/js/bootstrap.bundle.min.js" integrity="sha384-
    pprn3073KE6tl6bjs2QrFaJGz5/SUsLqktiwsUTF55Jfv3qYSDhgCecCxMW52nD2"
    crossorigin="anonymous"></script>
102 <script>
103     const tooltipTriggerList = document.querySelectorAll('[data-bs-
        toggle="tooltip"]')
104     const tooltipList = [...tooltipTriggerList].map(tooltipTriggerEl
        => new bootstrap.Tooltip(tooltipTriggerEl))
105 </script>
106 </body>
107 </html>
```

跟我一起卡蹓馬祖

看海潮、看山、看書、吹風、喝咖啡,別忘了發呆

對於我這個沒有經過戰亂、沒有風雨的六年級生來說,這片貧瘠的小島,似乎毫無吸引之處,只想找美食、找紀念品、找露天咖啡座........卻因朝陰夕晴的海洋氣候,一陣大雨滂沱之後,讓我看見這個小島的美!有時候,人類像洄游魚類一樣,在大海中闖蕩,最後卻拼命想游回出生地。對故鄉的情感,是一種無法解釋的鄉愁。我想,這是我父親為何[閱讀更多]子的原因吧?!

Read More

15-6-2 Popover

Popover (彈出提示) 元件與 Tooltip 元件一樣可以顯示提示框，但 Popover 的觸發方式是要按一下按鈕或超連結時，才會顯示提示框，再按一下提示框才會消失。Popover 也要先進行 JavaScript 初始化。

要使用時加入 **data-bs-toglge="popover"** 屬性來啟用彈出提示，使用 **data-bs-placement=" "** 屬性可以設定顯示位置，可使用的值有 top、bottom、right、left，使用 data-container="body" 屬性設定彈出提示框的主體，使用 **title** 屬性，設定彈出提示框裡的文字。

以下範例使用 Popover 元件製作提示框，使用者在按鈕上按下滑鼠後，在右方會出現提示框。

📂ch15\ex15-07.html

```
01~66  略
67  <h1 class="display-5">跟我一起卡蹓馬祖
68      <button type="button" class="btn btn-danger"
        data-bs-toggle="popover" data-bs-placement="right" title="小知識"
        data-bs-content="卡蹓是出去玩的意思">小知識 </button>
69  </h1>
70~107 略
108 <script>
109     const popoverTriggerList = document.querySelectorAll('[data-bs-
        toggle="popover"]')
110     const popoverList = [...popoverTriggerList].map(popoverTriggerEl
        => new bootstrap.Popover(popoverTriggerEl))
111 </script>
112 </body>
113 </html>
```

15-6-3 Modal

　　Modal (互動視窗)元件可以透過觸發時動態呼叫另一組隱藏的浮動內容視窗,主要結構為觸發按鈕與內容元素。按鈕須加入 **data-bs-toggle="modal"** 屬性,再加入 **data-bs-target=#id** 屬性,設定目標對象。內容元素主要分為以下三層:

● 第一層 **.modal**:為視窗主體,要設定id,還可以加入 **.fade** 類別,讓視窗有淡入效果。

● 第二層 **.modal-dialog**:為modal視窗外觀,可加入 **.modal-dialog-centered** 屬性,讓視窗垂直置中顯示。

● 第三層 **.modal-content**:為視窗內容區,可以有 **.modal-header**、**.modal-body** 及 **.modal-footer** 類別,設定視窗頁首、內容及頁尾。

　　以下範例使用了 Modal 元件製作一個互動視窗,使用者點選 About Me 按鈕後,便會出現一個垂直置中的視窗。

🗁 ch15\ex15-08.html

```
01~28 略
29  <!-- Button trigger modal -->
30  <button type="button" class="btn btn-warning" data-bs-toggle="modal"
    data-bs-target="#exampleModal">About Me</button>
31  <!-- Modal -->
32  <div class="modal fade" id="exampleModal">
33      <div class="modal-dialog modal-dialog-centered">
34          <div class="modal-content">
35              <div class="modal-header">
36                  <h5 class="modal-title" id="exampleModalLabel">About Me</h5>
37                      <button type="button" class="btn-close"
                          data-bs-dismiss="modal" aria-label="Close"></button>
38              </div>
39              <div class="modal-body">
40                  <p>歡迎來到王小桃部落格</p>
41                  <p>用最直白的文字,分享我的旅遊、美食、購物與露營</p>
42              </div>
43              <div class="modal-footer">
44                  <button type="button" class="btn btn-secondary"
                      data-bs-dismiss="modal">離開</button>
45              </div>
46          </div>
47      </div>
48  </div>
49~ 略
```

15-6-4 Offcanvas

Offcanvas (重疊側邊欄) 元件可以建立一個重疊的側邊欄，原理與 Modals 元件有些相同，使用時，可以設定從上、下、左、右顯示側邊欄，還可以使用響應式斷點設定顯示。

在主容器加入 **.offcanvas** 類別，即可設定為重疊側邊欄元件，而加入 **.offcanvas-start(左側)**、**.offcanvas-top(上方)**、**.offcanvas-end(右方)** 及 **.offcanvas-bottom(下方)** 類別，可以設定要顯示的位置。

在內容區中與 Modals 元件一樣，可以有 **.offcanvas-header**、**.offcanvas-body** 及 **.offcanvas-footer** 等類別，設定側邊欄內容的頁首、內容及頁尾。

以下範例使用 Offcanvas 元件製作了側邊欄，使用者按下 About Me 按鈕後，在左側就會開啟側邊欄，在網頁中再點擊滑鼠，側邊欄就會自動隱藏，側邊欄裡有標題、文字、圖片及列表群組等。

📁 **ch15\ex15-09.html**

```
01~63 略
64 <!--Button offcanvas-->
65 <button class="btn btn-warning" type="button" data-bs-toggle="offcanvas"
   data-bs-target="#exampleModal">About Me</button>
66 <!--Offcanvas-->
67 <div class="offcanvas offcanvas-start" id="exampleModal">
68    <div class="offcanvas-header">
69       <h1 class="offcanvas-title"><i class="bi bi-camera"></i>
          Momoco</h1>
```

```
70        <button type="button" class="btn-close text-reset"
              data-bs-dismiss="offcanvas"></button>
71    </div>
72    <div class="offcanvas-body">
73        <h4>歡迎來到王小桃部落格</h4>
74        <p class="text-center">用最直白的文字<br>分享我的旅遊、美食、購物與露
          營</p>
75        <img src="photo.jpg" class="rounded-circle mx-auto d-block">
76        <div class="list-group list-group-flush pt-3">
77            <a href="#" class="list-group-item list-group-item-action
              list-group-item-danger">我的美食</a>
78            <a href="#" class="list-group-item list-group-item-action
              list-group-item-success">我的旅遊</a>
79            <a href="#" class="list-group-item list-group-item-action
              list-group-item-warning">我的露營</a>
80            <a href="#" class="list-group-item list-group-item-action
              list-group-item-info">我的住宿</a>
81            <a href="#" class="list-group-item list-group-item-action
              list-group-item-secondary">我的購物</a>
82        </div>
83    </div>
84 </div>
85~ 略
```

●●● 自我評量

● 選擇題

( ) 1. 下列關於 Bootstrap 的 Button 元件說明，何者不正確？ (A) .btn 類別即可快速地完成按鈕外觀設定　(B) 加入 .btn-close 類別，就會顯示關閉按鈕　(C) .btn-sm 及 .btn-lg 類別可以設定按鈕的大小　(D) 要建立群組按鈕只要加入 .dropdown 類別即可。

( ) 2. 下列關於 Bootstrap 的 Collapse 與 Accordion 元件說明，何者不正確？ (A) 都可以用來顯示或隱藏元素　(B) Collapse 元件可以製作出垂直摺疊效果　(C) Accordion 元件的清單項目使用 .accordion-item 類別　(D) Accordion 元件的項目標題使用 .accordion-header。

( ) 3. 下列關於 Bootstrap 的 Card 元件說明，何者不正確？ (A) 加入 .card-img-top 類別可以將圖片設定在 card 的上方　(B) 加入 .card-group 類別可以將多個 .card 組成一個群組　(C) 主體內容使用 .card 類別　(D) 加入頁尾，可以使用 .card-footer 類別。

( ) 4. 下列關於 Bootstrap 的 Carousel 元件說明，何者不正確？ (A) 放置輪播內容的容器，要加入 .carousel-item 類別　(B) 輪播時若要有轉場效果可以加入 .slide 類別　(C) 加入 .carousel-caption 類別可以設定字幕　(D) 加入 .carousel-indicators 類別會顯示導覽圖示。

( ) 5. 下列關於 Bootstrap 的元件說明，何者不正確？ (A) Navs 元件搭配 Tabs 元件可以製作出水平導覽選單　(B) 加入 .navbar 類別，即可成為導覽列元件　(C) Popover 元件可製作出互動視窗　(D) .pagination 類別，即可設定為分頁導覽元件。

● 實作題

1. 請開啟「ch15\ex15-a\ex15-a.html」檔案，使用 Bootstrap 的各種元件設計一個網頁。

CHAPTER 16

Bootstrap響應式網頁設計實作

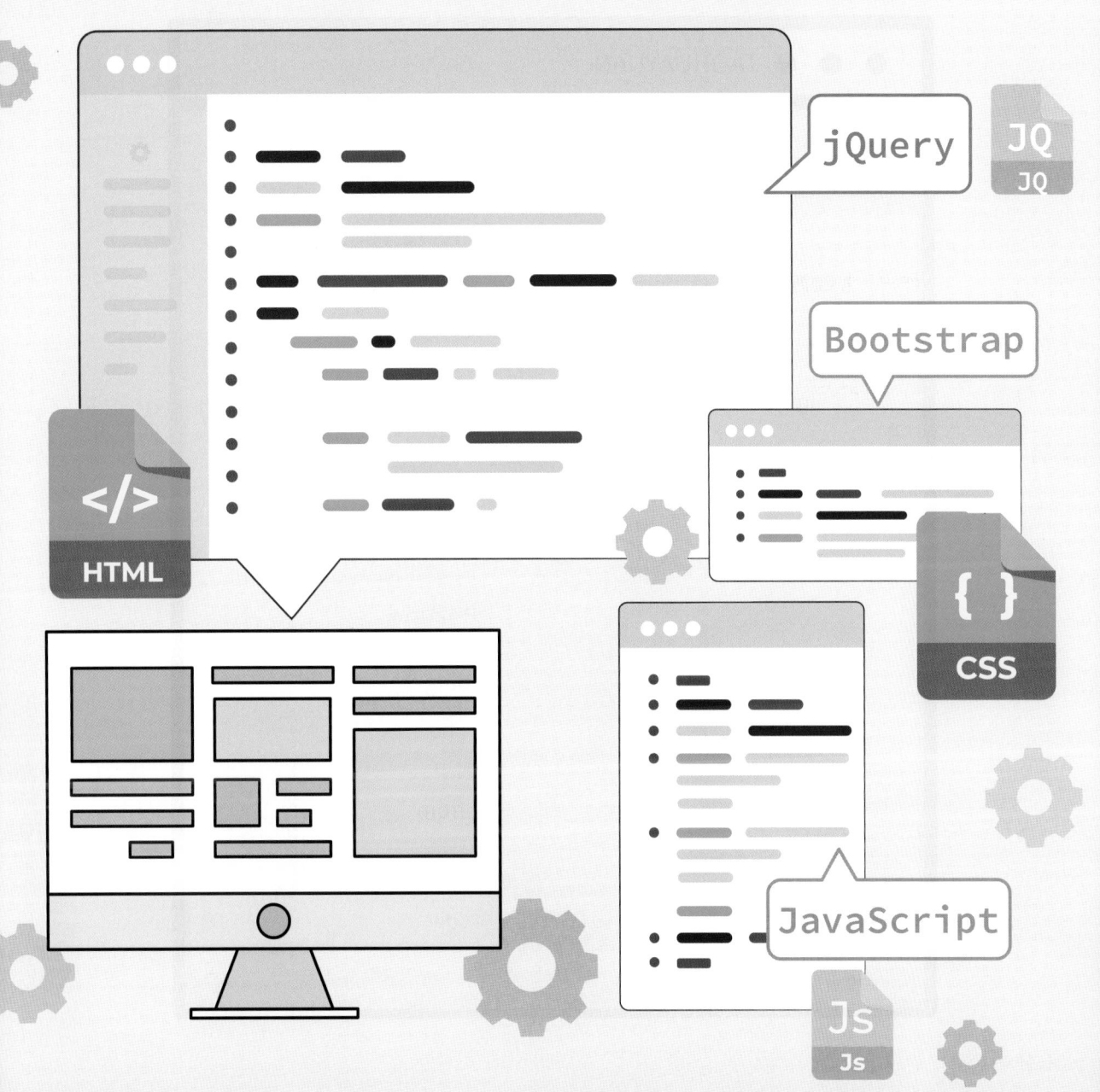

16-1 兩欄式網頁設計範例

兩欄式網頁是常見的設計方式，而使用Bootstrap可以很快速又輕鬆的製作出兩欄響應式網頁。

16-1-1 範例說明

此範例將製作出**側欄固定的版面**，當使用者在捲動頁面時，左側的內容會固定在位置上不動，我們將版面區分為col-lg-4及col-lg-8兩個區塊，製作出1:2的兩欄式版型，col-lg-4放固定不動的內容，而col-lg-8則放網頁要呈現的內容。範例檔案：ex16-01\index.html 及 ex16-01\css\style.css。

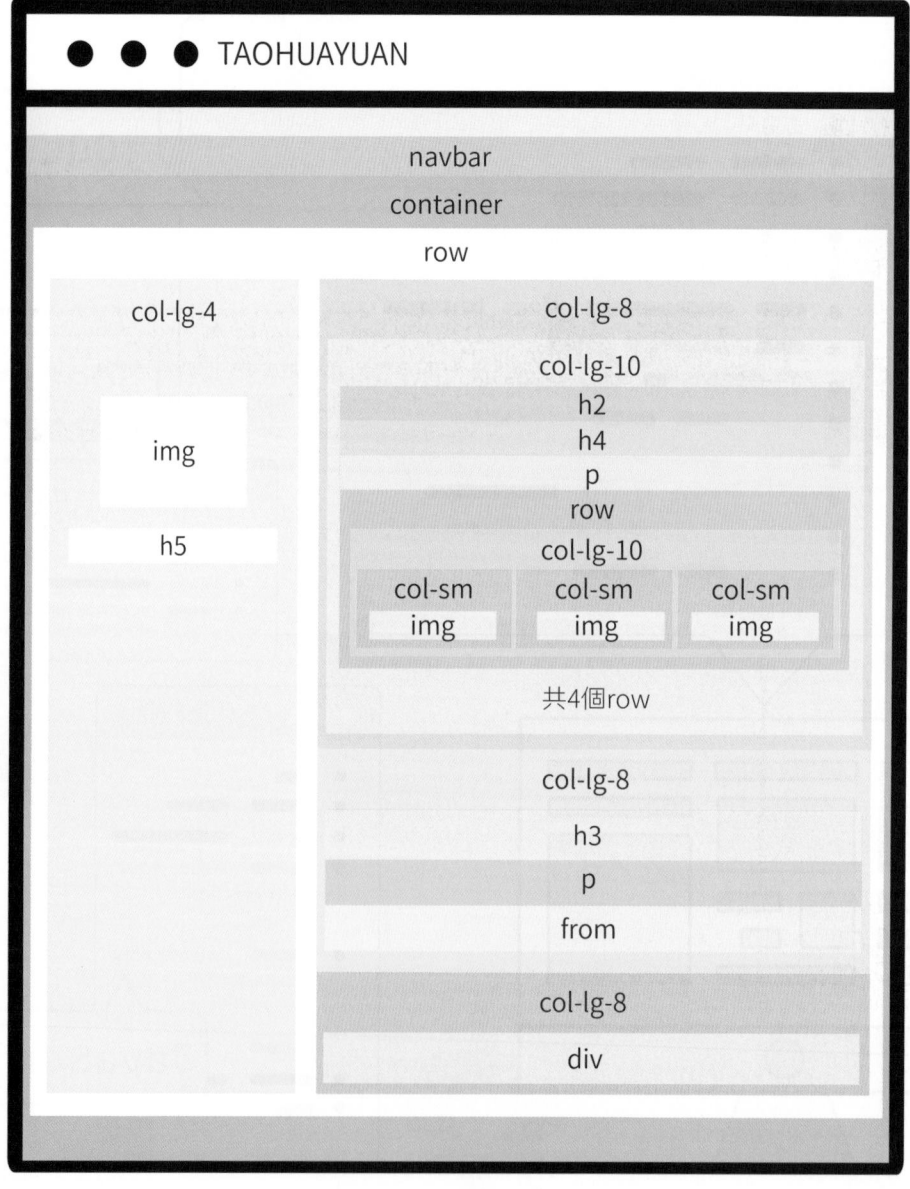

16-1-2 導覽列製作說明

範例中使用Navbar元件製作導覽列，並將導覽列固定在網頁的上方，當螢幕寬度有變化時，導覽列會自動調整顯示方式，而點選導覽列中的選項後，會連結到網頁中的指定id，導覽列的說明可以參考第15章。

● HTML

```
<nav class="navbar navbar-expand-lg bg-dark navbar-dark fixed-top">
  <a class="navbar-brand px-2 text-white fs-6" href="#">TAOHUAYUAN</a>
  <button class="navbar-toggler" type="button"
    data-bs-toggle="collapse" data-bs-target="#navbarContent">
    <span class="navbar-toggler-icon"></span></button>
  <div class="collapse navbar-collapse" id="navbarContent">
    <ul class="navbar-nav me-auto px-2 mb-lg-0">
      <li class="nav-item"><a class="nav-link" href="#text1">
        <i class="bi bi-gear"></i> 工業革命 </a></li>
      <li class="nav-item"><a class="nav-link" href="#text2">
        <i class="bi bi-gear"></i> 行會師徒制的式微 </a></li>
      <li class="nav-item"><a class="nav-link" href="#text3">
        <i class="bi bi-gear"></i> 文化創意的注入 </a></li>
      <li class="nav-item"><a class="nav-link" href="#text4">
        <i class="bi bi-gear"></i> 亞里斯多德 </a></li>
      <li class="nav-item"><a class="nav-link" href="#text5">
        <i class="bi bi-gear"></i> contact</a></li>
    </ul>
  </div>
</nav>
```

16-1-3　側欄固定版面製作說明

側欄固定版面除了使用col-ig-4類別外，還自行設定了一些CSS樣式，該樣式主要是讓col-lg-4內的內容固定在位置上。

我們用CSS設定col-lg-4的背景，並將**position設定為fixed**，這樣網頁捲動時，背景就不會跟著捲動，再將**高度設為100vh**，表示元素的高度會占整個畫面高度的100%，背景就會隨著裝置的可視畫面自行調整高度。另外將側欄裡放置圖片及文字的區塊高度設定為50vh，區塊裡的圖片則設定為20vh，並加上邊框。

側欄固定版面的設計很適合在大螢幕使用，但到了行動裝置時，多了一個側欄，讓其他內容的空間變小了，所以，這裡我們加入了媒體查詢，讓側欄在**視窗≦992px時，position的值由fixed改為static**，這樣就可以取消固定版面。當使用行動裝置瀏覽時，側欄就會回到預設值，自動調整顯示位置。

● CSS

```
.sidebar {
  position: fixed;
  background-image: url(bk.jpg);
  background-repeat: no-repeat;
  background-position: center center;
  background-size: cover;
  height: 100vh;
}
.sidebarbox {
  height: 50vh;
}
.sidebarphoto {
  height: 20vh;
  border: 0.3rem whitesmoke solid;
}
@media (max-width: 992px) {
  .sidebar {
    position: static;
    height: 30vh;
  }
  .sidebarbox {
    height: 30vh;
  }
}
```

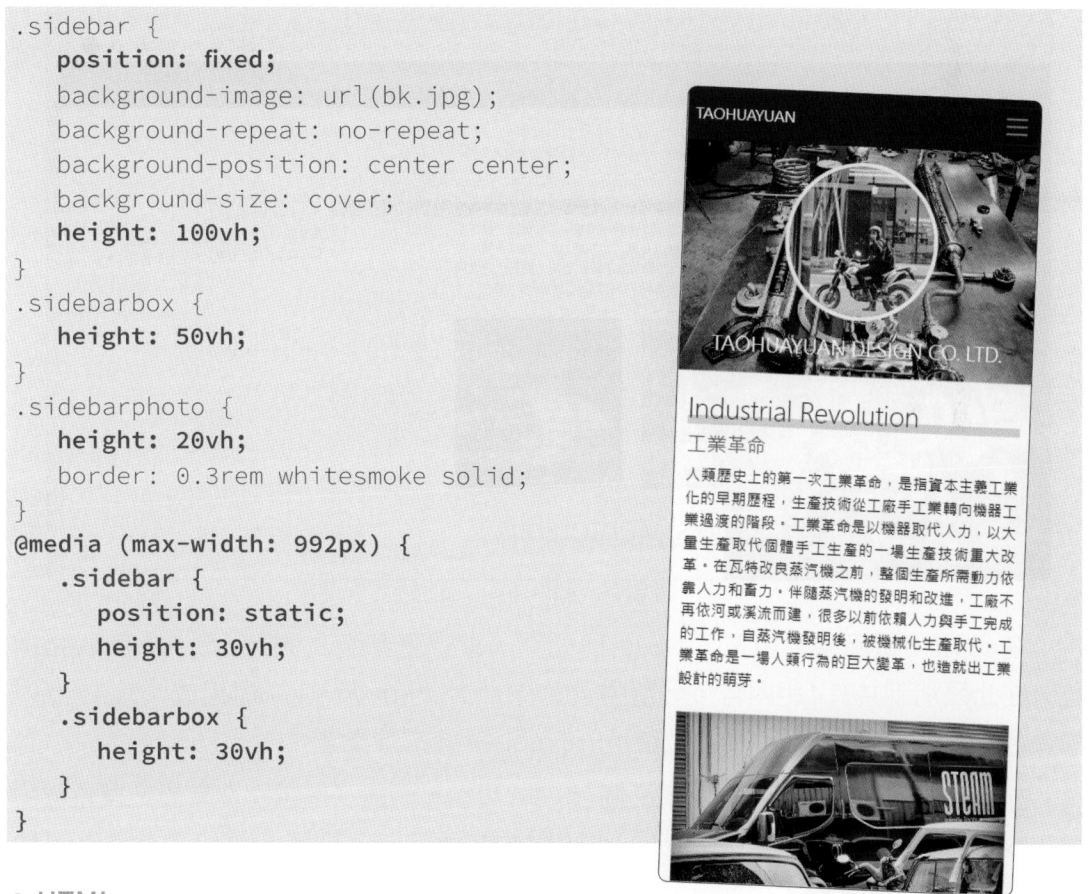

● HTML

```
<div class="col-lg-4 sidebar">
  <div class="row justify-content-center align-items-center sidebarbox">
    <div class="text-center">
```

```
        <img src="img/professional-t.jpg" class="rounded-circle my-3
            sidebarphoto">
        <h5 class="fs-4 text-white">TAOHUAYUAN DESIGN CO. LTD.</h5>
    </div>
  </div>
</div>
```

16-1-4　右欄版面製作說明

　　範例中右邊的版面使用了col-lg-8類別，並加入bg-light背景色彩，還使用了 **offset-lg-4** 類別，讓右欄區塊往右移4個欄位，這是因為我們將側欄設定了position:fixed樣式，該樣式將區塊位置固定，改變了原本的排列結構，這樣col-lg-8區塊就會被覆蓋，因此要將區塊往右移4個欄位。如下圖所示，若沒有設定offset-lg-4類別，內容就會被覆蓋。

　　在col-lg-8版面中，加入了col-lg-10類別，當視窗寬度≧992px時，會有10個欄位，在此類別下共有4組內容，分別由<h2>、<h4>、<p>及<div>所組成，其中<div>加入row類別，並在該類別加入數量不一的col-sm，來放置圖片。

　　在前二組的row類別中使用了三個col-sm類別，而這三個類別沒有設定欄位數，所以Grid會自動分配欄位。在cols-sm類別中加入了img元素，並加入img-fluid類別，讓圖片依父元素的大小進行縮放，能隨著裝置不同而進行響應式變化。

　　除此之外，我們還幫圖片加入了動畫效果(.zoom類別)，當滑鼠游標移至圖片上，圖片會放大1.5倍。

　　而第四組的row類別，使用了四個col-sm類別，但四個類別放在一起讓圖縮小許多，所以在第三個col-sm前，加入了 <div class="w-100"></div>，這樣在它之後的元素就會被強迫換行，原本的4欄版面就會變成兩欄式。

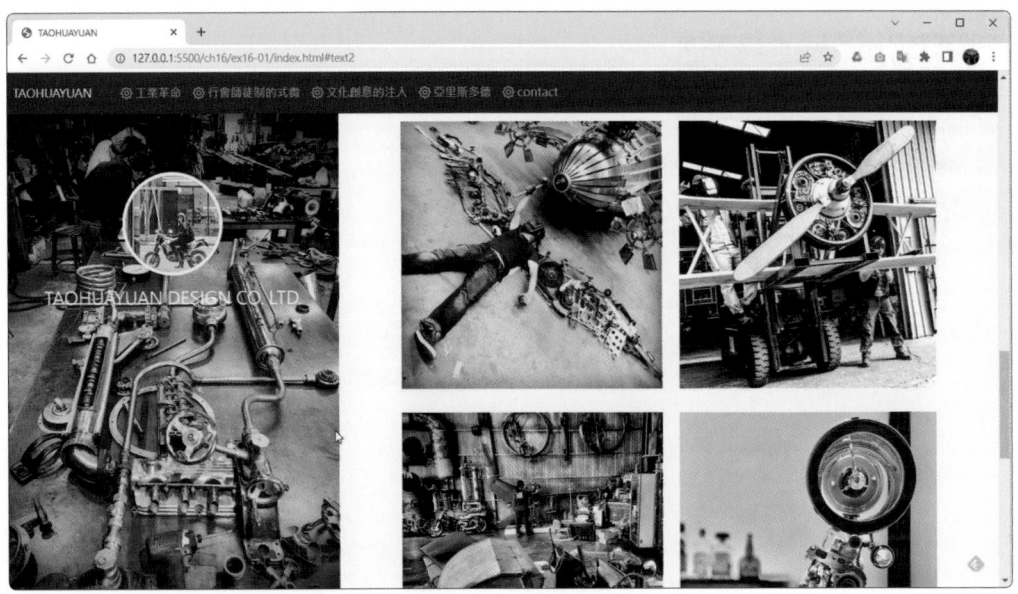

● HTML

```
<div class="col-lg-8 bg-light">
   <div class="col-lg-10 mx-auto py-4">
      <h2 class="display-6" id="text1">Industrial Revolution</h2>
      <h4>工業革命</h4>
      <p>略</p>
```

```html
<div class="row">
    <div class="col-sm my-2 zoom">
        <img src="img/photo01.jpg" class="img-fluid">
    </div>
    <div class="col-sm my-2 pb-3 zoom">
        <img src="img/photo02.jpg" class="img-fluid">
    </div>
    <div class="col-sm my-2 pb-3 zoom">
        <img src="img/photo03.jpg" class="img-fluid">
    </div>
</div>
<h2 class="display-6" id="text2">The Decline of Guild's Mentorship</h2>
<h4>行會師徒制的式微</h4>
<p>略</p>
<div class="row">
    <div class="col-sm my-2 zoom">
        <img src="img/photo04.jpg" class="img-fluid">
    </div>
    <div class="col-sm my-2 pb-3 zoom">
        <img src="img/photo05.jpg" class="img-fluid">
    </div>
    <div class="col-sm my-2 pb-3 zoom">
        <img src="img/photo13.jpg" class="img-fluid">
    </div>
</div>
<h2 class="display-6" id="text3">略</h2>
<h4>文化創意的注入</h4>
<p>略</p>
<div class="row"> <!--圖片輪播-->
    <div id="carouselExample" class="carousel slide"
    data-bs-ride="carousel">
    <div class="carousel-inner">
        <div class="carousel-item active">
            <img src="img/photo06.jpg" class="d-block w-100">
        </div>
        <div class="carousel-item">
            <img src="img/photo07.jpg" class="d-block w-100">
        </div>
        <div class="carousel-item">
            <img src="img/photo08.jpg" class="d-block w-100">
        </div>
    </div>
    </div>
</div>
<h2 class="display-6 pt-3" id="text4">Aristotl</h2>
<h4>任何偉大的天才，難免一點瘋狂一亞里斯多德</h4>
<p>略</p>
```

```
<div class="row">
    <div class="col-sm my-2 zoom">
        <img src="img/photo09.jpg" class="img-fluid">
    </div>
    <div class="col-sm my-2 pb-3 zoom">
        <img src="img/photo10.jpg" class="img-fluid">
    </div>
    <div class="w-100"></div> <!-- 強迫換行 -->
    <div class="col-sm my-2 zoom">
        <img src="img/photo11.jpg" class="img-fluid">
    </div>
    <div class="col-sm my-2 pb-3 zoom">
        <img src="img/photo12.jpg" class="img-fluid">
    </div>
</div>
    </div>
</div>
```

最後的表單及頁尾內容也同樣使用了col-lg-8類別，分別設定了各自的背景顏色。

● HMTL

```
<div class="col-lg-8 bg-warning offset-lg-4 p-3">
    <h3 id="text5">Contact</h3>
    <p>略</p>
    <form>
        略
    </form>
</div>
<div class="col-lg-8 bg-dark offset-lg-4 p-3">
    略
</div>
```

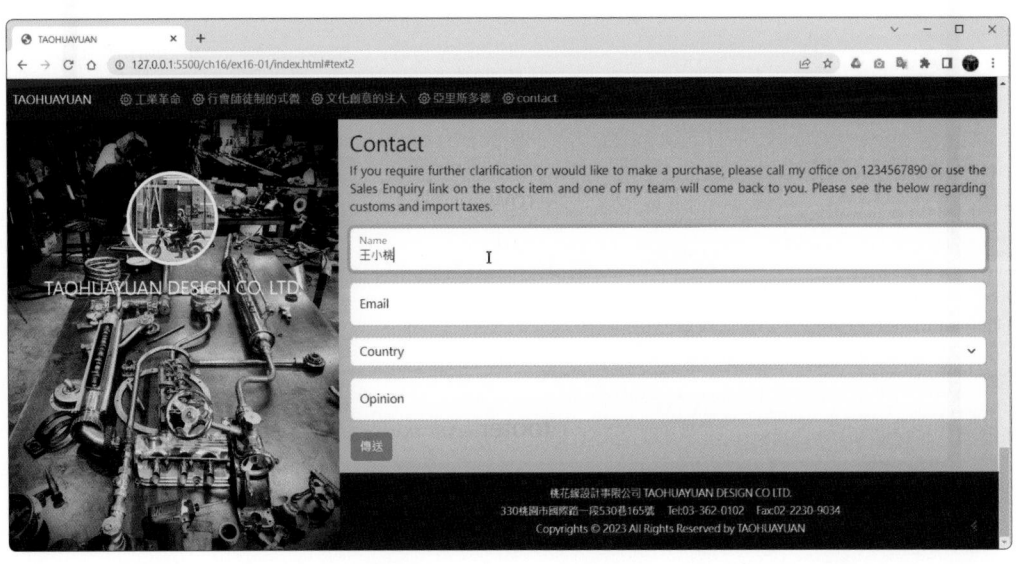

16-2 商品網頁設計範例

在商品網頁設計範例中,將使用 Bootstrap 提供的元件製作商品網頁。

16-2-1 範例說明

此範例頁首以影片方式呈現,而商品列表則使用了 Carousel、Card 及 Alert 元件來設計要呈現的商品。除此之外,還使用了 Toasts(吐司方塊)元件製作推播方塊。範例檔案:ex16-02\index.html 及 ex16-02\css\style.css。

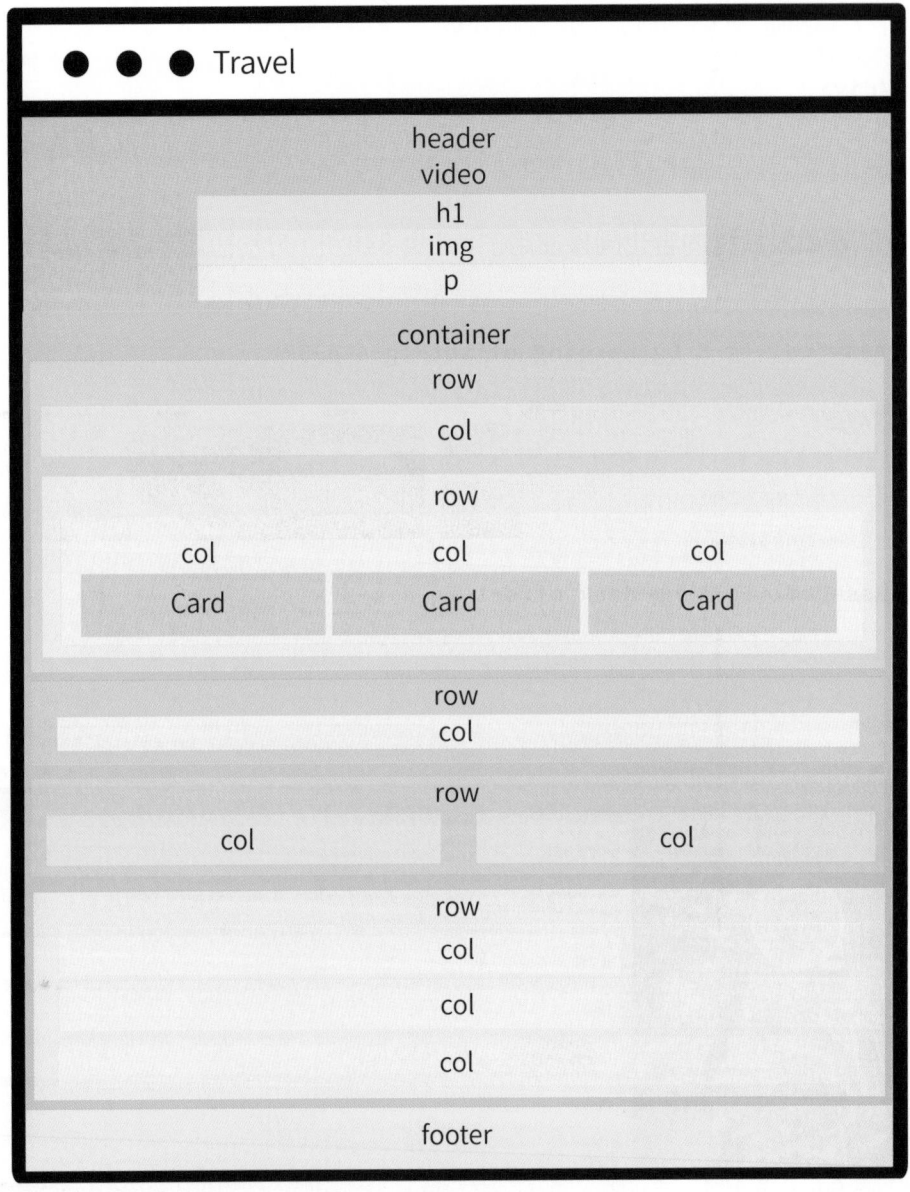

16-2-2 頁首製作說明

範例中的頁首我們使用了video，進入網頁後，即可看到頁首的影片自動播放的效果，還使用了媒體查詢設定當使用行動裝置瀏覽網頁時，則不顯示影片，改為顯示背景圖片。除此之外，還加上了標題文字、圖片及副標文字。

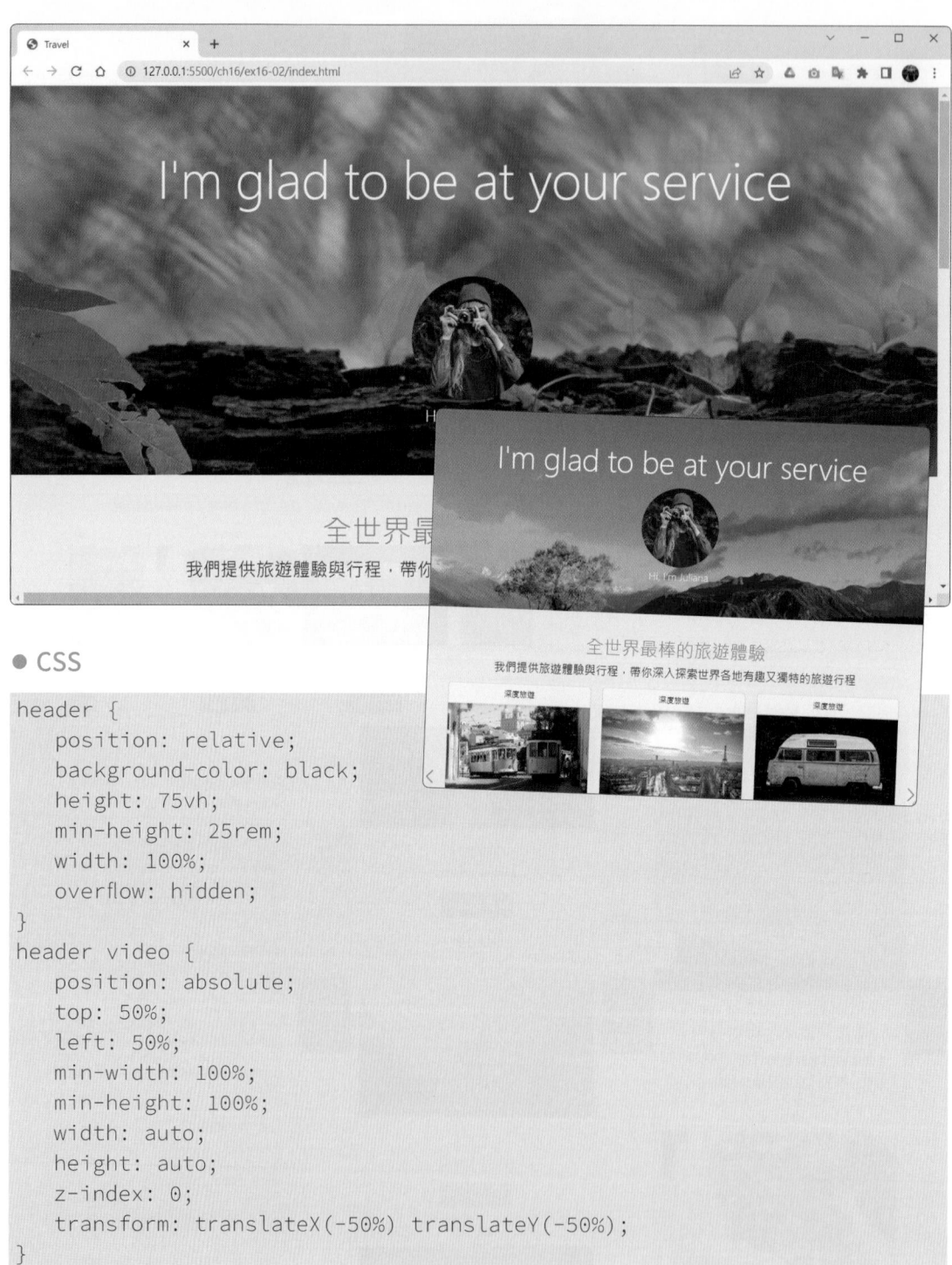

● CSS

```css
header {
    position: relative;
    background-color: black;
    height: 75vh;
    min-height: 25rem;
    width: 100%;
    overflow: hidden;
}
header video {
    position: absolute;
    top: 50%;
    left: 50%;
    min-width: 100%;
    min-height: 100%;
    width: auto;
    height: auto;
    z-index: 0;
    transform: translateX(-50%) translateY(-50%);
}
```

```css
header .container {
   position: relative;
   z-index: 2;
}
header .overlay {
   position: absolute;
   top: 0;
   left: 0;
   height: 100%;
   width: 100%;
   opacity: 0.5;
   z-index: 1;
}

@media (pointer: coarse) and (hover: none) {
   header {
      background: url('略') black no-repeat center center scroll;
      height: 40vh;
   }
   header video {
      display: none;
   }
}
```

● HTML

```html
<header>
   <div class="overlay">
      <video playsinline="playsinline" autoplay="autoplay"
         muted="muted" loop="loop">
         <source src="video/video01.mp4" type="video/mp4">
      </video>
      <div class="container h-100">
         <div class="d-flex h-50 text-center align-items-center">
            <div class="w-100 text-white">
               <h1 class="display-3">I'm glad to be at your service</h1>
               <div class="carousel-caption">
                  <img src="https://picsum.photos/id/823/250/250">
                  <p class="lead lh-lg">Hi, I'm Juliana</p>
               </div>
            </div>
         </div>
      </div>
   </div>
</header>
```

16-2-3　商品列表製作說明

　　範例中的商品呈現方式分為兩個部分，第一部分使用了 Carousel 及 Card 元件，以輪播方式呈現商品內容，每次輪播三個商品，而這些商品都是使用 Card 來製作。設計時，將一個輪播的 item 放入三個 Card，因為 Card 並沒有支援響應式，所以使用 Grid 製作時，可以使用 .row-cols 類別來控制要顯示多少 Card。

　　範例中我們設定了「<div class="row row-cols-1 row-cols-md-3">」，表示將 Card 放在同一 row 上，每列最多三個，多出來的會自動換行。

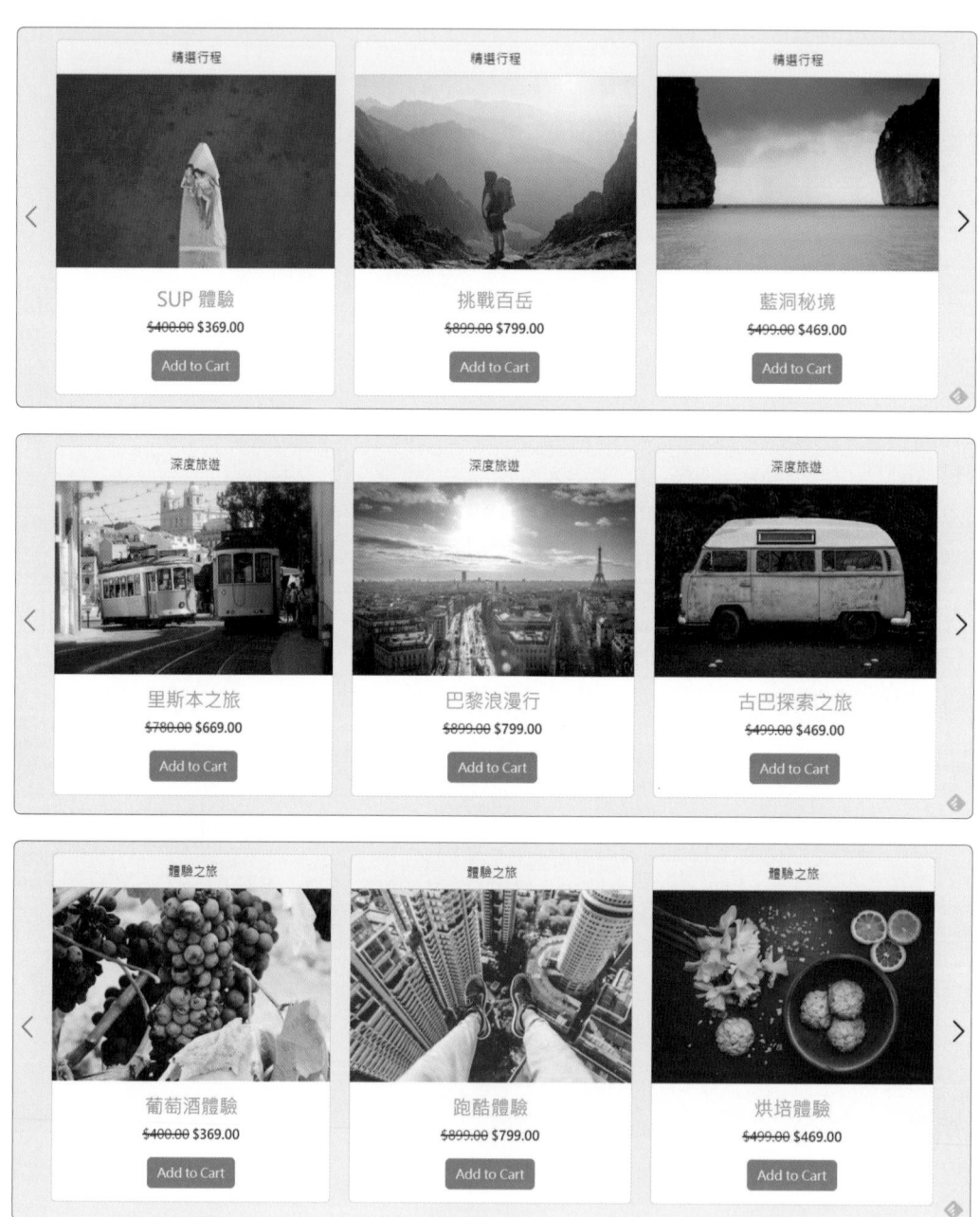

● HTML

```html
<div id="myCarousel" class="carousel slide carousel-dark"
  data-bs-ride="carousel">
  <!--carousel items-->
  <div class="carousel-inner">
    <div class="carousel-item active">
      <div class="row row-cols-1 row-cols-md-3">
        <div class="col">
          <div class="card text-center">
            <div class="card-header">精選行程</div>
            <img src="略" class="figure-img">
            <div class="card-body">
              <h4 class="card-title">SUP 體驗</h4>
              <p class="item-price"><s>$400.00</s> <b>$369.00</b></p>
              <button type="button" class="btn btn-danger">Add to
                Cart</button>
            </div>
          </div>
        </div>
        略
    <div class="carousel-item">
      <div class="row row-cols-1 row-cols-md-3">
        <div class="col">
          <div class="card text-center">
            <div class="card-header">深度旅遊</div>
            <img src="略" class="img-fluid">
            <div class="card-body">
              <h4>里斯本之旅</h4>
              <p class="item-price"><s>$780.00</s> <b>$669.00</b></p>
              <button type="button" class="btn btn-danger">Add to
                Cart</button>
            </div>
          </div>
        </div>
        略
    <div class="carousel-item">
      <div class="row row-cols-1 row-cols-md-3">
        <div class="col">
          <div class="card text-center">
            <div class="card-header">體驗之旅</div>
            <img src="略" class="img-fluid">
            <div class="card-body">
              <h4>葡萄酒體驗</h4>
              <p class="item-price"><s>$400.00</s> <b>$369.00</b></p>
              <button type="button" class="btn btn-danger">Add to
                Cart</button>
            </div>
          </div>
```

```
        </div>
        略
    <!-- Carousel controls -->
    <button class="carousel-control-prev" type="button"
        ata-bs-target="#myCarousel" data-bs-slide="prev">
        <span class="carousel-control-prev-icon" aria-hidden="true"></span>
        <span class="visually-hidden">Previous</span>
    </button>
    <button class="carousel-control-next" type="button"
        data-bs-target="#myCarousel" data-bs-slide="next">
        <span class="carousel-control-next-icon" aria-hidden="true"></span>
        <span class="visually-hidden">Next</span>
    </button>
    </div>
</div>
```

商品的第二部分使用 **Alert(警報效果)** 元件來製作，Alert 元件會以醒目的區塊顯示內容，常應用於要顯示一些重要的訊息，使用時，加上 **.alert** 類別及 **.alert-顏色** 類別，即可將區塊設定為 Alert 元件。

在 Alert 元件內可以包含各種 HTML 元素，例如標題、段落及水平線等，要加入標題文字時，可以使用 **.alert-heading** 類別，設定警報效果中的標題文字；若要將文字加入超連結時，可以加上 **.alert-link** 類別，這樣文字就會具有超連結且字體會加粗。

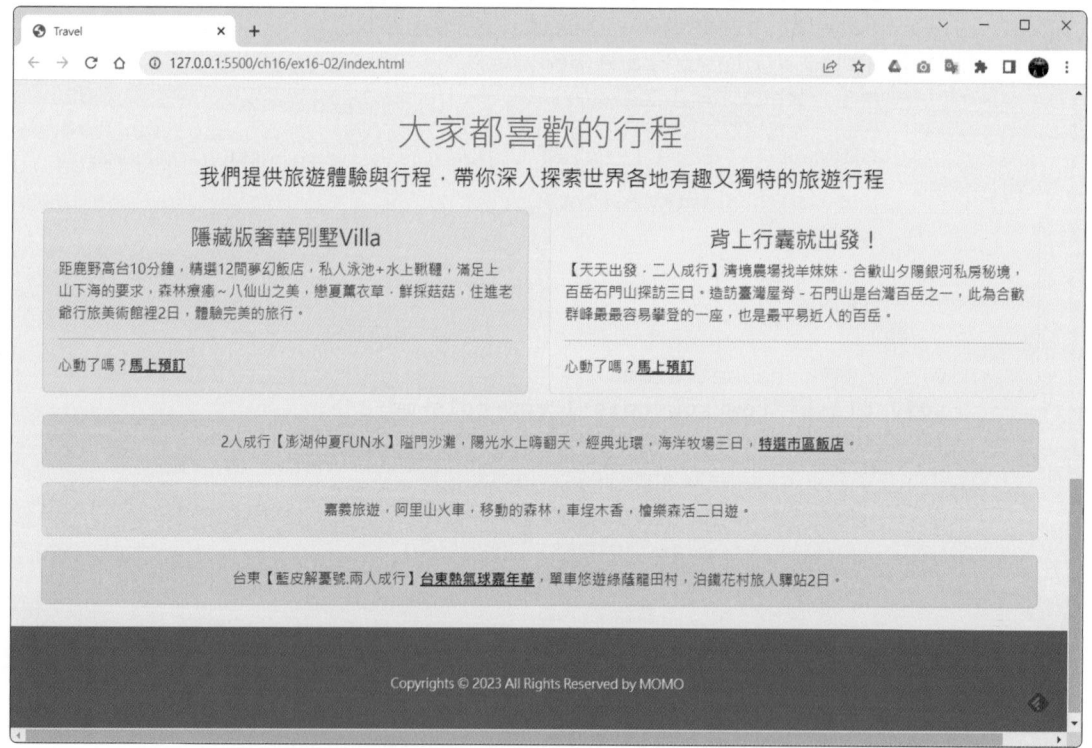

● HTML

```
<div class="row">
   <div class="col-sm">
      <div class="alert alert-danger" role="alert">
         <h4 class="alert-heading">隱藏版奢華別墅Villa</h4>
         <p>略</p>
         <hr>
         <p class="mb-0">心動了嗎？<a href="#" class="alert-link">
            馬上預訂</a></p>
      </div>
   </div>
   <div class="col-sm">
      <div class="alert alert-warning" role="alert">
         <h4 class="alert-heading">背上行囊就出發！</h4>
         <p>略</p>
         <hr>
         <p class="mb-0">心動了嗎？<a href="#" class="alert-link">
            馬上預訂</a></p>
      </div>
   </div>
</div>
<div class="row mt-2">
   <div class="col text-center">
      <div class="alert alert-primary" role="alert">
         2人成行【澎湖仲夏FUN水】隘門沙灘，陽光水上嗨翻天，經典北環，海洋牧場三日，
         <a href="#" class="alert-link">特選市區飯店</a>。
      </div>
      <div class="alert alert-info" role="alert">
         略
      </div>
      <div class="alert alert-success" role="alert">
         略
      </div>
   </div>
</div>
```

16-2-4　Toasts(吐司方塊)製作說明

　　範例使用Toasts(吐司方塊)元件製作了推播方塊，來顯示網站要呈現的訊息。使用時，只要在主容器加入.toast類別即可，在預設下該元件是隱藏的，若要直接顯示在頁面上，要加入.show類別，或使用JavaScript或jQuery執行toast()物件。

　　建立.toast時，建議要包含.toast-header標題、.toast-body內容及.btn-close關閉按鈕類別，在預設下.toast-body為半透明。

　　若要呈現多個 .toast 時，可以先建立一個大容器，並加入 **.toast-container** 類別，來包覆所有的 .toast，這樣 .toast 就會自動堆疊排列，且每個方塊會自動加入 0.75rem 的間距，當然還可以使用 **top**、**bottom**、**start**、**end** 等類別設定方塊的位置。

● HTML

```
<div class="toast-container position-fixed bottom-0 end-0 p-3">
   <div class="toast show" role="status" aria-live="polite"
     aria-atomic="true">
     <div class="toast-header text-danger">
        <i class="bi bi-bell"></i><strong class="me-auto">Travel優惠訊息</strong>
        <button type="button" class="btn-close" data-bs-dismiss="toast"
           aria-label="Close"></button>
     </div>
     <div class="toast-body">今天有許多的優惠方案喔</div>
   </div>
   <div class="toast show" role="status" aria-live="polite"
     aria-atomic="true">
     <div class="toast-header text-bg-danger">
        <i class="bi bi-bell"></i><strong class="me-auto">Travel優惠訊息</strong>
        <button type="button" class="btn-close" data-bs-dismiss="toast"
           aria-label="Close"></button>
     </div>
     <div class="toast-body">略</div>
   </div>
</div>
```

●●● 自我評量

● 選擇題

(　　) 1. 下列關於Bootstrap的offset-lg-4類別說明，何者正確？(A)表示右移4個欄位　(B)表示左移4個欄位　(C)表示上移4行　(D)表示下移4行。

(　　) 2. 下列關於Bootstrap的img-fluid類別說明，何者正確？(A)可以固定圖片的大小　(B)可以隱藏圖片　(C)可以讓圖片會依父元素的大小進行縮放　(D)可以幫圖片加上外框。

(　　) 3. 下列關於Bootstrap的Alert元件說明，何者不正確？(A)可以使用.alert-heading類別，設定元件中的標題文字　(B)無法自行設定背景色彩　(C)可以加上.alert-link類別，讓文字具有超連結功能　(D)在Alert元件內可以包含各種HTML元素。

(　　) 4. 下列關於Bootstrap的Toasts元件說明，何者不正確？(A)在預設下該元件是隱藏的　(B)可以使用.btn-close類別加入關閉按鈕　(C)使用.toast-header類別可以設定標題　(D)加入.hide類別可以直接在頁面顯示該元件。

(　　) 5. 下列關於Bootstrap的Toasts元件說明，何者不正確？(A)加入.bottom-0及.end-0類別，表示要將元件的位置設定在左下角　(B)可以自行設定元件的顏色　(C)可以使用.top類別設定元件的位置　(D)預設下若有多個toasts元件時，會自動堆疊排列。

● 實作題

1. 請進入Bootstrap提供的範例網站(https://getbootstrap.com/docs/5.2/examples/)，看看這些範例是如何製作的。

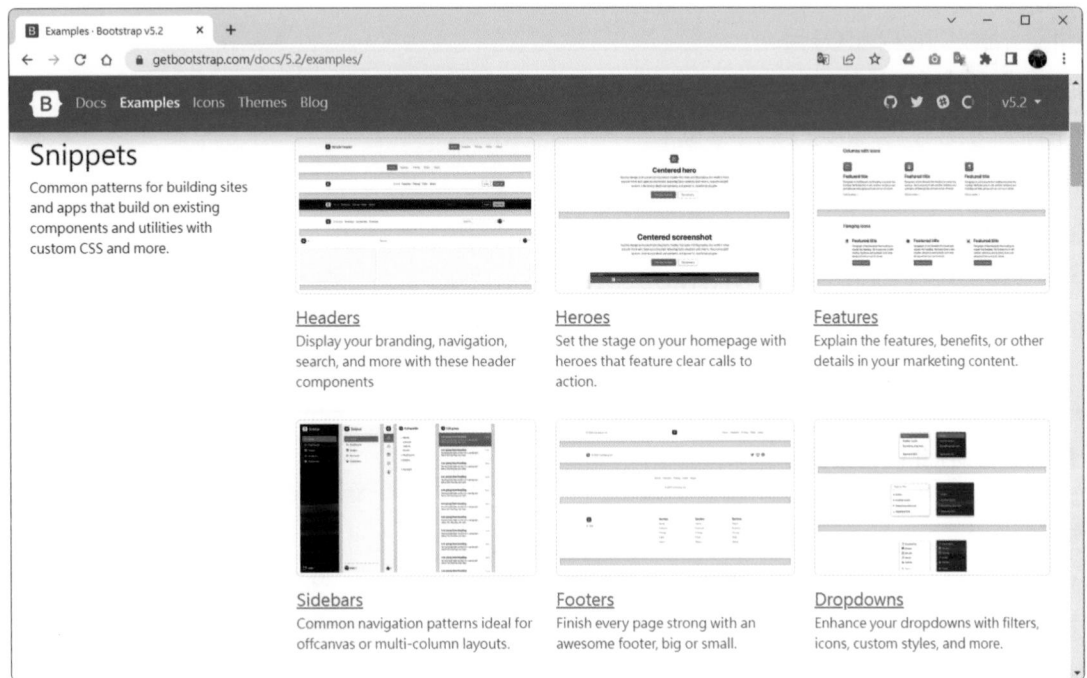

國家圖書館出版品預行編目資料

網頁設計必學技術 : HTML5+CSS3+JavaScript+jQuery+
jQuery Mobile+Bootstrap5/ 王麗琴編著. -- 初版. -- 新北
市 : 全華圖書股份有限公司, 2022.09
　　面；　公分
ISBN 978-626-328-295-7(平裝)
1.CST: 網頁設計 2.CST: 全球資訊網
312.1695　　　　　　　　　　　　　111012771

網頁設計必學技術─
HTML5+CSS3+JavaScript+ jQuery+jQuery Mobile+Bootstrap5

作者／全華研究室 王麗琴

發行人／陳本源

執行編輯／陳奕君

封面設計／盧怡瑄

出版者／全華圖書股份有限公司

郵政帳號／0100836-1 號

印刷者／宏懋打字印刷股份有限公司

圖書編號／06503

初版一刷／2022 年 09 月

定價／新台幣 590 元

ISBN ／ 978-626-328-295-7 (平裝)

ISBN ／ 978-626-328-294-0 (PDF)

全華圖書／www.chwa.com.tw

全華網路書店 Open Tech ／www.opentech.com.tw

若您對書籍內容、排版印刷有任何問題，歡迎來信指導 book@chwa.com.tw

臺北總公司 (北區營業處)

地址：23671 新北市土城區忠義路 21 號

電話：(02) 2262-5666

傳真：(02) 6637-3695、6637-3696

南區營業處

地址：80769 高雄市三民區應安街 12 號

電話：(07) 381-1377

傳真：(07) 862-5562

中區營業處

地址：40256 臺中市南區樹義一巷 26 號

電話：(04) 2261-8485

傳真：(04) 3600-9806 （高中職）

　　　(04) 3601-8600 （大專）

歡迎加入 全華會員

● 會員獨享

會員享購書折扣、紅利積點、生日禮金、不定期優惠活動…等。

● 如何加入會員

掃 QRcode 或填妥讀者回函卡直接傳真 (02) 2262-0900 或寄回，將由專人協助登入會員資料，待收到 E-MAIL 通知後即可成為會員。

如何購買 全華書籍

1. 網路購書

全華網路書店「http://www.opentech.com.tw」，加入會員購書更便利，並享有紅利積點回饋等各式優惠。

2. 實體門市

歡迎至全華門市（新北市土城區忠義路 21 號）或各大書局選購。

3. 來電訂購

(1) 訂購專線：(02) 2262-5666 轉 321-324
(2) 傳真專線：(02) 6637-3696
(3) 郵局劃撥（帳號：0100836-1　戶名：全華圖書股份有限公司）
※ 購書未滿 990 元者，酌收運費 80 元。

OpenTech.com.tw 全華網路書店

全華網路書店 www.opentech.com.tw
E-mail: service@chwa.com.tw

※ 本會員制如有變更則以最新修訂制度為準，造成不便請見諒。

読者回函カード

掃 QRcode 線上填寫 ▶▼

姓名：

生日：西元＿＿＿年＿＿月＿＿日　性別：□男 □女

電話：（　　）　　　　手機：

e-mail：（必填）

通訊處：□□□□□

學歷：□高中・職　□專科　□大學　□碩士　□博士

職業：□工程師　□教師　□學生　□軍・公　□其他

學校／公司：　　　　　　　　科系／部門：

・需求書類：

□ A. 電子　□ B. 電機　□ C. 資訊　□ D. 機械　□ E. 汽車　□ F. 工管　□ G. 土木　□ H. 化工　□ I. 設計
□ J. 商管　□ K. 日文　□ L. 美容　□ M. 休閒　□ N. 餐飲　□ O. 其他

・本次購買圖書為：　　　　　　　　　　　　　書號：

・您對本書的評價：

封面設計：□非常滿意　□滿意　□尚可　□需改善，請說明

內容表達：□非常滿意　□滿意　□尚可　□需改善，請說明

版面編排：□非常滿意　□滿意　□尚可　□需改善，請說明

印刷品質：□非常滿意　□滿意　□尚可　□需改善，請說明

書籍定價：□非常滿意　□滿意　□尚可　□需改善，請說明

整體評價：請說明

・您在何處購買本書？

□書局　□網路書店　□書展　□團購　□其他

・您購買本書的原因？（可複選）

□個人需要　□公司採購　□親友推薦　□老師指定用書　□其他

・您希望全華以何種方式提供出版訊息及特惠活動？

□電子報　□ DM　□廣告（媒體名稱　　　　　　　）

・您是否上過全華網路書店？（www.opentech.com.tw）

□是　□否　您的建議

・您希望全華出版哪些書籍？

・您希望全華加強哪些服務？

感謝您提供寶貴意見，全華將秉持服務的熱忱，出版更多好書，以饗讀者。

填寫日期：　　/　　/

註：數字零，請用 Φ 表示，數字 1 與英文 L 請另註明並書寫端正，謝謝。

2020.09 修訂

親愛的讀者：

感謝您對全華圖書的支持與愛護，雖然我們很慎重的處理每一本書，但恐仍有疏漏之處，若您發現本書有任何錯誤，請填寫於勘誤表內寄回，我們將於再版時修正，您的批評與指教是我們進步的原動力，謝謝！

全華圖書　敬上

勘　誤　表

書　號		書　名		作　者
頁　數	行　數	錯誤或不當之詞句		建議修改之詞句

我有話要說：（其它之批評與建議，如封面、編排、內容、印刷品質等⋯⋯）